Itasca 岩土工程数值模拟方法系列丛书

PFC2D/3D 颗粒离散元计算方法及应用

王涛　韩彦辉　朱永生　张丰收　编著

中国建筑工业出版社

图书在版编目（CIP）数据

PFC2D/3D 颗粒离散元计算方法及应用/王涛等编
著. —北京：中国建筑工业出版社，2020.5（2024.12重印）
（Itasca 岩土工程数值模拟方法及应用丛书）
ISBN 978-7-112-24917-6

Ⅰ．①P… Ⅱ．①王… Ⅲ．①土木工程-数值计算-
应用软件 Ⅳ．①TU17

中国版本图书馆 CIP 数据核字（2020）第 039741 号

　　自 1971 年 Peter Cundall 院士创立了离散元以后，该方法已经在科研和工程实践中得到了广泛的应用，而 Itasca 开发的 PFC 无疑是世界范围内关于颗粒离散元最权威的软件。本书主要介绍了 PFC 数值计算软件的功能、理论背景、操作方法及开发技术，并结合了大量的科学与工程应用，力求既满足初学者的要求，也为有一定基础的读者深入学习 PFC 提供了理论参考和应用实例。本书的两位作者曾多年在 Itasca 美国从事技术开发和咨询工作，一位作者目前任 Itasca 中国技术总监。全书主要内容包括：PFC 数值计算方法及基本理论；PFC 入门操作及基础知识；PFC 接触模型及二次开发；PFC 数值试验功能包 FistPkg；PFC 光滑节理模型研究；PFC 中加载速率对岩石力学特性表征的影响；颗粒流程序与流体动力学的耦合方法；PFC 在锦屏深埋隧洞工程中的应用；非连续与连续（PFC-FLAC）耦合计算方法；PFC 模拟水力压裂在煤层中的应用；PFC 模拟水力压裂在石油工程中的应用。

　　本书可供土木、水利、矿山、地质、石油、地球物理、交通和材料等行业从事宏细观数值模拟、科学计算方法和理论研究的科研人员参考使用，也可作为相关专业的本科生和研究生教材或教学参考书。

　　　　责任编辑：辛海丽
　　　　责任校对：芦欣甜

Itasca 岩土工程数值模拟方法及应用丛书
PFC2D/3D 颗粒离散元计算方法及应用
王涛　韩彦辉　朱永生　张丰收　编著
*
中国建筑工业出版社出版、发行（北京海淀三里河路 9 号）
各地新华书店、建筑书店经销
北京鸿文瀚海文化传媒有限公司制版
建工社（河北）印刷有限公司印刷
*
开本：787×1092 毫米　1/16　印张：31　字数：771 千字
2020 年 4 月第一版　　2024 年 12 月第五次印刷
定价：**108.00** 元
ISBN 978-7-112-24917-6
（35662）

序 一

这本书是关于使用颗粒力学方法进行数值模拟的论著，对如何使用 PFC 代码作为分析工具进行科学问题的研究进行了深入细致的讲解。通过大量的应用与分析，本书提供了丰富的学术创见和详细的操作方案。虽然书中的内容是用中文来完成的，但对阅读者来说是容易理解的，即使是那些不懂中文的学者，也可以通过大量清晰的插图了解到其中的精髓，进一步掌握书中介绍的理论和方法。

本书首先详细介绍了颗粒离散元软件 PFC 的建模和计算方法，并提供了详细的计算代码供读者使用；接着书中给出了各种内置的接触力学模型和自定义接触模型的底层逻辑，例如光滑节理模型的理论、实现方法和应用；最后介绍了 PFC 在各种地质力学科学问题中的应用，包括加载速率的影响、颗粒流与流体动力学的耦合问题、黏性流体中颗粒的 DKT 现象、隧洞围岩细观损伤和水力压裂问题，也包含了连续介质力学与不连续介质力学模型间的耦合方法等等。

因此，这本书既可以作为一本优秀的研究型专著，又可作为本科生、研究生的教材来使用，对于相关领域的学者来说应该是一本非常受欢迎的作品。本书的作者们所完成的广泛而深入的研究工作给我留下了深刻的印象，我为本书的一部分作者能够在美国宾夕法尼亚州立大学工作期间，加入到了我们的研究团队并编写了书中的部分内容而感到由衷的自豪。

德里克·埃尔斯沃思（Derek Elsworth）
教授（The Pennsylvania State University）
美国国家工程院（NAE）院士
https：//www.nae.edu/130223/Professor-Derek-Elsworth

Preface

This book by Professor WANG Tao on numerical simulation using granular mechanics models, and in particular the use of PFC code as a tool, is a welcome addition to the scientific bookshelf. It is a volume that provides a wealth of perspectives and detailed step-by-step tutorials through a broad range of applications. The book is in Chinese, but evident to any reviewer, even those incapable of understanding the complexities of Mandarin, the book is eminently accessible through the extensive illustrations-and thoroughly understandable and useful.

The book introduces the granular mechanics modeling method in some detail and links it directly to the use of the PFC code-the object of the book. Some considerable detail is given of the formulation and contact models, including those of smooth joint methods and their implementation. The final six chapters describe application of PFC to a variety of problems in geomechanics, including the impacts of loading rates, coupled flow deformation problems for the difficult problem of dilute concentrations of particles and for tunneling and hydraulic fracturing, including the mechanics of coupled continuum/discontinuum models.

As such, the book is both an excellent reference text and a tutorial that will be an important feature on any analysts bookshelf. I congratulate WANG Tao and his collaborators on this fine work and am excited for their success-I am impressed by the broad range and depth of their work-and pleased that some of them have been able to join us in our group at Penn State during the tenure of compiling this book.

Derek Elsworth

Derek Elsworth
Professor
Member of the National Academy of Engineering (NAE), USA

序二　Peter Cundall，离散元和颗粒流软件

　　Peter Cundall 出生于英国，本科到博士学位都是在帝国理工完成的。他本科专业是电子工程，博士研究领域则是岩石力学。与他同期在帝国理工攻读博士学位的同学中包括后来同样享誉国际的岩石力学专家 Nick Barton。Cundall 的博士论文导师是著名国际岩石力学专家 Evert Hoek。Hoek 教授是岩石力学学科的奠基人之一，其最具影响力的成果可能是他和 Ted Brown 合作提出的 Hoek-Brown 破坏准则。当时 Hoek 教授正侧重研究节理，断层等非连续结构对岩体整体强度及岩石边坡稳定性的影响，以期找到可靠的岩石工程设计规则。Cundall 在研究块体系统的渐进变形和破坏过程的工作中发明了离散元方法。虽然当时的计算机计算能力极其有限，但却能够清晰地展示离散元在岩石力学领域的巨大潜力。1971 年当 Fairhurst 教授第一次见到离散元方法时，就被其深深吸引。当然，当时就预见到离散元的光明前景还有其他人，以至于 1971 年 Cundall 博士毕业时同时收到六家单位的加盟邀请。Cundall 博士选择了西班牙一家公司，但过了几个月就觉得不是很合适。不过，他的西班牙语能力在这段时间应该得到了很大提升——2005 年在西班牙马德里举办的 FLAC 学术研讨会上，Cundall 博士依然能够熟练地使用西班牙语致开幕词。

　　1972 年，Cundall 博士应 Fairhurst 教授之邀作为助理教授加入了明尼苏达大学（简称明大）。这期间他开始跟 Otto Strack 教授合作，两人联合申请获得了两个美国国家自然基金资助以发展离散元，重要成果包括那篇发表在岩土力学旗舰期刊 Geotechnique 上使离散元方法声名远播的论文 "A numerical model for granular assemblies"。尽管 Cundall 博士已经把离散元概念以及他博士论文（"The measurement and analysis of acceleration on rock slopes"）的部分成果发表在 1971 年在法国 Nancy 召开的国际岩石力学会议上（该篇会议论文目前被引频次超过 3200 次），他和 Strack 合作的这篇文章在文献中却经常被引为离散元方法诞生的开山之作。

　　两年以后（1974 年），Cundall 教授举家搬回英国并回到工业界。过了八年之后，Fairhurst 教授（也是英国人）在一次回英国期间到 Cundall 家里做客，他到达时 Cundall 博士出去跟客户谈项目不在家，Fairhurst 教授就跟 Cundall 博士的夫人 Christine Cundall 谈起 Cundall 博士，他们两人都觉得成日跟客户攀扯关系并非用其所长，也非其兴趣和长远发展所在；若回到大学他可以作出更大贡献。结果两人合力说服了 Cundall 博士，于是 1982 年他重新回到明大任教。20 世纪八九十年代是明尼苏达大学岩土力学发展的黄金时代，执教的世界顶尖学者包括 Charles Fairhurst，Peter Cundall，Andrew Drescher，Steven Crouch，Otto Strack，Raymond Sterling，Joseph Labuz，Emmanuel Detournay，Ioannis Vardoulakis 等，可谓星光闪耀、交相辉映：Fairhurst 院士是岩石力学的奠基人及明尼苏达岩石力学学派的立派宗师，被业界尊为"岩石力学之父"；Cundall 院士是离散元方法的鼻祖；Crouch 院士是边界元方法的集大成者；Detournay 院士在孔隙介质力学，裂纹扩展和钻井动力学，以及 Vardoulakis 在流动侵蚀，剪切带，局部化及分叉理论的卓越

学术成就都已经光耀当代，也必将继续惠泽后世（2009 年 Vardoulakis 教授在其位于希腊雅典的家中后院剪树时，不慎跌落伤重不治而英年早逝）。

由于在开创离散元方法，研发计算力学软件以及使用这些软件解决疑难岩土工程问题等方面的卓越成就，Cundall 博士屡获岩石力学大奖，并先后被选为英国皇家工程院院士（2005）和美国国家工程院院士（2008）。他入选美国工程院的理由（Election Citation）是"对理解岩石变形和破坏过程的基础性贡献以及岩石力学计算程序的发明与开发"（For fundamental contributions to understanding of rock deformation and failure processes，and development of innovative computational procedures in rock mechanics），对他在科学和工程领域的非凡贡献做出的评价颇为中肯到位。

值得一提的是，除了众所周知的几套 Itasca 计算岩土力学商业程序（即 FLAC/FLAC3D，UDEC/3DEC，PFC2D/3D）外，Cundall 博士还开发了许多没有完全商业化的计算力学软件，例如，QUAKE & DAMSEL（1975～1978）程序用来研究一维和二维非线性大变形情况下土和结构的相互作用；BALL & TRUBAL（1979～1980）离散元程序用来研究颗粒材料的微观力学机理；NESSI（1980）为挪威岩土工程研究所开发的程序用来研究水波和地震波作用下的土和结构的相互作用；FRIP（1982）程序用来模拟干热岩开发中可变形岩体与裂隙中流体的耦合作用；WAVE（1994）则是为南非一家采矿公司开发的一个三维弹性动力学程序，可以处理接触面和吸收边界；REBOP（2000）是一个半理论解程序，用来计算放顶煤开采中破碎颗粒的流动；BLO-UP（2005～2009）是为几个国际采矿公司开发的矿山爆破模拟程序；HF Simulator & XSITE（2010）是一个基于简化离散元方法进行水力压裂模拟的计算程序。

Cundall 博士 1982 年回到明大作为全职教授一直工作到 1990 年，期间 1987～1990 年他去了英国南安普顿大学做访问教授。同时，从 1981 年开始他就一直在 Itasca 公司兼职工作。1990 年以后，他把在 Itasca 公司的工作改为全职，而把在明大的教职变为兼职教授，一直到现在。由于他全职做教授时间不长，做研究写程序又喜欢亲力亲为，所以 Cundall 院士在明大带出的学生数量不是很多，一共培养出八名博士，其中包括前 Itasca 首席执行官（CEO）Loren Lorig，葡萄牙知名学者 Jose Lemos（他多年以来经常在暑期短访 Itasca 与当时的 UDEC/3DEC 负责人 Mark Christianson 合作开发块体离散元程序），还有在 FLAC 中采用强度折减法进行边坡安全系数计算的开创者 Ethan Dawson。笔者有幸师从 Cundall 先生在明大完成博士学业，成为先生唯一的华裔博士。记得当年论文选题时，因为我在负责 FLAC 开发工作，在该系统中做开发轻车熟路，就倾向于在 FLAC 平台上开发本构模型或耦合模块作为论文基础。但是先生建议说 FLAC 已经太成熟，FLAC 平台上产出的博士论文已经成百上千；若能在颗粒离散元程序 PFC 平台上开发一套孔隙尺度的流体动力学模型并与颗粒群耦合，则能将 PFC-CFD 耦合模拟能力扩展到因高流体压力梯度导致岩土固相局部颗粒流失或骨架彻底失稳之后的情况，从而为研究困扰石油行业数十年的油井出砂问题提供一件有效的模拟工具。于是我就遵从了先生的建议，在 PFC 中开发了 LBM（格子-波兹曼模型）作为博士论文的基础。论文完成后被美国岩石力学学会评为每年一篇的年度最优博士论文并荣获 Cook 奖，见证了先生在选择研究课题方面的独到与灼见。

Itasca 公司总部位于明尼苏达州明尼阿波里斯市（Minneapolis），办公楼就在美丽的密西西比河河畔，双子城名胜石拱桥（Stone Arch Bridge）的桥头，业务主要包括工业界项目咨询服务和软件开发，在这两个领域都聚集了一大批世界一流的专家（笔者几年前因好奇世界 500 强公司的工作环境和体验而离开 Itasca 公司，先后在哈里伯顿、壳牌和沙特阿美这几个巨型公司工作过，发现在这些世界顶级大公司里想找到几个相同/相近领域的顶尖同行进行日常技术交流和项目合作反而极其困难）。从 Itasca 公司成立以来，Roger Hart 一直在执掌软件部直到 2012 年退休。Hart 也是明大博士毕业，是 Itasca 五位创始人之一，创立 Itasca 之前在明大土木系做教授。2005～2010 年间 Hart 博士、笔者、武汉大学的王涛教授，以及 Itasca 中国公司的技术总监朱永生总工在中国大陆地区的高校和科研院所（清华大学、四川大学、大连理工大学、河海大学、中国矿业大学（北京/徐州）、中国地质大学（北京/武汉）、中国科学院武汉岩土力学研究所和长江科学研究院等）组织过多次 Itasca 软件专题讲座，国内很多同行对他们都比较熟悉。中间两年 David Russell 兼管软件部，但因同时做管理和软件开发负担实在太过繁重而辞去管理岗。目前软件部管理负责人是 Jim Hazzard，他博士毕业于英国基尔大学（Keele University），研究方向为地球物理和岩石动力学。

Itasca 软件开发团队里全职从事软件开发的人员只有两三个人，其余的研发人员平时都花很多时间在做来自世界各地的工业界项目，领域涵盖土木，水工，采矿，石油等行业。当然，软件新版本计划的研发工作还是有优先权的。有些时候，工业界项目的一部分工作就是开发新模型新模块。总的来说，Itasca 的软件部门的工作模式有点像军队戍边屯田，有战事拎起武器上前线，无战事则回到后方打造工具和耕种。虽然 Itasca 公司以岩石力学立身扬名，其团队里其实有不少成员同时也是流体力学专家。比如，Christine Detournay 在明大的博士论文课题是地下水动力学（导师为地下水动力学泰斗 Otto Strack 教授）；她是 FLAC/FLAC3D 中的流体力学模块及诸多本构模型的主要开发者；有趣的是，经常有人看文献时会混淆她与她先生 Emmanuel Detournay 院士所做的工作。Branko Damjanac 在明大的博士论文的基础是他在 3DEC 中开发的一套裂隙流体模型并与块体离散元双向耦合的程序（导师为 Fairhurst 院士）。David Russell 明大本科毕业后在 Itasca 工作十余年，然后离职去康奈尔大学攻读博士学位，论文课题为蜻蜓飞行中的空气流体动力学。Jason Furtney 虽然出生于明尼苏达，但他本科到博士都是在英国读的，他在剑桥大学的博士论文与地壳中的流体流动有关。

PFC 的研发主要集中在接触模型和与流体耦合这两个方向。过去二十多年，接触模型方向主要是 Cundall 和 Potyondy 在做。跟 David Russell 相同，David Potyondy 是明大的本科和康奈尔大学的博士，他的博士论文研究领域是断裂力学。PFC 可以与各种不同流体力学模型进行耦合来模拟不同情况下的流体与颗粒组成的固体骨架，或颗粒散体的相互作用。由于 PFC 程序中镶嵌有 FISH 编程语言（新版还有 Python），通过 FISH 语言可以存取 PFC 颗粒几乎所有变量，控制和改变计算循环每个环节，所以用户几乎拥有与源程序开发者同等的开发权利。Itasca 公司在 PFC 中开发了好几套流体力学模型。除了上述提到的 LBM 流体模型外，Shimizu 在离开 Itasca 回日本东海大学任教之前，在 2004 年左右开发了粗糙网格流体力学模块。2007 年前后，Furtney 将 PFC 与日本 CRC Solutions 公司的 CCFD（Coupled Computational Fluid Dynamics）程序进行耦合。同一时期，Damjanac 用 FISH 在 PFC 中开发了流管网络模型（Pipe Network Flow）。

　　Itasca 几套核心软件（包括 FLAC/FLAC3D，UDEC/3DEC，PFC2D/PFC3D）都是 20 世纪 80~90 年代开发的，而计算机软硬件技术发展则一日千里，所以，尽管过去几十年开发团队在各个产品中不断开发新的物理力学模型，这些产品的软件构架和用户界面却慢慢开始显得过时。为了与时俱进，大约从 2005 年开始，也就是 David Russell 在康奈尔大学完成博士学业重返 Itasca 之后，他带领 Itasca 软件团队重新开发了一套全新的软件构架，然后逐个把各个软件核心计算程序移植到这个新构架。目前最新版的 FLAC3D，3DEC，PFC2D/3D 都是在新的软件构架内发布的。一方面，这些新版软件的界面比较时尚，但另一方面，老版本的有些功能/模块可能就没有移植过来。比如，在 PFC 中，有些流体动力学模块在新版软件里就没有提供。

　　不少人误以为 PFC 只能用来做小尺度微观力学模拟。固然，如果系统颗粒及接触信息数据完全，能够直接把实际物理颗粒及接触状态投射到颗粒模型中去，PFC 可以对该系统在各种荷载激励下的力学反应做出精准预测；但更为重要的却是，颗粒离散元其实跟其他数值方法（如有限元）一样，是一种通用的数值计算方法，这种情况下离散元程序中的颗粒不代表任何物理实体，而只是进行模拟时所需要的计算元件。尽管如此，超高计算负荷依然是阻碍颗粒离散元方法和程序在实际工程应用中的一个瓶颈。为了解除这个约束，Cundall 院士和 Itasca 团队数十年来一直在努力从不同方向进行突破。例如，当多核计算机出现时，Itasca 团队就把 PFC 计算循环从单线程改进为多线程。另一个例子，Cundall 院士在用 PFC 模拟连续介质时发现颗粒旋转计算可以忽略，于是他就把颗粒缩为质点，再把接触扩为弹塑性弹簧，这样就把颗粒离散元简化为格子（lattice）模型；Itasca 为石油行业开发的水压劈裂软件 XSite 就是在简化离散元模型基础上开发的；他们还为 XSite 开发了 Linux 版本以利用硬件加快计算。再如，David Russell，David Potyondy，Sacha Emam 和 Matthew Purvance 等人在开发最新版 PFC 时，对程序中很多数据结构和算法做了重新设计或重大改进，所以原则上新版 PFC 比老版计算速度应该要快很多。随着当前量子计算机及云计算等软硬件技术的飞跃发展，相信计算资源对颗粒离散元方法的约束将很快成为历史。

韩彦辉
2019 年 10 月于美国休斯敦

前　　言

本书属于《Itasca 岩土工程数值模拟方法及应用丛书》的第二本成果。PFC 是由 Itasca 国际集团公司/咨询集团（Itasca International Inc.）开发的岩土工程专业数值分析代码，由离散元之父 Peter Cundall 博士主持开发，他目前是美国工程院院士和英国工程院院士。在世界范围内，PFC2D/3D 已经成为岩土工程及相关行业数值计算的高端主流工具和产品，在边坡、地震、构造地质、隧道（洞）、地下洞室、采矿、石油与页岩气开发及核废料存储等领域都得到了应用。软件可以从宏细（微）观计算岩土体在各种外荷载作用下产生的变形、应力、稳定性，尤其擅长计算岩土体中裂纹的萌生、扩展、交叉与贯穿等问题。同时，在非线性动力、接触本构模型二次开发和多场耦合等方面，软件也提供了专业的解决方案。目前该软件已经逐渐成为岩土工程领域影响最为深远的专业软件之一。

最开始听说该软件，是我在 2003 年前后学习博士研究生课程的时候，一位教授上课时曾经提起了颗粒流方法，当时他认为这种在国外看到的类似彩色玻璃球的堆积体与水工岩石力学问题很难牵扯上，而仅仅是一种游戏而已。2004 年我在加拿大 Itasca 公司研究访问时，第一次正式接触到了 PFC，当时加拿大的工程师正在采用 PFC 进行矿体崩落的模拟，实际上当时加拿大的工程师也不能完全掌握该方法。2004 年圣诞节前后到了 Itasca 美国总部，当时正值 David Potyondy 的经典论文 A bonded-particles model for rock 发表，不过当时他已经前往加拿大多伦多大学任教，并没有机会进行深入交流。还好 Peter Cundall 和韩彦辉（2013 年国际 N. G. W. Cook 奖获得者，Peter Cundall 院士唯一华裔博士）在明尼阿波利斯，他们向我传递了岩石力学今后发展的重要方向是细观岩石力学科学问题的研究。

回国以后，我们尝试采用 PFC 做一些机理性的计算和探索，但开始的时候效果一般。2012 年，在完成中煤科工集团委托的关于水力压裂的项目时，我们真正体会到了该程序的先进性和在国际领域内的认可程度。我们不仅顺利完成了该项目的工作，同时在国际煤炭地质领域的顶级期刊 International Journal of Coal Geology 上，发表了论文 Simulation of hydraulic fracturing using particle flow method and application in a coal mine. International Journal of Coal Geology，2014，121：1-13.（当期首篇，评审意见为："Excellent work using PFC for hydro-fracturing simulation"），目前论文在 Web of Science 上的被引频次为 102（2020.2）。另一篇论文 The effect of natural fractures on hydraulic fracturing propagation in coal seams 是与美国工程院院士 Derek Elsworth（2014~2015 年我在美国访问学者期间的指导教师）一起合作在 Journal of Petroleum Science and Engineering 上发表，目前在 Web of Science 上的被引频次为 35（2020.2）。2014~2016 年，与香港大学合作完成了国家自然科学基金海外及港澳学者合作研究基金项目，并在 International Journal for Numerical and Analysis Methods in Geomechanics 上发表了关于颗粒离散元光滑节理

参数的研究。

从 2015 年开始，我承担了武汉大学硕士研究生学位核心课程《水工结构计算力学》中的颗粒离散元部分的授课工作，经过几轮的教学，发现出版一本完善的离散元教材还是十分必要的。以此为契机，并在中国建筑工业出版社辛海丽博士（清华大学）的建议下，我们着手准备了这本参考书，目的是为岩土工程及相关专业的 PFC 数值模拟从业者提供高质量的参考教材。

本书主要以 PFC 5.0 为主要介绍对象，但内容同时涉及了 4.0 和 6.0，软件从 4.0 升级到 5.0 和 6.0 以后，界面已经发生了彻底的变化，各种计算功能也在增强，但 4.0 版本中的一些功能并没有完全移植到 5.0，而且 4.0 具有软件简洁，上手方便的特点，国内目前还没有专门的书籍来系统地介绍 PFC4.0，因此本书也涵盖了 4.0 中的一些使用方法及应用。本书立足理论联系实际，既包含了 PFC 基础理论知识和操作方法，来满足初学者的要求；同时涵盖了目前在国际领域内最新的研究成果，为有一定基础的读者深入学习 PFC 提供理论支撑和应用导向。本书可以供土木、矿山、地质、水利水电、石油、交通等专业从事岩土力学数值模拟、工程设计与研究的工程师和在校师生参考使用，也可以作为相关专业的本科生和研究生教材。

全书共 11 章，其中 1～6 章为基础理论和基本操作部分，7～11 章为开发和应用部分。全书的编写分工如下：全书的章节安排和统稿由武汉大学王涛负责，第 1 章由王涛、韩彦辉（美国沙特阿美-Aramco Service Company-休斯敦研究中心）执笔；第 2 章由王涛和王穗丰（中国地质大学（武汉））执笔；第 3 章由王涛和王穗丰执笔；第 4 章由王穗丰、朱永生和王涛执笔；第 5 章由胡万瑞（澳大利亚莫纳什大学）和王涛执笔；第 6 章由徐大朋（湖北省水利水电规划勘测设计院）、赵先宇和王涛执笔；第 7 章由韩彦辉执笔；第 8 章由朱永生（浙江中科 Itasca 岩石工程研发有限公司）执笔；第 9 章由王涛和朱永生执笔；第 10 章由周炜波（中国电建西北勘测设计研究院有限公司）、肖雄（中蓝长化工程科技有限公司）和王涛执笔；第 11 章由张丰收（国家第十二批"千人计划"青年人才，同济大学教授）执笔；参加本书编写的还有武汉大学刘骞、雷鸣、张丛彭、Asaduzzaman、Faisal Waqar 和 Sajid Ali 等。

作者非常感谢国家自然科学基金海外及港澳学者合作研究基金项目（编号：51428902）；国家自然科学基金面上项目（编号：41772286）；国家自然科学基金面上项目（编号：51579194 & 51879207）；水资源与水电工程科学国家重点实验室水工结构所科研业务费的资助。非常感谢武汉大学研究生院常务副院长周伟教授，武汉大学水利水电学院水电系苏凯教授、杨志兵教授和刘嘉英博士，浙江中科 Itasca 岩石工程研发有限公司总经理褚卫江教授，中国矿业大学（北京）赵毅鑫教授，中国地质大学（武汉）谭飞教授，山东大学段抗教授，香港大学郭颂怡（C. Y. Kwok）博士，韩国建设技术研究院（KICT）庄丽博士，军事科学院工程防护研究所徐景茂博士，中煤科工集团重庆研究院有限公司陈金华研究员，长沙矿山研究院有限公司李向东教授和中钢集团武汉安全环保研究院有限公司汪晓霖教授在本书完成过程中给予的鼓励和帮助。最后，特别感谢美国宾州州立大学 Derek Elsworth 教授（美国工程院院士）在百忙之中为本书作序。

这里需要说明，PFC 自带手册是学习该软件的基础，同时可以称为岩土工程与科学研究的另一部宝典，本书是在这个巨人的基础上编撰完成。由于作者水平有限和当今计算理论和技术的飞速发展，书中会出现一些欠妥或疏漏的地方，敬请读者在使用过程中批评指正。

如果读者在学习过程中需要本书中涉及的命令流及源代码，可以与我联系：htwang @whu. edu. cn。

2019 年 12 月于珞珈山

目　　录

第 1 章　PFC 数值计算方法及基本理论

1.1　PFC 数值计算方法简介

离散单元法（Discrete/Distinct Element Method，简称 DEM）是 Peter Cundall 院士于 1971 年提出来的。当时他把自己在英国帝国理工（ICL）完成的博士论文"The measurement and analysis of acceleration on rock slopes"的部分成果发表在法国 Nancy 的国际岩石力学会议上（图 1-1），这篇论文显示，当时他的导师正是大名鼎鼎的国际岩石力学专家 Evert Hoek 教授。

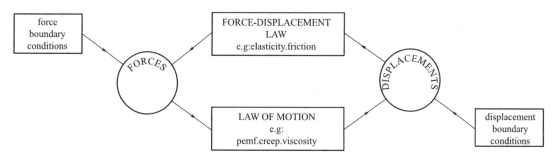

图 1-1　Cundall 受到动态松弛法的启发而提出的 DEM 计算步骤（Cundall，1971）

1979 年，Cundall 和 Strack 在 Geotechnique 上发表经典论文"A discrete numerical model for granular assembles"，标志着颗粒离散元的正式诞生。截至 2019 年 12 月 8 日，该论文在 Google Scholar 上被引频次为 14173 次，这个记录在整个计算力学历史上是非常罕见的，被认为是岩土力学领域内论文被引之冠。

PFC 使用离散元方法（DEM）模拟刚性颗粒（二维为圆盘、三维为球）集合体的运动和相互作用。PFC 允许离散物体的有限位移和旋转（包括完全分离），并根据计算的结果进行自动识别。由于限制为刚性颗粒，PFC 也看作是 DEM 的简化版本，而一般意义上的 DEM 是可以处理可变形的多边形颗粒/块体。

在 DEM 中，每当内力平衡时，颗粒的相互作用就被视为具有平衡状态的动态过程。通过跟踪单个颗粒的运动，可以找到受力作用的颗粒集合体新的接触力和位移。运动是由特定的墙、颗粒运动和/或体力引起的扰动通过颗粒系统传播而产生的，这是一个动态过程，其中传播速度取决于离散系统的物理属性。

1.1.1　颗粒离散元的产生背景

离散单元法最初被用于分析块体岩石系统和岩石边坡的力学行为问题。它的基本思想是将岩体视为由不连续体（断层、节理和裂隙等）分离而成刚性单元的集合，使各个刚性单元都满足运动方程，同时允许刚体单元的相对滑移和旋转，用显式中心差分进行迭代求解，从而获得不连续体的整体运动状态。因此，离散单元法十分适合大位移和非线性问题的分析，尤其在研究节理岩体等非连续介质的力学行为问题具备显著优势。

　　Cundall 于 1971 年创立了离散元，用于分析岩石力学问题；Cundall 和 Strack 于 1979 年提出了适用于研究岩土力学的颗粒离散元方法，并推出了二维程序 Ball 和三维程序 Turbal；后来 Itasca Consulting Group（ICG）进一步发展为颗粒流商用程序 PFC2D 和 PFC3D（表 1-1）。因此，考虑到计算组分的集合特性，离散元方法可以分为块体离散元和颗粒离散元两种方法，本书主要介绍颗粒离散元 PFC 的理论及应用。近年来，颗粒离散元不仅广泛应用于非连续介质力学问题的研究，还扩展到求解连续介质经损伤破裂变化为非连续介质的问题。一般材料的宏观力学行为是由组成材料的细观结构特性所决定，例如颗粒的强度和变形特性、颗粒间黏结强度、颗粒尺寸与级配分布等。离散单元法能够克服传统连续介质模型理论的局限，全面地模拟材料从完整到失效的损伤过程和破坏模式，同时可以从细观力学角度解释材料的损伤破坏机理。

系列软件开发历史　　　　　　　　　　　　　　表 1-1

2018	PFC Ver. 6.0	与 FLAC3D 耦合无缝互操作版本发布
2014	PFC Ver. 5.0	自动多线程算法设计及全交互式界面版本发布
2008	PFC Ver. 4.0	简洁交互界面版本发布
1994	PFC Ver. 1.1	由以下企业资助开发发布：Codelco 智利，英美资源，壳牌，小松，三菱重工，Taisei，Kajima，Pacific 咨询公司，用于从矿山崩落到粉末压实的各种颗粒流应用
1993	FLAC3D Ver. 1.0	将二维 FLAC 扩展到了三维
1988	3DEC Ver. 1.0	为加拿大安大略省萨德伯里的 Falconbridge 矿山集团开发，研究深部矿藏开采中岩爆的力学行为
1985	FLAC Ver. 1.0	连续介质力学计算方法
1984	UDEC Ver. 1.0	为 DNA 和美国工程师兵团开发，研究节理岩石的块体运动
1971	DEM	Cundall，1971

　　研究者开发的计算程序如果能满足以下条件，就可以称为离散元计算方法（DEM）（Cundall & Hart，1992）：

　　●允许离散物体的有限位移和旋转；包括完全分离，随着计算的进行自动识别新的交互作用（接触）；

　　●离散元代码将包含了用于检测和分类接触的有效算法。它将执行一个数据结构和内存分配方案，该方案可以处理成千上万个不连续面或接触。

　　而 Itasca 提出的离散元特别命名为 "Distinct Element Method"，该 DEM 主要是针对使用牛顿运动定律的显式动态解决方案而命名。

1.1.2　颗粒离散元 PFC 的应用与发展

　　从牛顿到柯西，固体力学的基本理论都建立在粒子模型之上。由微观到宏观的表达转换则导致了应用力学的发展。对于大多数工程应用，连续介质往往能比粒子聚集体模型更集中、更概括、更简单地表达研究对象。然而连续介质模型容易引发破坏状态描述的不封闭，本构方程、损坏演化率、断裂准则等概念只能半经验性地刻化破坏过程中的一些宏观断面。因此近五十年来断裂力学研究从宏观重返微观，产生了宏微观结合的断裂力学理论（杨卫，1995）。基于颗粒离散元理论的细观岩石力学为揭示岩石非线性本质，尤其是岩石破坏前后力学特征的准确描述提供了理论、方法与工具。

颗粒物质是由众多离散颗粒相互作用而形成的具有内在有机联系的复杂系统。自然界中单个颗粒的典型尺度在 $10^{-6} \sim 10\text{m}$ 范围内，其运动规律服从牛顿定律；整个颗粒介质可以发生流动，表现出流体的性质，从而构成颗粒流。颗粒物质力学是研究大量离散固体颗粒相互作用而组成的复杂体系的平衡和运动规律及其应用的科学。颗粒物质广泛存在于自然界，与人类工业生产和日常生活密切相关。

1989 年英国 Aston 大学 Thornton 引入 Cundall 的 TRUBAL 程序，从发展颗粒接触模型入手对程序进行了改造，形成 TRUBAL-Aston 版，后定名为 GRANULE。它完全符合弹塑性圆球接触力学原理，能模拟干—湿、弹性—塑性和颗粒两相流问题。英国 Surrey 大学的 Tiiziin 研究组（以 DEM 模拟和实验研究见长）、Leeds 大学的 Ghadiri 研究组，以及 Swansea 大学的 Owen 研究中心（以有限元—离散元法结合见长）等也对 DEM 进行了深入研究，并多次举办相关主题的学术会议，促进了颗粒离散元法的发展。法国在散体实验方面（如土力学和谷物储运过程）的研究成果较突出，多数人直接采用 PFC 进行 DEM 分析，也有人用类似方法研究，如 Radjai 和 Moreau 研究小组分别用力网络法和接触动力学法研究剪切区问题。荷兰、德国和加拿大等国也有很多进展。澳大利亚新南威尔士大学余艾冰的研究中心进行了多方面的 DEM 模拟，CSIRO 研究所的 Cleary 也用离散元法模拟了不少工程问题。在日本有多个学术团体（土木工程/土力学和基础工程学会、物理学会、颗粒技术学会、粉体过程工业和工程协会、日本科学促进会）在散体细观力学研究中起了重要作用，多次组织美日散体力学的理论和方法的研讨会，研究较多的有埼玉大学（Saitama University）的 Oda、东北大学（Tohoku University）的 Satake 和 Kishino、大阪大学（Osaka University）的 Tsuji 和 Tanaka 以及东京农工大学（Tokyo University of Agriculture and Technology）的 Horio 等都编写了专著系统介绍散体力学和离散元法。

我国离散元研究始于 20 世纪 80 年代王泳嘉引入 Cundall 的离散元法进行的岩石力学和颗粒系统的模拟，此后块体离散元方法应用到了地下厂房、边坡、危岩和矿井稳定等岩石力学问题。焦玉勇（1998 & 2007）、魏群（1991）、王泳嘉 & 邢纪波（1991）、李世海（2002）、徐泳（2003）、陈文胜（2005）和周健等（2006）等在离散元领域均有重要的贡献。张洪武（2002）在细观层面上建立了一个具有内部黏结接触特性的力学模型，用于研究岩土体的非线性力学行为。蒋明镜（2004）基于颗粒离散元方法的数值模拟实验，对毛细管水接触模型进行了修正，提出了不饱和颗粒的剪切强度函数。王等明（2009）研究了密集颗粒系统的离散单元模型及其宏观力学行为特征的理论。刘新荣（2011）通过对 2 个黏结颗粒的拉伸和剪切状态进行分析，推导了岩石颗粒流细观应力和断裂强度因子关系的理论公式，进而建立了强度参数与岩石断裂韧度关系的理论模型。

颗粒体离散元除应用于岩土工程外，还应用于构造地质、地球物理、能源存储、粉末加工、研磨与破碎技术、石油化工、采矿工程、冶金和材料等领域。Schöpfer et al.

（2007）采用 PFC 模拟了正断层在具有力学强度差异较大的周期性地层序列（石灰岩和页岩互层）中和在不同的围压下的发育。Wang et al.（2019）使用 PFC3D 离散元模型对石英和滑石泥的混合物进行数值剪切实验，模拟出来的局部摩擦演化规律表明断层泥中的滑石在剪切带的组织和定位中起控制作用，主导了断层的剪切强度和摩擦稳定性。Li et al.（2017）基于 PFC2D 提出了一种新的混合模型来描述盐岩样品的热-力学耦合蠕变力学行为。2012 年我们曾经在西北有色金属研究院做过一次学术交流。该研究院是我国重要的稀有金属材料研究基地和行业技术开发中心、国内军用稀有金属科研生产基地、稀有金属材料加工国家工程研究中心、金属多孔材料国家重点实验室，以及超导材料制备国家工程实验室。烧结金属多孔材料是 20 世纪初出现，第二次世界大战后发展很快的一类具有特殊性能的功能材料，国内烧结金属多孔材料的年需求量大约 5 亿人民币（汤慧萍等，2006年）。西北有色金属研究院开发了多种烧结金属多孔材料，当面对烧结过程力学模拟的科研课题时，他们选择 PFC 进行开发研究。荷兰代尔夫特大学于 2005 年基于烧结过程，开发过类似的接触模型（图 1-2）。

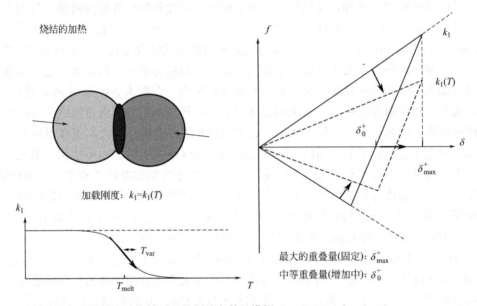

图 1-2　烧结过程的颗粒离散元模拟（Luding et al.，2005）

1.1.3　颗粒离散元 PFC 程序的开放性

Itasca 软件开发的宗旨是具有开源软件的透明性和灵活性，同时具备商业程序强大的易用性和技术支持。因此，PFC 具有很高程度的开放性，除了内置传统的 FISH 语言，PFC5.0 开始嵌入 Python 语言，允许用户从 Python 程序中控制 PFC 计算模型。PFC 提供了程序内置的各种接触模型的源代码。此外，用户可以使用 C++ 插件选项，创建自定义的接触模型，将新的物理模型嵌入 PFC 软件中。此类用户自定义模型可以在运行时加载，与内置的接触模型具有完全相同的方式。Yang & Juanes（2018）提出了一个基于 PFC 离散元方法和孔隙网络渗流的颗粒介质水-力耦合模型，其中孔隙网络由以颗粒球心为节点的加权 Delaunay 四面体剖分而动态构建，每个孔隙体积和孔喉等效半径可由局部空隙的几何形状精确计算得出，孔隙流体压力通过孔隙网络渗流方程隐式求解计算，其既受颗粒运动影响，同时又反馈影响颗粒群的重新排列。

另外，目前世界上有三个最流行的开源离散元仿真程序，分别是 Yade、ESyS-Particle 和 LIGGGHTS。这些程序均是在 Cundall 提出的 DEM 思想的基础上开发的，用户可以在使用过程中与 PFC 进行对比。这三个开源程序各有优缺点，比较如下：

Yade 和 ESyS-Particle 主要应用于岩土工程领域，如岩石破碎、山体滑坡和地震等问题，其功能与 PFC 接近。Liu et al.（2018）采用 Yade 进行离散元模拟，定义了颗粒材料因接触的拓扑变化引起的局部剪胀和剪缩，研究了应变局部化与细观力环转换之间的关系，发现微观摩擦在局部结构剪胀中的重要作用。LIGGGHTS 支持复杂几何模型、运动几何和颗粒传热等，其功能与 EDEM（英国 DEM Solution 公司开发的一款分析工业粒子处理和制造的离散元软件）具有一定相似性。Yade 采用 OpenMP 并行（Kozicki & Donzé，2009），而 ESyS-Particle 和 LIGGGHTS 采用 MPI 并行，尤其是 LIGGGHTS 源自于分子动力学程序 LAMMPS，具有超强的并行计算能力。在流固耦合方面，LIGGGHTS 可以与 OpenFOAM 耦合进行 CFD-DEM 仿真，一直作为独立的社区项目在开发，Yade 和 ESyS-Particle 也可以与 OpenFOAM 耦合。Yade 和 ESyS-Particle 采用 Python 作为脚本语言，可扩展性强，LIGGGHTS 则是继承 LAMMPS 的脚本语言，功能有限。

1.2　颗粒离散元 PFC 的基本力学理论

颗粒流程序 PFC 采用离散单元法来模拟颗粒集合体的运动及相互作用规律，计算时 PFC5.0 对颗粒及颗粒之间的接触作出如下假定（assumptions）：

1. 颗粒本身视为刚体，不能发生变形。
2. 颗粒的基本形状用球（balls）来表示（二维为单位厚度的圆盘，三维为球）。
3. 颗粒团（clumps）支持由一组卵石（pebbles）刚性连接在一起。每个颗粒团由一组重叠的卵石组成，这些卵石充当具有可变形边界的刚体，颗粒团可以是任意形状。
4. 颗粒通过内部的力和力矩成对接触。接触力学体现在由颗粒相互作用定律而更新的内部力和力矩中。
5. 物理接触时使用软接触方法，允许刚性颗粒在接触点处相互重叠。接触发生在一个很小的区域（即一点），并且重叠的大小和/或接触点的相对位移与通过力-位移定律计算出的接触力有关。
6. 颗粒接触之间可以存在黏结强度。
7. 长距离间相互作用也可以从势能函数中推导得出。

1.2.1　颗粒离散元 PFC 中的物理和力学定律

PFC 的计算原理主要基于力-位移定律和牛顿第二运动定律，采用显式有限差分方法进行循环迭代求解。图 1-3 显示了 PFC4.0 的计算循环过程，在每一步计算循环过程中，需要将牛顿第二运动定律施加在每一个颗粒上，将力-位移定律施加在每一个接触上，同时不断更新颗粒和墙体的位置。在计算过程中，颗粒之间的接触或颗粒与墙体之间的接触

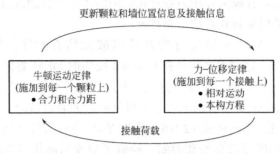

更新颗粒和墙位置信息及接触信息

图 1-3　PFC4.0 的计算循环过程

会自动生成和破坏（Itasca，2010）。

　　PFC 模型可模拟大量颗粒的物理相互作用。PFC5.0 模型中的每个颗粒都被表示为一个实体，以阐明它不是点质量的事实；物体是离散的刚体，具有有限的范围和定义好的表面。PFC5.0 模型由实体（bodies）、部件（pieces）和接触（contacts）组成。共有三种类型的实体：球（balls）、颗粒团（clumps）和墙（walls）。每个实体由一个或多个部件组成，球本身就是一个部件。颗粒团由一个或多个卵石（pebbles）组成。墙由一个或多个面组成。接触是部件之间的成对作用，随着模拟的进行而创建和消失。接触中保持施加到接触的力和力矩。这些力/力矩通过称为接触模型的相互作用定律进行计算。球、颗粒团、墙和接触被称为 PFC 模型组件，因为它们构成了 PFC 模型的物理组件。PFC 模型状态是指在模拟期间，特定时间的模型组件的当前空间配置和状态（例如：速度、力和力矩等）。

　　作为一种显式的时间步求解，随着模拟的进行，模型状态会通过一系列计算循环（或多个循环）在时间上更新。可以指定自定义条件以根据当前模型状态而终止一系列循环。当循环到终端模型状态时，可以观察和查询由于许多物体的相互作用而产生的多种实时力学行为。这组力学行为是 DEM 模拟的主要特征之一。

图 1-4　PFC5.0 在每个循环中发生的主要计算次序

　　循环序列是在单个 PFC 周期内执行的操作序列。图 1-4 描绘了在 PFC5.0 中实现的循环序列的简化版本，这些操作包括：

　　●确定时间步长。DEM 计算方法需要一个有效的有限时间步长，以确保模型的数值稳定性，并确保所有部件之间的相互作用都在相互作用的物体之间产生力/力矩之前建立。

　　●运动定律。根据牛顿的运动定律，使用当前时间步长和在上一个循环中计算出的力/力矩来更新每个物体/部件的位置和速度。

　　●前进时间。通过将当前时间步添加到上一个模型时间来确定模型的前进时间。

　　●接触检测。根据当前部件的位置动态创建/删除接触。

　　●力-位移定律。使用部件的当前状态，通过适当的接触模型更新在每个接触处产生的力/力矩。

　　动态行为通过时间步长算法以数值表示，其中假定速度和加速度在每个时间步内都是恒定的。该解决方案与显式有限差分方法（FLAC）用于连续体分析的方案相同。DEM 基于这样的思想，即选定的时间步长可能会很小，以至于在单个时间步长中，扰动无法从任何颗粒传播到比其相邻颗粒更远的距离。然后，在任何时候，作用在任何颗粒上的力都完全取决于其与接触颗粒的相互作用。由于扰动传播的速度是离散系统物理特性的函数，因此可以选择时间步以满足上述要求。相对于隐式数值方案，使用显式数值方案可以模拟大量颗粒的非线性相互作用，而无需过多的存储要求或大量的迭代过程。

在 DEM 中执行的计算是将牛顿第二定律应用于颗粒与接触处的力-位移定律之间交替进行。牛顿第二定律用于确定由接触和作用在颗粒上的体力引起的每个颗粒的运动，而力-位移定律用于更新由每个接触处的相对运动引起的接触力。在 PFC 中，与墙中分面（facet）的接触只要求满足力-位移定律。墙的运动由用户指定，牛顿第二定律并不适用于墙。

1.2.1.1　力-位移定律

力-位移定律通过接触点将相邻接触实体的相对位移和作用在实体上的接触力联系起来，接触点位于两接触实体的"重叠"区域。对于两个颗粒之间的接触，接触平面的法向方向为两接触颗粒球心的连线方向（图 1-5）；对于颗粒与墙之间的接触，接触平面的法向方向为颗粒球心到约束墙体最短直线距离的连线方向（图 1-6）。

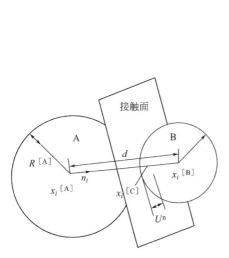

图 1-5　颗粒与颗粒的接触

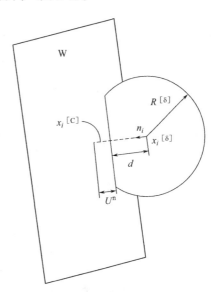

图 1-6　颗粒与墙体的接触

两接触颗粒之间接触平面的单位法向量 n_i 的计算公式如式（1-1）所示：

$$n_i = \frac{x_i^{[B]} - x_i^{[A]}}{d} \tag{1-1}$$

式中，$x_i^{[A]}$、$x_i^{[B]}$ 分别表示相邻颗粒 A 和颗粒 B 球心处的位置；d 表示颗粒 A 和颗粒 B 球心之间的距离，其计算公式如式（1-2）所示：

$$d = | x_i^{[B]} - x_i^{[A]} | = \sqrt{(x_i^{[B]} - x_i^{[A]})(x_i^{[B]} - x_i^{[A]})} \tag{1-2}$$

颗粒之间的重叠量 U^n 为：

$$U^n = \begin{cases} R^{[A]} + R^{[B]} - d \,（颗粒与颗粒的接触）\\ R^{[\delta]} - d \,（颗粒与墙的接触）\end{cases} \tag{1-3}$$

式中，$R^{[A]}$ 表示颗粒 A 的半径；$R^{[B]}$ 表示颗粒 B 的半径；$R^{[\delta]}$ 表示颗粒 δ 的半径。接触点位置的计算公式为：

$$x_i^{[C]} = \begin{cases} x_i^{[A]} + \left(R^{[A]} - \dfrac{1}{2}U^n\right)n_i（颗粒与颗粒） \\ x_i^{[\delta]} + \left(R^{[\delta]} - \dfrac{1}{2}U^n\right)n_i（颗粒与墙体） \end{cases} \tag{1-4}$$

两接触实体之间的接触力向量 F_i 可以分解成法向分量和切向分量，即：

$$F_i = F_i^n + F_i^s \tag{1-5}$$

法向分量 F_i^n 计算公式如式（1-6）所示：

$$F_i^n = K^n U^n n_i \tag{1-6}$$

式中，K^n 为接触点处的法向刚度。接触力向量的剪切分量采用增量形式进行计算。F_i^s 通过计算以下两个转动计算，一个是关于新旧接触面共有的直线，一个是关于新接触面的法向方向，并假设旋转很小，第一个计算公式如下：

$$\{F_i^s\}_{\text{rot.1}} = F_j^s(\delta_{ij} - e_{ijk}e_{kmn}n_m^{[\text{old}]}n_n) \tag{1-7}$$

式中，$n_m^{[\text{old}]}$ 表示旧接触面的单位法向量。第二个转动计算公式如下：

$$\{F_i^s\}_{\text{rot.2}} = \{F_j^s\}_{\text{rot.1}}(\delta_{ij} - e_{ijk}\langle\omega_k\rangle\Delta t) \tag{1-8}$$

式中，$\langle\omega_k\rangle$ 表示新接触面法向方向上两个接触颗粒的平均角速度：

$$\langle\omega_i\rangle = \frac{1}{2}(\omega_j^{[\phi^1]} + \omega_j^{[\phi^2]})n_j n_i \tag{1-9}$$

式中，$\omega_i^{[\phi^j]}$ 是接触实体 ϕ^j 转动速度。接触位置处两接触实体的切向相对运动或者说切向相对速度通过式（1-10）定义：

$$V_i = (\dot{x}_i^{[C]})_{\phi^2} - (\dot{x}_i^{[C]})_{\phi^1} = (\dot{x}_i^{[\phi^2]} + e_{ijk}\omega_j^{[\phi^2]}(x_k^{[C]} - x_k^{[\phi^2]})) - (\dot{x}_i^{[\phi^1]} + e_{ijk}\omega_j^{[\phi^1]}(x_k^{[C]} - x_k^{[\phi^1]})) \tag{1-10}$$

式中，$\dot{x}_i^{[\phi^j]}$ 是接触实体 ϕ^j 的平动速度。V_i 的法向分量和切向分量分别表示为 V_i^n 和 V_i^s，则：

$$V_i^s = V_i - V_i^n = V_i - V_j n_j n_i \tag{1-11}$$

在一个计算时步 Δt 内，位移的切向分量增量为：

$$\Delta U_i^s = V_i^s \Delta t \tag{1-12}$$

所以，由此产生的接触力切向分量为：

$$\Delta F_i^s = -k^s \Delta U_i^s \tag{1-13}$$

式中，k^s 为接触处的切向刚度。新的切向接触力 F_i^s 由前一计算步中的接触力切向分量加上当前计算步接触力的切向分量获得：

$$F_i^s = \{F_i^s\}_{\text{rot.2}} + \Delta F_i^s \tag{1-14}$$

由此作用于两个接触实体的合力及合力矩为：

$$\begin{aligned} F_i^{[\phi^1]} &\leftarrow F_i^{[\phi^1]} - F_i \\ F_i^{[\phi^2]} &\leftarrow F_i^{[\phi^2]} + F_i \\ M_i^{[\phi^1]} &\leftarrow M_i^{[\phi^1]} - e_{ijk}(x_j^{[C]} - x_j^{[\phi^1]})F_k \\ M_i^{[\phi^2]} &\leftarrow M_i^{[\phi^2]} + e_{ijk}(x_j^{[C]} - x_j^{[\phi^2]})F_k \end{aligned} \tag{1-15}$$

1.2.1.2　运动方程

单个颗粒的运动状态取决于其所受的合力和合力矩，具体表现为平动和转动。颗粒的平动可以通过其位置坐标 x_i、速度 $\dot{x}_i$ 和加速度 $\ddot{x}_i$ 来描述；颗粒的转动可以通过角速度 ω_i、角加速度 $\dot{\omega}_i$ 来描述。运动方程可以由两个矢量方程来进行描述：一个是合力和平动之间的线性关系方程；另一个是合力矩和转动之间的关系方程。

颗粒平动方程的矢量形式为：

$$m\ddot{x} = F + mg \tag{1-16}$$

式中，F 为颗粒所受合力；m 是颗粒的质量；g 是体力加速矢量（比如重力荷载）。

转动方程的矢量形式为：

$$M_i = \dot{H}_i \tag{1-17}$$

式中，M_i 为作用于颗粒上的合力矩；$\dot{H}_i$ 为颗粒的角动量。若局部坐标系沿着颗粒的惯性主轴上，那么由式（1-17）可以得到的欧拉运动方程：

$$
\begin{aligned}
M_1 &= I_1\dot{\omega}_1 + (I_3 - I_2)\omega_3\omega_2 \\
M_2 &= I_2\dot{\omega}_2 + (I_1 - I_3)\omega_1\omega_3 \\
M_3 &= I_3\dot{\omega}_3 + (I_2 - I_1)\omega_2\omega_1
\end{aligned}
\tag{1-18}
$$

式中，I_1，I_2，I_3 为颗粒主惯性矩；$\dot{\omega}_1$，$\dot{\omega}_2$，$\dot{\omega}_3$ 为角加速度；M_1，M_2，M_3 为合力矩对主轴的分量。对于一个半径为 R 的球形颗粒来说，以上三个主惯性矩都相等，式（1-18）可以进一步简化为：

$$M_i = I\dot{\omega}_i = (\beta m R^2)\dot{\omega}_i\ \left(\text{其中}\ \beta = \frac{2}{5}\right) \tag{1-19}$$

1.2.1.3　流体力学计算

颗粒流程序（PFC）可以与各种不同流体力学模型进行耦合来模拟不同情况下的流体与颗粒组成的固体骨架，或颗粒散体的相互作用。由于 PFC 程序中嵌有 FISH 编程语言，通过 FISH 语言可以存取 PFC 颗粒几乎所有变量，控制和改变计算循环的每个环节，所以用户几乎拥有与源程序开发者同等的开发权利。Tsuji et. al（1993）把 DEM 和 CFD（Computational Fluid Dynamics）结合起来研究土体中的渗流问题，固相部分用颗粒表示，液相部分采用平均尺度按平均方程处理。2004 年，Shimizu 在 PFC 源程序中开发了固定粗网格流体力学模块（图 1-7）。2007 年，Jason Furtney 成功地将 PFC 与日本 CRC Solutions 公司的 CCFD（Coupled Computational Fluid Dynamics）程序进行了耦合。同一时期，Branko Damjanac 用 FISH 在 PFC 中开发了流管网络模型（Pipe Network Flow）；韩彦辉（2014）在 PFC 源程序中开发了离散元-格子-波兹曼模型（lattice Boltzmann method）耦合程序。

PFC5.0 版本停止了基本流体分析选项，在 PFC5.0 的早期版本中，通过与 CCFD（Coupled Computational Fluid Dynamics）耦合，提供了一个粗糙网格计算方案。2018 年 3 月发布的 PFC5.0 版本中的耦合计算流体动力学（CCFD）附加组件已停止提供。之前拥有 CCFD 附加组件的客户可以继续将附加组件与 PFC5.0 一起使用。CCFD 模块已重命名为 CFD 模块。所有命令，FISH 内在函数和 Python 绑定均相同，但前缀为 "cfd" 而不是 "ccfd"。PFC5.0 中新的计算流体动力学（CFD）模块可以解决流体-颗粒相互作用的问题，

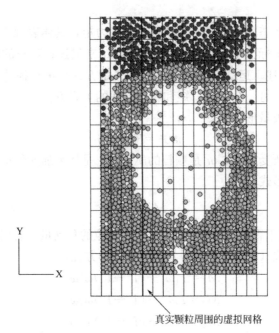

真实颗粒周围的虚拟网格

图 1-7　在固定正交，并与全局坐标系平行的网格内计算流体行为

但 PFC 中的 CFD 模块并不包含 CFD 求解器。CFD 模块仅在 PFC 的 3D 版本中可用。该模块提供了计算命令和脚本功能，用来连接到 CFD 软件，并通过最初由（Tsuji et. al，1993）提出的体积平均粗糙网格方法解决流体与颗粒相互作用问题。有关 DEM/流体耦合方法和应用的概述，可以参见文献（Furtney et. al，2013）。

在粗网格方法中，描述流体流动的方程式是在比 PFC 颗粒更大的一组单元中进行数值求解的。由于流体而作用在颗粒上的力被局部分配给每个颗粒，并且基于颗粒所占据的流体单元中的流体条件，流体-颗粒相互作用力的公式对于孔隙率和雷诺数（在流体-颗粒相互作用项中包括湍流效应）的实际范围是准确且平稳变化的。

相应的体力作为一个流体单元的平均值施加到流体上。孔隙率和流体阻力是由每个流体单元中颗粒性质的平均值计算得出。通过在 PFC 和流体-流动求解器之间定期交换此信息来实现双向耦合。PFC 和流体力学软件之间的信息同步和交换通常是通过 TCP 套接口通信完成的。

流体流动结构的长度大于 PFC 颗粒时就可以用这种方法研究。任何基于连续体的流体-流动模型都可以与 PFC 一起使用，包括 Navier-Stokes 方程，势流和 Euler 方程。PFC 做出的假设是：ⅰ.流体单元大于 PFC 颗粒；ⅱ.流体特性在流体单元上呈分段线性；ⅲ.流体单元不移动。

计算流体动力学模块可以实现：
- 读取流体网格；
- 存储每个流体单元中的流体速度、流体压力、流体压力梯度、流体黏度和流体密度；
- 计算孔隙率；
- 在 PFC 循环过程中，自动将流体-颗粒相互作用力施加到颗粒上。

社区驱动项目演示了如何使用此方法将 PFC3D 与 OpenFOAM 的 CFD 求解器耦合。

有关更多详细信息，请参见 https：//github. com/jkfurtney/PFC3D _ OpenFOAM。

1.2.2　颗粒离散元 PFC 中接触模型的基本组成

颗粒集合体的整体物理力学特性在很大程度上是取决于每个颗粒之间的接触属性，接触模型便是体现接触属性的根本因素。PFC4.0 中的基本接触模型主要包括 3 个组成部分：接触刚度模型、滑动模型和黏结模型。这三个接触模型的组成部分从不同角度描述了接触的力学特性。接触刚度模型提供了接触力和相对位移的弹性关系，滑动模型则强调切向和法向接触力使得接触颗粒可以发生相对移动，而黏结模型通过施加黏结键强度来限制接触点的法向和切向力的极限。PFC5.0 对接触模型的逻辑（定义）进行了重新整合，提供了 10 种内置接触模型：Null（无接触）、linear（线性接触）、linearcbond（线性接触黏结）、linearpbond（线性平行黏结）、hertz（赫兹接触）、smoothjoint（光滑节理）和 flatjoint（平节理）、hysteretic（滞后接触）、rrlinear（抗滚动线性接触）和 burger's（伯格斯接触）。

1.2.2.1　刚度模型

刚度模型描述接触力与对应位移之间的弹性关系。法向接触力与法向位移的关系为：

$$F_i^n = K^n U^n n_i \tag{1-20}$$

式中，K^n 表示法向刚度，取法向力与法向位移之间的割线刚度。切向接触力增量与切向位移增量之间的关系为：

$$\Delta F_i^s = k^s \Delta U_i^s \tag{1-21}$$

式中，k^s 表示切向刚度，取切向力增量与切向位移增量之间的切线刚度。

PFC4.0 中有线性模型和 Hertz-Mindlin 模型两种刚度模型。

（1）线性模型

线性模型的刚度计算是建立在两个相接触的颗粒刚度成对出现的基础之上，其由相接触的两颗粒法向接触刚度和切向接触刚度定义。

颗粒接触点的法向接触割线刚度可以表示为：

$$K^n = \frac{k_n^{[A]} k_n^{[B]}}{k_n^{[A]} + k_n^{[B]}} \tag{1-22}$$

颗粒接触点的切向接触刚度可以表示为：

$$K^s = \frac{k_s^{[A]} k_s^{[B]}}{k_s^{[A]} + k_s^{[B]}} \tag{1-23}$$

式中，上标［A］和［B］分别表示两个相接触的颗粒。在线性接触模型中，法向割线刚度 k_n 等于法向切线刚度 K^n，这是由于：

$$k_n \equiv \frac{dF^n}{dU^n} = \frac{d(K^n U^n)}{dU^n} = K^n \tag{1-24}$$

（2）Hertz-Mindlin 模型

Hertz-Mindlin 模型是基于 Mindlin 和 Deresiewicz 近似理论值的非线性接触关系。该模型由颗粒的剪切模量 G 和泊松比 v 两个参数定义。需要注意的是该模型并不适用于黏结模型。

颗粒接触点的法向割线刚度可以表示为：

$$K_n = \left(\frac{2\langle G \rangle \sqrt{2\widetilde{R}}}{3(1-\langle v \rangle)}\right)\sqrt{U^n} \tag{1-25}$$

颗粒接触点的切向切线刚度可以表示为：

$$k_s = \left(\frac{2(\langle G \rangle^2 3(1-\langle v \rangle)\widetilde{R})^{1/3}}{2-\langle v \rangle}\right)|F_i^n|^{1/3} \tag{1-26}$$

式中，U^n 为颗粒间的重叠量；$|F_i^n|$ 为法向接触力绝对值。其他参数为相接触两颗粒的几何和材料属性参数。对于颗粒-颗粒间的接触点有：

$$\widetilde{R} = \frac{2R^{[A]}R^{[B]}}{R^{[A]}+R^{[B]}} \tag{1-27}$$

$$\langle G \rangle = \frac{1}{2}(G^{[A]}+G^{[B]}) \tag{1-28}$$

$$\langle v \rangle = \frac{1}{2}(v^{[A]}+v^{[B]}) \tag{1-29}$$

对于颗粒-墙接触点有：

$$\widetilde{R} = R^{[\text{ball}]} \tag{1-30}$$

$$\langle G \rangle = G^{[\text{ball}]} \tag{1-31}$$

$$\langle v \rangle = v^{[\text{ball}]} \tag{1-32}$$

式中，R 是颗粒半径；G 为颗粒的弹性剪切模量；v 为颗粒的泊松比；上标［A］和［B］分别代表两个不同的接触颗粒。

对于 Hertz-Mindlin 模型，颗粒的法向割线刚度和法向切线刚度的关系可以表示为：

$$k_n \equiv \frac{\mathrm{d}F^n}{\mathrm{d}U^n} = \frac{3}{2}K^n \tag{1-33}$$

1.2.2.2 滑动模型

滑动模型在颗粒间没有黏结强度时处于激活状态，在一定条件下允许颗粒发生相对滑动。滑动模型通过接触颗粒之间的最小摩擦系数 μ 确定，颗粒体是否发生相对滑动首先需要判定颗粒体重叠量是否小于或等于零。如果重叠量小于或等于零，接触法向和切向力均为零；如果重叠量大于零，接触法向力不为零，颗粒之间发生相对滑动的条件为：

$$F_{\max}^s = \mu|F_i^n| \tag{1-34}$$

式中，$F_{\max}^s$ 为最大允许切向接触力，如果 $|F_i^s| > F_{\max}^s$，则可以发生滑动，并且在下一循环中 F_i^s 为：

$$F_i^s \leftarrow F_i^s(F_{\max}^s/|F_i^s|) \tag{1-35}$$

1.2.2.3 黏结模型

PFC3D 程序中允许相邻颗粒之间通过连接模型黏结在一起，黏结模型包括接触黏结模型与平行黏结模型。两者的区别在于两点：一是几何特性，接触黏结接触区域趋近于一点，平行黏结的接触区域为圆形或方形截面；二是受力特性，接触黏结模型只能传递力，平行黏结模型可以同时传递力和力矩。

（1）接触黏结模型

接触黏结模型将接触黏结视为一对具有恒定法向刚度和切向刚度的弹簧，这对弹簧同时也具有法向抗拉强度和切向抗剪强度，因此接触黏结模型会抑制滑动行为的发生。如图 1-8 所示，接触黏结模型的强度参数包括法向强度 F_c^n 和切向强度 F_c^s。当相邻颗粒重叠量小于零，颗粒因发生相对分离在接触处产生拉力，若拉力大于 F_c^n，接触黏结发生拉伸破坏，此时法向接触力和切向接触力都变为零。若切向力大于 F_c^s，接触黏结发生剪切破坏。

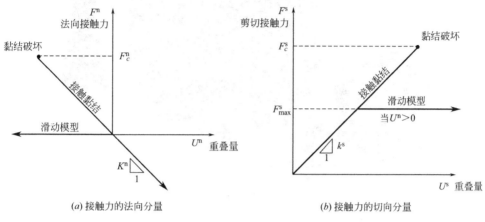

(a) 接触力的法向分量　　　　　　　　(b) 接触力的切向分量

图 1-8　接触力与相对位移关系的本构特性

（2）平行黏结模型

平行黏结模型在相邻颗粒之间生成具有一定尺寸的黏结材料。平行黏结可以视为一系列均匀分布在接触面上的弹簧，这些弹簧同样具有恒定的法向刚度和切向刚度，也具备一定的法向强度和切向强度。平行黏结能够同时传递力和力矩，如果平行黏结上的最大法向力或切向力超过平行黏结的法向强度或切向强度，平行黏结就会发生破坏。

1.2.3　综合岩体模型（SRM）

节理岩体的颗粒流模拟包括完整岩石和节理的模拟。综合岩体模型（Synthetic Rock Mass，简称 SRM）指采用黏结颗粒模型（Bonded-Particle Model，简称 BPM）生成颗粒集合体来模拟完整岩石材料，然后将光滑节理模型（Smooth-joint Contact Model，简称 SJM）嵌入 BPM 中模拟含有随机裂隙（Discrete Fracture Network，简称 DFN）的节理岩体试样（图 1-9）。SRM 方法是在基于大规模采矿技术（Mass Mining Technology）项目开发的，在世界领域内 SRM 方法应用的第一个工程实例是对澳大利亚北帕克斯（Northparkes）矿的 Lift 2 的反分析研究，第二个工程实例是对南非的帕拉博拉（Palabora）矿的微震数据分析研究。项目主要负责人 Dr. Matthew Edward Pierce 的博士论文"A model for gravity flow of fragmented rock in block caving mines"获得了 2013 年度国际岩石力学学会 Rocha 奖。岩体使用 SRM 创建，旨在复制在现场具有代表性的尺度下观察到的完整岩石和节理网络（Ivas，2010 & Ivas et al.，2011）。下面分别对 BPM、SJM 和 DFN 做简要介绍。

1.2.3.1　黏结颗粒模型（BPM）

BPM 采用黏结（接触黏结或者平行黏结）将相邻颗粒黏结起来，从而生成具有一定强度的颗粒集合体来模拟完整岩石材料，定义 BPM 的细观力学参数如表 1-2 所示。如图

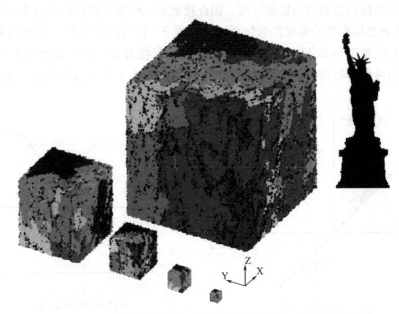

图1-9　SRM立方体试样模拟了不同规模的碳酸盐岩地质力学模型

1-10所示，$x_i^{[A]}$、$x_i^{[B]}$、$x_i^{[C]}$分别为颗粒A、颗粒B及两颗粒间平行黏结的中心位置矢量；$\overline{R}$、$\overline{L}$分别为平行黏结的半径和厚度。平行黏结上的受力状态主要取决于作用在平行黏结上的合力$\overline{F}_i$及合力矩$\overline{M}_i$，$\overline{F}_i$和$\overline{M}_i$按法向和切向方向分解可得：

$$\left.\begin{aligned}\overline{F}_i &= \overline{F}_i^{\mathrm{n}} + \overline{F}_i^{\mathrm{s}}\\\overline{M}_i &= \overline{M}_i^{\mathrm{n}} + \overline{M}_i^{\mathrm{s}}\end{aligned}\right\} \tag{1-36}$$

式中，$\overline{F}_i^{\mathrm{n}}$、$\overline{M}_i^{\mathrm{n}}$和$\overline{F}_i^{\mathrm{s}}$、$\overline{M}_i^{\mathrm{s}}$分别表示接触力和力矩的法向和切向分量。

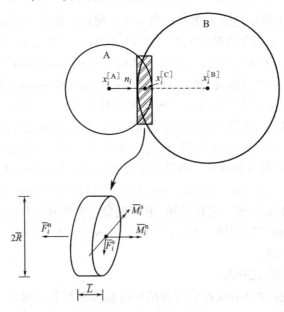

图1-10　平行黏结模型示意图

BPM 中的部分细观力学参数　　　　　表 1-2

参数符号	含义
R_{min}	颗粒最小粒径
R_{max}/R_{min}	颗粒粒径比
ρ	颗粒密度
μ	颗粒内摩擦系数
E_c	颗粒接触杨氏模量
$k_n \& k_s$	颗粒接触法向和切向刚度
$\overline{\lambda}_{pb}$	平行黏结半径扩大系数
$\overline{E}_c$	平行黏结杨氏模量
$\overline{\sigma}_c$	平行黏结法向黏结强度
$\overline{\tau}_c$	平行黏结切向黏结强度
$\overline{k}^n/\overline{k}^s$	平行黏结法向与切向刚度比

平行黏结的 $\overline{F}_i$ 和 $\overline{M}_i$ 的初始值都设置零。在每个计算时步中，平行黏结产生的相对位移增量和转动增量分别为 ΔU 和 $\Delta \theta$，进而转换成力和力矩增量：

$$
\left.
\begin{aligned}
\Delta \overline{F}_i^n &= (-\overline{k}^n A \Delta U^n) n_i \\
\Delta \overline{F}_i^s &= -\overline{k}^s A \Delta U^s \\
\Delta \overline{M}_i^n &= (-\overline{k}^s J \Delta \theta^n) n_i \\
\Delta \overline{M}_i^s &= -\overline{k}^n I \Delta \theta^s
\end{aligned}
\right\}
\tag{1-37}
$$

式中，$\overline{k}^n$、$\overline{k}^s$ 分别为平行黏结的法向刚度和切向刚度；n_i 为接触点法向矢量；A 为平行黏结截面面积；J 为该截面极惯性矩；I 为该截面沿接触点对转动方向的转动惯量，计算公式为：

$$
\left.
\begin{aligned}
A &= \pi \overline{R}^2 \\
J &= \frac{1}{2}\pi \overline{R}^4 \\
I &= \frac{1}{4}\pi \overline{R}^4
\end{aligned}
\right\}
\tag{1-38}
$$

将力和力矩的增量分别与力和力矩的初始值相加，得到新的力和力矩为：

$$
\left.
\begin{aligned}
\overline{F}_i^n &\leftarrow \overline{F}^n n_i + \Delta \overline{F}_i^n \\
\overline{F}_i^s &= \langle \overline{F}_i^s \rangle_{rot2} + \Delta \overline{F}_i^s \\
\overline{M}_i^n &\leftarrow \overline{M}^n n_i + \Delta \overline{M}_i^n \\
\overline{M}_i^s &= \langle \overline{M}_i^s \rangle_{rot2} + \Delta \overline{M}_i^s
\end{aligned}
\right\}
\tag{1-39}
$$

式中，$\{\}_{rot2}$ 表示接触面参数的更新。

根据梁截面理论，作用在平行黏结上的最大拉应力和最大剪应力分别为：

$$\left.\begin{array}{l} \sigma_{\max}=\dfrac{-\overline{F}^{\,n}}{A}+\dfrac{|\overline{M}_i^{\,s}|}{I}\overline{R} \\[4mm] \tau_{\max}=\dfrac{|\overline{F}_i^{\,s}|}{A}+\dfrac{|\overline{M}^{\,n}|}{J}\overline{R} \end{array}\right\} \tag{1-40}$$

如果最大拉应力高于法向强度（$\sigma_{\max}\geqslant\overline{\sigma}_c$），平行黏结发生张拉破坏；如果最大剪应力高于切向强度（$\tau_{\max}\geqslant\overline{\tau}_c$），平行黏结则发生剪切破坏。

1.2.3.2 光滑节理模型

SJM 模拟节理的力学行为而不受颗粒接触方向的影响，光滑节理经过的相邻颗粒的平行黏结会被光滑节理接触替代，其方向与节理方向平行，两相邻颗粒可以相互覆盖或发生相对滑动，从而避免了沿颗粒表面绕行的行为（图 1-11）。本书的第 5 章将介绍光滑节理的基本算例及参数研究，光滑节理模型的细观参数如表 1-3 所示。

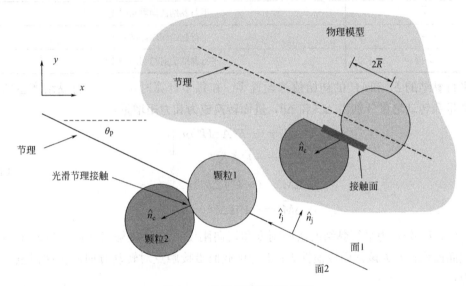

图 1-11　光滑节理模型示意图

在 BPM 中嵌入光滑节理，光滑节理面两侧的相邻颗粒之间的平行黏结将被光滑节理接触模型替代，光滑节理模型的所有细观参数（除倾向和倾角外）都可以通过 BPM 细观参数等效转换而来，转换公式为：

$$\overline{\lambda}=\overline{\lambda}_{pb} \tag{1-41}$$

$$\left.\begin{array}{l} \overline{k}_n=(k^n/A)+\overline{k}^{\,n} \\[2mm] \overline{k}_s=(k^s/A)+\overline{k}^{\,s} \end{array}\right\} \tag{1-42}$$

$$\mu=\mu_c \tag{1-43}$$

$$\sigma_c=\begin{cases} \overline{\sigma}_c, & M=3 \\ 0, & M<3 \end{cases} \tag{1-44}$$

$$c_b=\begin{cases} \overline{\tau}_c, & M=3 \\ 0, & M<3 \end{cases} \tag{1-45}$$

$$\varphi_b=0 \tag{1-46}$$

SJM 模型细观参数

表 1-3

参数符号	含义		
θ_p	节理倾角		
$\bar{k}_n \& \bar{k}_s$	节理法向与切向刚度		
$\bar{\lambda}$	半径扩大系数		
μ	内摩擦系数		
ψ	剪胀角		
M	黏结状态	$\begin{cases} 0, & 无黏结且不发生破坏 \\ 1, & 无黏结且可发生张拉破坏 \\ 2, & 无黏结且可发生剪切破坏 \\ 3, & 黏结 \end{cases}$	
σ_c	节理法向黏结强度		
c_b	黏结系统黏聚力		
φ_b	黏结系统内摩擦角		

光滑节理也可视为一系列均匀分布在圆形截面的弹簧,截面的中心在接触点,方向平行于节理面。光滑节理接触面的面积为:

$$A = \pi \bar{R}^2 \tag{1-47}$$

式中,$\bar{R} = \bar{\lambda} \min [R^{(A)}, R^{(B)}]$,$R^{(A)}$、$R^{(B)}$ 分别为相邻颗粒半径。光滑节理上的位移矢量 U 和接触力矢量 F 计算公式为:

$$\left. \begin{array}{l} U = U_n n_j + U_s \\ F = F_n n_j + F_s \end{array} \right\} \tag{1-48}$$

式中,U_n 和 U_s 分别为法向位移和切向位移;F_n 和 F_s 分别为法向接触力和切向接触力。通过迭代计算,由弹性位移增量 ΔU_n^e 和 ΔU_s^e,便可以得到新的接触力分量:

$$\left. \begin{array}{l} F_n' = F_n + \bar{k}_n A \Delta U_n^e \\ F_s' = F_s - \bar{k}_s A \Delta U_s^e \end{array} \right\} \tag{1-49}$$

根据光滑节理是否具有黏结强度,可以将光滑节理模型分为两种:非黏结节理($M<3$)和黏结节理($M=3$)。图 1-12 为光滑节理两种类型的示意图,影响节理力学特性的参数和方式存在显著差异,具体如下:

(1)非黏结节理

在非黏结节理模型中,黏结状态系数 $M<3$,光滑节理的法向强度 σ_c 和黏聚力 c_b 都为零。图 1-13 为非黏结节理力与位移定律。若 $F_s' \leqslant (F_s^* = \mu F_n)$,$\mu$ 为摩擦系数,则 $|F_s| = |F_s'|$,此时颗粒不会发生相对滑动。否则,颗粒将会发生相对滑动,切向接触力为定值,即 $|F_s| = F_s^*$,切向位移会导致法向接触力的增大:

$$F_n := F_n + [\Delta U_s^* \tan\psi] \bar{k}_n A = F_n + \left(\frac{|F_s'| - F_s^*}{\bar{k}_s} \right) \bar{k}_n \tan\psi \tag{1-50}$$

(2)黏结节理

在黏结节理模型中,黏结状态系数 $M=3$,光滑节理的法向强度 σ_c 和黏聚力 c_b 不都为零。图 1-14 为黏结节理力与位移定律。如果 $F_n \leqslant -\sigma_c A$,节理黏结发生拉伸破坏;如

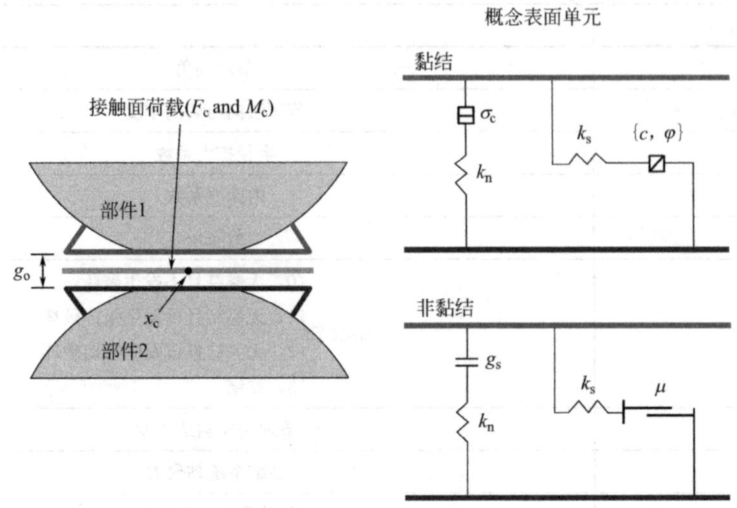

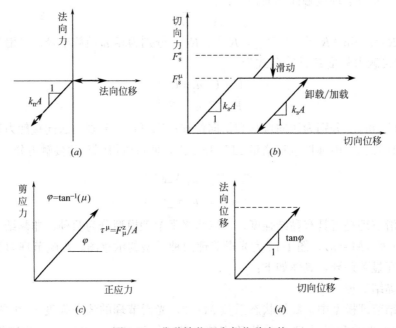

图 1-12 光滑节理模型两种类型示意图

图 1-13 非黏结节理力与位移定律

(a) 法向力与法向位移关系；(b) 切向力与切向位移关系；(c) 强度包络线；

(d) 法向位移与切向位移在滑动过程中的关系

果 $F_n \geqslant -\sigma_c A$，黏结不会发生拉伸破坏，$F_n$ 保持不变。根据库仑准则，节理的切向强度 τ_c 是由黏聚力 c_b、内摩擦角 φ_b 以及作用在节理面上的正应力 σ 决定的：

$$\tau_c = c_b + \sigma \tan \varphi_b \tag{1-51}$$

如果 $|F_s'| \geqslant \tau_c A$，节理黏结发生剪切破坏，此时 $F_n = |F_s| = 0$；如果 $|F_s'| \leqslant \tau_c A$，节理黏结不发生剪切破坏，此时 F_n 不变，$|F_s| \leqslant F_s^*$ 且 $|F_s| = |F_s'|$。

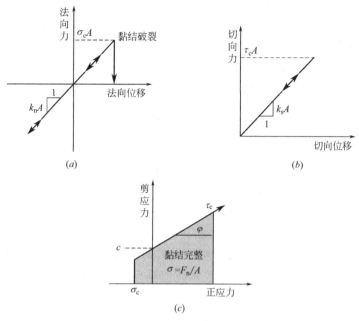

图 1-14　黏结节理力与位移定律

（a）法向力与法向位移关系；（b）切向力与切向位移关系；（c）强度包络线

　　由平行黏结的圆盘或球体组成的 BPM 模型可以模拟不易破碎的圆形或球形颗粒在其接触点处黏结的破坏。基于颗粒块的模型（Grain-based models，简称 GBM）提供了一种合成材料方法，可模拟沿其相邻侧面胶结的可变形，易碎的多边形颗粒块（Potyondy，2010）。PFC2D 中的 GBM 是通过将多边形晶粒结构覆盖在胶结的颗粒模型上，并通过光滑节理接触来表示界面而构造的，可以用来模拟具有易碎或不可破碎结晶岩石的 GBM 模型（图 1-15）。PFC2D Ver. 4.0-201 版本中的 FishTank 发布了 Grain-Based Models 函数，主要由三个文件组成（gn. fis、gn2. fis、gr. fis）。但是在 5.0 和 6.0 版本中，停止了发布，如果想在更高的版本中实现 GBM，需要用户自行开发。Peng et al.（2017）采用 GBM 方

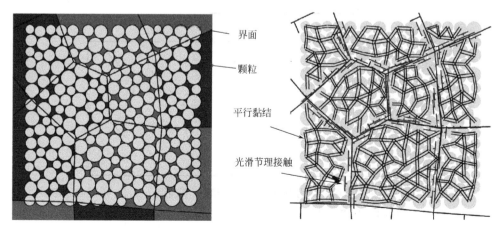

图 1-15　BPM 覆盖在颗粒块结构上（左）；PFC2D 中的 GBM 由晶粒（黏结）

和晶面（光滑节理）组成（右）

法模拟了新加坡 Bukit Timah 花岗岩在不同加载条件下的力学特性和裂纹扩展过程，表明 GBM 方法可以较好地反映结晶岩石的细观尺度颗粒特性并模拟其裂纹扩展特征。

1.2.3.3 DFN 模型

裂隙在 PFC3D 中被假定为圆盘，而在 PFC2D 中假定为线。每条裂隙包含中心点的位置、半径、倾向（3D）、倾角等几何参数信息，并且这些几何参数都假定服从一定的概率统计规律（如均匀、正态、Fisher 和指数分布等），然后根据现场测定的统计参数采用蒙特卡洛方法生成能够反映现场节理特征的离散化裂隙网络 DFN 模型。DFN 模型的几何特征仅通过其几何特性的独立统计分布（分布类型和相关参数）来约束。DFN 模块当前支持的几何特征是裂缝尺寸（直径）、方向和位置分布。从一个（随机）DFN 模型，可以生成任意数量的不同 DFN 模型，这取决于随机种子。

离散裂隙网络（DFN）是存在于岩体中节理网络的三维几何表示图 1-16，在采矿和土木工程应用中具有广泛的用途。基于 DFN 技术，可以直接用于研究结构定义的岩块，例如隧道后面或挖掘中的楔形块体，或者可以嵌入到数值模型中进行岩体强度和稳定性的深度研究。例如，DFN 可以结合到离散元数值模型中，以便更好地理解岩体性能或综合岩体（SRM）样品，可以进行数值测试以量化岩体特性，例如作为强度、模量、脆性指数和膨胀角。还可以在 DFN 的几何性质和岩石质量性质（例如模量和碎裂性）之间建立联系。

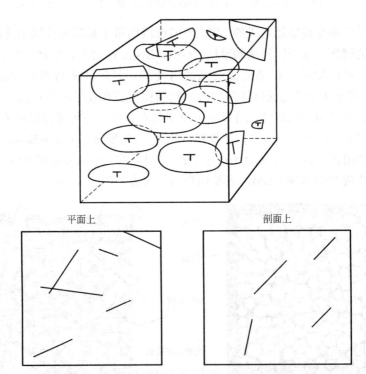

图 1-16　DFN 随机圆盘模型，用空间圆盘的集合表示节理组。底部：可以通过切割 3D DFN 模型，并与实测的迹线图进行验证来生成 2D 迹线图

通过野外勘测，一般只能测量出节理与岩体露头或地面相交的迹线，而不可能在三维空间中绘制岩体存在范围内的所有节理。我们可以测量沿测线节理的产状、密度和迹长，

并根据这些测量值推演出统计分布模型，然后可以基于这些统计特性构建出空间中节理的三维几何分布。在三维 DFN 中，沿着某一方向可以作出剖面图，可以生成一个类似于在现场测试中看到的 2D 迹线图。我们可以将现场的实际测量数据与 DFN 相同位置的数据进行比较，因此在技术上提供了一种校准或验证 DFN 的方法。一般来说，模拟特定岩体区域的三维节理网络是非常重要的，基于此我们可以研究节理密度变化，地层变异性和节理尺寸的不确定性等问题。

如图 1-17 所示，综合岩体模型（SRM）把能够模拟完整岩石变形及脆性断裂的颗粒黏结模型（BPM），与能够表征岩体原位节理网络的光滑节理模型（SJM）结合起来。节理岩体的力学特性与节理的自身性质息息相关，节理面的倾角、倾向、大小和连通性等都是造成节理岩体出现软化效应、强度及变形各向异性等的直接影响因素。在 SRM 模型中岩体的原位节理网络采用离散裂隙网络（DFN）来生成。综合岩体能够很好地模拟节理岩体的真实力学行为，包括模拟完整岩块破裂而形成新裂缝的过程，以及已经存在的原位节理所发生的剪切滑移和裂缝张开等。通过构建包含一系列裂隙、节理等天然结构面的岩体模型可以进行岩体试件的单轴、三轴压缩和直剪试验等，以获得节理岩体的弹性模量、抗压强度、剪切强度、剪胀角和节理刚度等宏观力学特性参数，也可以构建大尺度的岩体模型开展岩体工程由于施工开挖和流变等造成的破裂损伤、裂缝扩展和块体崩落等方面的研究工作（Pierce & Fairhurst，2012；Pierce，2017）。

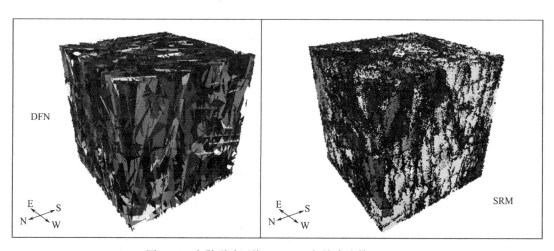

图 1-17　离散裂隙网络（DFN）与综合岩体（SRM）

1.2.4　平节理模型

平节理（Flat Joint）材料也是一种颗粒组件，该模型最早出现在 PFC4.00-201 中，在 PFC5.0 中正式纳入为内置接触模型。平节理模型中在所有晶粒-晶粒接触处都存在平节理接触模型，其间隙小于或等于材料定型阶段结束时的安装间隙。所有其他的晶粒接触以及后续运动期间可能形成的新的晶粒接触都被分配了线性接触模型。该模型可以用于研究砂岩射孔破坏（Potyondy，2015）和 Lac du Bonnet 花岗岩的抗压和抗拉强度比匹配研究（Potyondy，2018）。

平节理模型提供了有限尺寸，线性弹性以及可能承受部分损坏的黏结键或摩擦界面的宏观行为（图 1-18）。节理被离散化为单元，每个单元是黏结或未黏结的，并且每个黏结的单元的断裂对界面造成部分损坏。黏结元件的行为是线性弹性的，直至超过强度极限。单元黏结断开后处于不黏结状态，而未黏结单元的行为是线弹性的，并且具有通过在剪切力上施加库仑极限来适应滑移的摩擦。每个单元承载的力和力矩遵守力-位移定律，而平节理界面上的力-位移响应是一种突发行为，包括从完全黏结状态到为完全未黏结和摩擦状态。

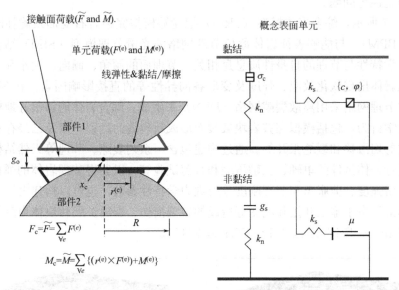

图 1-18　平节理的力学行为及流变组件

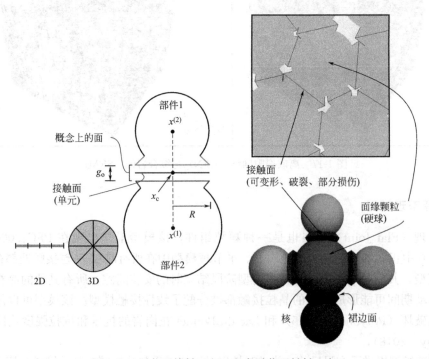

图 1-19　平节理接触（左）和含平节理材料（右）

平节理触点及其相应的平节理材料如图 1-19 所示。平节理触点模拟两个抽象表面之间的界面行为，每个抽象表面都牢固地连接到主体部分。平节理材料由通过平节理接触而连接的实体（球、颗粒团或墙）组成。每个实体的有效表面由其接触部分的抽象表面定义，这些实体表面的每次平节理接触由抽象表面相互作用来完成。这里抽象表面称为面（faces），它们是 2D 中的线和 3D 中的圆盘。

平节理材料适用于以主体为球的情况，但平节理模型可以同时安装在球-球和球-墙之间。可以将含有平节理材料的球称为面缘颗粒（faced grains），每个晶粒都被描绘为圆形或球形核心，并带有许多裙边面（skirted faces）。当将平节理模型安装在填充球组件的球-球触点处时，会产生面缘颗粒（图 1-20）。接触面在每组相邻的面之间存在，并离散为单元，其中的单元可以处于已黏结或未黏结的状态。每个黏结键元件的断裂都会对界面造成部分破坏，并且每个断裂事件都可以表示为裂纹（图 1-21）。如果平节理接触处的相对位移变得大于平节理的直径，则可以去除相邻的面（因为可以删除接触），使相关的球局部表现为圆形或球形；如果这些球重新接触，则其行为将是圆形或球形表面之间的界面接触（如果将线性接触模型分配给新接触）。

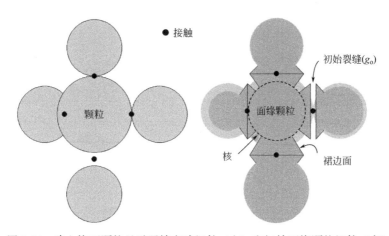

图 1-20　建立饰面颗粒显示了填充球组件（左）和初始面缘颗粒组件（右）

1.3　颗粒离散元 PFC 支持的材料模型

PFC 模型可研究复杂的合成材料，该合成材料由在接触时相互作用的刚性晶粒组成。合成材料可以涵盖广阔的微（细）观结构空间，到目前为止，人类仅仅对该空间的一小部分进行了探索。黏结键颗粒建模方法以黏结键材料的形式提供了多种微观结构模型（Potyondy & Cundall，2004 年；Potyondy，2015 年）。PFC 模型既包括颗粒材料也包括黏结材料，以及可以插入黏结材料中的界面单元。由 PFC2D 和 PFC3D 提供的材料建模支持一套完善的 FISH 函数，称之为 PFC FISHTank（或 FistPkg），本书第 4 章将详细介绍这项功能。PFC 中的 FISHTank 为四种完善的材料模型（Linear Material、Contact-Bonded Material、Parallel-Bonded Material、Flat-Jointed Material）和用户定义的材料模型提供了最先进的实施方案，可以用来支持实际工程应用（通过由这些材料制成的复杂工

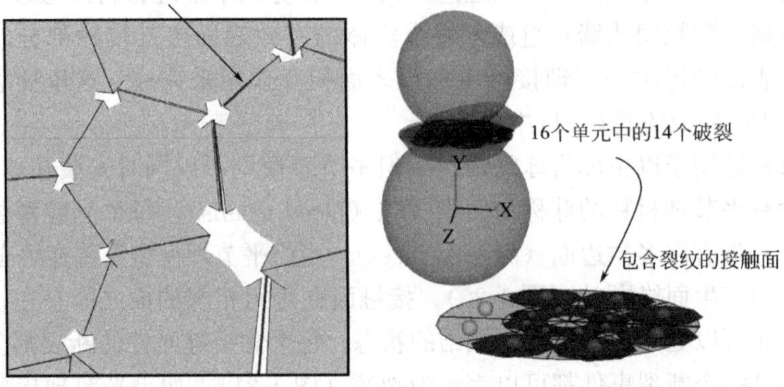

图 1-21　部分损坏的平节理材料显示出带有裂纹的含面晶粒，
红色/蓝色（深色区域）裂纹分别表示拉伸/剪切破坏

程模型）和科学研究（通过对以上涉及的微（细）结构空间进一步探索）。

第2章 PFC入门操作及基础知识

对于初学者，可以通过本章来了解 PFC 4.0 和 5.0 的基本操作，文中使用的具体软件版本号分别为：PFC2D 4.00-123 和 PFC2D/3D5.00.35。本章主要侧重 5.0 版本，包括操作方法、功能概述、组件及命令、FISH 语言和相关算例。文中如果涉及 4.0 版本会给出明确说明，否则为 5.0 的内容。初学者在了解 PFC 的基本术语后，建议先运行例 2-1（PFC 4.0）或者例 2-2（PFC 5.0）。Itasca 的以往的系列软件往往更注重其自身的学术和功能性，用户体验方面是其短板。PFC 5.0 版本以后，用户界面的交互性逐渐在提高。

2.1 PFC4.0 基本操作

2.1.1 PFC4.0界面操作介绍

PFC4.0 的安装软件很小，大小仅为 46M 左右。安装以后出现的操作窗口如图 2-1 所示，界面上方是菜单栏，下方是命令窗口，可以通过输入命令来进行操作。从颗粒流程序 PFC4.0 的组成、界面、常用菜单及其功能可以看出，PFC 的主界面十分简洁明了，对话框很少，而且大部分菜单都是为调整模型显示而设置的。其主要原因是 PFC 的大部分操作，尤其是分析模型的建立、参数的赋值和运算过程的监控等，都是通过 PFC 的命令加以实施的，命令是 PFC 建模和计算的操作核心。

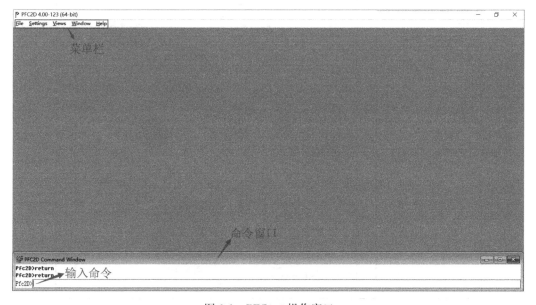

图 2-1　PFC4.0 操作窗口

PFC4.0 菜单栏如图 2-2 所示，在整个操作窗口的上方，分为 File（文件）、Settings（设置）、Views（视图）、Window（窗口）、Help（帮助）。其中 File 菜单中 New 为新建一个项目，Call 可以调用已经写好的命令文件直接运行，Save 可以保存当前状态结果文件，Restore 可以调用已经保存的结果文件，Print View 为输出视图文件，Exit 可以关闭PFC 程序。

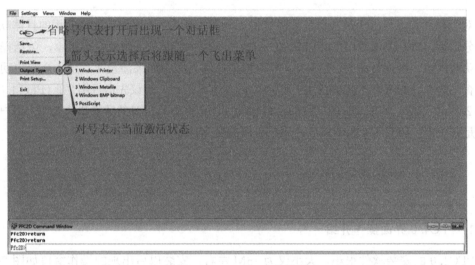

图 2-2　PFC4.0 菜单栏

PFC4.0 视图窗口如图 2-3 所示，视图窗口在界面的正中间，分为左右两部分，左半部分为显示图例，右半部分为显示结果，窗口标题栏显示标题名。当显示视图菜单时，界

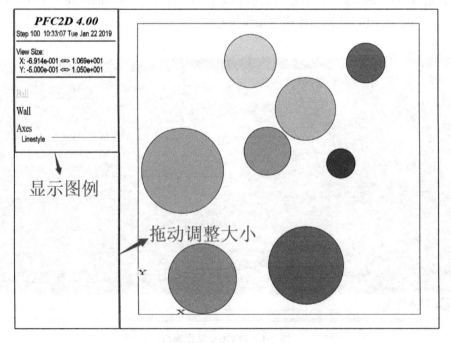

图 2-3　PFC 4.0 视图窗口

面上方菜单栏将变为 File、Edit、Items、Window 四部分，其中 File 主要是打印和设置视图图形结果文件，Edit 主要编辑视图的一些参数，Items 设置视图显示哪些 PFC 元素，Window 设置窗口位置大小和窗口标题。

2.1.2　PFC 4.0 算例：入门简单算例

本实例为计算一个条形基础的地基承载力，该基础由圆形颗粒集合而成。在施加荷载过程中，对基础区域施加一个恒定的垂直速度，并监测施加荷载过程中产生的基础的变化。运行时，可以拷贝相关计算文件（图 2-1）到项目计算文件夹中，这个文件夹需要采用英文命名。出于演示的目的，这里仅生成 500 个球。首先定义模型的边界，使用墙（WALL）命令执行此操作。输入以下 4 个墙（WALL）命令：

```
wall id = 1 nodes（0，-5）（10，-5）
wall id = 2 nodes（10，-5）（10，0）
wall id = 3 nodes（10，0）（0，0）
wall id = 4 nodes（0，0）（0，-5）
```

这些命令将创建一个由四个墙（WALL）组成的框。每面墙（WALL）都有一个唯一的标识（ID）号。每个墙壁的位置由两个顶点定义，在关键词 nodes 之后为每个顶点指定 x 和 y 坐标。顶点的顺序定义了墙（WALL）的"激活"侧（即将识别球接触的那一边）。当从第一个顶点 A 移动到第二个顶点 B 时，墙的激活边在左边（图 2-4）。标准墙的激活区域（边）由墙节点的顺序定义。按照节点给定的顺序出发，则活动面将位于左边。墙在激活区域（边）内形成凹角的需要定义两个单独的墙，而墙在激活区域（边）内形成凸角的则需要定义具有多段的单个墙（图 2-4）。

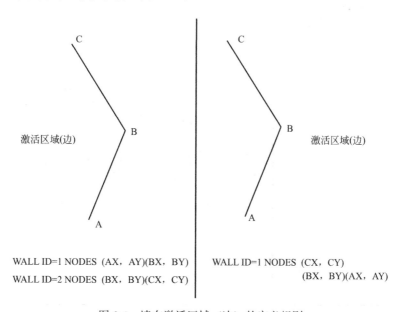

图 2-4　墙在激活区域（边）的定义规则

接下来用球充满框，用GENERATE命令完成这一次操作：

gen id = 1，500 rad 0. 08，0. 13 x = 0，10 y = -5，-0. 5

使用GENERATE命令生成球，指定球的区域、大小和分布。如果区域太小或半径太大，盒子无法容纳500个球，那么实际创建的球就会变少，并且会有一条信息报告生成的球数。

要创建包含模型图的视图以及模型坐标轴，请键入图形显示命令：

; create Footing

set title text'Basic collection of particles in a box'

add ball yellow

add wall black

add axes brown

show

这将创建一个新的视图窗口，其中包含一个名为"Footing"的视图，并在视图中添加一个球图项（黄色），一个墙图项（黑色）和一个轴图项（棕色）。show关键词显示当前视图。模型视图将出现在屏幕上，如图2-5所示。可以使用<M>键改变视图的大小设置，并使用箭头键移动绘图。要使命令窗口处于活动状态，在命令窗口中单击鼠标即可。

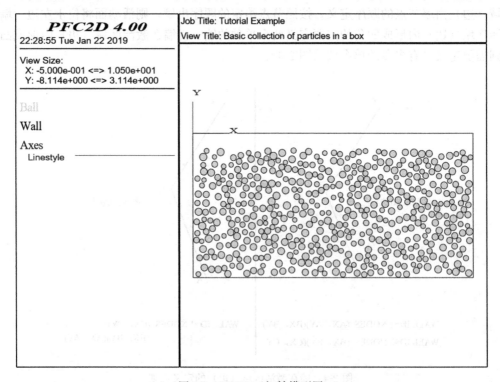

图 2-5　PFC 4.0 初始模型图

在增加球半径之前，我们必须为球和墙分配刚度属性。以下命令指定四面墙的刚度属性。在 PFC2D＞提示符处输入以下内容：

```
wall id = 1 kn = 1e8 ks = 1e8
wall id = 2 kn = 1e8 ks = 1e8
wall id = 3 kn = 1e8 ks = 1e8
wall id = 4 kn = 1e8 ks = 1e8
```

在关键词 kn 和 ks 之后分别给出每个墙的法向和切向刚度。我们已规定了 10^8 N / m 的法向和剪切刚度。球的特性使用 PROPERTY 命令分配：

```
prop density 1000 kn 1e8 ks 1e8
```

关键词 kn 和 ks 分别指的是每个球的法向和剪切刚度。Density 关键词用于将球质量密度设置为 $1000kg/m^3$。

可以通过将球原始半径乘以一个大于 1 的因子来增加球半径，通过使用 PROPERTY 命令的 multiply 关键词完成的：

```
prop rad mul 1.51
```

所有球的半径将以 1.51 倍增长，如图 2-6 所示。

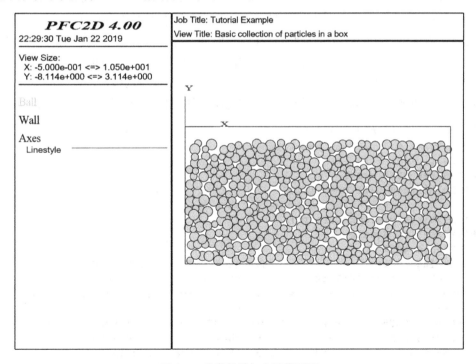

图 2-6　球半径增加之后模型图

如果希望在球挤压过程中监测球的运动和系统不平衡力的变化，可以输入以下命令：

```
set hist _ rep = 5
history ball yvel (3, 0)
history diagnostic muf
```

命令中选择每 5 个计算步监测变量的变化（默认值为每 10 步）。然后，所选值将每 5 步存储在历史数组中。监测两个变量：质心最接近全局位置（$x=3$，$y=0$）的球的 y 速度（yvel），以及系统的平均不平衡力（muf= mean unbalanced force）。监测模型中的不平衡力对于模型的静态分析十分重要。如果不平衡力接近非常小的值，则表明系统已达到平衡状态。

现在把球压缩到框内。在执行了 4000 计算步后，根据规定的半径和刚度参数，在零摩擦条件下，当球接近力学平衡状态时，计算球的运动。通过监测球的平均不平衡力和速度，可以确定达到平衡状态所需的步数。键入命令：

```
set dt dscale
cycle 4000
```

由于这是静态分析，因此使用密度缩放选项（SET dt dscale）来优化求解效率。将时间步长设置为1，并调整惯性质量以使收敛到静态解的最佳速度，重力不受此过程的影响。

当输入循环（CYCLE）命令时，计算过程开始，屏幕上会显示循环数 step，时间步长 time-step，总时间 time，平均不平衡力 av-unbal 和最大不平衡力 max-unbal，并每 5 个循环更新一次图 2-7。这里的总时间是计算虚拟时间，并不是真实的物理时间（PFC2D 可以执行完全动态的分析，在这种情况下的计算时间是真实的物理时间）。另外，由于显示了" Plot 1 \ Footing "绘图视图，因此该视图每 20 个循环更新一次（可以使用 SET pinterval 命令更改更新间隔）。运行 4000 步以后的颗粒和墙的模型如图 2-8 所示。

```
Pfc2D>property rad mul 1.51
--- radius modified in 500 balls
Pfc2D>;
Pfc2D>set hist_rep=5
Pfc2D>history ball yvel (3,0)
--- History of Y-Velocity at ball 130 ( 2.693e+000,-6.188e-001)
Pfc2D>history diagnostic muf
Pfc2D>set dt dscale
Pfc2D>cyc 4000
 starting cycle:       0     av-unbal force:  0.000e+000
 starting time: 15:55:03    max-unbal force:  0.000e+000
  step    of   total time-step      time   av-unbal  max-unbal
 ------ ------- ------- ---------- ----------- ---------- ----------
  4000   4000    4000 1.000e+000 4.000e+003 1.302e-002 9.071e-001
 ending cycle:     4000     av-unbal force:  1.302e-002
  ending time: 15:55:08    max-unbal force:  9.071e-001
```

图 2-7　PFC 4.0 中的控制命令信息

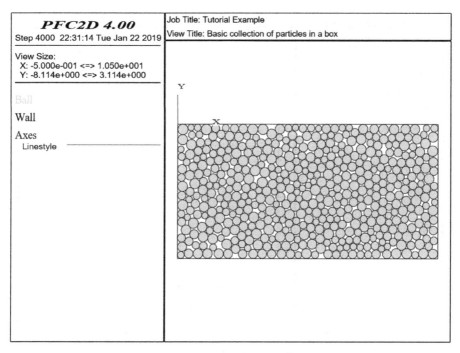

图 2-8　Cycle 4000 步以后的模型图

　　运动方程默认采用局部阻尼，以快速吸收振动能量，达到力学平衡。我们可以通过检查球 ID 为 130 的 Y 方向速度（图 2-9）和平均不平衡力（图 2-10）来检查 4000 次循环后是否达到了平衡，键入：

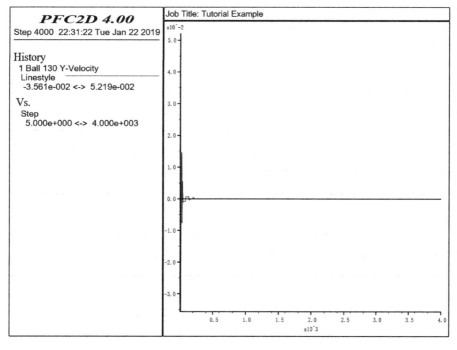

图 2-9　球 ID130 Y 方向速度随时间步时程曲线

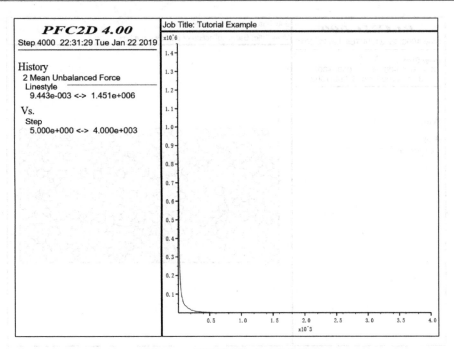

图 2-10　平均不平衡力时程曲线

```
plot
current 0
hist 1
hist 2
```

现在使模型进入初始应力状态。假设只有重力在起作用，施加重力加速度，键入命令：

```
set grav 0-9.81
```

重力加速度矢量为 $9.81\mathrm{m/s^2}$，施加在 Y 负方向（重力在正轴方向上取正）。

通过命令将摩擦系数分配给所有球：

```
property fric 1.0
```

每个球表面的摩擦系数为 1.0。继续在重力作用下循环 1000 步：

```
cycle 1000
```

经过 1000 次循环后，该模型在重力条件下达到平衡。使用以下命令绘制模型中的接触力分布：

```
plot create Contact _ Force
plot set title text'Model at equilibrium'
plot add ball lblue
plot add wall black
plot add cforce black
plot add axes brown
plot show
```

如图 2-11 所示，将接触力添加到球和墙的图中。力的梯度可以通过沿 Y 负方向增加的接触力链的宽度变化来识别。

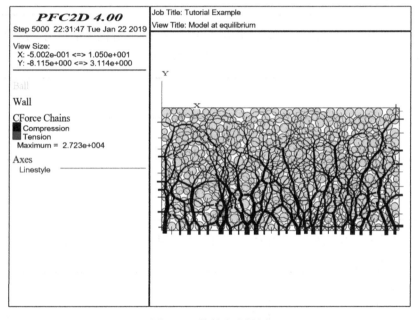

图 2-11 接触力力链图

保存初始状态是必须的，这样可以在以后恢复以执行参数研究。要保存此状态，请返回 PFC2d＞提示并键入：

```
save foot1. sav
```

在下面的阶段，在 WALL 3 中移除顶墙并施加荷载，通过以下命令完成：

```
delete wall 3
wall id 10 nodes（2，0）（0，0）
wall id 10 ks 1e8 kn 1e8 fric 1.0
wall id 10 yvel = -0.5e-3
```

从模型中删除编号为 3 的墙，并创建编号为 10 的墙来表示基础。基础墙以模型原点为中心，一半宽度为 2m。以 $0.5×10^{-3}$ m/step 的速度应用于基础墙的 Y 负方向。将法向强度和抗剪强度应用于模型中的所有接触点，来模拟初始黏聚力的存在。键入命令：

```
property n_bond = 5e5 s_bond = 5e5
```

将法向和剪切接触黏结强度设置为 $5×10^5$ N，此黏结将覆盖球摩擦（即黏结球不能滑动）。如果超过法向或剪切接触黏结强度，则黏结断裂，黏结强度将减为零，然后球摩擦将再次生效。如果希望监测沿着基础向球推进时产生的力，可以通过 history 命令完成：

```
hist wall yforce id 10
```

现在，将监测和存储每 5 个循环步作用于 WALL 10 Y 方向上的总力。继续计算 2000 个循环，对于 1.0 的时间步长和 $0.5×10^{-3}$ 的速度，基础将在 Y 的负方向上位移 1.0 m。

```
cycle 2000
```

当循环停止时，绘制基础的 Y 方向力时程曲线：

```
plot current 0
plot hist 3
```

如图 2-12 所示。墙内最大力约为 $9.5×10^6$ N，因此基础的承载力约为 4.75 MPa。

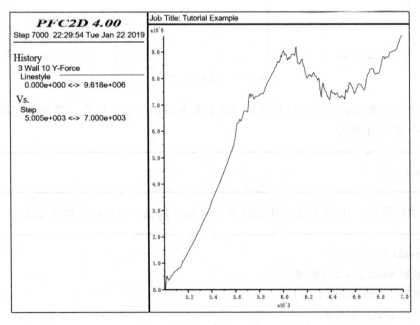

图 2-12　WALL 10 Y 方向力时程曲线

加载后的接触力力链图如图 2-13 所示，力链的粗细代表接触力的大小。

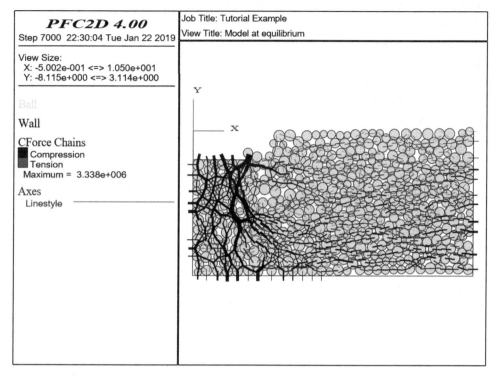

图 2-13　加载后接触力力链图

例 2-1　条形基础的加载计算（PFC4.0）

```
; fname：footing. DAT
new              ; 清除程序状态并开始新问题的研究
set random       ; 重置随机数生成器
set disk on      ; 将球视为单位厚度的圆盘
title 'Tutorial Example'
wall id = 1 nodes(0，-5)(10，-5)
wall id = 2 nodes (10，-5)(10，0)
wall id = 3 nodes (10，0)(0，0)
wall id = 4 nodes(0，0)(0，-5)
gen id = 1，500 rad = (0.08，0.13) x = (0，10) y = (-5，-0.5)
;
plot create Footing
plot set title text 'Basic collection of particles in a box'
plot add ball yellow
plot add wall black
plot add axes brown
plot show
pause
```

```
; plot create Footing2
; plot set title text 'Basic collection of particles in a box'
; plot add ball lblue
; plot add wall black
; plot add axes brown
; plot set size-1. 0 1. 0-2. 0 2. 0
; plot set title bottom
; plot set caption right
; plot show
; pause
;
wall id = 1 kn = 1e8 ks = 1e8
wall id = 2 kn = 1e8 ks = 1e8
wall id = 3 kn = 1e8 ks = 1e8
wall id = 4 kn = 1e8 ks = 1e8
property density 1000 kn 1e8 ks 1e8
property rad mul 1. 51
;
set hist _ rep = 5
history ball yvel (3, 0)
history diagnostic muf
set dt dscale
cyc 4000

plot current 0
plot hist 1
pause
plot hist 2
pause
save footing0. SAV
;
set grav 0-9. 81
prop fric 1. 0
cyc 1000
;
plot create Contact _ Force
plot set title text 'Model at equilibrium'
plot add ball yellow
plot add wall black
plot add cforce black
plot add axes brown
plot show
pause
```

```
save footing1. SAV
;
delete wall 3
wall id 10 nodes (2, 0) (0, 0)
wall id 10 ks 1e8 kn 1e8 fric 1.0
wall id 10 yvel-0.5e-3
prop s _ bond = 5e5 n _ bond = 5e5
hist wall yforce id 10
set display his 3
cyc 2000
;
plot current 0
plot hist 3
pause
plot copy Contact _ Force Foot _ Load both
plot current 3
plot set title text 'Loaded footing'
plot show
save footing2. SAV
```

2.2　PFC 5.0 基本操作

2.2.1　软件的安装

　　PFC5.0 的安装软件大约有 357M，其安装界面如图 2-14 所示。在程序安装中，默认的安装路径是：C：\ Program Files \ Itasca \ PFC500，用户可以根据自己的需要更新安装路径。安装成功以后，在 PFC500 的目录文件夹 exe64 中，有四个可执行的程序（图 2-15），其中有两个是 DOS 操作，可以直接运行编辑好的命令文件，但无法进行界面操作，由于不需要进行图形的显示和变化，因此在 DOS 版本下计算速度会更快。而图形界面操作系统，由于涉及计算数据图形化的更新和显示，比执行 DOS 版本的命令要慢一些，但界面友好，用户也可以动态观察模型的状态变化。早期版本的 Itasca 系列软件（FLAC/DEC/PFC）均是在 DOS 平台开发，后来开发了基于 Windows 的版本以后，仍然保留了 DOS 版本下的可执行程序。

2.2.2　软件的基本操作方法

　　在 PFC5.0 中，用户可以通过其图形界面与程序进行交互，此交互主要围绕 PFC 项目（project）的概念开展，该项目管理与 PFC 模型的所有文件关联，也可以通过命令和脚本关联到 PFC 计算模型中。

2.2.2.1　操作界面介绍

　　PFC 操作界面主要通过菜单栏和窗格来实现，其中窗格是操作的核心。窗格在主程序

图 2-14　PFC5.0 的安装起始界面

图 2-15　PFC 5.0 的目录文件夹 exe64 中的可执行程序

中显示为窗口，窗格像窗口一样，具有标题栏和用于更改其显示状态（隐藏，关闭等）的控件。同一矩形区域可能包含一个或多个窗格。当以这种方式堆叠在一起时，多个窗格将显示为选项卡式集。在选项卡式集中，活动选项卡的标题/内容显示在窗格的标题栏中。集合中每个单独窗格的选项卡位于选项卡集的左下方。每种窗格类型执行不同的功能，从而在程序中提供一致的功能或一组功能。PFC 中有 6 种类型的窗格：控制台窗格（Console Pane）、项目管理窗格（Project Pane）、状态记录窗格（State Record Pane）、编辑器窗格（Editor Pane）、视图窗格（View Pane）和清单窗格（Listing Pane）。

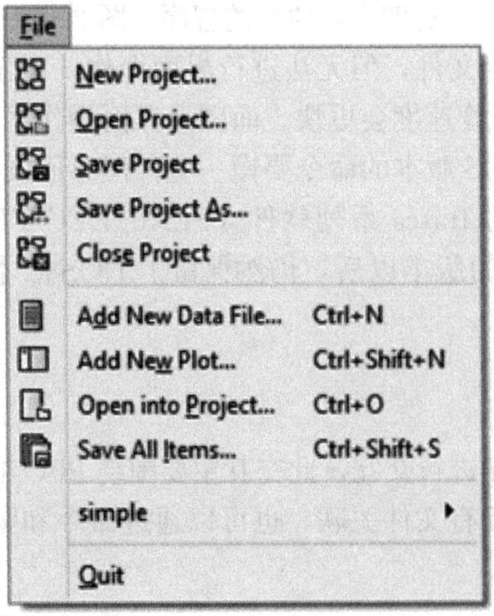

1. 文件（File）菜单

"文件 File"菜单显示三个不同的操作组，最后是"退出 Quit"选项（图 2-16）。每个组由

图 2-16　文件（File）菜单的内容

菜单上的分隔符分隔。

第一组命令特别与项目有关。"New Project（新建项目）"，"Open Project（打开项目）"和"Close Project（关闭项目）"命令将按预期方式运行。"Save Project（保存项目）"命令既保存当前项目文件，又保存当前在 PFC 中打开的所有项目项。"Save Project as...（另存为...）"命令将保存当前项目文件的副本。请注意，与原始项目文件关联的相同条目也将与新创建的备份项目关联。

第二组命令适用于项目中的条目（items）。"Add New Data File...（添加新数据文件...）"打开一个对话框，以命名和查找要包含在项目中的新数据文件，并在"编辑器"窗格中打开空白的新文件。"添加新绘图...（Add New Plot...）"命令将调用一个小对话框，允许用户命名新的空白图窗，该空白图窗将在新的"视图（View）"窗格中打开。"打开到项目...（Open into Project...）"命令将调用打开到项目对话框，该对话框实际上可用于将任何类型的文件引入项目。"保存所有项目...（Save All Items...）"命令将保存程序中当前打开的任何条目；如果以前未曾命名/保存过，则将为每个需要新文件名的条目显示一个"另存为，条目类型（Item type）"对话框。

第三组只有一行。该行指示活动窗格内容的名称或标签（如果适用）（如果"项目（Project）"窗格为活动窗格，则此行提供空白"—"）。此行上的弹出菜单提供了一组可以在活动窗格的内容上执行的操作，这些将随活动窗格的类型而发生变化。在弹出菜单上将禁用不适用于当前窗格内容的菜单命令。

2. 控制台窗格（Console Pane）

控制台窗格包含命令提示符，并显示于其上方窗格区域（图 2-17）。当处理提示符

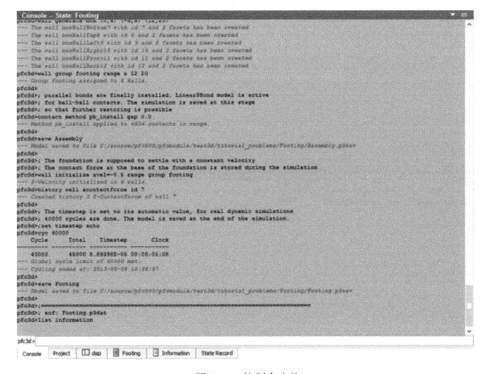

图 2-17　控制台窗格

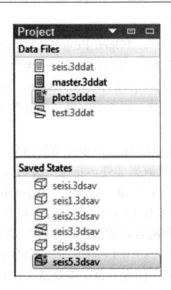

图 2-18 项目管理窗格的内容

（或来自数据文件）中的命令时，来自 PFC 的输出信息将出现在显示区域中。与"查看（View）"和"编辑器（Editor）"窗格不同，PFC 界面中只有一个控制台窗格。

3. 项目管理窗格（Project Pane）

PFC 中的项目是一个独立的二进制文件，可跟踪模型源文件（例如，数据文件，FISH 文件）和所有模型状态文件（即，SAV 文件）。项目窗格显示为两种项目的集合：包括数据文件（data file）和保存的模型状态（SAV file）。在项目文件中，每个项目的相对路径都与文件名一起存储，相对路径包含了项目文件的位置。项目窗格中提供了对项目中跟踪信息的直观表示（图 2-18）。此外，文件菜单（File Menu）提供了对项目以及组成项目的组件文件执行基本文件操作（保存，打开和关闭等）的功能。

4. 状态记录窗格（State Record Pane）

状态记录窗格提供了一种跟踪创建模型当前状态所用输入的方法（图 2-19）。窗格的部分或全部内容可以根据需要复制并粘贴到其他位置，或以记录文件格式或数据文件格式另存为新文件。记录文件类似于数据文件，不同之处在于它包括影响当前模型状态的所有程序输入，包括对提示、键盘输入等的响应。记录文件可用于重新创建模型状态，并通过使用 playback 命令从中生成文件。

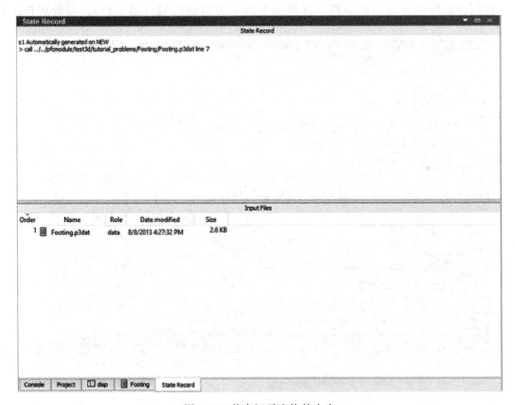

图 2-19 状态记录窗格的内容

5. 命令编辑器窗格（Editor Pane）

PFC 中的命令编辑器窗格提供了编辑基于文本的项目资源（数据文件，FISH 文件）的功能（图 2-20）。尽管用户可以选择其他文本编辑器来创建/修改项目，而不会损失功能，但是 PFC 编辑器提供了外部编辑器中没有的优点，包括：自动语法颜色编码、可折叠的 FISH 块、访问"执行/停止"命令等。"执行/停止"命令提供了一个集成的环境，可进行 edit—> cycle 循环序列，而无需在两个程序之间切换。

```
Edit ../../pfcmodule/test3d/example_applications/rockslide/make_clump_templates.p3dat
 1  ;Make the binary output of the clump templates for future simulations
 2  new
 3
 4  ; Import the stl files of the objects
 5  geometry import 'comp1.stl'
 6  geometry import 'comp2.stl'
 7  geometry import 'comp3.stl'
 8  geometry import 'comp4.stl'
 9  geometry import 'comp5.stl'
10  geometry import 'comp6.stl'
11
12  ; Use BubblePack to generate the pebble distribution and calculate the inertia tensor and
13  ; volume from the surface description
14  clump template create geometry comp1 surfcalc bubblepack ratio 0.3 distance 100
15  plot add clump template surface transparency 70
16  plot add clump template
17  ; pause
18  ; Calculate the interia tensor from the pebble distribution
19  clump template create name comp1p geometry comp1 pebcalculate 0.01 bubblepack ratio 0.3 d
20  list clump template
21  ; pause
22  clump template create name comp1pp geometry comp1 pebcalculate 0.01 bubblepack ratio 0.2
23  list clump template
24  ; pause
25  ; Do the rest of them
26  clump template create geometry comp2 surfcalc bubblepack ratio 0.3 distance 100
27  clump template create geometry comp3 surfcalc bubblepack ratio 0.3 distance 100
28  clump template create geometry comp4 surfcalc bubblepack ratio 0.3 distance 100
29  clump template create geometry comp5 surfcalc bubblepack ratio 0.3 distance 100
30  clump template create geometry comp6 surfcalc bubblepack ratio 0.3 distance 100
31  ; pause
32
33  ; Export each one to a binary file to be loaded later
34  clump template export comp1 nothrow
```

Plot01　doall　make_clump_templates　dump　x disp

图 2-20　命令编辑器窗格内容

6. 视图窗格（View Pane）

视图窗格用于显示图形（图 2-21）。可以通过使用工具栏上的"新建"快捷按钮（NEW）或主菜单（"File—>Add New Plot..."）来创建图形。PFC 中的出图是一个广泛且多方面的过程。"视图"窗格和工具栏，绘图键盘命令以及与其关联的鼠标/键盘视图操作的基础知识都有各自的主题。使用"控制面板（Control Panel）"中设置的打印项目控件来执行打印图的构建。可从视图和信息控件集中获得视图操作和有关视图的信息，这些控件也可能显示在控制面板中。除了操纵视图之外，还可以将鼠标置于不同的模式下，这些模式将提供相对于视图的更多功能（线性测量、对象查询、居中和平面测量等）。

7. 清单窗格（Listing Pane）

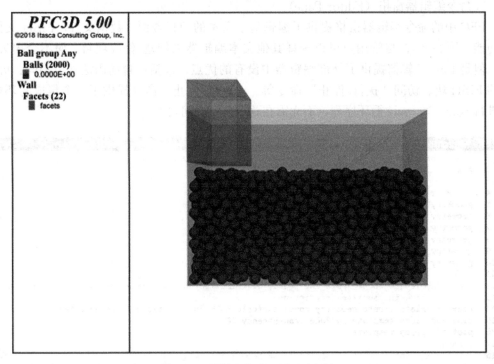

图 2-21　视图窗格中显示了球与墙

　　清单窗格包含了从 list 命令生成信息的输出，可能会出现多个"清单"窗格（图 2-22）。当在"控制台"窗格的命令提示符处输入的 list 命令生成的文本输出超过一定行数时，会在界面中自动创建"清单"窗格。可以在"选项（option）"对话框的"清单"部分中指定用作创建"清单"窗格阈值的行数。如果未超过指定的阈值，则 list 命令的输出将发送到"控制台"窗格的文本。出现在"清单"窗格中（在窗格的标题栏中和在窗格的选项卡上）的标签是 list 命令随附的关键词。例如，命令 list ball 创建一个标记为 ball 信息的列表。如果多次输入相同的 list 命令，则每个出现的清单窗格将具有相同的标签。

　　图 2-23 为 PFC5.0 主界面，图中这种窗格构成可以在 Layout—Wide 设置得到，从左到右依次包括项目管理窗格（命令文件窗口、结果文件窗口）、视图窗格、控制台窗格、属性窗口、视图控制、视图状态、变量值等。

　　其中命令窗口文件和结果窗口文件都可以由 File—Open into Project 来导入文件，然后直接在软件中随意调用。图形窗口（View）是整个软件的最主要界面，用来显示和输出计算模型和计算监测曲线。计算状态记录和命令输入窗口在最下面一栏，输入框中输入命令，在绿色的窗口中就可以显示读取代码的进度和部分计算结果。最右边是视图控制窗口，包括控制视图显示的条目（items）、大小、颜色、位置和移动，其次可以显示例如颗粒的信息如坐标、速度、颗粒半径等。

　　8. 绘图的构建（Plot Construction）

　　简而言之，绘图的构建涉及两个步骤。首先，通过构建图对话框（Build Plot/Ctrl＋B）或通过控制面板（Control Panel）中图项控件集上的构建图按钮（Build Plot Button）

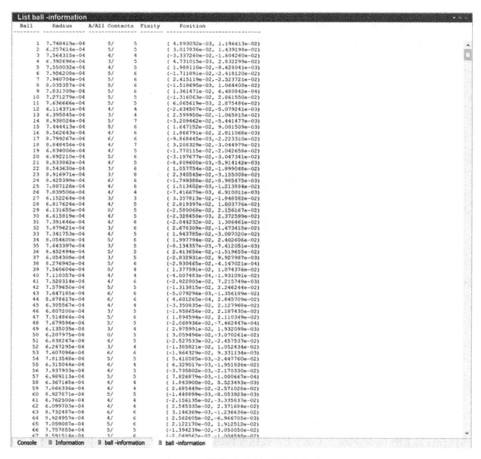

图 2-22　清单窗格显示的球信息

图 2-23　PFC3D 5.0 运行主界面

上的菜单，将图项添加到当前视图窗格（View Pane）中的图上（图 2-24）。接下来，通过控制面板中的 Plot Items 控件，对绘图项的外观进行细化处理，包括做剖面或者过滤等。

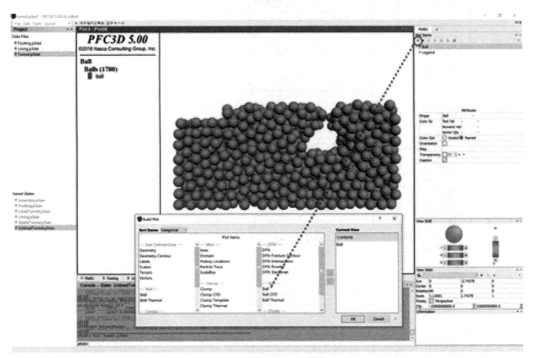

图 2-24　活动视图窗格上的 Built Plot 对话框，右侧的控制面板中可以看到控件集（Plot Items control set），通过控件集上的 Build Plot（/Ctrl+B）按钮来调用该对话框（在控件集中以红色圆圈显示）

2.2.2.2　项目（Project）的管理

PFC 中的项目是一个独立的二进制文件，可跟踪模型源文件（例如，数据文件和 FISH 文件）和所有模型状态文件（即，SAV 文件）。在 PFC 图形界面中，Project 窗格显示了数据文件的当前集合以及构成项目的保存文件。

1.项目创建（Create a Project）

程序启动时，首先要确定是否应该打开上一个项目继续使用，还是打开已经存在的项目或重新建立新项目。"启动选项（Startup Options）"对话框有助于进行此选择。此外，"文件菜单（File Menu）"提供了对项目以及组成项目的组件文件执行基本文件操作（保存、打开和关闭等）的方法。

2.命令处理（Command Processing）

尽管 PFC 5.0 图形用户界面简化了程序的大部分操作，但该程序本身从根本上还是一个命令处理程序。它的所有操作都可以用文本形式表达的命令来表达。使用此功能可以使用程序随附的 FISH 脚本语言并极大地扩展 PFC 的功能。同时，它还有助于技术交流和模型检查。控制台是 PFC 的命令处理中心，可以使用命令提示符（pfc3d>）逐行输入命令。

尽管可以从命令提示符处构建并完全运行 PFC 模型，但是使用数据文件收集命令和 FISH 脚本更加容易和方便（2.2.2.3 小节介绍命令和 FISH 的内容）。命令编辑器窗格从命令提示符处或通过调用的数据文件在处理命令时会回显命令，并根据需要在处理命令后/命令执行后提供有关命令结果的反馈。

3. 处理数据文件（Working with Data Files）

数据文件或 FISH 文件是基于文本的项目源文件（ASCII 文件），包含 PFC 命令和 FISH 脚本序列（有关命令和 FISH 语法的介绍，请参见本章 2.2.2.3）。PFC 中的 "Editor pane" 命令编辑窗格（见本章 2.2.2.1）提供了从 PFC 界面中编辑数据文件的能力。PFC 命令编辑窗格可以直接访问 "Execute/Stop" 或 "Execute selected lines" 控件以及内联帮助。

可以从 "File Menu" 添加和保存新的数据文件，也可以将其用于打开当前项目中的现有文件。当 "Editor" 窗格处于活动状态时，"Edit Menu" 提供标准的编辑功能，例如剪切/复制/粘贴/选择/查找。

通常，在创建项目后，用户将创建一个或多个数据文件，在其中执行命令序列和 FISH 脚本。可以从 "Editor pane toolbar" 的可用控件执行数据文件，也可以使用 call 命令从命令提示符处执行命令文件。

数据文件还可以使用 call 命令来调用另一个数据文件。例如，下面的文件 "master.dat" 调用另外两个文件 "file1.dat" 和 "file2.dat"，而 "file2.dat" 又调用第三个文件 "file3.dat"。

```
; master.dat
call file1.dat
call file2.dat
; file1.dat
; this file contains PFC commands
; file2.dat
; this file calls a third data file
call file3.dat
; file3.dat
; this file contains PFC commands
```

上面的序列是 PFC 项目的典型程序，其中单独的数据文件可用于模型构建的不同阶段。例如，可以使用一个或多个文件进行模型几何的构造，而其他文件可以专用于设置初始条件和边界条件以及在规定的约束下加载模型。与项目关联的所有数据文件将显示在 "项目管理格窗（Project pane）" 中（见本章 2.2.2.1）。

4. 绘图视图（Plot Views）

视图窗格（View pane，见本章 2.2.2.1）用于显示和设置图窗。通过使用工具栏上的 "New" 按钮或主菜单（"File —> Add New Plot…"）来创建图窗。创建图窗后，可以使用 "控制面板（Control Panel）" 中的 "绘图项（Plot Items）" 控件集来构建图片。可以同时出现多个正在使用中视图（View）窗格。图的名称显示在 "视图" 窗格的标题栏中和选项卡的标签上。

5. 模型状态（Model States）

在建模工作期间，可以使用 save 命令随时保存模型的状态。该命令将创建一个模型状态（SAV）文件，该文件是包含整个模型数据的二进制文件。后期可以使用 restore 命令恢复 SAV 文件。恢复后，模型状态与发出相应保存命令时的模型状态完全一致。

一个项目可以包含多个 SAV 文件，它们在建模工作的不同阶段对应于模型的不同状态。与项目关联的所有 SAV 文件都显示在"Project"窗格中。通过在"Project"窗格中双击相应的 SAV 文件，可以恢复模型状态。例如，可以保存一个初始状态，然后对其进行多次恢复和更改，以执行参数敏感性分析（见本章 2.2.3.2）。

2.2.2.3 命令和 FISH 语法

PFC 使用命令驱动格式，即命令组合关键词来控制程序的操作。可以在命令提示符中发出命令，也可以在数据文件中更方便地发出命令。此外，PFC 提供了一种称为 FISH 的嵌入式编程语言，该语言可在建模序列期间的任何时间访问大多数模型数据，并可用于与该数据进行交互和操作。PFC 提供了 FISH 变量和函数的有限集合，用户可以根据需要定义新的变量和函数，以扩展 PFC 的功能。

在构建 PFC 模型时会用到许多组件。例如，典型的 PFC 模型由球、团块、墙、接触等组成，但也经常使用其他功能，例如历史记录、测量区域、几何对象等。其中一些组件称为"通用组件"，对所有 Itasca 软件都是通用的。例如，几何对象或测量区域。在本章中，通用组件在 2.4.2 节中进行介绍。球（Balls）、颗粒团（Clumps）、墙（Walls）和接触（Contacts）是 PFC 特有的，被称为"PFC 模型组件"，它们在 2.4.1 节中进行了说明。在每个组件说明中，提供了相关命令和 FISH 功能的列表和说明。

1. 命令（Commands）

用于命令语法的约定执行与特定组件相关的命令，该命令将从该组件的名称开始，然后是描述命令操作的名词或动词，然后是由那些组件接受的一系列关键词和参数。另外，范围（range）短语可以完成命令行以限制命令对模型域的对象子集或空间子区域的作用。大多数命令接受范围短语；如果未指定，则它们将在整个模型上运行。

例如，ball generate 命令的典型用法如下（图 2-25）所示：

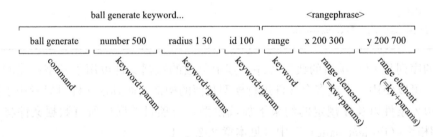

图 2-25 命令组成的分析

该命令将在模型域的子区域中生成 500 个球，半径范围为 1～30 个长度单位，ID 从 100 开始，在 x 方向上介于 200～300 之间，在 y 方向上介于 200～700 之间。

每个组件的命令可以在 PFC 手册中的"Mechanics of Using PFC"中查到。例如，在"模型组件及命令（PFC Model Components）"小节的"球单元（balls）"下可以找到对球进行操作的所有命令列表。不直接与任何特定组件关联，而是在程序级功能或整个模型上运行的命令称为"应用程序命令"，并在 Command 中的常规组件 Application 下进行描述。请注意，集成的帮助工具提供了一种方便的方法，可从命令提示符或"编辑器"窗格中访问命令的说明。

在命令提示符下，输入：

Ball ?

将显示可用的球（ball）命令列表（图 2-26）。

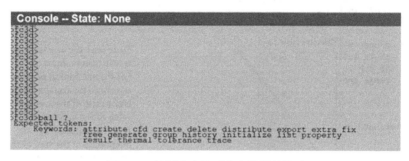

图 2-26　控制台窗格对命令提供的帮助

键入：

Ball attribute ?

将显示 ball 属性命令的可用关键词列表。同样，键入"ball attribute"，然后在命令提示符下按 F1 键将在描述 ball attribute 命令的页面上打开帮助文档（图 2-27）。

图 2-27　F1 键对命令提供的帮助

在命令编辑器窗格中（Editor Pane），按 F1 键将尝试在与当前光标位置或所选文本区域相对应的命令的页面上打开文档。此外，内联帮助（Inline Help）通过使用 Ctrl ＋ Space 键盘组合会引出相关命令和关键词，并提供对当前命令文档的 F1 键访问，极大地方便了对数据文件的编辑（图 2-28、图 2-29）。

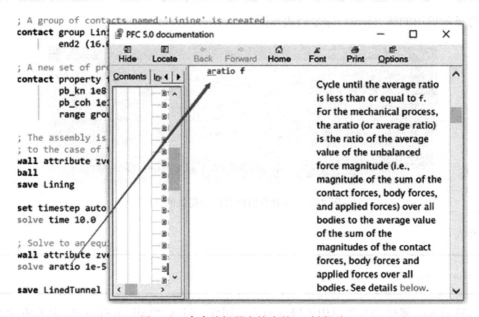

图 2-28　命令编辑器窗格中的 F1 键帮助

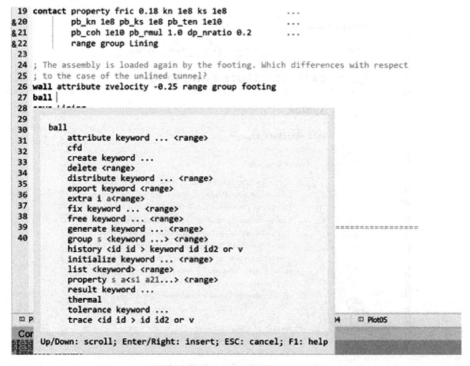

图 2-29　命令编辑器窗格中的内联帮助（Inline Help）

2. FISH 语法（Syntax）

FISH 语言及其语法在本章 2.6 部分中有完整说明，本节将对其功能进行简要概述。FISH 程序可以嵌入到普通的 PFC 数据文件中。单词 define 之后的行作为 FISH 函数处理，当遇到单词 end 时，函数会终止。在一个函数中可以调用其他函数，后者可以再调用其他函数，依此类推。定义函数的顺序并不重要，只要在使用它们之前（例如，由 PFC 命令调用）定义它们。由于 FISH 函数的编译形式存储在 PFC 的内存空间中，因此 save 命令将保存函数和相关变量的当前值。

与命令相似，PFC 随附的预定义 FISH 功能通常与特定组件关联。为了清楚起见，采用了点约定，其中特定的 FISH 函数以与之关联的组件的名称为前缀。例如，施加于球上的 FISH 函数，所有这些函数都以 "ball" 开始，可以使用 ball. pos 函数查询或修改球的位置。

```
v = ball.pos(b<, i>)；读取访问
ball.pos(b<, i>) = v；写入访问
```

在此函数中，b 表示球指针（即 PFC 存储空间中特定球的地址），而 i 表示矢量分量的整数（i=1：x，i=2：y 和 i=3：z 在 3D）。请注意，i 括在尖括号（< >）之间，这意味着第二个参数是可选的，如果未指定，则返回/输入值 v 是向量，如果指定，则返回/输入值是对应于所需向量分量的实数（real number）。

下面的代码段说明了如何在用户定义的 FISH 函数中使用预定义的函数。代码中定义了两个函数：get_ball_position_vector 使用读取访问模式来检索具有指定 ID 的球的位置向量。set_ball_position_component 使用写入访问模式将球位置的一个分量设置为所需值。

```
define get _ ball _ position _ vector(bid)
  local b = ball.find(bid)；get address of ball with ID bid
  local v = ball.pos(b)  ; read access to the position of ball with address b
  get _ ball _ position _ vector = v
end

define set _ ball _ position _ component(bid, idir, val)
  local b = ball.find(bid)；get address of ball with ID bid
  ball.pos(b, idir) = val ; write access to the idir-component position
end
```

请注意，用户定义的 FISH 函数可以采用任意数量的参数。如果将以上功能插入数据文件中，则可以按以下方式使用它们：

```
；设置模型域并创建一个球
domain extent-1 1
```

```
ball create id 1 x 0.0 y 0.0 radius 0.1

; 创建全局 FISH 变量 vp1，执行 get_ball_position_vector 函数并将返回值
; 存储在 vp1 中
fish create vp1 = @get_ball_position_vector(1)
list @vp1   ; output the value of vp1 in the console pane

; 执行 set_ball_position_component 函数并分配新的 x 分量
@set_ball_position_component(1, 1, 0.1)

; 执行 set_ball_position_component 函数并分配新的 y 分量
@set_ball_position_component(1, 2, 0.2)

; 使用内联 FISH 创建全局 FISH 变量 vp2，执行 get_ball_position_vector 函数
; 并将返回值存储在 vp2 中
[vp2 = get_ball_position_vector(1)]
list @vp2   ; output the value of vp2 in the console pane
```

上面的示例虽然很简单，但已经使用了 FISH 脚本语言的许多功能，例如";"注释行的字符，执行函数的"@"字符和使用内联 FISH 功能的方括号"［］"。请参阅本章 2.6 节，以全面了解 FISH 语言。

最后请注意，Inline Help 功能可同时用于命令和预定义的 FISH 功能。只需输入"ball"。然后在"Editor"窗格中按 Ctrl + Space 组合键将打开一个窗口，该窗口引用所有可用于球的 FISH 功能，并可以按 F1 键快速访问这些功能的文档（图 2-29）。

2.2.3　软件的模拟流程

2.2.3.1　PFC 求解的一般理念

力学过程的模拟（例如与地质工程相关的过程）涉及特殊的考虑因素，并且其设计理念不同于采用人造材料进行设计所遵循的原理。例如，在岩石和土中或对于岩石和土的结构和开挖的分析和设计，必须使用相对较少的特定于现场的数据并意识到可变形性和强度特性可能会发生很大变化。在土体或岩石材料中，现场无法获得完整的现场数据，最多只能部分了解有关应力、特性和不连续性的信息。

这种难题通常也出现在许多离散颗粒物相互作用的情况下。在粉末技术中，高密度堆积体下的接触行为通常是未知的。在材料的整体流动研究中，很难量化流动材料中的不规则分布对流动的影响。由于设计预测所需输入数据的局限性，应首先使用数值模型方法来理解影响颗粒系统行为的主要机理。一旦了解了系统的行为，就可以为设计过程进行简单的计算。

当然，这种方法是针对缺乏数据的工程应用。如果能够得到足够的数据和对材料力学行为的理解，则可以在设计中直接使用 PFC。读者应该认识到存在连续的模拟图谱，如图 2-30 所示。

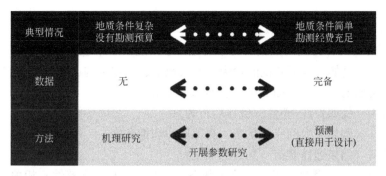

典型情况	地质条件复杂 没有勘测预算	← · · · · · →	地质条件简单 勘测经费充足
数据	无	← · · · · · →	完备
方法	机理研究	← · · · · · → 开展参数研究	预测 （直接用于设计）

图 2-30　模拟研究的图谱

PFC 可以在完全可预测模式下（图 2-30 的右侧）使用，也可以作为"数值实验室"来测试想法（图 2-30 的左侧）。确定使用类型的是现场情况（和预算），而不是程序。如果有足够的高质量数据可用，PFC 可以给出良好的预测结果。当 PFC 用作数值实验室时，建议遵循以下七个步骤来有效地解决问题：

● Step 1：定义模拟分析的目标

模型中包含的细节程度通常取决于分析的目的。例如，如果目标是在提议用来解释系统行为的两个相互冲突的机制之间进行决策，则可以构建一个粗略的模型，前提是该模型允许机制的发生。一般仅仅因为复杂性存在于现实中就很容易将其包含在模型中。但是，如果复杂的特性可能对模型的响应几乎没有影响，或者与研究的目的无关，则应省略这些复杂的特性。在 2005 年北京西郊宾馆的讲座中，Peter Cundall 院士曾经提到了简单化原则，他认为"Simple is best"，读者可以在实践中认真体会这句话的含义。

● Step 2：创建物理系统的概念图

重要的是要对研究问题有一个概念上的了解，以便对施加条件下的预期行为提供初步估计。准备概念图时应该问几个问题，例如：预计系统会变得不稳定吗？与问题区域内物体的大小相比，运动预期是大还是小？主要的力学响应是线性的还是非线性的？是否存在明确的结构面可能会影响力学行为，或者材料本质上是否表现为连续体？系统受到物理结构限制还是其边界扩展到无穷大？系统的物理结构中是否存在几何对称性？这些考虑因素将决定数值模型的总体特征，例如：颗粒组件的设计，接触模型的选择，边界条件和初始平衡状态的分析。他们将确定是否需要三维模型，或者是否可以利用物理系统中的对称性而使用二维模型来模拟。

● Step 3：构造并运行简单的理想化模型

当理想化模型用于数值分析的物理系统时，会发现在构建详细模型之前构建和运行简单测试模型更为有效。在项目的最初阶段创建简单模型，以生成数据和分析。计算结果可以提供对系统概念图的进一步理解。运行简单模型后，有可能需要重复步骤 2。

与连续介质力学计算代码不同，在 PFC 中，颗粒生成，边界条件和初始条件是相互关联的。可能需要运行几次模型才能获得所需的分析初始稳定状态。在执行详细的模型运行之前，最好在简单的模型上完成此操作。简单的模型还可以揭示出在分析上投入大量精力之前可以弥补的缺陷。例如，所选的接触模型是否足以代表预期的行为？边界条件是否影响模型响应？简单模型的结果还可以通过识别哪些数据类型与分析更相关，来帮助指导数据收集方案。

- Step 4：汇总特定问题的数据

模型分析需要几种类型的数据。对于岩土力学问题，通常包括：

○ 几何细节（例如，地下开挖的轮廓、地表地形、大坝结构、岩石/土相互作用结构）；

○ 地质结构面的位置（例如断层、层面和节理组）；

○ 材料行为（例如弹性/塑性、破坏后行为）；

○ 初始条件（例如应力的原位状态、孔隙压力和饱和度）；

○ 外部载荷（例如爆炸载荷、洞穴的加压）。

通常，由于与特定条件（尤其是应力状态，可变形性和强度特性）相关的不确定性较大，因此必须选择参数的合理范围进行调查。简单模型运行的结果（step 3）通常有助于确定该范围，并有助于为实验室和现场实验的设计提供参考，以收集所需的数据。

- Step 5：准备一系列详细的模型运行

最常见的是，数值分析将涉及一系列计算机模拟，其中包括所研究的不同机制，并涵盖了从模型数据库中得出的参数范围。在准备一组用于计算的模型时，应考虑以下几个方面：

○ 每个模型进行计算需要多少时间？如果模型运行花费时间过多，可能很难获得足够的信息来得出有用的结论。应该考虑在多台计算机上执行参数变化以缩短总计算时间。

○ 模型的状态应在几个重要的中间阶段进行保存，这样就不必为每个参数变化重复整个运行。例如，如果分析涉及多个加载/卸载阶段，则用户应该能够顺利返回到任何阶段，更改参数并从该阶段继续进行分析。当然，用户应考虑保存文件所需的磁盘空间。

○ 模型中是否有足够的监测点位置，以提供对模型结果的清晰解释并与物理数据进行比较？在模型中设置几个监测点是非常有帮助的，在计算过程中可以在该点上监测参数变化（例如速度或力）的记录。此外，应始终监测模型中的不平衡力，以在分析的每个阶段检查平衡或颗粒流状态。

- Step 6：执行模型的计算

最好先进行一个或两个详细模型的计算，然后再启动一系列的计算。应停止并间歇检查这些运行结果，以确保响应符合预期。一旦确定模型运行正确，就可以将几个模型数据文件连接在一起，依次运行多个计算。程序在一系列运行期间的任何时间，应该可以中断计算，查看结果，然后继续或适当地修改模型后再进行计算。

- Step 7：提供计算结果以供解释

解决问题的最后阶段是呈现结果，并对结果进行清晰的解释。结果最好通过直接在计算机屏幕上或作为硬拷贝绘图设备输出的图形方式来显示。图形的输出应该采用与现场测量和观察结果可以进行比较的格式显示。应该能从分析曲线图中清楚地识别出感兴趣的区域，例如计算出荷载集中的位置或模型中稳定运动与不稳定运动的区域。模型中任何变量的数值也应易于获得，以便模拟者进行更详细的解释。

2.2.3.2 PFC求解的流程

为了建立模型以使用 PFC 运行模拟，必须指定问题的四个基本组成部分：模型域；颗粒的集合；接触行为和材料性能；边界和初始条件。

颗粒组件由颗粒的位置和大小分布组成。接触行为和相关的材料特性决定了模型在发生干扰时将显示的响应类型（例如，由于开挖引起的变形响应）。在此阶段，选择合适的能量耗散机制至关重要。边界条件和初始条件定义了原位状态（即，引入问题状态变化或干扰之前的条件）。在 PFC 中定义这些条件后，需要将模型计算至初始平衡状态；接着进行更改（例如，开挖材料或更改边界条件）；然后计算模型的最终响应。对于像 PFC 这样的显式离散单元程序，此问题的实际解决方案与传统的隐式解决方案程序不同，PFC 采用显式的时间前进方法来求解代数方程。在一系列计算步骤之后即可找到解决方案。在 PFC 中，达成解决方案所需的计算步数可以由代码自动控制，也可以由用户手动控制。但是，用户最终必须确定计算步数是否满足解决的条件。PFC 计算通常的解决方案如图 2-31 所示。

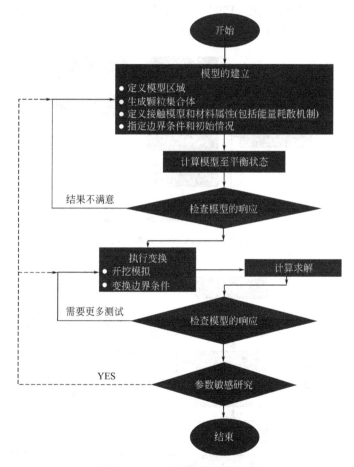

图 2-31　PFC 通常的求解流程

2.3　PFC 5.0 功能概述

2.3.1　功能与设计上的优化

　　首先，要明确 PFC 5.0 不是 PFC 4.0 的简单升级版，而是一次针对 PFC 软件的重新架构与设计。在 PFC 4.0 中存储的数据文件将无法在 PFC 5.0 中打开，PFC 5.0 的语法和命令与 PFC 4.0 中的命令有很大不同。两者在一般概念尽可能保持完整和一致（例如 ball generate 命令创建非重叠球），但是为了提高准确性，已经修改了特定的语法，并尽可能使得不同元素的命令尽可能相一致，以方便用户记忆使用（例如 ball generate 和 clump generate 命令使用几乎相同的参数执行相同的操作）。PFC5.0 中所有 FISH 语句的名称都采用了点约定，未来版本的 Itasca 软件也将使用点约定。此修改允许将 FISH 语句分组为逻辑类型以便于识别。例如，有一种 math 类型，可以在其下找到所有 math 实用程序（例如 math. pi，math. sin，math. abs 等），数据文件的可读性提高了很多。此外，这种变化减少了新用户学习 FISH 所需的时间。

除了在命令及语言上的优化，PFC 5.0 的计算结构也进行了优化升级，图 2-32 与图 2-33 分别为 PFC 4.0 与 PFC 5.0 的计算结构。

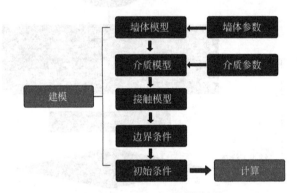

图 2-32　PFC 4.0 计算结构

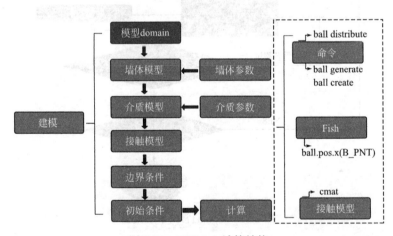

图 2-33　PFC 5.0 计算结构

2.3.2　自动多线程和有效的接触探测

PFC 5.0 自动利用计算机自身所有的计算资源，所有与计算相关的部分都是多线程（multithreading）方式：（1）时步计算；（2）运动方程；（3）力-位移原理；（4）接触查询等默认采用 Deterministic 模式（set deterministic）进行计算，以保证模型可重复性；如果使用非 Deterministic 模式，自身性能约有 10% 的提升，但可能会牺牲结果的可重复性。FISH 相关的编译功能则仍保持单线程。图 2-34 显示了生成同样的 700000 颗球颗粒，PFC 4.0 耗时 3.3h 而 PFC 5.0 仅耗时 1.7min。

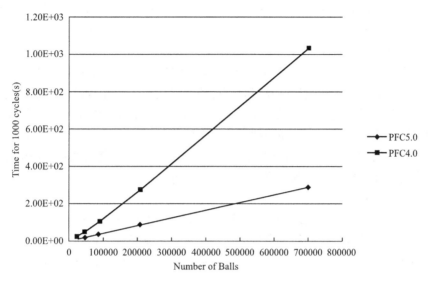

图 2-34　PFC 生成颗粒时间统计图

　　PFC 在循环期间将计算负载分配给共享内存，多核体系结构（即笔记本电脑或具有多核处理器的 PC）上的多个线程。默认情况下，PFC 将使用主机系统上可用的最佳线程数。命令 set processors 可用于调整循环期间 PFC 使用的线程数。

　　PFC 5.0 中不再提供并行计算选项。PFC 4.0 并行处理方案提供的分布式并行对于大多数客户过于麻烦。例如，要求编写特殊的并行计算 FISH 函数，并且在硬件上提供了较差的性能优势。因此技术人员将开发工作的重点放在了多线程并行性能上，目前这是 PFC 5.0 的标准功能。

2.3.3　Clump 模板的新运算/可视化

　　在 PFC 5.0 中针对 clump 模块也进行了优化升级。刚性连接的 pebble，可以复制和观察，可以导入 dxf/stl 文件作为 clump 的边界面，但文件内的几何模型必须是有向的，边界衔接且封闭的。惯性参数（体积、惯性矢量）可通过以下方式确定：（1）用户输入；（2）从 pebble 的分布计算；（3）从 clump 的边界面计算。内置 BubblePack 算法：用 pebble 将 clump 边界面内的空间按照目标状态填充（中轴逼近法），如图 2-35 所示。

图 2-35　用中轴逼近法生成模型

2.3.4 相关术语 (Terminology)

（1）呼叫（Call）

Call 是 PFC 的基础命令（可在命令提示符下或通过"文件"菜单下执行），该命令在 PFC 中打开并执行相应的数据文件。

（2）步（Step）与循环（Cycle）

步也称为时步（Timestep）。PFC 默认自动确定计算的时间步长。模拟过程中，时间步长随每个颗粒周围的接触数量以及瞬时刚度值而变化。PFC 中也可以使用固定的时间步长。PFC 自动计算得到的时间步长对于特定问题并不一定是最佳值，自动时间步长为了保证数值稳定性，往往偏保守，致使模拟的计算时间很长。

循环 cycle 指执行时间步。除非按下 Shift + Esc 键，否则将持续执行时间步。在这种情况下，当前步骤完成后，控制权将返回给用户。cycle 与 step 等效。

（3）阻尼（Damping）

由于 PFC 使用动态松弛法，用动态的变化过程逼近静态受力状态，所以必须使用阻尼模型耗散颗粒的动能，使颗粒在合理的迭代步数内达到稳定的运动状态。PFC 中的阻尼模型有：黏性阻尼（Viscous Damping）、局部非黏性阻尼（Local Non-viscous Damping）和联合阻尼（Combined Damping）等。

PFC 通过接触模型，摩擦滑动或黏性阻尼来耗散提供给颗粒系统的能量。但是这些耗散机制可能不足以在合理数量的周期内达到稳态解决方案。而基于主体（body）的阻尼方案称为局部阻尼，可用于去除额外的动能。局部阻尼作用在每个球或团块上，施加与不平衡力成比例的阻尼力。PFC 4.0 默认使用局部非黏性阻尼，阻尼常数为 0.7，PFC 5.0 取消了这项默认设置。局部阻尼适用于大量颗粒的小位移运动，反之则不适用。黏性阻尼可使用 DAMP 命令激活。组合阻尼只有在颗粒速度改变方向时才会被激活，比较适用于振荡运动的能量耗散，不过它的效率比较低，一般不建议使用。

对于压密集合体，可以使用非零局部阻尼来建立平衡并进行准静态变形模拟。当需要对压密集合体进行动态仿真时，首选基于接触模型的阻尼策略，并且本地阻尼系数应设置为 0.0 或较小的值。对于涉及颗粒自由飞行和/或颗粒之间碰撞的问题，局部阻尼是不合适的，应使用基于接触模型的阻尼策略。如果模拟受快速冲击支配，则应考虑使用滞后接触模型来实际耗散能量。

（4）边界条件（Boundary Condition）

边界条件是指模型边界的速度、位移、受力等，将边界条件应用于 PFC 模型的方法通常有以下三种：

① 使用墙作为边界。墙不遵循 PFC 中的牛顿运动定律。在某些情况下，它们可能没有任何运动，例如充当固定容器。然而，在其他情况下，用户需要对其施加速度。例如，切削工具可以建模为通过颗粒组件以恒定速度驱动的墙，或者混合器的叶片可以建模为具有旋转速度的刚性墙，而外部定子则建模为固定的刚性墙容器。由颗粒组件施加到墙上的反作用力也可以被监控，并用于设计先进的伺服控制算法，以便调节墙的运动以维持规定的应力边界条件。

② 使用颗粒作为边界。可以识别模型中选定的颗粒并控制其速度或对其施加外力。

例如，可以通过对边界颗粒施加力来模拟阻抗匹配边界。

③ 使用周期性边界。如果将模型域设置为在一个或多个方向上是周期性的，则将适用此条件。

（5）初始条件（Initial Conditions）

初始条件指模型在承受任何荷载或干扰之前，所有变量的初始状态。初始状态通常分为两个阶段计算，首先让球达到压缩状态，使球达到合适的孔隙率和力状态，然后施加力或速度以达到代表初始问题状态的平衡力状态。颗粒状集合体中的初始条件通常是从其填充历史和所应用的边界条件继承而来。例如，经常需要调整边界条件以设置相关的初始应力状态。初始条件取决于所使用的接触模型，用户还可以初始化接触中的力和特性以实现所需的初始应力状态。

（6）ID 号（ID Number）

PFC 中每个颗粒都有其 ID 号。以下元素都有其 ID 号：球、墙、历史监测（图 2-36）、表、颗粒团、窗格等。ID 号帮助用户指定模型中的特定元素，ID 号可以由用户自己分配。

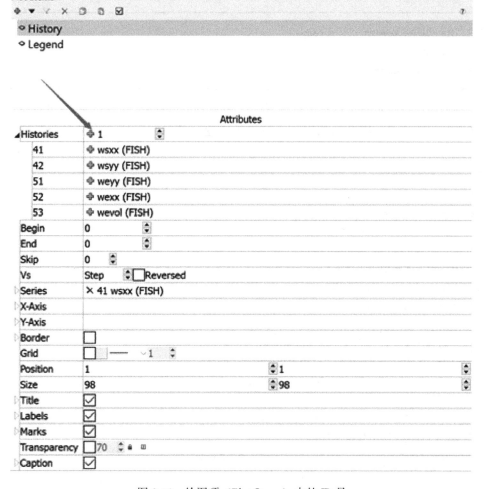

图 2-36　绘图项（Plot Items）中的 ID 号

（7）范围（Range）

在 PFC3D 中模型的范围是一个过滤器，用于指定哪些对象执行操作。范围或范围的元素，按照 X、Y、Z 坐标固定在空间中，范围或范围的元素是指定的组包括所有其定义区域内的单元并组成了模型。

不使用范围（range）的 PFC 命令将对给定命令的所有可能目标对象（球、接触、颗粒团等）进行操作。范围（range）应用于命令时，提供将命令的操作限制到目标对象子集的方法。子集由范围（range）元素定义，范围元素是 range 关键词之后的关键词。范围词组（range phrase）是 range 关键词及其后的一个或多个 range 元素的组合。使用范围短语（range phrase）时，它必须出现在命令的末尾。

因此，范围（range）逻辑应理解为程序中通过关键词应用于其他命令的功能，而自身不具备顶级命令的功能。也就是说，有一个范围命令。其目的是定义一组已经命名的，用户指定范围的元素。但是，结果集（命名范围 named range）在其用作范围短语中的元素之前不会应用于任何内容。

PFC 中的许多命令都接受范围短语。使用范围逻辑的命令始终将范围短语（<range>）显示为可选的最终参数。例如：

```
ball distribute keyword ... <range>
dfn copy idfrom idto <range>
clump attribute keyword ... <range>
```

范围词组通过指定一个或多个范围元素（跟随 range 关键词）来定位一组对象。如果指定了多个范围元素，则默认情况下，范围短语返回的最终对象集将是各个范围元素的交集。

```
new
domain extent 0 1000 0 1000 0 1000
ball generate number 1000 radius 1 20

; 使用 x 范围元素创建两个组
ball group side1 range x 0 333
ball group side2 range x 667 1000

; 下一行会产生警告-所产生的交叉区域为空
; 请注意，关键词 group 在同一范围短语中使用了两次
ball group both range group side1 group side2

; 接下来使用关键词 union 产生两个组的 UNION
; 关键词 add 用于防止覆盖现有组
ball group both2 add range group side1 group side2 union

; 同一组，使用不同的语法(并再次使用 add)：
```

```
; 下面组的关键词 or 与上方的关键词 union
ball group both3 add range group side1 or side2

; 接下来使用 NOT 产生前一组的反转
ball group neither range group both3 not
```

可以通过 range 命令创建一个命名范围。使用 nrange 关键词，可以将得到的命名范围插入范围短语中，并视为该范围短语中的范围元素。因此，上述逻辑运算将完全像在范围元素上一样，在命名范围上运行。

```
new
domain extent 0 1000 0 1000 0 333
ball generate number 1000 radius 1 30

; 使用"range"命令命名范围：
; 两个 x 范围元素的并集(使用"union")
range name bookends union x 0 200 x 800 1000

; 使用"range"关键词的范围短语：
; 在给定范围内创建名为"middle"的颗粒组
ball group middle range x 500 600

; 删除不在指定范围和组中的球
ball delete range nrange bookends not group middle not
```

（8）不平衡力（Unbalanced Force）

不平衡力指示颗粒系统何时达到静态平衡的力学平衡状态（或颗粒流动的开始）。如果每个颗粒重心的合力矢量为零，则模型处于严格的平衡状态。在 PFC 计算中监测了最大和平均不平衡力矢量，在调用 CYCLE 或 STEP 命令时可以将其显示在屏幕上。对于数值分析，最大不平衡力永远不会精确达到零。当最大（或平均）不平衡力小于颗粒填充组件模型中的最大（或平均）接触力时，该模型被认为处于平衡状态。如果不平衡力接近恒定的非零值，则可能表明模型内发生了破坏和颗粒流动。

将作用在物体 b 上的不平衡力（U_b）的大小定义为作用在 b 上的所有力（接触力，体力和作用力）之和的大小，不考虑其中约束 b 的自由度而产生的力。

$$U_b = \| \sum_{F/b} F \cdot \delta \| \tag{2-1}$$

式中，δ 是一个向量，其所有平移自由度的分量等于 1，固定自由度除外，其相应分量为 0。

（9）静态求解（Static Solution）与动态求解（Dynamic Solution）

在 PFC 中，当模型的动能变化率接近可忽略的值时，认为达到了静态或准静态解。这是通过运动方程的阻尼来实现的。在静态阶段，如果模型的一部分或全部在所施加的荷载条件下不稳定，则模型将处于平衡状态或处于材料稳定流动状态。

动态求解包含完整动力学方程（包括惯性定律）的求解过程，动能生产和损耗直接影响结果。问题的动态解可涉及高频率、短时间加载（例如，地震或爆炸）。

（10）孔隙率（Porosity）

孔隙率 n 定义为测量区域内的总空隙体积（面积）V^{void} 与测量区域体积（面积）V^{reg} 的比率。孔隙率与模型的压实状态有关（例如：低孔隙率意味着密集填充），可以在具有测量圆的模型中测量孔隙率，在孔隙率计算中考虑了球之间的重叠。

$$n = \frac{V^{void}}{V^{reg}} = \frac{V^{reg} - V^{mat}}{V^{reg}} = 1 - \frac{V^{mat}}{V^{reg}} \tag{2-2}$$

式中，V^{mat} 为测量区域中材料的体积，V^{mat} 近似取为

$$V^{mat} = \sum_{N_b} V^{(b)} \sum_{\overline{N_b}} \overline{V}^{(b)} - \sum_{N_c} V^{(c)} \tag{2-3}$$

式中，N_b 是完全位于测量区域内实体的数量；$V^{(b)}$ 是实体 b 的体积；$\overline{N}_b$ 是与测量区域相交的物体的数量；$\overline{V}^{(b)}$ 是实体与测量区域之间的相交体积；N_c 是位于测量区域内接触的数量；$\overline{V}^{(c)}$ 是两个物体在接触处的重叠体积。如果每个组成 pebble 都在测量区域内，则认为颗粒团完全位于测量区域内。

（11）应力（Stress）、应变（Strain）和应变率（Strain Rate）

应力和应变张量在 PFC 模型中的测量圆中被作为平均值来计算。由于介质是不连续的，应力和应变（作为连续变量）在颗粒组件的每个点上都不存在，因此需要采用平均过程来计算用户定义的测量圆内平均应力和应变率张量。应力的平均程序是将作用在测量圆中每个颗粒上两个面内的力分量与颗粒边界单位长度的力相关联，然后将其除以厚度以获得应力值。

应变率的平均过程不包含关于平面外厚度的假设。但是，由于 2D 和 3D 系统的孔隙率和结构不同，因此 2D 组件的体积应变与 3D 情况不同。Hazzard（2003）在颗粒材料的直接剪切模拟中，提出应该重视平面外三维方向的影响，研究表明 3D 模型显示的宏观内部摩擦角大于 2D 模型。在比较 2D 和 3D 受侧限压缩测试时，David（2007）观察到了相似的趋势。大多数基于二维连续介质力学的程序是通过应力和应变之间的本构关系来选择平面应力或平面应变条件来确定三维弹性响应。但是，PFC2D 模型不会强制执行这些条件。在运动方程或力-位移定律中根本不考虑平面外力分量以及应力和应变，因此不存在实施平面应变状态所需的平面外约束。

应变率张量可在 PFC 模型中的测量圆（球）中被计算，应变率计算基于圆（球）内重心的所有球的速度矢量，可以通过编写 FISH 函数以时间积分来计算应变。用于测量颗粒组件内局部应变率的过程与用于测量局部应力的过程不同，在确定局部应力时，材料的体积内的平均应力直接用离散接触力表示，因为空隙中的力为零。但是，以类似的方式使用速度来表示平均应变率是不正确的，因为空隙中的速度非零。代替假定空隙中速度场的形式，是基于最佳拟合过程确定应变率张量，该过程使所有重心在测量区域内球的预测速度和测量速度之间的误差最小。

（12）命令提示符（Command Prompt）

命令提示符用于逐行在 PFC 中输入命令，它显示在控制台窗格（Console Pane）的底

部。PFC 输出对在提示符下输入的命令的响应将显示在其上方的控制台窗格中。

（13）图例（Legend）

所有图形均包含图例，图例上显示的信息是通过图例图项（Legend plot item）配置的（图 2-37）。

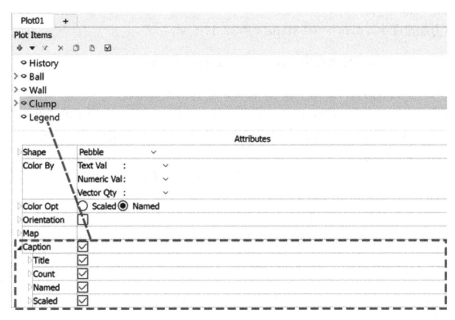

图 2-37 图例图项的配置

（14）单元（Zone）

单元是在 PFC 中评估现象变化（例如应力与应变）的最小几何区域。使用不同形状的多面体区域（例如，砖块、楔形、金字塔形和四面体形区域）来创建模型。区域的另一个表达是"element"。

（15）单位系统（System of Units）

PFC 接受任何一致的工程单位系统，表 2-1 显示了一些基本参数的一致单位系统示例。从一种单位制转换为另一种单位制时，用户应格外小心。在（Journal of Petroleum Technology，1977）中可以找到关于单位的英制与 SI 制之间的转换，PFC 本身不执行任何转换。

力学参数的单位系统 　　　　　　　　　　　　　　　　　　　　　　　表 2-1

	公制				英制	
长度	m	m	m	cm	ft	in
密度	kg/m^3	$10^3\,kg/m^3$	$10^6\,kg/m^3$	$10^6\,g/cm^3$	$slugs/ft^3$	$snails/in^3$
力	N	kN	MN	Mdynes	lb_f	lb_f
应力	Pa	kPa	Mpa	bar	lb_f/ft^2	psi
重力加速度	m/s^2	m/s^2	m/s^2	cm/s^2	ft/s^2	in/s^2
球的刚度	N/m	kN/m	MN/m	Mdynes/cm	lb_f/ft	lb_f/in

此处，有

$1bar = 10^6 dynes/cm^2 = 10^5 N/m^2 = 10^5 Pa$；

1 大气压 $= 1.013bars = 14.7psi = 2116lbf/ft^2 = 1.01325 \times 105Pa$；

$1slug = 1lbf\text{-}s^2/ft = 14.59kg$；

$1snail = 1lbf\text{-}s^2/in$；

1 重力加速度 $= 9.81m/s^2 = 981cm/s^2 = 32.17ft/s^2$。

2.3.5　PFC 5.0 的部分突出变化（Select Features Highlight）

● 任何模型的数据文件必始于域（Domain），否则模型无效。

为了有效地进行接触检测，PFC 要求用户指定要操作的域。在模型域之外不能存在任何模型组件，并且使用 domain 命令指定域边界条件。每个数据文件都应以域规定来开头。

● 不再区分大小写。

区分大小写已在 PFC 中删除。因此，称为 fred 和 FRED 的 FISH 变量是等效的。同样，命令和 FISH 语句可以任意大小写。

● @符号约定，宏定义取消。

在 PFC 4.0 中，FISH 变量可以在命令中使用而无需在变量前添加@字符，而在 PFC 5.0 中始终需要在变量前添加@符号。此更改可能需要进行一些调整，但可以减少混乱和歧义。

● 接触模型分配表（CMAT），默认接触模型为 NULL。

先前版本的 PFC 旨在容纳非常有限的一组接触模型，并假定接触时的默认力学行为受线性接触定律支配。PFC 5.0 不采用默认的线性行为，PFC 5.0 默认情况下会插入 NULL 接触模型，直到用户另行指定。必须注意所计算力学性能的选择（在 FLAC3D 或 3DEC 中需要类似的步骤）。PFC 中引入了一个新概念来简化接触模型分配：接触模型分配表（CMAT）。与 domain 命令一起，每个数据文件都应以 cmat default 命令开头，该命令指定默认的力学行为。CMAT 还可以用于基于复杂规则分配接触模型，从而大大扩展了复杂模型的创建，而无需使用 FISH。

● Local damp 默认为 0（PFC 4.0 为 0.7），参考本章 2.3.4。

● 主体与部件的概念（Bodies and Pieces）。

PFC 区分主体（球、墙和颗粒团）及其组成部分（部件）。部件用于接触检测和求解，而在主体级别积累的数据则用于集成系统的时间演化。因此，所有接触都存在于部件之间，墙面不能与其他墙面接触。球既是主体又是部件，颗粒团包括一个或多个卵石，墙是多个平面的集合，墙并不遵守运动方程。

● 接触类型增加为：ball-ball、ball-facet、ball-pebble、pebble-pebble 和 pebble-facet。参考本章 2.4.1.4。

● 时步（timestep）新算法，更能保证计算的稳定性。

与 PFC 4.0 中一样，自动时间步长确定算法用于评估时间步长，并确保运动方程的稳定积分。以前的时步确定算法是基于与质量弹簧系统的类推，但仅限于连接良好且密集的集合体，动态或高度震荡的系统可能会产生虚假结果。PFC 5.0 中的时间步评估（timestep evaluation）考虑了部件的速度，以确保在接触活动之前或可能产生力时创建所有接触。

由于时间步长约束的计算量很大，因此 PFC 中提供了一种新模式，由此用户可以固定时间步长（使用 settimestep fix 命令）。在这种模式下，根本不需要执行任何时间步长评估。用户需要指定相关的时间步长值，并预测系统配置中可能需要不同时间步长值才能实现稳定性的更改。以固定的时间步进行操作不同于为时间步指定最大值（使用 set timestep maximum 命令），这是因为（在后一种模式下）时间步仍由 PFC 自动评估，而采用计算得出的期望值中的最小值。

请注意，可以使用时间步长缩放 timestep scaling（以前称为密度缩放 density scaling）（参阅 set timestep scale 命令）。还可以在激活时间步估算时指定安全因子（参阅 set timestep safetyfactor 命令）。

随着模拟过程中时间步长的增多，用户可能不希望它随心所欲地增加，因为可能会导致不稳定，设置时间步长增量命令 set timestep increment 允许修改一个给定周期内时间步长的增加量。

● 内联 fish（Inline Fish），可以直接在 command 状态下写 fish［ballID］；Local 和 Global 变量的区分；循环与模型访问（Loops and Container Access）；回调函数功能增强-Callback。见本章 2.6.5。

● 颗粒团（Clumps）与卵石（Pebbles）。

重新设计了颗粒团逻辑，使颗粒团独立于球，颗粒团的组成部分在 PFC 5.0 中称为卵石（Pebbles）。这样处理的好处是与球关联的数据是独立的。例如，用户可以遍历球列表，而不必像 PFC 4.0 中那样求解球是否可以成为团块的一部分。通过单独的一组命令和 FISH 函数来处理颗粒团列表。下面的 FISH 函数说明了如何独立地在球和颗粒团（及其组成的卵石）上循环，或者直接在系统中的所有卵石上循环。

```
define my_loop_over_bodies

; 遍历系统中的所有球
  loop foreach local b ball.list
    io.out(string.build(" ball id = %1 \ n", ball.id(b)))
  endloop

; 遍历系统中的所有颗粒团
  loop foreach local c clump.list
    io.out(string.build(" clump id = %1 ; \ n", clump.id(c)))
    ; loop over constituent pebbles
    loop foreach local p clump.pebblelist(c)
      io.out(string.build(" pebble id = %1 \ n", clump.pebble.id(p)))
    endloop
  endloop

; 遍历系统中的所有卵石
```

```
loop foreach p clump. pebble. list
    io. out(string. build(" pebble id = %1 \ n", clump. pebble. id(p)))
    io. out(string. build(" part of clump id %1 \ n", clump. id(clump. pebble. clump(p))))
endloop

end
```

● 不再提供 pdf 版手册。

整个 PFC 文档集都存在于帮助文件中 (pfchelp. chm), 现有 PFC 文档的整个主体都已编入索引并且易于搜索。此更改还创建了链接, 以便用户可以轻松导航到相关内容。PFC 程序中的帮助系统集成也已大大增强。通过在编辑器或命令行中按 F1 键, 可以快速跳转到特定命令或 FISH 语句的帮助文档。寻求与当前光标位置相对应的整行的帮助。也可以突出显示文本以查看特定命令或 FISH 语句的帮助文档。

● Fishtank 文件需要单独下载, 而不包含在安装文件中。详细内容在第 4 章介绍。

● 用户界面 (可随意编译数据文件, 可随意改变视图)。

与 PFC 4.0 和 PFC 4.0-EV 的用户体验相比, PFC 5.0 已对用户界面进行了大幅修改。包含一个经过高度改进的命令编辑器窗格 (参见本章 2.2.2.1), 用于生成数据文件。可以通过按 Shift + Ctrl + E 键组合从编辑器运行数据文件的突出显示的行。用户与数据文件交互的首选方式是创建项目。这些更改大大改善了 PFC 的用户体验。

2.4 PFC 中的组件及命令

2.4.1 模型组件及命令

PFC 提供了离散单元法 (DEM) 的计算平台, PFC 中的 DEM 模型是由图形用户界面包装的, 因此这里 DEM 模型也可以称为 PFC 模型。PFC 5.0 模型由主体模型和力学接触组成。主体模型中有三种类型的主体: 球 (balls)、颗粒团 (clumps) 和墙 (walls)。而物体由构成实体表面的一个或多个部件 (pieces) 组成。颗粒团由卵石 (pebbles) 组成, 墙由面 (facets) 组成。两个物体的表面之间的相互作用是由一个或多个接触组成的力相互作用而定义。Itasca 将主体、部件和力学作用/接触称为 PFC 模型组件 (Model Components)。下面主要介绍 PFC 5.0 中的模型组件及基本命令。

2.4.1.1 圆盘/球单元 (Balls)

在 PFC2D 中是一个单元厚度的刚性圆盘 (软接触), 在 PFC3D 中是刚性球体 (软接触)。每个球都有一组表面属性、质量属性、载荷条件和速度条件, 球可以平移和旋转, 球的半径可以遵循均匀分布, 也可遵循高斯分布。球可以采用三种方式插入 domain: 通过一次创建一个球 (使用 ball create), 生成不重叠的球集 (使用 ball generate), 通过分配重叠的球以匹配指定的尺寸分布 (使用 ball distribute)。相关命令见表 2-2。

球相关命令表 表 2-2

1	ball attribute	设置球的属性值（固有属性）
2	ball create	创建单个具有指定属性的球
3	ball delete	删除球
4	ball distribute	生成重叠的球
5	ball export	导出球
6	ball extra	设置球额外变量
7	ball fix	固定球的速度
8	ball free	释放球的速度
9	ball generate	生成不重叠的球
10	ball group	设置球组名称
11	ball history	记录球历史数据
12	ball initialize	修改球属性
13	ball list	列出球信息
14	ball property	设置球表面属性
15	ball result	修改球逻辑结果
16	ball tolerance	设置接触响应阈值
17	ball trace	添加球轨迹
18	hist ball	与 ball history 相同
19	list ball	与 ball list 相同
20	trace ball	与 ball trace 相同

- ball create

ball create 命令为生成一个特定属性的球，后可跟 group、id、position、radius 等关键词来对新生成的球设置组别、编号、位置、半径等参数。

- ball generate

ball generate 命令为生成没有重叠的球，当球数量达到目标数目或者尝试次数用完时停止。默认状态下球的位置和半径会均匀分布在领域内，因此球的特性受随机数生成器的影响。球也可以通过高斯分布关键词 gauss 来让球变成高斯分布，规则排列的方形和六边形可以通过 cubic 和 hexagonal 关键词实现。生成球的颗粒个数可由 number 决定。但是关键词 cubic 和 hexagonal 与 gauss 关键词不能共存，采用 cubic 和 hexagona 关键词后，生成颗粒个数将自动计算。另外，该方法生成的颗粒在边界位置不做任何处理，只判断颗粒的质心是否位于投放区域。

- ball distribute

ball distribute 命令生成有重叠球。当达到目标孔隙度（不考虑重叠）时，该过程停止。默认情况下，球位置和半径是从整个模型域的均匀分布中提取的。球半径可以通过 gauss 关键词从高斯分布中生成。也可以指定具有半径范围和体积分数的多个球分布。可选范围在生成时应用于每个球，确保最终分布符合目标标准。该命令与 ball generate 命令形成对比，其中球的半径从单个分布中选择，生成没有重叠，直到：1）满足目标球数，

65

或 2）放置球的尝试次数满足定义的标准。

- ball attribute

ball attribute 命令主要用于修改球的固有属性（intrinsic characteristics），如半径、位置、密度、速度等参数，应与 ball property 相区分，后者主要用于设置球的表面特性参数。ball attribute 命令生成的颗粒不判断叠加量，孔隙率 porosity 只是用颗粒面积（体积）与模型生成域面积（体积）来计算，在计算开始时颗粒体系需弹开，并计算至平衡。另外可以用 bin 命令设置颗粒的颗粒级配。

- ball property

ball property 是表面特性 property，能用于填充接触模型，与 ball attribute 命令不同，attribute 用于定义球的位置或者大小等基本属性，property 主要针对 pieces。每一个接触模型都有一个 property 的参数表，包括 linear 线性，linear contact bond，linear parallel bond，hertz，hysteretic，smooth joint 和 flat joint 等。Ball properties 指表面特性，可以用来设置接触模型特性。

ball create 命令是可用于创建球的三个命令之一。ball generate 和 ball distribute 也可以创建球颗粒，但 ball create 命令主要用于创建单个球。使用默认参数，可以在原点创建一个具有下一个 ID 且半径等于最小域范围的 1/40 的球（图 2-38）。

```
domain extent -10.0 10.0
ball create
```

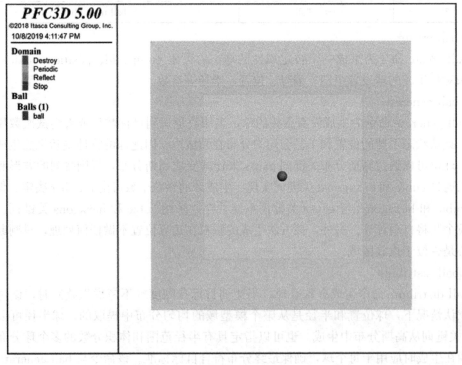

图 2-38　ball create 命令将创建一个半径等于最小域范围的 1/40 的球，该球球心位于原点

用户可以覆盖默认参数以控制命令的结果。在下面的示例中，使用 ball create 命令连续创建三个球（图 2-39）。第一个球以 x＝-5.0（具有默认半径）创建；接着在 x＝5.0 处创建第二个球，半径为 4.0；最后一个球是在原点创建的（默认情况下），ID 为 10，半径为 1.0，并分配了一个组名 middle。

```
domain extent-10.0 10.0
ball create x-5.0
ball create x  5.0 radius 4.0
ball create id 10 x  0.0 radius 1.0 group middle
```

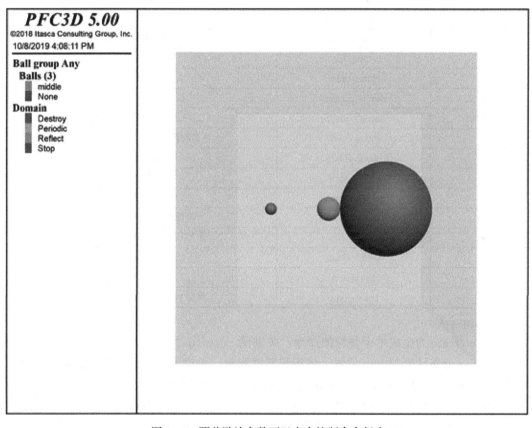

图 2-39　覆盖默认参数可以完全控制命令行为

如上面的例子所示，可以通过重复 ball create 命令来创建多个球，可以通过 set fish callback 命令定期发出 ball create 命令以给定的频率创建球。ball create 命令的替代方法是 ball generate 和 ball distribute 地命令，这些命令旨在一次生成一个球集合。

2.4.1.2　颗粒团（Clumps）

颗粒团是刚性球体的集合，相关命令见表 2-3。组成 Clumps 的每个球体可以有独立的表面特性，Clumps 也拥有质量属性、载荷条件和速度条件，Clumps 可以平移和旋转，Clumps 中的球体可以叠加。

颗粒团相关命令表   表 2-3

1	clump attribute	设置颗粒团属性值
2	clump create	生成单个颗粒团
3	clump delete	删除颗粒团和/或鹅卵石
4	clump distribute	生成重叠的颗粒团
5	clump export	导出颗粒团
6	clump extra	设置颗粒团的额外变量
7	clump fix	固定颗粒团的速度
8	clump free	释放颗粒团的速度
9	clump generate	生成不重叠的颗粒团
10	clump group	指定颗粒团的名称
11	clump history	记录颗粒团的历史数据
12	clump initialize	修改颗粒团集属性
13	clump list	列出颗粒团信息
14	clump order	设置转动 EOM 顺序
15	clump property	设置颗粒团表面属性
16	clump replicate	从模板创建一个颗粒团
17	clump result	修改颗粒团结果逻辑的用法
18	clump rotate	旋转颗粒团
19	clump scale	调整颗粒团比例
20	clump template	创建颗粒团模板
21	clump tolerance	设置颗粒团接触响应阈值
22	clump trace	添加一个颗粒团或卵石的追踪
23	history clump	添加一个颗粒团历史
24	list clump	列出颗粒团信息
25	trace clump	添加一个颗粒团或卵石的追踪

● clump create

clump create 为生成单个颗粒团命令，关键词 calculate 指定在假设密度恒定的情况下根据 pebbles 分布计算 clump 位置、体积和惯性张量。关键词 group 用于分组，id 用于指定编号，density 用于指定 clump 的密度参数，pebbles 可以设置 clump 中 pebble 的数量、大小与位置，position 用于指定 clump 的形心位置。当采用 calculate 关键词时，系统会自动计算惯性参数、颗粒中心位置、体积等参数，因此 position、volume 等关键词将不再生效。在生成 clump 过程中如果使用 position、pebble 等关键词，必须确保其运动参量等正确，否则使用 calculate 会更加方便准确。

● clump distribute

clump distribute 后可跟 bin，box，porosity，diameter，resolution 等关键词。bin 为指定 clump 的颗粒级配，bin 后可跟 density 设置颗粒团参数，elevation fellow 模板绕 y 轴旋转角度，gauss 指定高斯分布，template name 指定模板名称等。当跟 box 关键词时，指定 clump 的生成区域。当跟 porosity 关键词时，指定孔隙率，达到目标孔隙率，颗粒团生成停止。当跟 resolution 关键词时，控制颗粒团生成的尺寸的乘数因子。

● clump template&clump generate

clump template 后关键词可以跟 create，delete，export，import 等。clump template create 用于生成模板，后跟 bubblepack 关键词指定填充方法，ratio 表示最大与最小颗粒半径比，distance 表示圆滑程度，越大则越光滑，越小则越粗糙。template 后跟 name 指定模板名称，geometry 设置几何图形集。

clump generate 生成互不重叠的颗粒团。number 关键词指定生成数目，当簇的数目达到要求停止生成。clump 位置和尺寸从 box 关键词获取均匀分布，或 gauss 关键词获取高斯分布，且 generate 可由 template 模板生成。range 关键词可以判断颗粒团的位置，形心没有落在定义的范围内的颗粒团，则不会添加到模型中。

2.4.1.3　墙（Wall）

墙是由多个小面（2D 中的线段；3D 中的三角形分面，见本章 2.4.1.4）组成，这个面称为分面（facet），由网格来定义。可以为每个分面单独指定墙的表面属性。墙可以平移和旋转（广义速度和角速度或墙绕参考点旋转）。墙的运动不服从运动方程。如果墙可变形，则可以将独立的平移速度应用于每个顶点。墙体变形必须保留墙体的多面组成特性。墙的相关命令见表 2-4。

墙相关命令表　　　　　　　　　　　　　　　　　　　表 2-4

1	wall activeside	指定有效面
2	wall addfacet	在墙上添加一个面
3	wall attribute	设置墙的属性值
4	wall conveyor	为墙分配一个旋转的输送带速度
5	wall create	以顶点创建墙
6	wall delete	删除墙壁和面
7	wall export	导出墙
8	wall extra	设置墙或面的额外变量
9	wall generate	生成具有指定形状的墙
10	wall group	指定墙和面组名称
11	wall history	记录墙的历史数据
12	wall import	导入墙
13	wall initialize	修改墙属性
14	wall list	墙列表
15	wall property	设置墙面的表面属性
16	wall resolution	修改接触分辨率
17	wall result	修改墙结果逻辑的用法
18	wall rotate	旋转墙
19	wall servo	墙伺服提供了控制平移的功能…
20	wall tolerance	设置接触响应阈值

● wall generate

wall generate 命令用于生成特定规则形状的墙体，后可跟相应的关键词生成箱（box），二维中的圆（circle），圆柱（cylinder），圆盘（disk），圆锥（cone），平面

（plane），点（point），三维中的球（sphere）等特定的规则形状。resolution 控制规则几何图形边界尺寸，值越小则 facet 面越多，形状越真实。wall generate 只能用于生成规则的凸多边形，不能生成不规则或凹多边形墙体。

- wall import

wall import 命令可以通过导入已创建的图形文件来生成墙体，其后跟 filename 时，设定导入的文件名，跟 geometry 设置导入几何图形集的名称，跟 group 设置 wall 的分组，id 设置 id 号，name 设置 wall 的名称。

- wall create

wall create 为生成单个墙命令，后可跟 group，id，name 等关键词，来分别指定生成墙的组别，id 号，名字等。wall create 命令可用于生成单个三角形平面。通过逐一输入其顶点，可以生成所需形状的墙。请注意，要生成 3D 或 2D 标准形状的墙元素（盒、球体、平面、圆盘等），则建议使用 wall generate 命令。

要创建三角形平面，必须定义其顶点的位置（图 2-40）。

```
new
domain extent-0.25 0.25
wall create...
    vertices...
    -0.25 0.0 0.0...
    0.25 0.0 0.0...
    0.0 0.0 0.25
```

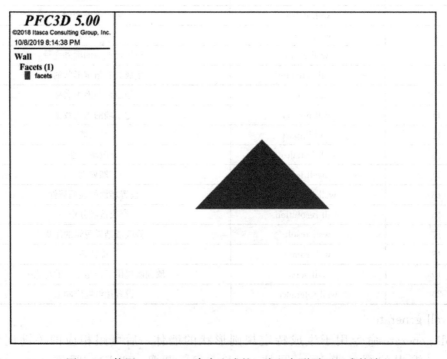

图 2-40　使用 wall create 命令生成的一个三角形平面组成的墙

同样，可以为单个或一组面指定组名。下面的例子创建了名为"roof"的一组面（图2-41）。

```
new
domain extent-10 10

[center = 0.0]
[x = array. create(1，2)]
[y = array. create(1，2)]
[z = array. create(1，2)]

def vertices
x[1，1] = -5.0
x[1，2] = 5.0
y[1，1] = -2.0
y[1，2] = 2.0
z[1，1] = -5.0
z[1，2] = 5.0
end
@vertices

wall create...
    name roof...
    vertices...
        @center @center @center...
        @x(1，1) @y(1，1) @z(1，1)...
        @x(1，2) @y(1，1) @z(1，1)...
        @center @center @center...
        @x(1，1) @y(1，1) @z(1，1)...
        @x(1，1) @y(1，2) @z(1，1)...
        @center @center @center...
        @x(1，2) @y(1，1) @z(1，1)...
        @x(1，2) @y(1，2) @z(1，1)...
        @center @center @center...
        @x(1，1) @y(1，2) @z(1，1)...
        @x(1，2) @y(1，2) @z(1，1)
```

2.4.1.4　分面（Facet）

PFC 5.0 中的模型由通过力学接触相互作用的主体组成。墙（wall）是由 n 个分面（Facet）$\{F^{(i)}\}$，$i=1，2，\cdots，n$ 的三角形网格组成的主体。每个分面＊都是一个部件（piece）。第 i 个三角形面是一个由三个边线界定的面组成（图 2-42）。边缘终止于称为顶点 $\{V_k^i\}$，$k=1，2，3$ 的点。组成分面的三个顶点必须是唯一的。边向量定义为 $E_1^{(i)}=$

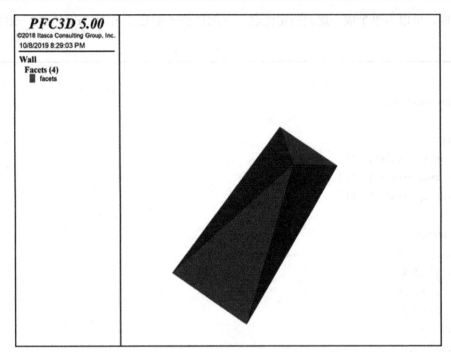

图 2-41　使用 wall create 命令生成的 4 个三角形平面组成的墙

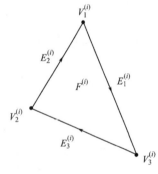

图 2-42　从上方看分面
（facet）的几何特征

$V_2^{(i)} - V_1^{(i)}$，$E_2^{(i)} = V_3^{(i)} - V_2^{(i)}$ 和 $E_3^{(i)} = V_1^{(i)} - V_3^{(i)}$。顶点经过排序，以使分面的法线 $n^{(i)}$ 可以由右手准则定义。

$$n^{(i)} = \frac{(E_1^{(i)} \times E_2^{(i)})}{\| E_1^{(i)} \times E_2^{(i)} \|} \tag{2-4}$$

2.4.1.5　接触与接触模型

（1）接触（Contact）

接触是描述单元间相互作用的接触力与相对位移的关系，包括法向接触力与法向位移之间的关系，以及切向位移与切向力之间的关系。PFC 4.0 中的接触类型有球-球接触、球-墙接触。PFC5.0 对接触类型定义的外延进行了扩展，出现了 5 种接触类型。PFC5.0 中的接触是通过两个部件（pieces）的类型来指定的。例如，球与平面之间的接触称为 ball-facet 接触类型。在当前的 PFC 模型中，面-面接触是不允许的，并且接触的第一个部件（end1）应该是球或卵石，而第二部件（end2）可以是球，卵石或分面，PFC 5.0 提供 5 种独特的接触类型：ball-ball、ball-facet、ball-pebble、pebble-pebble 和 pebble-facet。接触的相关命令见表 2-5。

接触相关命令表　　　　　　　　　　　　　　　表 2-5

1	contact activate		更改接触生效标志
2	contact extra		设置接触额外属性
3	contact group		指定接触组名称
4	contact group behavior		指定接触的组

5	contact history	添加接触的历史记录
6	contact inhibit	禁止指定范围内的接触
7	contact list	列出接触信息
8	contact method	调用接触
9	contact model	分配接触模式
10	contact property	分配接触属性
11	list contact	列出接触信息

（2）接触模型（Contact Constitutive Models）与接触模型分配列表（CMAT）

PFC 4.0 中接触模型分为接触刚度模型、滑动模型和黏结模型。接触刚度模型是在接触力与相对位移之间规定了某种弹性接触，在 PFC 4.0 内，接触刚度模型包括线性接触和 Hertz-Mindlin 非线性接触两大类。当然，用户也可以根据处理问题的材料特点，自定义材料的接触模型；滑动模型是在法向和切向力之间建立的一种有关两个接触球体相互运动的模型；黏结模型则限定了法向力与剪切力的合力最大值。

PFC 5.0 对接触模型的逻辑（定义）进行了重新整合，提供了 10 种内置接触模型，见第 3 章。PFC5.0 采用接触模型分配表（CMAT）来控制接触模型的分配、对接触参数的赋值以及根据接触的距离决定接触是否激活。CMAT 控制接触在模型中的分配，还有它们的属性和相应的接触方式，相关命令见表 2-6。

接触模型分配列表（CMAT）相关命令表　　　表 2-6

1	CMAT add	CMAT 创建命令
2	CMAT apply	CMAT 分配命令
3	CMAT default	默认 CMAT
4	CMAT list	列出 CMAT
5	CMAT modify	修改 CMAT
6	CMAT remove	移除 CMAT

CMAT 包括 CMAT add 和 CMAT default 两种生成接触的方式。

当指定一个新接触时，首先将该接触加入到某个 CMAT 存储槽中，并将该 CMAT 存储槽内的参数、方法赋值给该接触。接触表分配的顺序如下：

● 对于 CMAT add 定义存储槽按照优先级判断新接触，如果满足某个存储槽条件，即将该接触归类到这一存储槽中，并停止判断。

● 如果 CMAT add 没有找到与之对应的存储槽。则采用 CMAT default 命令设置默认的接触类型。

CMAT add 后跟关键词：inheritance ｜ method ｜ model ｜ property ｜ proximity

inheritance 表示赋值接触模型参数；method 指调用接触模型方法及其特定的参数名称和值；model 指定接触类型；property 设置接触特性；proximity 设置接触检测距离。

有与之相关命令：CMAT apply——将接触分配表施加到当前某范围内的接触上；CMAT modify——修改接触分配表；CMAT remove——移除接触分配表。

（3）领域（Domain）

所有组分（球、墙等）都应该在领域内，领域必须在其他组分创建之前建立。涉及的关键词包括：

Conditions，sx＜sy sz＞设置领域边界条件。如果是 sx 则 x 方向的两个面都会生效，yz 同。如果只指定 x 方向，则对所有面都有效。

Stop，（默认）组分的行心如果位于领域外，则速度和角速度会被清零。

Reflect，速度会变成相反，旋转速度不变。不过这个指令慎用，容易产生不稳定。

Destroy，超过领域直接删除。

Periodic，如果超出，则会在另一边重现。

2.4.2 通用组件及命令

本节中述及的模型组件并不特定于 PFC，通常可用于 Itasca 系列程序：包括 PFC2D，PFC3D，FLAC/FLAC3D 和 UDEC/3DEC，因此称为"通用"。这意味着这些程序之间存在大量的信息传递。例如，掌握了组（group）在 PFC 中的工作方式足以使用户了解它们在 FLAC3D 中的工作方式。此处介绍的组件在 Itasca 系列程序中，都可以实现相同的目的，具有相同的底层逻辑，并且在相同的假设下运行。

2.4.2.1 应用命令（Application）

Application 程序组包括一系列与任何特定模型对象或结构都不相关的命令和 FISH 功能，相关命令见表 2-7 和表 2-8。在大多数情况下（尽管不是全部），它们提供对程序级功能，实用程序和设置的访问。而这些功能，实用程序和设置未绑定到直接模型空间。当它们确实涉及当前模型的各个方面时，往往属于影响整个模型的"global"力或作用。例如，calm 命令的操作或 global. gravity FISH 函数提供的功能。

Application 命令表   表 2-7

1	call	调用	15	load	载入用户定义 dll
2	new	建立新项目	16	mail	邮件操作
3	clean	更新接触列表	17	pause	暂停
4	configure	安装配置附加计算	18	playback	回放
5	continue	继续	19	quit	退出
6	cycle	执行计算	20	restore	提取 save 文件
7	define	定义 FISH 功能	21	return	返回程序控制
8	clam	静止	22	save	保存
9	end	结束 FISH 功能	23	set	设置
10	exit	退出	24	solve	执行
11	gui	保存当前项目	25	step	执行运算
12	heading	设置标题	26	title	设置标题
13	help	帮助	27	undo	撤销操作
14	list	列出信息	28	system	给磁盘发出命令

Application 的 Global FISH 函数　　　　　　表 2-8

1	global. cycle	获取 cycle/step 数目
2	global. deterministic	获取/设置 deterministic 模式
3	global. dim	获取程序维度
4	global. factor. of. safety	获取全局安全系数
5	global. gravity（<INT>）	获取/设置重力场
6	global. gravity. x	获取/设置重力场的 x 分量
7	global. gravity. y	获取/设置重力场的 y 分量
8	global. gravity. z（3D only）	获取/设置重力场的 z 分量
9	global. processors	获取/设置处理器数量
10	global. step	获取 cycle/step 数目
11	global. timestep	获取全局时间步

2.4.2.2　离散裂隙网络（DFN）

基于 DFN 模块，嵌入到岩体中的裂隙被视为一组离散、平面和有限尺寸的裂隙。默认情况下离散裂隙为圆盘状。相关命令见表 2-9。

离散裂隙网络（DFN）相关命令表　　　　　　表 2-9

1	dfn addfracture	添加确定裂隙
2	dfn aperture	设置裂隙的宽度
3	dfn attribute	设置裂隙属性的值
4	dfn autoupdate	设置交叉点自动更新
5	dfn cluster	计算集合并分配相应的组
6	dfn combine	DFN 的简化方法
7	dfn connectivity	使用指定结构计算裂隙连接
8	dfn copy	将裂隙复制到另一个裂隙网络
9	dfn delete	删除 DFN 和节理
10	dfn export	将裂隙导出到文件
11	dfn extra	设置裂隙额外变量
12	dfn generate	从统计描述中生成裂隙
13	dfn gimport	从几何图形集导入裂隙
14	dfn group	指定裂隙组名称
15	dfn import	从文件导入裂隙
16	dfn information	获取 DFN 信息
17	dfn initialize	修改裂隙属性
18	dfn list	列出 DFN /裂隙属性
19	dfn model	通过裂隙分配接触模型
20	dfn property	指定断裂表面属性
21	dfn template	DFN 模板实用程序
22	dfn traces	创建与扫描线贴图对应的交叉点

2.4.2.3 组（Group）

每个模型对象提供一个可用于创建该对象类型的组关键词（例如，ball group 或 wall thermal group）。PFC 中提供了 group 逻辑，因此只能通过使用 group 关键词来提供相应功能。通常意义的 group 命令尽管仍然可用，但它往往是为了 list 逻辑提供方便。

组的对象分配可以在插槽中被覆盖。给定具有现有组的插槽，如果分配给该插槽的新创建的组包含一个对象，该对象已经是该插槽中组的一部分，则该对象的组成员资格将更新，以使其现在成为新组的一部分，并且不再是旧组的一部分。用户可以测试以下代码片段。

; 所有没有使用" add"或" slot"关键词创建的组都将分配给插槽 1

ball group set1 range id 1，3

; 将 ID 范围为 1～3 的球放入组 set1（在 slot1 中，图 2-43）

ball group set2 range id 1，6

; 如上所述，但现在所有 ID 范围为 1～6 的球都在 set2 中；set1 为空！（图 2-44）

ball group set1 range id 4，6

; 现在 set1 包含球 ID 4-6，这些 ID 已从 set2 中减去（图 2-45）

ball group set3 slot 2 range id 1，6

; 组 set3 包含球 1～6，但不会将它们从 set1 或 set2 中删除，因为 slot 关键词将其放

; 置在 slot 2 中（图 2-46）

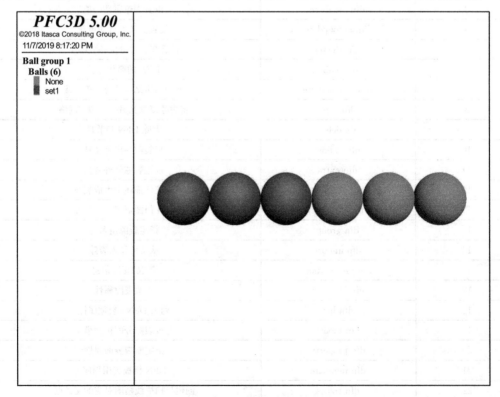

图 2-43　将 ID 范围为 1～3 的球放入组 set1 中

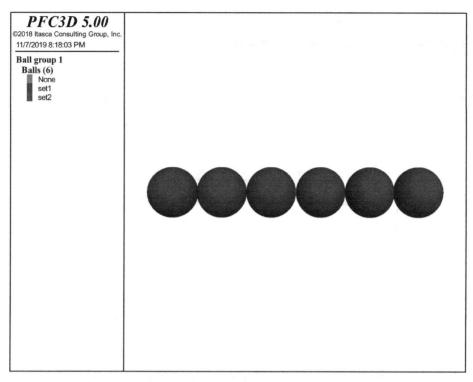

图 2-44　ID 范围为 1～6 的球放入组 set2 中

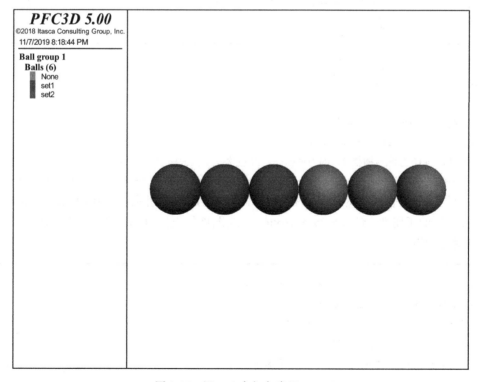

图 2-45　组 set1 中包含球 ID 4～6

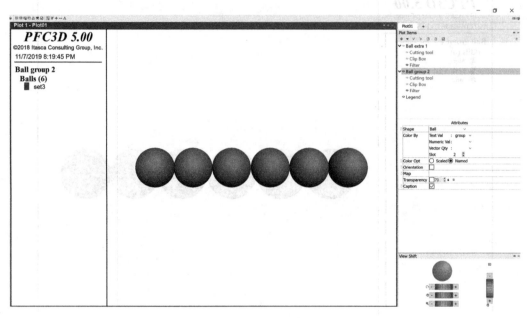

图 2-46　组 set3 包含球 ID 1~6

使用"add"关键词安全地分配组。关键词 add 是避免覆盖行为的简便方法。此关键词强制针对当前插槽 slot 检查新组的所有成员。如果该插槽已在任何组中包含该对象，则程序将前进到下一个插槽并重复执行。针对新组中的所有对象，对所有插槽执行此操作，直到找到一个没有重叠的插槽。

```
; 首先，假设尚未进行小组分配
ball group set1 range id 1, 3
; 将 ID 范围在 1~3 的球放入组 set1 中
; 它们进入了插槽 1，因为没有"slot"关键词
ball group set2 add range id 1, 6
; 强制将 set2 分配给插槽 2，因为插槽 1 已经包含一个包含球 ID 1~3 的组分配
```

关键词 slot 提供对组的最具体控制，并允许用户管理组集。这在出图时可能特别有用。"插槽"的子属性│Color By→Group │ 绘图项的设置可用于快速导航插槽中用户定义模型对象的组织。

```
ball group bottom _ layer slot 3 range z 1 100
ball group middle _ layer slot 3 range z 100 200
ball group top _ layer slot 3 range z 200 300
; 插槽 3 包含分成三等分的模型
ball group top _ half slot 4 range z 150 300
ball group bottom _ half  slot 4 range z 1 150
; 插槽 4 包含在 xy 平面上一分为二的模型
```

ball group left _ side　　slot 5 range y 1 150

ball group right _ side　　slot 5 range y 100 300

; 插槽 5 包含在 xz 平面上划分(不是二等分)的模型

; 请注意，第一行创建一个"半"组，但第二行从 left _ side 组"抓取"范围 y 为 100～150 的球，并将它们放入 right _ side 组

2.4.2.4　监测历史 (History)

在运行模型的过程中，可以使用 history 命令对一组变量的值进行采样和存储。然后可以将这些变量与步数或其他历史记录相对应作图（在用户界面的 view 窗格中，或使用 plot history 命令）。历史记录也可以写入文件（使用 write 关键词）。每个历史记录命令只能给出一个变量，历史记录变量可以随时添加。可以使用 purge 关键词清除所有历史记录的内容，并且可以使用 delete 关键词删除所有历史记录。执行 list history 命令将列出所有历史记录的总结。相关命令见表 2-10。

History 相关命令表　　　　　　　　　　　　　　　表 2-10

1	history add	添加一个新的历史记录
2	history delete	删除历史
3	history dump	将历史列表的内容写入屏幕
4	history lable	替换历史 ID 的标签
5	history limits	限制历史记录
6	history list	列出历史信息
7	history ncycle	指定历史记录的步骤间隔
8	history purge	清除所有历史记录的内容
9	history reset	重置历史
10	history write	写入历史数据至文件

2.4.2.5　测量圆 \ 球 (Measure)

"测量区域（measurement region）"是用户指定的（3D 中体积；2D 中的面积），在其中可以测量 PFC 模型中的多种量值。通过 measure list 或 measure dump 命令或通过 FISH，可以获取相关监测量中的数值。测量区域返回对位于测量区域中或与测量区域相交的对象计算的平均值。测量（measure）逻辑中定义的量值包括：配位数（Coordination Number）、孔隙率（Porosity）、应力（Stress）、应变率（Strain Rate）和尺寸分布（Size Distribution）。

测量区域是由 measure create 命令创建和定义的，并由 measure modify 命令修改，并且可以使用 measure history 命令监视计算的响应。当然，也可以通过 FISH 访问测量的量值。相关命令见表 2-11。

测量区域相关命令表　　　　　　　　　　　　　　表 2-11

1	measure create	创建一个测量区域
2	measure delete	删除一个测量对象
3	measure dump	转储累积大小分布数据

4	measure history	添加一个测量历史
5	measure list	列出与测量区域相关的信息
6	measure modify	修改测量区域

2.4.2.6 视图（Plot）

Plot 命令的内容将传递到当前驱动 PFC 计算引擎的任何用户界面。本节文档仅与 Itasca Consulting Group Inc. 提供的 GUI 界面有关。如果用户使用任何其他界面（自定义界面），这些命令将无效。如果使用控制台（console）界面，则将忽略任何 plot 命令。该命令允许创建和修改显示在屏幕上，或直接硬拷贝到绘图设备或文件的图件。此处仅列出命令驱动模式命令的简单说明（表 2-12）。

视图相关命令表　　　　　　　　　　　　　　　　　　表 2-12

1	bitmap	输出当前视图
2	clip	修改与显示关联的剪贴框对象
3	copy	复制标识的视图
4	create	名为 viewid 的新视图成为当前视图
5	cut	修改与显示关联的剪切平面对象
6	destroy	删除视图
7	dxf	输出为 dxf 文件
8	excel	输出为 excel 文件
9	filename	设置文件名

交互功能（通过鼠标或关键词）的用户界面中，出图是使用"控制面板（Control Panel）"中的"绘图项（PlotItems）"控件集构建的图 2-47。模拟中可能有多个视图（View）窗格正在使用中，图的名称则显示在视图（View）窗格的标题栏中和选项卡的标签上（如果窗格显示为选项卡集的一部分）。

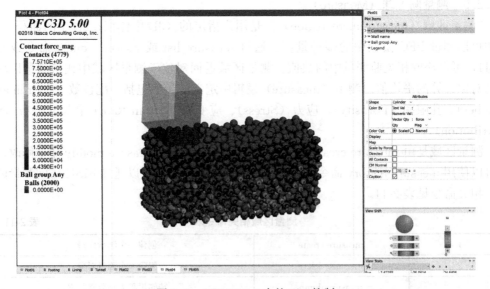

图 2-47　PFC3D 5.0 中的 Plot 控制

2.4.2.7　列表 (Table)

Table 逻辑支持表的创建和操作，表是成对的浮点数的索引数组（为方便起见，用 x 和 y 表示）。每个表条目（或 (x, y) 对）也具有序列号（范围为 $[1、2，\cdots，N]$ 的整数，其中 N 是表中的项目数）。相关命令见表 2-13。

列表 (Table) 相关命令表　　　　　表 2-13

1	table delete	删除表
2	table erase	删除表中条目
3	table insert	向表中添加数据
4	table name	对表命名
5	table read	读取数据文件
6	table sort	对 x 值排序
7	table write	写入表中数据

可以通过多个命令定义多个表，每个表都有唯一的 ID 号。此外，每个表还具有代表表名的字符串，该字符串可代替表 ID 对表进行操作的大多数命令。

2.4.2.8　几何 (Geometry)

几何命令用于创建、导入和导出几何数据。这些数据可以与模型多方面相互作用，也可以通过 FISH 语言的筛选器处理，相关命令列表见表 2-14。创建几何图形不需要创建域，因为它们不是模型的组成部分。可以使用 geomety import 命令从 stl、dxf 或者 Itasca 的几何标准库中导入几何数据。

几何 (Geometry) 相关命令表　　　　　表 2-14

1	geometry copy	复制几何体命令
2	geometry delete	删除几何体命令
3	geometry edge	几何边命令
4	geometry explode	几何打断命令
5	geometry export	几何导出命令
6	geometry generate	生成几何体命令
7	geometry group	几何组命令
8	geometry import	几何导入命令
9	geometry list	几何列表命令
10	geometry node	几何点命令
11	geometry polygon	创建一个多边形
12	geometry rotate	旋转节点
13	geometry set	指定当前几何集合
14	geometry tessellate	镶嵌节点
15	geometry translate	转换节点
16	geometry triangulate	对平面多边形进行三角剖分

● geometry generate

geometry generate 命令用于生成规则形状的几何图形集，后可跟一些关键词生成相应的规则形体：二维中的圆（circle）和箱（box）和三维中的箱（box）、球（sphere）、圆盘（disk）、圆柱（cylinder）和圆锥（cone）。geometry group 对几何图形赋予组名，geometry node 用于创建节点，geometry edge 用于创建边，geometry polygon 用于创建多边形。

- geometry import & geometry export

该命令主要用于几何图形的输入与输出，帮助几何图形更方便快捷的生成，PFC 5.0 目前已经支持 dxf 格式、stl 格式、geometry 格式等多种文件格式。

- geometry explode

该命令几何图形的打断，当几何图形集合中存在多个不连续的几何图形时，可以采用该命令将其分开。可以将几何图形划分为多个单独的集，并对每个新生成的单独集赋予新名称。

2.4.2.9 追踪功能（Trace）

可以使用 trace 命令在模型运行期间采样并存储某些对象的位置和速度。可以绘制出通过空间的最终路径。每个跟踪命令只能跟踪一个对象，追踪可以随时添加。可以使用 purge 关键词擦除所有跟踪的内容，并可以使用 delete 关键词删除所有跟踪的内容。可以使用 list trace 命令获得所有跟踪的条目。

根据发出 trace 命令的顺序，为每个跟踪赋予唯一的 ID 号，可以使用 ID 关键词分配特定的 ID 号。所有 trace 均以单个采样间隔采样。默认情况下，跟踪机制的采样间隔为 10 个计算步。可以使用 trace_rep 关键词或 set trace_rep 命令来更改采样间隔。不能将不同的 trace intervals 分配给不同的 traces。

另外，PFC 5.0 可以使用 set energy 命令启用能量跟踪（energy tracking）。球、颗粒团、墙和接触的每个周期都会累积能量。机械能分为两类：体积能和接触能。可以通过 ball.energy，clump.energy，wall.energy 和 contact.energy 等 FISH 函数进行检索。可以使用 mech.energy FISH 功能检索属于每个类别的总能量。

2.5 PFC3D 算例：浅埋基础

2.5.1 算例介绍

本算例是为开始尝试应用 PFC 的新用户提供的，是关于计算由球颗粒组成条形基础的承载能力（图 2-48）。在算例中，首先将恒定的垂直速度作用一段时间在基础上，并监测所产生的荷载变化。由于演示目的，算例中颗粒比较大，因此模型是粗糙的，并且球组件在空间范围上也受到限制。在计算的第二阶段，模拟了在基础附近存在浅埋隧道的情况，并讨论了安装隧道衬砌对地基的影响。

2.5.2 球组件的准备

用户可以通过键盘输入命令，在每个命令行末尾按 Enter 键并直接查看结果，以交互方式运行此问题。此外，用户还可以在 PFC 编辑器中打开数据文件，选中要运行的数据

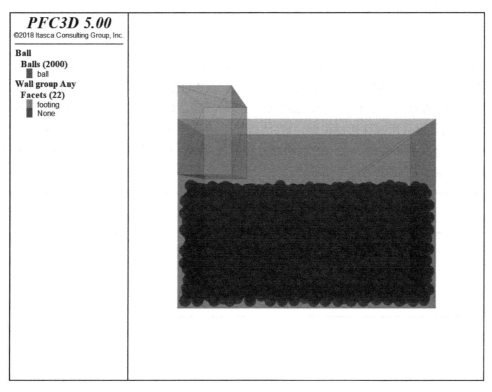

图 2-48　算例的 3D 模型

文件的行，然后按 Ctrl ＋ Shift ＋ E 执行选定的代码行。

```
New
domain extent (-1，25)(-6，6)(-6，20)
domain condition destroy
```

　　首先创建域，定义其坐标。在模拟过程中，球和墙必须放在指定的域内。如果球或墙超出了域边界，则会因为指定了失效条件而将其取消。

```
wall generate box (0，24)(-5，5)(0，17)
set random 10001
ball generate box (0，24)(-5，5)(0，10) number 2000 radius 0.40
```

　　wall generate 命令用于生成墙边界，创建一个盒子并指定其尺寸大小。在这个盒子里面，使用 ball generate 命令生成一团大小相同的球。在球生成命令之前先设置随机数种子10001，以便每次运行时生成球的位置和半径都相同。

```
CMAT default type ball-ball model linearpbond   ...
      property fric 0.577 kn 1e8 ks 1e8   ...
      pb _ kn 1e8 pb _ ks 1e8 pb _ ten 1e6   ...
```

```
    pb _ coh 1e6 pb _ rmul 0.8 dp _ nratio 0.2
CMAT default type ball-facet model linear ...
    property fric 0.09 kn 1e8 ks 1e8   ...
```

必须在每个 PFC 模型中指定接触模型分配表（CMAT）以便模型的对象间进行交互，因为每个接触在通过 CMAT 创建时都会分配接触模型。CMAT 默认定义为球-球和球-面接触。球-面接触采用线性接触模型，球-球接触采用线性平行黏结接触模型。颗粒集合达到平衡后，将在调用接触方法中的黏结后安装平行黏结。该操作使得球组件的力学特性近似于固体材料（岩石）。

```
ball attribute density 2000 radius multiply 1.4
```

指定球的密度属性和球半径。Attribute 命令指定球的力学属性（如：位置、速度、密度等）。此外，ball property 命令可以指定球的表面特性（如：kn、ks、fric），当前模型中不使用此设置。然后，通过将原始半径乘以大于 1 的因子（使用乘子 1.4）来增加球半径。

```
set hist _ rep 5
history ball zvelocity 12 0 5
history mechanical solve unbalanced
```

在初始平衡期间，设置监测点来监测最靠近指定坐标的球（中心）的 Z 方向速度和不平衡力。

```
set timestep scale
set gravity 0 0-9.81
cycle 1000 calm 50
solve aratio 1e-5
```

使用 scale 关键词通过 set timestep 命令激活时间步长缩放。该命令可以缩放球的质量和速度，从而快速达到平衡。重力不受时间步长缩放的影响，并且应力路径可能会部分失真。在重力初始化之后，后续会完成许多计算步。在 cycle 循环命令中使用 calm 命令，该命令会使每 50 个计算步使球的平移和旋转速度归 0，这是一种避免因较大重叠而产生较大速度的便捷方法。最后，通过 solve 求解使得平均比率为 1e-5 来实现平衡状态。如图 2-49 所示，模型很快达到了平衡。

```
wall delete range set id 2
wall generate group footing box (0，5) (-5，5) (12，20)
```

删除盒子的顶面（使用 wall delete 命令）。使用 wall generate 命令在模型上方创建一个条形基础。请注意，这里 group 关键词用于新创建的面进行分组。模型如图 2-48 所示。

```
contact method bond gap 0. 0
save Assembly
```

　　对于球和球的接触，当满足间隙 gap 条件即被指定为平行黏结模型。这里间隙的上限设为 0.0，即所有的重叠球被指定为平行黏结模型。线性平行黏结模型也可以在球-墙接触中被激活，这一功能在 PFC4.0 中是无法实现的。

　　计算进行到这一步，保存当前结果文件，以便后续的计算可以调用。

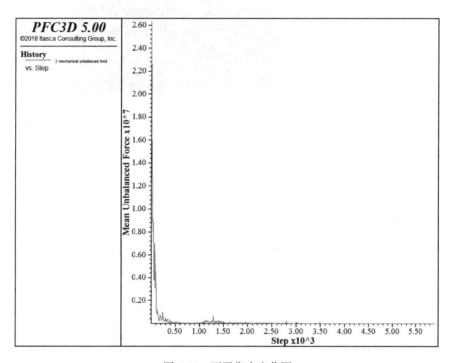

图 2-49　不平衡力变化图

2.5.3　条形基础的设置

```
wall attribute zvelocity-0. 25 range group footing
history wall zcontactforce id 7
set timestep auto
solve time 10. 0
wall attribute zvelocity 0. 0
solve aratio 1e-5
```

　　条形基础的垂直速度是恒定的，并且监测了球组件上产生的荷载。对垂直接触力也进行了监测。应力路径对于监测荷载响应很重要，监测时间步长设置为自动模式，实际上这是一个动态的过程。然后设置求解时间，计算 10s。安装了条形基础后，墙壁速度设置为

0，然后计算使模型再次达到平衡（图 2-50）。

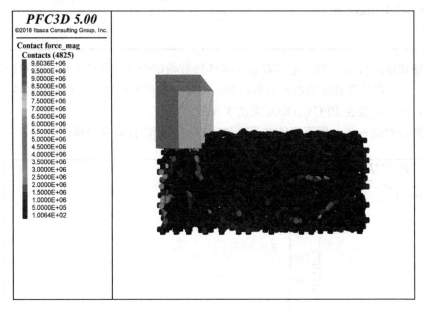

图 2-50　加载后球中的接触力分布

2.5.4　浅埋隧道的开挖

接着从模型中挖掘出隧道，在 PFC 中可以通过在空间范围内删除多个球来实现。

```
restore Assembly
ball group Tunnel range cylinder end1 (16.0, -6.0, 6.0) ...
    end2 (16.0, 6.0, 6.0) radius 3.0
ball delete range group Tunnel
cycle 1
solve aratio 1e-5
save StableTunnel
```

分配圆柱体内的球为组 Tunnel，并用 ball delete 命令模拟开挖（图 2-51）。命令中必须接着计算 1 个循环，因为模型配置中的变化产生的接触力会累积到球上（如果不进行这个循环，随后的求解命令将立即停止，因为接触点施加到球上的力将处于平衡状态）。模型平衡以后就可以进行下一步的计算。

```
wall attribute zvelocity -0.25 range group footing
set timestep auto
solve time 10.0
wall attribute zvelocity 0.0
solve aratio 1e-5
```

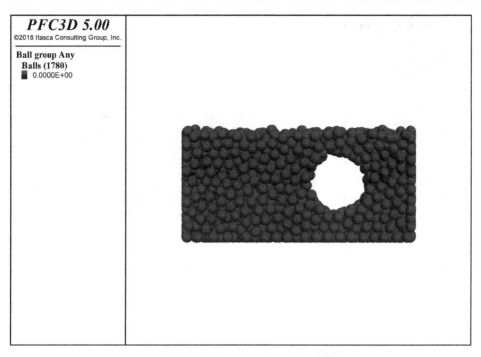

图 2-51　模型中通过 ball delete 命令形成隧道

PFC 计算表明，地基处被施加条形基础荷载后，隧道会发生塌陷，见图 2-52 和图 2-53。

第二阶段对隧道进行衬砌加固计算。

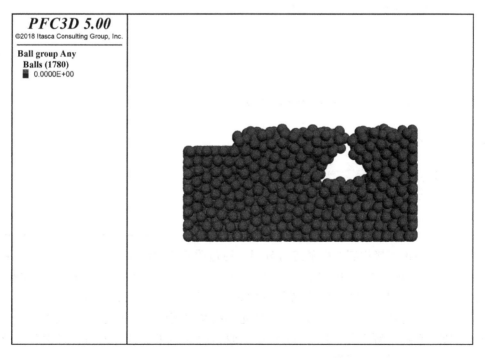

图 2-52　在未加固的隧道施加基础荷载之后的颗粒模型

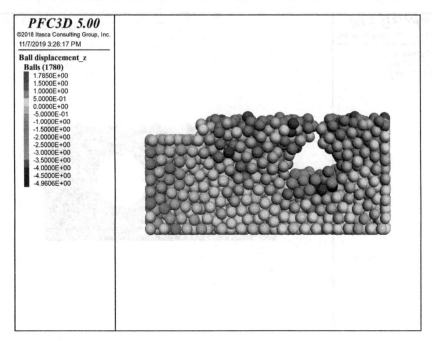

图 2-53　未加衬砌隧道 z 方向位移图

```
restore StableTunnel
contact groupbehavior contact
contact group Lining range cylinder end1 (16. 0，-6. 0，6. 0)...
        end2 (16. 0，6. 0，6. 0) radius 4. 0
contact property fric 0. 18 kn 1e8 ks 1e8          ...
        pb _ kn 1e8 pb _ ks 1e8 pb _ ten 1e10          ...
        pb _ coh 1e10 pb _ rmul 1. 0 dp _ nratio 0. 2          ...
        range group Lining
wall attribute zvelocity -0. 25 range group footing
save Lining
set timestep auto
solve time 10. 0
wall attribute zvelocity 0. 0
solve aratio 1e-5
save LinedTunnel
```

　　首先对与隧道直接相邻的接触进行分组，通过改变该组的接触特性来模拟隧道衬砌。contact groupbehavior 命令用来确定属于该组的接触。通过 contact property 命令来指定接触的特性。图 2-54 为通过显示平行黏结的内聚力强度来表示衬砌支护的效果。

　　接着与之前的计算一样，条形基础在固定的持续时间内施加恒定的 z 方向速度，之后其速度为零，系统求解平衡。图 2-55 显示了加固后的结果，沿隧道边界设置衬砌之后，隧道在荷载加载之后保持了稳定。

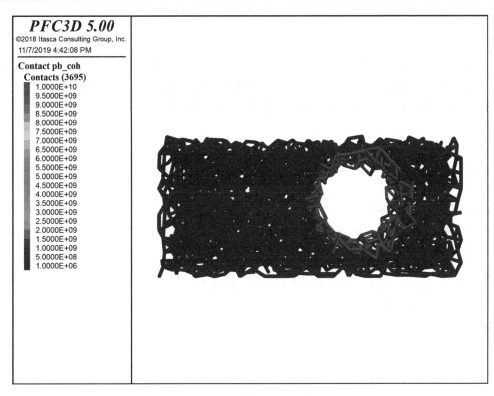

图 2-54 隧道及衬砌示意图

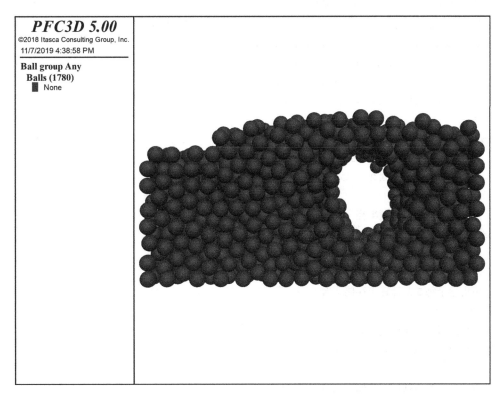

图 2-55 在加固浅埋隧道附近施加基础荷载之后的颗粒模型

2.5.5 小结

这个算例说明了使用 PFC 软件来研究岩土工程问题的思路和流程（参见本章2.2.3.2）。本例首先通过将大量的球进行组合来模拟岩土体材料，然后再分别测试三种不同情况下施加条形基础荷载之后地基的稳定性：（1）未开挖；（2）开挖隧道；（3）隧道加衬砌。

例 2-2-1　Footing. p3dat

```
new
; 设置模型的范围和条件
domain extent (-1, 25) (-6, 6) (-6, 20)
domain condition destroy

; 生成一个盒子和一个由 2000 个相等大小的球组成的集合
wall generate box (0, 24) (-5, 5) (0, 17)
set random 10001
ball generate box (0, 24) (-5, 5) (0, 10) number 2000 radius 0.40

; 修改默认的 CMAT
; 除球-球接触之外的所有接触选择线性接触模型(linear contact model)
; 分配球-球接触为 linearpbond 模型
; 只要不调用接触中的 bond, 就只会激活 linearpbond 模型的线性部分
cmat default type ball-ball model linearpbond             ...
        property fric 0.577 kn 1e8 ks 1e8                 ...
        pb_ kn 1e8 pb_ ks 1e8 pb_ ten 1e6                 ...
        pb_ coh 1e6 pb_ rmul 0.8 dp_ nratio 0.2

cmat default type ball-facet model linear                ...
        property fric 0.09 kn 1e8 ks 1e8                  ...
        dp_ nratio 0.2

; 定义密度并增大颗粒半径
ball attribute density 2000 radius multiply 1.4

; 定义一些监测点以绘制组件的球的速度和不平衡力的图
; 历史记录每 5 个计算步存储一次
set hist_ rep 5
history ball zvelocity 12 0 5
history mechanical solve unbalanced

; 为了更快地达到稳定的配置激活密度缩放
; 加入重力场
```

```
set timestep scale
set gravity 0 0-9.81
cycle 1000 calm 50
solve aratio 1e-5
```

```
; 创建一个盒子形的基础
; 名称 footing 与各个墙组相关联
wall delete range set id 2
wall generate group footing box (0，5) (-5，5) (12，20)
```

```
; 最终安装了平行黏结模型
; LinearPBond 模型对于球-球接触有效
; 此阶段模拟结果被保存
contact method bond gap 0.0
save Assembly
```

```
; 基础以恒定的速度沉降
; 在模拟过程中存储了基础底部的接触力
wall attribute zvelocity -0.25 range group footing
history wall zcontactforce id 7
```

```
; 将时间步设置为自动进行动态模拟
; 模拟另外 10 秒钟，模型将在计算结束时保存
set timestep auto
solve time 10.0
```

```
; 再次求解至平衡状态
wall attribute zvelocity 0.0
solve aratio 1e-5
save Footing
; eof：Footing. p3dat
```

例 2-2-2　Tunnel. p3dat

```
; 模拟无支护隧道的开挖
restore Assembly
```

```
; 通过 delete 和 range group 命令开挖圆柱状隧道
ball group Tunnel range cylinder end1 (16.0，-6.0，6.0)...
        end2 (16.0，6.0，6.0) radius 3.0
ball delete range group Tunnel
```

```
; 为了验证隧道开挖后模型的稳定性，进行了多个计算循环，接着保存模型
```

```
cycle 1
solve aratio 1e-5

save StableTunnel

; 最终颗粒集合体加入基础荷载，隧道会发生什么变化？
wall attribute zvelocity -0. 25 range group footing

set timestep auto
solve time 10. 0

; 再次求解至平衡状态
wall attribute zvelocity 0. 0
solve aratio 1e-5

save UnlinedTunnel
; eof: Tunnel. p3dat
```

例 2-2-3 Lining. p3dat

```
; 为隧道安装衬砌支护
restore StableTunnel
; 通过在隧道周围指定较高的内聚力和抗拉强度区域来模拟衬砌支撑
contact groupbehavior contact
contact group Lining range cylinder end1 (16. 0, -6. 0, 6. 0) ...
        end2 (16. 0, 6. 0, 6. 0) radius 4. 0
contact property fric 0. 18 kn 1e8 ks 1e8          ...
        pb_ kn 1e8 pb_ ks 1e8 pb_ ten 1e10          ...
        pb_ coh 1e10 pb_ rmul 1. 0 dp_ nratio 0. 2          ...
        range group Lining

wall attribute zvelocity -0. 25 range group footing
save Lining
set timestep auto
solve time 10. 0

; 再次求解至平衡状态
wall attribute zvelocity 0. 0
solve aratio 1e-5

save LinedTunnel
; eof: Lining. p3dat
```

2.6　FISH 语言

FISH 语言是内置于 PFC 软件内的编程语言，用户可以使用 FISH 语言定义新的变量和函数，然后使用这些函数来扩展 PFC 的功能或者增加用户自定义的特性。比如：①绘制新变量的数据图；②特殊颗粒的生成；③在数值模拟中使用伺服控制；④微观参数的特殊分布方式；⑤自动进行参数分析等。

FISH 是一种语言编辑器。FISH 通过 PFC 数据文件输入，然后被转换成一系列指令（以伪代码的形式），存储在 PFC 存储空间中。PFC 并不保留 FISH 程序的源代码，FISH 内置于一般的数据文件中。在 DEFINE 之后的数据行都被视为 FISH 函数，FISH 函数以 END 结尾。在 FISH 中可以激活其他 FISH 函数。只要在使用之前已经定义，FISH 函数的顺序并不重要，因为经过编译的 FISH 函数是存储在 PFC 的存储空间里。

2.6.1　FISH 语言规则变量及函数

2.6.1.1　命令行（Lines）

FISH 程序包含在 PFC 数据文件中或直接从键盘键入。以 DEFINE 命令开始，END 命令结束。有效的 FISH 程序命令行，必须是下述几种形式之一：

（1）命令行以规定的语句形式开始，比如 IF、LOOP 等；

（2）命令行包含一个或多个用户定义的 FISH 函数名称，FISH 函数名称使用空格分开，比如：fun_1　fun_2　fun_3；

（3）命令行包含一个赋值语句，比如：aa=bb；

（4）命令行包含一个 PFC 命令，FISH 程序中的 PFC 命令必须内置于 COMMAND 和 ENDCOMMAND 语句之间；

（5）命令行是空白行或者以分号开始。

FISH 变量、函数名和语句必须拼写完整。FISH 语言在默认情况下不区分大小写，但可以通过命令 SET case sensitivity on 改变这个设置。空格键可以用来分开变量、关键词和函数等，可以使用多个空格来增加程序的可读性，但函数名中不允许有空格。FISH 程序中的注释语句以分号开始，允许有空白数据行。

2.6.1.2　函数和变量的命名（Names for Functions and Variables）

FISH 函数名和变量名不能以数字开始，并且不能包含下列符号：

.，* / +-" =<> # ()[]@;

用户定义的函数名和变量名可以允许任何长度。在用户定义的变量名和函数名之前添加@符号就可以避免重名引起的问题。在用户定义的变量名和函数名之前添加@符号成功避免了函数名与命令重名的问题。尽管这种方法可以避免重名出现的问题，但在编写 FISH 程序时，FISH 函数名和变量名还是尽量不要与 FISH 语句、FISH 语言预定义的变量和函数重名。

2.6.1.3　FISH 函数的结构及调用（Functions：Structure，Evaluation and Calling Scheme）

函数是 FISH 语言中唯一可以执行的实体。函数名在 Define 命令之后开始，并且以

End 命令结束。End 命令同时用于将程序控制权交给调用者。Exit 语句在 End 语句之前先返回控制权。

```
new
define xxx
    aa  = 2 * 3
    xxx = aa + bb
end
```

执行该功能时，xxx 的值会更改。变量 aa 在本地计算，但是 bb 的现有值用于 xxx 的计算。如果没有将值显式赋予变量，则它们默认为零。函数不必将值分配给与其名称相对应的变量。可以通过以下方式之一调用功能 xxx：
- 作为 FISH 函数中的单个词 xxx；
- 作为 FISH 公式中的变量 xxx，例如：

```
new _ var = (math. sqrt(xxx) / 5.6)^4;
```

- 在 PFC 输入行中作为单个词 @xxx；
- 括在方括号中的单个词 [xxx]；
- 作为 PFC 输入行中数字的符号替代；
- 作为 set，list 或 history 命令的参数。

FISH 函数还可以使用参数（argument）声明或通过在函数定义中定义参数来获取任意数量的参数。例如：

```
def fred
    fred = 3. 0
end
def george
    argument one
    argument two
    george = one * two
end
list @george(@fred, 2.0) @fred
def fun _ 1
    fun _ 1 = 1.0
    ii = io. out('fun _ 1')
end
def fun _ 2(arg1)
    fun _ 2 = 2.0
    ii = io. out('fun _ 2')
    ii = io. out(string(arg1))
```

```
end
def fun _ 3(arg1，arg2)
    fun _ 3 = 3. 0
    ii = io. out('fun _ 3')
    ii = io. out(string(arg1))
    ii = io. out(string(arg2))
end
def execute
    fun _ 1 fun _ 2(1. 0) fun _ 3(1. 0，2. 0)
end
@execute
```

在定义函数之前，可以在另一个函数中引用该函数。FISH 编译器仅在首次提及时创建一个符号，然后在由 define 命令定义该函数时将所有引用链接到该函数。函数不能删除，但可以重新定义。

函数调用可以嵌套到任何级别（即，函数可以引用其他函数，可以引用其他函数次数不受限制）。但是，不允许进行递归函数的调用（即，函数的执行不得调用同一函数）。递归函数不允许调用已显示的递归函数，因为使用定义函数的名称时会尝试调用自身。下面的示例将在执行时产生错误（这一点在 PFC 4. 0 中则是可行的）：

```
def force _ sum
    force _ sum = 0. 0
    loop foreach local cp contact. list('ball-ball')
        force _ sum = force _ sum + contact. force. normal(cp)
    end _ loop
end
```

相同的功能由如下所示代码实现：

```
define force _ sum
    sum = 0. 0
    loop foreach local cp contact. list('ball-ball')
        sum = sum + contact. force. global(cp)
    end _ loop
    force _ sum = sum
end
```

变量和函数之间的区别在于，只要提及函数的名称，就执行该函数，而变量只是传达其当前值。但是，函数的执行可能导致要评估其他变量（与函数相对）。例如，当需要多个 FISH 变量的历史记录时，此效果很有用。为了评估多个量值，仅需要一个功能，如下所示：

```
new
define h_var_1
    ;
    ; bp22 = pointer to ball with ID = 22, set during creation...
    ; bp45 = pointer to ball with ID = 45, set during creation...
    ;
    xx = ball. pos. x(bp45)
    h_var_1 = ball. pos. x(bp45)
    h_var_2 = ball. pos. x(bp22)
    h_var_3 = math. abs(h_var_2-xx)   ; use of xx here avoids recursion
    h_var_4 = ball. vel. x(bp45)
    h_var_5 = ball. vel. x(bp22)
    h_var_6 = math. abs(h_var_5-h_var_4)
end
```

2.6.1.4 数据类型 (Data Types)

FISH 的变量类型有 11 种，包括：

(1) 整数型 (Integer)，范围为 $-2147483648 \sim +2147483648$。

(2) 浮点型 (Float)，精度为小数点后约 14 位的实数，数值范围是 $10^{-300} \sim 10^{300}$。

(3) 字符串型 (String)，字符串是一串可以任意打印的字符。字符串可以是任意长度。在 FISH 和 PFC 中使用带单引号的字符来表示字符串，如：'Hello World'。

(4) 指针型 (Pointer)，用于获取对象的物理地址。

(5) 布尔型 (Boolean)，真 (true) 或假 (flase)。

(6) 矢量型 (Vector)，五个通用功能可以协助创建和操作 FISH 的矢量。这些都列在 FISH 参照的 3 个部分中：comp. x，comp. y 和 comp. z 在 component utilities 部分中；math. dot 和 math. cross 在 math utilities 部分中；vector 位于 constructors 部分中。

(7) 数组型 (Array)，具有指定维数的 FISH 变量的集合。

(8) 矩阵型 (Matrix)，FISH 支持多维矩阵，矩阵数据可以是整数，也可以是浮点数。相同形式的矩阵可以相加也可以相乘，在 matrix utilities 中有很多对于矩阵的处理，矩阵可以通过 array. convert 命令转化成数组。可以由张量得到矩阵。

(9) 张量型 (Tensor)，FISH 支持 3×3 的对称张量，张量在计算主应力中比较有用。张量可以相加相乘，张量同样可以由 array. convert 命令转化为数组，也可以由数组转化而来。

(10) 映射型 (Map)，映射与数组 (Arrays) 比较类似，只是更加有序。不同于数组，映射可以动态地改变形状，映射的值可以是整数或者是字符串。

映射可以由以下陈述产生：map1＝map (i1 or s1，var1，i2 or s2，var2...)，可以使用 map. add 和 map. remove 方法来增加或者移除 map。

(11) 结构 (structure)，结构可以包含多个 FISH 变量。这是一种编程数据结构，可用于划分 FISH 变量。FISH 中的变量可以动态改变它的类型，这取决于赋值的类型。如下列例子：var1 ＝var2；如果两者属于不同数据类型，那么这个等式将发挥两个作用：第一，var1 的数据类型将转换为 var2 的数据类型；第二，var2 的具体数值将赋给 var1。默认情况下所有 FISH 变量在一开始都被设置为整数，然而在下面的声明中，

Varl＝3.4

执行以后，var1 的变量类型变为浮点型。可以使用 list FISH 命令列出所有变量的当前类型。

2.6.1.5　算术：表达及类型转化 (Arithmetic：Expressions and Type Conversions)

FISH 语言和其他语言算术符号基本一致："^ / *-+"分别代表幂、除、乘、减、加。左边符号优先级大于右边符号，括号的优先级最高。例如：FISH 运算变量 xx 的值为 133：

xx＝6/3 * 4^3＋5

这个表达式与下面表达式相同：

xx ＝((6/3) * (4^3))＋5

计算中任何一个参数为浮点型数据，则结果为浮点型数据，只有参数全部为整数，结果才能为整数。

2.6.1.6　字符串 (strings)

FISH 内部主要有三种操作字符串的函数。

(1) io.in (s)，若 s 是字符串，则输出 s。若 s 不是字符串，则需要键盘输入。函数的返回值取决于键盘输入。如果输入整数或者浮点数，那么返回值也相应地为整数或浮点数。

(2) io.out (s)，输出字符串 s。s 的数据类型必须是字符串。

(3) string (s)，将 s 转化为字符串。

这些函数的用途之一是用于控制人机交互式输入和输出 (表 2-15)。

处理字符串的特殊符号

表 2-15

符号	功能	符号	功能
\ "	在字符串中添加双引号	\ t	跳格
\ '	在字符串中添加单引号	\ r	回车
\ b	退格	\ n	换行

2.6.2　内联 (inline) FISH 或 FISH 片段

除了@符号约定之外，还有一种将 FISH 连接到 PFC 命令行的替代语法。在方括号 [...] 内的任何内容都可被识别并视为内联 FISH 语言。其功能为立即调用 FISH 函数，效果与@符号相同。这可以使用户免于设置大量全局符号，这些符号是作为基本参数的简单扩展而存在：

ball create id[ballID]position[ballPos]radius[ballRad]

FISH 语言也可以用 [...] 直接作为单行 FISH 的简便快捷方式执行，而无需创建显式函数：

[global fred＝math.cos(4.5)]

[execute_my_imported_FISH_intrisic(with,three,arguments)]

但是这样调用函数在每次执行命令时都会被调用,要注意效率和因此产生的副作用。

2.6.3　FISH 函数的执行

一般来说,PFC 和 FISH 操作时像两个单独的实体:FISH 陈述不能以 PFC 命令的形式给出,而 PFC 命令也不能直接用作 FISH 程序的陈述。然而,这两个系统能以多种方式相互作用。以下是一些常用方法:

(1) 函数的直接应用

在输入行中按用户要求输入 FISH 函数名称便可执行这个函数。

(2) 用作记录变量

用 HISTORY 命令的参数时,无论记录什么时候开始储存,FISH 函数在运行中正常执行。

(3) 在时步中自动运行

如果 FISH 函数使用了 FISHcall 功能,在 PFC 的计算循环中,或者是一件特殊的事件发生时,每时步都会自动运行。

(4) 利用函数来控制运行

因为 FISH 函数可以发行 PFC 命令,则函数能以一种类似于控制数据文件的形式来驱动 PFC。但使用 FISH 函数可以更有效的控制操作,因为命令的参数可以通过函数来改变。

2.6.4　PFC 4.0～5.0 的主要 FISH 语言变化

PFC 5.0 提供的 FISH 语言已经得到了很大的改进,以下是一些主要的亮点。

(1) 点(.)约定

几乎所有 PFC5.0 中的 FISH 函数都使用点(.)约定,采用更加详细的方式重命名。这些更新澄清了数据文件。例如,要在 FISH 中获取/设置球位置,函数名称为ball.pos。

(2) 内联(Inline)FISH

现在可以通过命令行或作为命令中的参数执行单行 FISH 功能。

```
new
domain extent -10 10
fish create brad 0.5
ball create radius @brad x [2.0 * brad]
```

(3) 局部和全局变量

PFC 5.0 中可以在函数中定义局部变量。这些变量仅在函数执行期间使用,然后被废除。在适合性能和提高清晰度的情况下,优选局部变量。请注意,局部变量名称优先于同名的全局变量。

```
new
domain extent-10 10
ball create rad 1. 0
ball attribute velocity 1. 0
define my _ function
  localmult = 0. 5          ; define local variable "mult"
  command
    ball attribute velocity multiply @mult
  endcommand
end
fish create mult 2. 0   ; define global variable "mult"
@my _ function      ; --> local variable takes precedence, velocity divided by two
ball attribute velocity multiply @mult ; --> global variable used,
                                       ;       velocity multiplied by two
```

（4）函数参数

函数可以采用任意数量的参数，参数可以是任何类型。此机制用于通过 callback 将信息传递给 FISH 函数。

（5）FISH 中的回调函数 Callbacks

已经重新修订了使用 callback 事件在循环序列期间执行自定义 FISH 功能的能力，以提高灵活性。

下面这个例子是建立一个在盒子中相互作用的球组成的简单系统。使用 FISH 函数 add _ ball 以给定频率（0.25）创建球。验证数据结构之前，在循环点-11.0 处调用此函数（set fish callback）。当在每个循环期间执行 add _ ball 时，针对下一个插入时间检查当前力学时间以决定是否创建球。

例 2-3　callbacks1. p3dat

```
define add _ ball
  local tcurrent = mech. age
  if tcurrent＜tnext then
    exit
  endif
  tnext = tcurrent + freq
  local xvel = (math. random. uniform-0. 5) * 2. 0
  local yvel = (math. random. uniform-0. 5) * 2. 0
  local bp = ball. create(0. 3，vector(0. 0, 0. 0, 1. 75))
  ball. vel(bp) = vector(xvel, yvel, -2. 0)
  ball. density(bp) = 1. 1e3
  ball. damp(bp) = 0. 1
end
```

```
[freq = 0.25]
[time _ start = mech. age]
[tnext    = time _ start ]
set fish callback-11.0 @add _ ball
```

模型依照下面的命令循环至给定的时间。

```
solve time 10.0
```

在执行循环时，将球插入模型中（图 2-56）。请注意，随着 add _ ball 功能在循环点 -11.0 处保持调用，球继续插入模型并进行额外的循环。

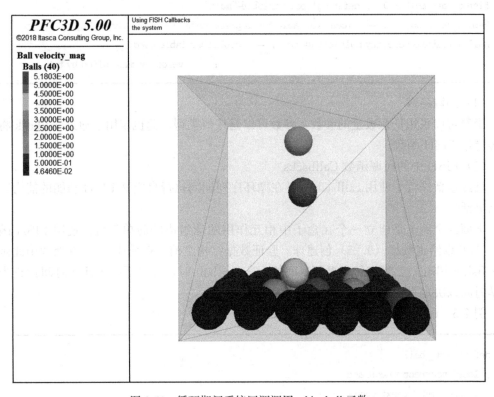

图 2-56　循环期间系统回调调用 add _ ball 函数

在此示例中，add _ ball 函数将从回调列表中删除，并且模型将求解至平衡。因此，没有插入额外的球，模型达到平衡状态（图 2-57）。

```
set fish callback-11.0 remove @add _ ball
solve
```

计算周期包括一系列按特定顺序执行的操作。每个操作都与一个浮点数标签相关联，也称为循环点（表 2-16）。干扰计算可能会很危险，因此是不允许的。例如，如果在计算球的时间步长时删除该球，则代码将崩溃。作为结果保留了循环点，但不允许用户在这些

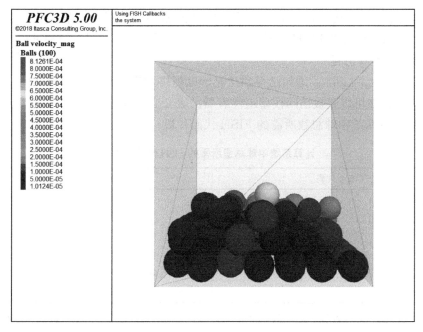

图 2-57　颗粒系统最终状态

循环点上将 FISH 函数附加到回调事件。出于类似的原因，不允许用户在循环点 40.0
（力-位移计算）和 42.0（确定性量的累积）之间以及模型组件（球，颗粒团或卵石以及墙
或平面）的创建和删除之间进行干预。仅允许在循环点 0.0（时间步评估）之前进行。

循环操作和相关循环点　　　　　　　　　　　　　　表 2-16

循环点		循环操作
-10.0	Validate data structures	验证数据结构
0.0	Timestep determination	确定时间步
10.0	Law of motion (or update thermal bodies)	运动定律（或更新热力学计算）
15.0	Body coupling between processes	不同过程间的内部耦合
20.0	Advance time	通过将当前时间步添加到上一个模型时间来执行计算
30.0	Update spatial searching data structures	更新空间搜索数据结构
35.0	Create/delete contacts	创建/删除接触
40.0	Force-displacement law (or thermal contact update)	力与位移定律（或更新热力学计算）
42.0	Accumulate deterministic quantities	累积确定性数量
45.0	Contact coupling between processes	过程之间的接触耦合
60.0	Second pass of equations of motion (not used in PFC)	第二遍执行运动方程（未在 PFC 中未使用）
70.0	Thermal calculations (not used in PFC)	热力学计算（在 PFC 中未使用）
80.0	Fluid calculations (not used in PFC)	流体力学计算（在 PFC 中未使用）

除了这些限制外，用户可以通过在用户定义的循环点（例如，循环点 10.1、10.15、10.3 等）处注册要执行的 FISH 函数，以将其执行到循环序列中以对模型进行操作。

（6）循环和容器访问

FISH 中的 loop-endloop 语句已得到扩充，以提供对模型数据的简化访问。由于循环 foreach 结构，现在可以直接访问模型组件容器。表 2-17 显示了在 PFC 5.0（左）和 PFC 4.0（右）中计算系统中球总数所需的 FISH 代码片段。

计算系统中球总量所需的 FISH 代码片段　　　　　　　　　表 2-17

PFC 5.0 代码	等效的 PFC 4.0 代码
global nballs＝0 loop foreach local b ball. list 　nballs＝nballs ＋ 1 endloop	nballs＝0 bp＝ball ＿ head loop while bp ≠ null 　nballs＝nballs＋1 　bp＝b ＿ next（bp） endloop

对特定模型组件的容器的 FISH 访问表示为 ＊ . list，其中"＊"替换为组件的名称（例如"ball"，"clump"，"contact"等）。例如，表 2-18 显示了对 PFC 5.0 和 PFC 4.0 中的接触容器的访问。

PFC 对接触容器的访问　　　　　　　　　表 2-18

PFC 5.0 代码	等效的 PFC 4.0 代码
global nc ＿ all＝0 loop foreach local c contact. list. all 　nc ＿ all＝nc ＿ all ＋ 1 endloop	ncont＝0 cp＝contact ＿ head loop while cp ≠ null 　ncont＝ncont＋1 　cp＝c ＿ next（cp） endloop

注意在上面的例子中使用 contact. list. all FISH 函数。此功能返回所有力学接触点的列表，包括非激活接触点。此外，PFC 5.0 还可以使用 contact. list FISH 功能快速访问激活接触列表，如表 2-19 所示。

PFC 中的遍历接触　　　　　　　　　表 2-19

PFC 5.0 代码	等效的 PFC 4.0 代码
global nc ＿ act＝0 loop foreach local c contact. list 　nc ＿ act＝nc ＿ act ＋ 1 endloop	ncont＝0 cp＝contact ＿ head loop while cp ≠ null 　if c ＿ nforce（cp）＞ 0 　　ncont＝ncont＋1 　endif 　cp＝c ＿ next（cp） endloop

2.6.5　实例：用 FISH 函数标记球模型

本节将使用 FISH 函数指定标记球模型中的一个球。其中，函数 mark _ ball 函数通过 @ 调用。

例 2-4　FISH 函数指定标记球模型

```
new
domain extent-10 10
ball create id = 1 x = 0. 0 y = 0. 0 z = 0. 0 rad = 0. 5
ball create id = 2 x = 1. 0 y = 0. 0 z = 0. 0 rad = 0. 5
ball create id = 3 x = 2. 0 y = 0. 0 z = 0. 0 rad = 0. 5
ball create id = 4 x = 3. 0 y = 0. 0 z = 0. 0 rad = 0. 5
ball create id = 5 x = 4. 0 y = 0. 0 z = 0. 0 rad = 0. 5
def mark _ ball(bid)
loop foreach local bp ball. list
  if ball. id (bp) = bid then
   ball. extra(bp，1) = 1
    else
       ball. extra(bp，1) = 0
    end _ if
  end _ loop
end
@mark _ ball(2)
```

这个例子首先生成五个球并分别赋予 id 号 1～5，然后定义了 mark _ ball 函数，通过循环和条件语句来对选择的球进行标记，本例说明了上面提到的几个要点：函数 mark _ ball 是通过在命令行中给出它的名字和@来调用的；并且控制该函数的参数作为函数参数传递；@mark _ ball（2）表示对 id 为 2 的球进行标记，如图 2-58 所示。

2.6.6　实例：增加球密度

例 2-5　fishr12. dat

```
new
domain extent-10 10
CMAT default model linearpbond
ball create id = 1 x = 0. 0 y = 0. 0 z = 0. 0 rad = 0. 5
ball create id = 2 x = 1. 0 y = 0. 0 z = 0. 0 rad = 0. 5
ball create id = 3 x = 2. 0 y = 0. 0 z = 0. 0 rad = 0. 5
ball create id = 4 x = 3. 0 y = 0. 0 z = 0. 0 rad = 0. 5
ball create id = 5 x = 4. 0 y = 0. 0 z = 0. 0 rad = 0. 5
ball attribute density 2000 damp 0. 7
```

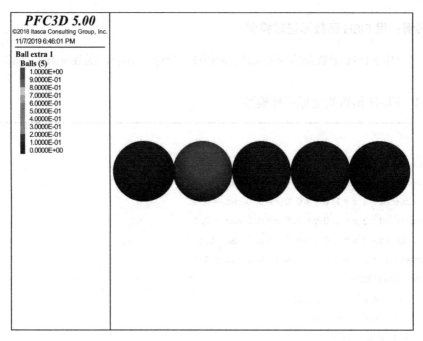

图 2-58 对 Id 为 2 的球进行标记

```
ball property kn = 1e8 ks = 1e8
clean
contact method bond gap 0. 1
contact property pb _ kn = 1e10 pb _ ks = 1e10 pb _ ten = 1e20 pb _ coh = 1e20
ball fix velocity spin range id = 1
set grav 0 0-9. 8
ball history id = 10zpos id = 5
def run _ series
  bdens = 2000. 0
  loop nn (1，3)
    t _ var = 'Density of tip ball = ' + string(bdens)
    command
      ball attribute dens @bdens range id = 5
      title t _ var
      cycle 1000
    end _ command
    bdens = bdens ＋ 3000
  end _ loop
end
@run _ series
```

这个例子首先创建五个球排成一列，设置球以及接触的属性，之后用 pbond 将他们合成一束，用 FIX 命令将 1 号球固定，施加重力，用 HISTORY 命令监测 5 号球 Z 方向位移情况。定义 run _ series 函数，在循环语句中使用 command… end _ command 语句增加 5 号球密度，5 号球密度增加两次，从 2000 增加到 8000，如图 2-59 所示为最终球的密度分布，用@调用 run _ series 函数。图 2-60 为 5 号球 Z 方向位移监测结果，图中可以看出位移经历三次下降并回弹，且位移量每次循环都逐步增大，这与球的密度增大有关。

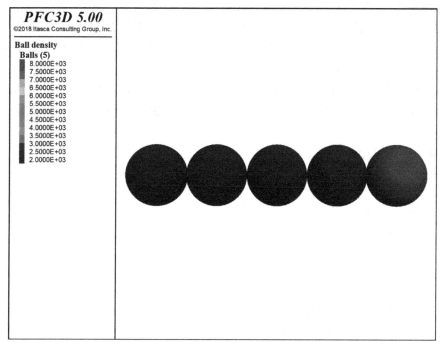

图 2-59　球密度分布图

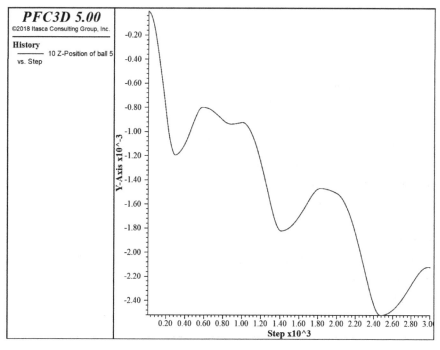

图 2-60　5 号球 Z 方向位移监测结果

2.6.7 FISH 中的错误处理

PFC 具有内置的错误处理工具，当程序的某些部分检测到错误时会调用该工具。无论在命令的何处检测到错误，都能够以有序的方式将控制方案反馈给用户。用户编写的 FISH 函数可以通过使用 util. error 函数访问相同的逻辑。如果 FISH 函数将字符串分配给 util. error，则立即调用 PFC 的错误处理工具，并打印包含分配给 util. error 的字符串的消息。设置 util. error 后，Stepping 和 FISH 处理将立即停止。

错误处理机制也可以用在不涉及"errors"的情况下进行。例如，当检测到某个条件时，可以停止运行。下面为一个调用 util. error 函数的例子，当不平衡力小于设定值时，运行将停止。

例 2-6 fishr13. dat

```
new
domain extent-10 10
CMAT default model linearpbond
;
define unbal _ met
  while _ stepping
  io. out('unbal = '+ string(mech. solve('unbalanced')))
  if mech. solve('unbalanced') < 5000. 0 then
    if global. step > 5 then
      util. error = 'Unbalanced force is now：'+ string(mech. solve('unbalanced'))
    end _ if
  end _ if
end
;
ball create id = 1 x = 0. 0 y = 0. 0 z = 0. 0 rad = 0. 5
ball create id = 2 x = 1. 0 y = 0. 0 z = 0. 0 rad = 0. 5
ball create id = 3 x = 2. 0 y = 0. 0 z = 0. 0 rad = 0. 5
ball create id = 4 x = 3. 0 y = 0. 0 z = 0. 0 rad = 0. 5
ball create id = 5 x = 4. 0 y = 0. 0 z = 0. 0 rad = 0. 5
ball attribute density = 2000 damp 0. 7
ball property kn = 1e8 ks = 1e8
clean
contact method bond gap 0. 1
contact property pb _ rmul = 1. 0 pb _ kn = 1e10 pb _ ks = 1e10 pb _ tend = 1e20 pb _ coh = 1e20
ball fix velocity spin range id = 1
set grav 0 0-9. 8
solve
```

该实例定义了 unbal _ met 函数，此函数用条件语句和 util. error 函数实现了当计算过程中的不平衡力小于 5000 时，运行将停止且弹出如图 2-61 所示报错对话框。

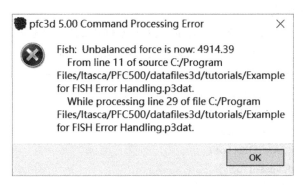

图 2-61　报错提示框

2.7　PFC2D 算例：颗粒材料试件试验

2.7.1　算例介绍

下列算例通过使用 PFC 来研究岩石颗粒的力学性能。虽然讨论的重点是 PFC2D，但它也适用于 PFC3D。算例中模拟了松散（不考虑内聚力）和致密两种球组件并且经受不同的加载条件（各向同性压缩，双轴压缩，简单剪切和纯剪切），突出了力学行为的差异。

2.7.2　模型的生成

岩石的颗粒性状影响着岩石的力学性质，所以生成真实正确的颗粒至关重要。创建模型材料的主要命令文件是"MakeSpecimen. p2dat"。

此文件的第一行调用两个附加文件 StrainUtilities. p2fis 和 StressUtilities. p2fis 来加载多个实用程序函数。

例 2-7　MakeSpecimen. p2dat

```
set echo off
  call StrainUtilities. p2fis
  call StressUtilities. p2fis
set echo on
```

以下两行用于设置接触模型分配列表（CMAT）和模型的域范围：

```
domain extent-0. 1 0. 1
CMAT default model linear method deformability emod 1. 0e8 kratio 2. 5
```

PFC 中需要这两个步骤：1）必须先定义域，然后才能创建任何模型组件；2）必须定义模型对象如何交互，因为默认情况下将空接触模型分配给接触。更改接触分配的方法是用 CMAT。在这种情况下，空接触模型被替换为线性接触模型。请注意，在此阶段未指定接触摩擦系数，默认为零。

使用 wall generate box 命令生成方框。这个方框由四面墙组成，使用 expand 命令以准备即将开始的测试。为方便起见，创建了四个指向墙的全局 FISH 变量指针。

```
wall generate name 'vessel' box-0. 035 0. 035 expand 1. 5
[wp _ left = wall. find('vesselLeft')]
[wp _ right = wall. find('vesselRight')]
[wp _ bot = wall. find('vesselBottom')]
[wp _ top = wall. find('vesselTop')]
; 接着创建了两个 FISH 函数。这些函数计算边框的尺寸。
definewlx
    wlx = wall. pos. x(wp _ right)-wall. pos. x(wp _ left)
end
define wly
    wly = wall. pos. y(wp _ top)-wall. pos. y(wp _ bot)
end
```

球在边框内分布，孔隙率为 0.2。使用 ball attribute 命令设置球密度和局部阻尼参数。

ball distribute 命令允许创建具有指定孔隙率的球，且球没有重叠。平衡系统将导致不同的孔隙率，这取决于球重叠的量。通常，这种差异可能很小。请注意使用 set random 命令确保在模型多次运行时创建相同的球分布。

```
set random 10001
ball attribute density 2500. 0 damp 0. 7
```

球-球接触和球-面接触具有不同的摩擦系数。可以使用 CMAT 为球-球接触和球-面接触分配此属性，或使用接触属性继承机制来实现相同的结果。后一种方法在本例中用于直接指定球的摩擦系数（使用 ball property 命令）和 wall facets 的摩擦系数（使用 wall property 命令）。

```
ball propertyfric @ballFriction
wall propertyfric @wallFriction
```

尽管 ball distribute 命令确保球完全落入指定的生成范围内，但是因为球与球之间可能存在大的重叠，它们可能会因速度太大而产生逃逸。使用 cycle 命令执行循环，calm 关键词用于定期使球速度（平移和旋转）清零，从系统中移除动能，可以防止上述的情况发生。calm 命令可以用类似的方式用于球和团的平移和旋转速度，在使用 solve 命令使试件循环到平衡之后，将引发此命令。

```
cycle 1000 calm 10
solve aratio 1e-5
calm
```

最后，调用两个 FISH 函数。第一个函数在文件本身中定义，它识别没有激活接触的球，并将它们分组在名为 floaters 的组中。第二个是在"StrainUtilities. p2fis"中定义的 FISH 功能，用于识别将在模拟后期用于测量应变的测量球。图 2-62 显示了已识别出 gauge _ balls 和 floater 后的松散试样。

```
define identify_floaters
  loop foreach local ball ball.list
    ball.group.remove(ball,'floaters')
    local contactmap = ball.contactmap(ball)
    local size = map.size(contactmap)
    if size <= 1 then
      ball.group(ball) = 'floaters'
    endif
  endloop
end
@identify_floaters
@ini_gstrain(@wly)
```

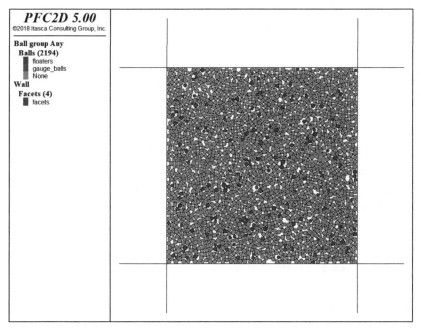

图 2-62　松散试样模型图

2.7.3 应力和应变测量实用函数

2.7.3.1 应力测量

下面将讨论测量颗粒组件中应力的不同方法。相应的 FISH 函数在文件 "StressUtilities. p2fis" 中定义。请注意，在 PFC2D 中，球被假定为具有单位厚度的圆盘，用于应力计算。

首先，可以使用试样施加在墙上的反作用力。下面的两个函数对墙上的反作用力进行平均，并将它们除以每个方向上墙的面积，以返回水平和垂直应力。

例 2-8 StressUtilities. p2fis

```
define wsxx
    wsxx = 0.5 * (wall. force. contact. x(wp _ left)-wall. force. contact. x(wp _ right))/ wly
end
define wsyy
    wsyy = 0.5 * (wall. force. contact. y(wp _ bot)-wall. force. contact. y(wp _ top)  )/ wlx
end
```

在 "StressUtilities. p2fis" 文件（compute _ spherestress 函数）中定义相同的计算，可以为由 measure logic 计算的结果提供验证。

```
define compute _ spherestress(rad)
    command
        contact group insphere remove
        contact groupbehavior contact
        contact group insphere range circle radius @rad
    endcommand
    global ssxx = 0.0
    global ssxy = 0.0
    global ssyx = 0.0
    global ssyy = 0.0
    loop foreach contact contact. groupmap("insphere","ball-ball")
        local cf = contact. force. global(contact)
        local cl = ball. pos(contact. end2(contact))-ball. pos(contact. end1(contact))
        ssxx = ssxx + comp. x(cf) * comp. x(cl)
        ssxy = ssxy + comp. x(cf) * comp. y(cl)
        ssyx = ssyx + comp. y(cf) * comp. x(cl)
        ssyy = ssyy + comp. y(cf) * comp. y(cl)
    endloop
    local vol = (math. pi * rad^2)
    ssxx = -ssxx / vol
    ssxy = -ssxy / vol
```

```
    ssyx = -ssyx / vol
    ssyy = -ssyy / vol
end
```

可以针对不同的体积（与颗粒粒径相比足够大）执行该计算。例如，"StressUtilities. p2fis"中的函数 compute _ averagestress 可以计算整个试件体积的平均应力。

```
define compute _ averagestress
    global asxx = 0. 0
    global asxy = 0. 0
    global asyx = 0. 0
    global asyy = 0. 0
    loop foreach local contact contact. list("ball-ball")
        local cforce = contact. force. global(contact)
        local cl = ball. pos(contact. end2(contact))-ball. pos(contact. end1(contact))
        asxx = asxx + comp. x(cforce) * comp. x(cl)
        asxy = asxy + comp. x(cforce) * comp. y(cl)
        asyx = asyx + comp. y(cforce) * comp. x(cl)
        asyy = asyy + comp. y(cforce) * comp. y(cl)
    endloop
    asxx = -asxx / (wlx * wly)
    asxy = -asxy / (wlx * wly)
    asyx = -asyx / (wlx * wly)
    asyy = -asyy / (wlx * wly)
end
```

测量压实加载阶段结束时的应力至 500kPa 限制的结果列于表 2-20 中以供比较。正如预期的那样，compute _ spherestress 函数返回使用 Measure 逻辑获得的相同值，因为操作完全相同并且在同一区域上测量应力。由 compute _ averagestress 和 compute _ wallstress 函数计算的应力略有不同，因为样本的尺寸相对较小且使用的测量技术不同，但仍保持在目标值的 3% 范围以内。

应力测量结果　　　　　　　　　　　　　　　　　　　　　　　表 2-20

	松散颗粒模型		致密颗粒模型	
	X 方向应力	Y 方向应力	X 方向应力	Y 方向应力
Measure	$-5.095179e+05$	$-5.025166e+05$	$-4.951515e+05$	$-5.136748e+05$
compute _ spherestress	$-5.095179e+05$	$-5.025166e+05$	$-4.951515e+05$	$-5.136748e+05$
compute _ averagestress	$-4.892144e+05$	$-4.890697e+05$	$-4.890709e+05$	$-4.886575e+05$
compute _ wallstress	$-5.000000e+05$	$-4.999983e+05$	$-5.000084e+05$	$-4.999916e+05$

2.7.3.2　应变测量

与应力类似，可以使用多种方法测量应变。下面讨论几种方法，相应的 FISH 功能可以在"StrainUtilities. p2fis"中找到。

测量逻辑可用于评估测量区域上给定步数的应变率。因此，通过使用应变率的计算值乘以当前时间步长，可以在每次迭代时累积应变增量。由于需要计算应变率，并且在每个循环期间累积应变增量，因此该操作是与时间步相关的密集型计算，需要较高的计算成本。

例 2-9 StrainUtilities. p2fis

```
define ini _ mstrain(sid)
    command
        ball attribute displacement multiply 0. 0
    endcommand
    global mstrains = matrix(2, 2)
    global mp = measure. find(sid)
end
define accumulate _ mstrain
    global msrate =   measure. strainrate. full(mp)
    global mstrains = mstrains + msrate * global. timestep
    global xxmstrain = mstrains(1, 1)
    global xymstrain = mstrains(1, 2)
    global yxmstrain = mstrains(2, 1)
    global yymstrain = mstrains(2, 2)
end
define ini _ gstrain(ly)
    local pos = vector(0. 0, -0. 5 * ly) * 0. 75
    global gb1 = ball. near(pos)
    ball. group(gb1) = 'gauge _ balls'
    pos = vector( 0. 0, -0. 5 * ly) * 0. 25
    global gb2 = ball. near(pos)
    ball. group(gb2) = 'gauge _ balls'
    pos = vector( 0. 0, 0. 5 * ly) * 0. 25
    global gb3 = ball. near(pos)
    ball. group(gb3) = 'gauge _ balls'
    pos = vector(0. 0, 0. 5 * ly) * 0. 75
    global gb4 = ball. near(pos)
    ball. group(gb4) = 'gauge _ balls'
    global gl12 _ 0   = ball. pos(gb2)-ball. pos(gb1)
    global gl13 _ 0   = ball. pos(gb3)-ball. pos(gb1)
    global gl14 _ 0   = ball. pos(gb4)-ball. pos(gb1)
end
define xygstrain
    local gl12 = ball. pos(gb2)-ball. pos(gb1)
    global xygstrain12 = (comp. x(gl12)-comp. x(gl12 _ 0))/ comp. y(gl12 _ 0)
```

```
local gl13 = ball. pos(gb3)-ball. pos(gb1)
global xygstrain13 =  (comp. x(gl13)-comp. x(gl13 _ 0))/ comp. y(gl13 _ 0)
local gl14 = ball. pos(gb4)-ball. pos(gb1)
global xygstrain14 =  (comp. x(gl14)-comp. x(gl14 _ 0))/ comp. y(gl14 _ 0)
xygstrain = (xygstrain12 + xygstrain13 + xygstrain14) /3. 0
end
```

另一种测量应变的方法基于测量颗粒之间的相对位移。该方法的优点是可以测量轴向和切向应变，但是会受到系统的离散性质的影响。"StrainUtilities. p2fis"中的函数 ini _ gstrain 允许放置用于应变测量的标准颗粒。使用 ball. near FISH 实用程序沿 y 轴识别四个等间隔的颗粒，并分配组标识符 gauge _ balls。记录它们的初始相对位置，允许在任何时刻计算应变，如用于计算切向应变的 xygstrain 函数所示。

2.7.4　双轴试验

下面将前面讨论的工具结合起来进行简单的双轴试验，试验分两个阶段进行：首先是压实阶段（两个方向相同速度加载），在此期间试样在规定的约束应力下达到平衡，然后在承受恒定的横向应力下在垂直方向上进行压缩。

在压实阶段，试样以应变控制的方式加载，使用伺服控制机制调节容器边界墙壁的速度，以便实现目标限制应力。

在双轴压缩阶段，伺服控制器对于顶壁和底壁停用，其作为具有恒定速度的装载台板，对于左壁和右壁调节速度以保持目标围压。通过计算作用在相对墙壁上的应力和相对位移，以宏观方式确定试样经受的应力和应变，History 用于监测系统的变化。

2.7.4.1　伺服控制机制

wall servo 命令用于设置每个墙的伺服控制活动状态和参数。

```
define servo _ walls
  wall. servo. force. x(wp _ right) = txx * wly
  wall. servo. force. x(wp _ left)  =  -txx * wly
  wall. servo. force. y(wp _ top)   =   tyy * wlx
  wall. servo. force. y(wp _ bot)   =  -tyy * wlx
end
set FISH callback  9. 0 @servo _ walls
```

2.7.4.2　各向同性压实阶段

调用命令文件 "CompactSpecimen. p2dat" 来执行此阶段。此阶段将计算容器的初始尺寸，并定义施加到颗粒试样的各向同性应力。垂直和水平墙壁都移动以逐渐施加所需的应力。函数 servo _ walls 为在每个循环中解运动方程之前执行。使用 History 在模拟期间记录水平和垂直应力。打开方向追踪（set orientation command），以便跟踪和显示球的方向。

模型一直循环计算直到墙的水平应力和垂直应力接近规定的应力，且平均不平衡力比率 aratio 小于或等于 1e-6（参见 solvearatio 命令）。停止控制在函数 stop _ me 中定义，该函数在每个循环结束时执行。图 2-63 为试样在各向同性压缩阶段结束时的应力状态。

```
[tol =   5e-3]
define stop_me
  if math.abs((wsyy-tyy)/tyy) > tol
    exit
  endif
  if math.abs((wsxx-txx)/txx) > tol
    exit
  endif
  if mech.solve("aratio") > 1e-6
    exit
  endif
  stop_me = 1
end
```

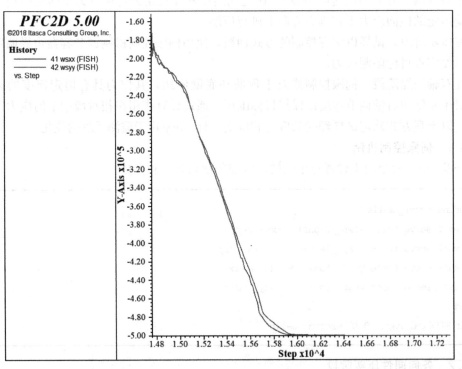

图 2-63   在各向同性压缩阶段（σ_{iso}＝1MPa）结束时的应力状态（根据边界墙上的接触力计算）

下面命令为创建测量区域以计算该阶段结束时试样的孔隙度，并调用计算上述应力的替代函数用于比较。

```
measure create id 1 rad [0.4 * (math.min(lx0, ly0))]
[porosity = measure.porosity(measure.find(1))]
```

```
@compute _ spherestress([0. 4 * (math. min(lx0，ly0))])
@compute _ averagestress
```

2.7.4.3　施加偏压荷载阶段

调用命令文件"BiaxialTest. p2dat"来执行此阶段。

球-球和球-面接触处的摩擦系数被修改，其被设定为在先前阶段所期望获得的试件孔隙率。

```
ball propertyfric @ballFriction
wall propertyfric @wallFriction
```

系统平衡后进行双轴试验。对上墙壁和下墙壁设定大小相等方向相反的恒定速度，进行应变控制压缩试验。利用伺服控制机制（参见 2.7.4.1）控制侧墙壁的速度，以保持适当的约束应力。

```
[rate = 0. 2]
wall servo activate off range set name 'vesselTop' set name 'vesselBottom' union
wall attributeyvelocity [-rate * wly] range set name 'vesselTop'
wall attributeyvelocity [ rate * wly] range set name 'vesselBottom'
```

计算试验的初始尺寸，并将应变变量（轴向、横向和体积应变）设定为零。这些值将在模拟期间根据相应墙之间的相对距离进行更新，并使用 History 记录历史数据。

```
[ly0 = wly]
[lx0 = wlx]
[wexx = 0. 0]
[weyy = 0. 0]
[wevol = 0. 0]
define wexx
   wexx  = (wlx-lx0) / lx0
end
define weyy
   weyy = (wly-ly0) / ly0
end
define wevol
   wevol = wexx + weyy
end
history id 51 @wexx
history id 52 @weyy
history id 53 @wevol
history purge
```

```
;将系统加载到 7.5% 的垂直应变。
[stop_me = 0]
[target = 0.075]
define stop_me
    if weyy <= -target then
        stop_me = 1
    endif
end
```

2.7.4.4 致密和松散试样的双轴试验

双轴试验设计在松散试样和致密试样上来分析差异性。调整球-球接触处的适当摩擦系数来产生松散或致密的颗粒状试样。"Doall. p2dat"数据文件包含准备松散试样的命令，并最终进行双轴压缩。

例 2-10 Doall. p2dat

```
new
;定义球和墙的摩擦值以生成松散的试样
[ballFriction = 0.3]
[wallFriction = 0.0]
[filename = 'loose']
call MakeSpecimen
save ['specimen' + filename]
call CompactSpecimen
save ['biaxial-iso' + filename]
call BiaxialTest
save ['biaxial-final' + filename]


;致密试样的双轴测试
new
;定义球和墙的摩擦值以生成致密的试样
[ballFriction = 0.0]
[wallFriction = 0.0]
[filename = 'dense']
call MakeSpecimen
save ['specimen' + filename]
call CompactSpecimen
save ['biaxial-iso' + filename]
[ballFriction = 0.3]
call BiaxialTest
save ['biaxial-final' + filename]
```

为了制备松散的试样，球-球接触设置摩擦系数为 0.3。在整个模拟过程中（试样的准备，各向同性压实，双轴压缩）保持该值。墙壁摩擦力设定为零，因此在球面接触中不会产生剪切力。无摩擦墙壁减少了制备和压缩阶段的边界效应。

为了制备致密的试样，球-球接触处的摩擦力初始设定为零。在制备和压实阶段之后，双轴压缩之前，球-球接触的摩擦系数设定为 0.3。松散和致密试样在压实阶段结束时测量孔隙率分别为 0.187 和 0.151。

从图 2-64 的应力-应变曲线可以观察到，在双轴试验期间颗粒的典型力学行为被重现。致密试样的应力-应变曲线有明显的峰值，而松散的试样曲线为单调上升最后达到相同的临界状态。从图 2-65 可观察到，就体积应变而言，松散的试样表现出收缩，而致密的试样表现出从收缩到膨胀的过渡。

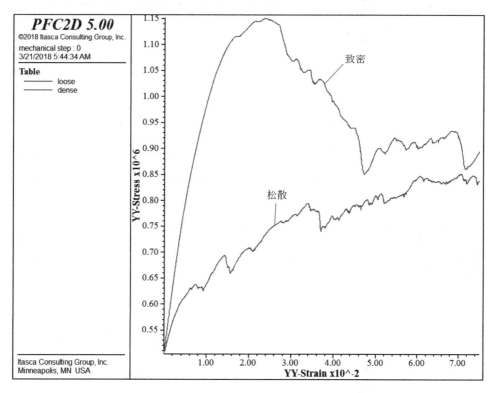

图 2-64　受到双轴压缩的松散和致密试样应力-应变曲线

2.7.4.5　弹性参数的计算

材料弹性性能可以通过在弹性条件下进行加载/卸载测试，得到材料的杨氏模量和泊松比来确定。该过程在命令文件"LoadUnload. p2dat"中实现。图 2-66 和图 2-67 中显示了致密试样的轴向偏应力和体积应变与轴应变的关系图，分析这些图中的信息，可以得到杨氏模量为：

$$E = \frac{\Delta \sigma_a}{\Delta \varepsilon_a} \approx 70 \text{MPa} \tag{2-5}$$

泊松比为：

$$\nu = \frac{\Delta \varepsilon_\gamma}{\Delta \varepsilon_a} \approx 0.2 \tag{2-6}$$

117

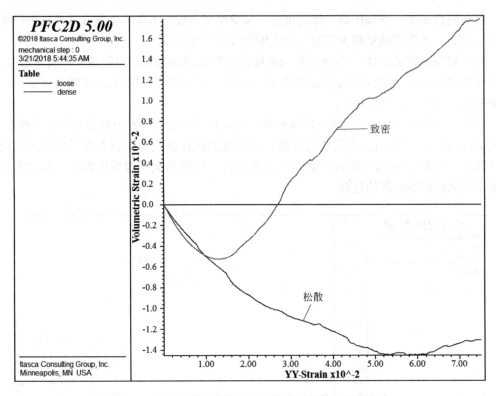

图 2-65　受到双轴压缩的松散和致密试样体积应变曲线

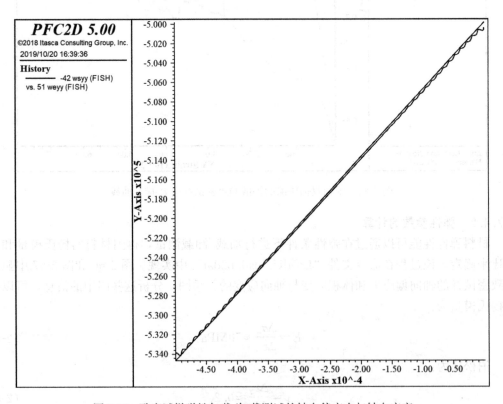

图 2-66　致密试样弹性加载/卸载测试的轴向偏应力与轴向应变

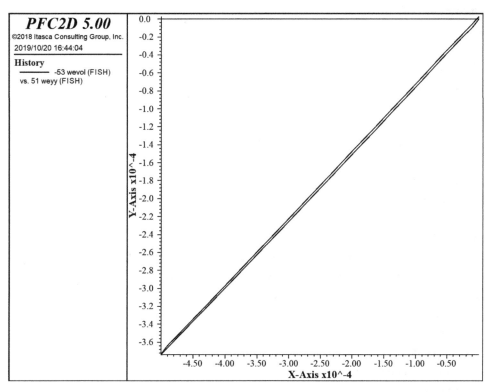

图 2-67　致密试样弹性加载/卸载测试的体积应变与轴向应变

剪切模量：

$$G = \frac{E}{2(1+\nu)} \approx 30\mathrm{MPa} \qquad (2\text{-}7)$$

例 2-11　BiaxialTest. p2dat

```
；定义球和墙的摩擦属性
ball propertyfric @ballFriction
wall propertyfric @wallFriction


[ly0 = wly]
[lx0 = wlx]
[wexx = 0. 0]
[weyy = 0. 0]
[wevol = 0. 0]


define wexx
    wexx    = (wlx-lx0) / lx0
end


define weyy
```

```
      weyy = (wly-ly0) / ly0
end

define wevol
  wevol = wexx + weyy
end

history id 51 @wexx
history id 52 @weyy
history id 53 @wevol
history purge

[rate = 0.2]
wall servo activate off range set name 'vesselTop' set name 'vesselBottom' union
wall attribute yvelocity [-rate * wly] range set name 'vesselTop'
wall attribute yvelocity [ rate * wly] range set name 'vesselBottom'
[stop _ me = 0]
[target = 0.075]
define stop _ me
  if weyy< = -target then
    stop _ me = 1
  endif
end

ball attribute displacement multiply 0.0
calm
solve fishhalt @stop _ me
return
```

2.7.5 剪切试验

在本节中，介绍了对压实试样进行的剪切试验。选用致密试样来进行简单剪切试验和纯剪切试验（参见图 2-68 和图 2-69）。

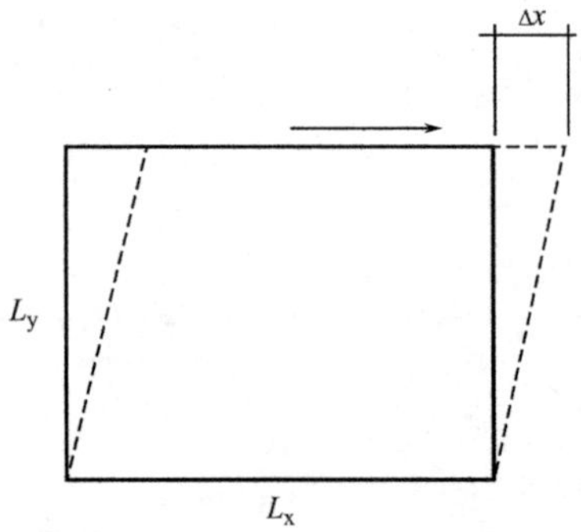

简单剪切（图 2-68）是变形的一种特殊情况，其只有速度矢量的一个分量为非零值。在固体力学中，它被定义为等容平面变形，其中存在一组具有给定参考取向的线元素，其在变形期间不改变长度和取向。在这种情况下，剪切应变定义为：

$$\gamma_{xy} = \frac{\Delta x}{L_y} \tag{2-8}$$

式中，L_y 代表沿 y 方向的长度。

纯剪切如图 2-69 所示，纯剪切应力与纯剪切应变

图 2-68　简单剪切试验的边界条件

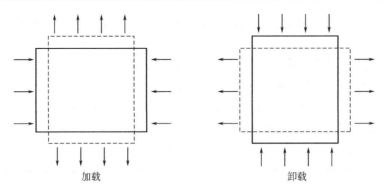

加载　　　　　　　　　　　卸载

图 2-69　纯剪切试验的边界条件

有关，通过以下等式：

$$\tau = \gamma G \tag{2-9}$$

式中 G 为剪切模量。在此情况下，剪切应变可以根据下式求得：

$$\gamma_{xy} = \frac{\Delta x}{L_y} + \frac{\Delta y}{L_x} \tag{2-10}$$

2.7.5.1　简单剪切试验

数据文件"Doall. p2dat"包含重新调用致密试样的命令，定义球-球和球-面接触的摩擦系数，以及启动简单剪切测试。在球-面接触处引入摩擦以确保试样的均匀响应。

```
[filename = 'dense']
restore ['biaxial-iso' + filename]
[ballFriction = 0. 3]
[wallFriction = 0. 3]
call SimpleShear
save simpleshear-final
```

下面说明了数据文件"SimpleShear. p2dat"的部分命令行。首次操作时，所有墙都停用伺服机制，并更新摩擦系数。

```
wall servo activate off
set FISH callback 1. 0 remove @servo _ walls
ball property fric @ballFriction
wall property fric @wallFriction
平移速度分配给定墙壁，并指定侧壁的旋转速度。
[rate = 1. 0]
wall attribute xvelocity [1. 0 * rate * wly] range set name 'vesselTop'
wall attribute centrotation [-0. 5 * wlx] [-0. 5 * wly] ...
                spin [-1. 0 * rate] range set name 'vesselLeft'
wall attribute centrotation [0. 5 * wlx] [-0. 5 * wly] ...
                spin [-1. 0 * rate] range set name 'vesselRight'
```

计算平均剪切应力（参见"StressUtilities. p2fis"文件）和平均剪切应变［使用方程（2-4）］。

如之前所述，可以使用在测量区域内测量的应变率值在每个时间步长计算应变的增量，也可以通过测量区域计算压力。注意使用 set FISH callback 命令来调用在每个循环期间计算应变的函数，在解决系统的运动方程之后调用 FISH 函数。可以使用 list cyclesequence 命令列出与每个循环操作关联的循环编号。

使用 History 命令记录所有应变和应力相关的量。

```
[defxy = 0]
def shear _ strain
  defxy = defxy + rate * global. timestep
end
@ini _ mstrain(1)
history id 11 @xxmstrain
history id 12 @xymstrain
history id 13 @yxmstrain
history id 14 @yymstrain
measure history id 31 stressxx id 1
measure history id 32 stressxy id 1
measure history id 33 stressyx id 1
measure history id 34 stressyy id 1
history id 61 @asxy
history id 51 @defxy
@ini _ gstrain(@wly)
history id 21 @xygstrain
history id 22 @xygstrain12
history id 23 @xygstrain13
history id 24 @xygstrain14
set FISH callback 2. 0 @shear _ strain
set FISH callback 11. 0 @accumulate _ mstrain
set FISH callback 43. 0 @compute _ averagestress
```

图 2-70 和图 2-71 显示了测量（measure）获得的剪切应力与应变的关系。结果显示测量（measure）获得的应力和应变的方法都是有效的，试样的力学响应如图 2-72 所示。

例 2-12　SimpleShear. p2dat

```
wall servo activate off
set fish callback 1. 0 remove @servo _ walls

; 定义球和墙的摩擦特性
ball property fric @ballFriction
```

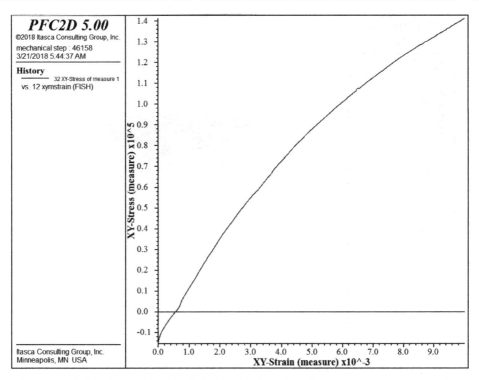

图 2-70　对致密试样的简单剪切试验得到的应力-应变曲线（使用 measure 获得的数据）

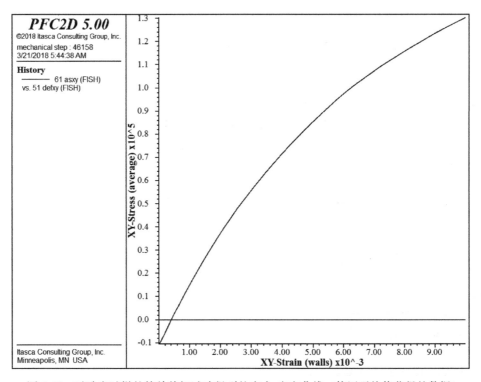

图 2-71　对致密试样的简单剪切试验得到的应力-应变曲线（使用平均值获得的数据）

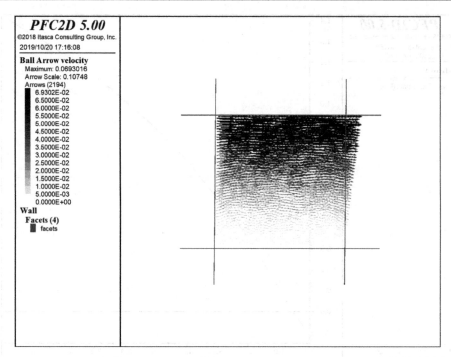

图 2-72　对致密试样的简单剪切试验得到的球和墙的速度矢量图

```
wall property fric @wallFriction

[rate = 1.0]
wall attribute xvelocity [1.0 * rate * wly] range set name 'vesselTop'
wall attribute centrotation [-0.5 * wlx] [-0.5 * wly] ...
                spin [-1.0 * rate] range set name 'vesselLeft'
wall attribute centrotation [0.5 * wlx] [-0.5 * wly] ...
                spin [-1.0 * rate] range set name 'vesselRight'

[defxy = 0]
def shear _ strain
  defxy = defxy + rate * global. timestep
end

@ini _ mstrain(1)
history id 11 @xxmstrain
history id 12 @xymstrain
history id 13 @yxmstrain
history id 14 @yymstrain

measure history id 31 stressxx id 1
measure history id 32 stressxy id 1
measure history id 33 stressyx id 1
```

```
measure history id 34 stressyy id 1

history id 61 @asxy
history id 51 @defxy

@ini _ gstrain(@wly)
history id 21 @xygstrain
history id 22 @xygstrain12
history id 23 @xygstrain13
history id 24 @xygstrain14

set fish callback 2. 0 @shear _ strain
set fish callback 11. 0 @accumulate _ mstrain
set fish callback 43. 0 @compute _ averagestress
set orientation on
solve time 0. 01
```

2.7.5.2　纯剪切试验

数据文件"Doall. p2dat"包含重新调用致密试样的命令，定义球-球和球-面接触的摩擦性质，并启动纯剪切试验。

```
[filename = 'dense']
restore ['biaxial-iso' + filename]
[ballFriction = 0. 3 ]
[wallFriction = 0. 3 ]
call PureShear
save pureshear-final
```

调用文件"PureShear. p2dat"来执行计算。在该文件中，所有墙都停用伺服机制，并分配适当的摩擦属性。调用试件的初始尺寸，使用等式：

$$\gamma_{xy} = \frac{\Delta x}{L_y} + \frac{\Delta y}{L_x} \tag{2-11}$$

计算模拟期间的剪切变形，并使用以下表达式计算切向应力：

$$\tau_{xy} = \frac{\sigma_1 - \sigma_2}{2} = \frac{\sigma_h - \sigma_v}{2} \tag{2-12}$$

```
wall servo activate off
set FISH callback 1. 0 remove @servo _ walls
ball property fric @ballFriction
wall property fric @wallFriction
[ly0 = wly]
[lx0 = wlx]
```

```
[defxy = 0]
[tauxy = 0]
def shear _ strain _ stress
    x _ strain = (wlx-lx0)
    y _ strain = (wly-ly0)
    defxy = x _ strain/ly0  +  y _ strain/lx0
    tauxy = (wsxx-wsyy)/2
end
```

通过在循环序列中注册函数 cyclic _ shear 来执行加载/卸载循环。set FISH callback 命令用于在每个循环期间执行此函数，以及计算剪切应力和应变的函数。

```
[load = 1]
[rate = 0.001]
[xfactor = 0.0]
[yfactor = 0.0]
def cyclic _ shear
    wall. vel. x(wp _ left)   = xfactor * rate ; left wall
    wall. vel. x(wp _ right) = -1.0 * xfactor * rate ; right wall
    wall. vel. y(wp _ top)   = -1.0 * yfactor * rate ; top wall
    wall. vel. y(wp _ bot)    =           yfactor * rate ; bottom wall
    if defxy< 0.0005
        if load = 1
            xfactor = 1.0
            yfactor = -2.0
            exit
        else
            if defxy<-0.0005
                load = 1
                exit
            endif
            exit
        endif
    else
        xfactor = -1.0
        yfactor = 2.0
        load = 0
    endif
end
set FISH callback 2.0 @shear _ strain _ stress
set FISH callback 3.0 @cyclic _ shear
```

图 2-73 显示了模拟过程中剪切应力和应变的变化，曲线显示滞后效应。使用下式：

$$\tau = \gamma G \tag{2-13}$$

可以估算剪切模量，得到 $G \approx 100\text{MPa}$。图 2-74 显示了纯剪切试验得到的颗粒速度矢量图。

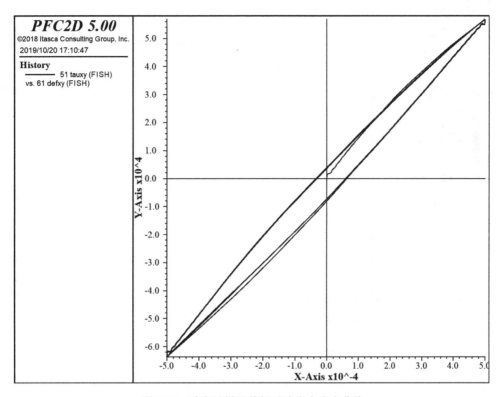

图 2-73　致密试样纯剪切试验应力应变曲线

例 2-13　PureShear. p2dat

```
wall servo activate off
set fish callback 1.0 remove @servo_walls

;定义球和墙的摩擦特性
ball property fric @ballFriction
wall property fric @wallFriction
[ly0 = wly]
[lx0 = wlx]

[defxy = 0]
[tauxy = 0]
def shear_strain_stress
    x_strain = (wlx-lx0)
    y_strain = (wly-ly0)
```

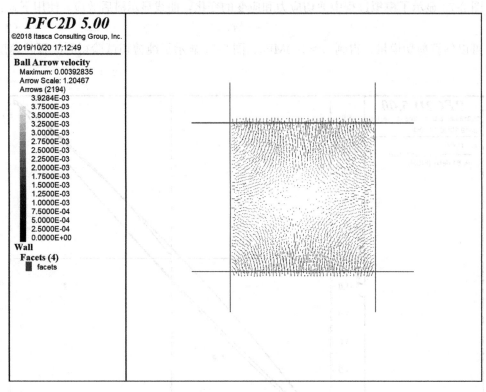

图 2-74　致密试样纯剪切试验球速度矢量图

```
    defxy = x _ strain/ly0 + y _ strain/lx0
    tauxy = (wsxx-wsyy)/2
end

[load = 1]
[rate = 0. 001]
[xfactor = 0. 0]
[yfactor = 0. 0]
def cyclic _ shear
    wall. vel. x(wp _ left)  =        xfactor * rate ; left wall
    wall. vel. x(wp _ right) = -1. 0 * xfactor * rate ; right wall
    wall. vel. y(wp _ top)   = -1. 0 * yfactor * rate ; top wall
    wall. vel. y(wp _ bot)   =        yfactor * rate ; bottom wall
    if defxy< 0. 0005
      if load = 1
        xfactor = 1. 0
        yfactor = -2. 0
        exit
      else
        if defxy<-0. 0005
          load = 1
```

```
          exit
        endif
        exit
      endif
    else
      xfactor = -1. 0
      yfactor = 2. 0
      load = 0
    endif
end


history id 51 @tauxy
history id 61 @defxy
set fish callback 2. 0 @shear _ strain _ stress
set fish callback 3. 0 @cyclic _ shear
set orientation on

set echo off
solve time 0. 2
```

2.7.6　小结

这个例子展示了 PFC2D 中松散和致密两种颗粒试样的双轴与剪切试验，并讨论了可用于探测模型力学响应的不同方法。可以在 PFC3D 中使用相同的方法，也可以使用黏结颗粒模型。在这个例子中，材料制备阶段仍然偏简单，对于模拟实际的模型，应注意模拟的材料应能够代表所研究材料的微观（细观）结构。

第3章　PFC接触模型及二次开发

在颗粒离散元中，颗粒之间的交互作用是一种动态平衡的发展过程，无论何时其内部力都处于一种平衡状态。通过跟踪单个颗粒的运动轨迹可以得到颗粒集合体中的接触力和位移。外部施加的力和体力通过墙以及颗粒的行为产生作用，使运动在颗粒系统中进行传播。这是一个动态的过程，传播的速度与离散系统的物理属性有关。颗粒离散元的计算是在应用颗粒体的牛顿第二定律和接触的力与位移关系的交替中进行。牛顿第二定律用来决定每一个颗粒的运动和旋转行为，这些行为产生于接触力及外力与体力的作用，而力与位移的关系用来更新每一对接触产生的接触力。因此颗粒流方法在计算循环中，交替应用牛顿第二定律与力-位移定律进行计算，接触模型是 PFC 计算的核心内容之一（图 3-1）。

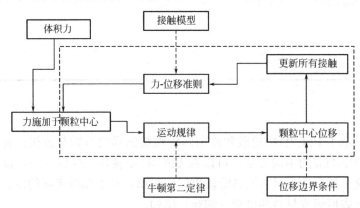

图 3-1　PFC 中的计算模式

进行颗粒流模拟时，三个基本的条件必须指明：颗粒集合体；接触类型和颗粒的力学性质；边界和初始条件。PFC 模型是球形颗粒的集合体，具有规定的尺寸，摩擦系数，剪切和法向接触刚度。颗粒的尺寸通过给定的尺寸设定。在力-位移计算之前，在循环序列期间检测到新的接触时，会进行接触求解。在接触的求解过程中，接触状态变量将不断更新。颗粒接触的判断非常重要。在一个由大量颗粒组成的体系中，直接判别颗粒是否接触需要耗费大量的计算时间。因而为了节约计算时间，提高计算效率，一般不直接判别任意两个颗粒间是否存在接触，而是分两个步骤判别颗粒间的接触是否存在。首先，对一个颗粒判别其潜在的邻居（相邻颗粒）个数；然后，准确确定该颗粒与每个邻居是否接触。虽然在确定邻居数目时也要耗费一定的计算时间，但是仍旧比逐个准确判别颗粒间接触是否存在要节约时间。因而，接触判断与发现算法的效率在多颗粒体系力学行为模拟中非常重要。

3.1　PFC4.0 中的接触模型

PFC 通过将接触模型与每个接触相关联来模拟材料的本构行为。除了弹性组件，还可

能存在黏结组件和缓冲器。这三个组件整体定义了接触力-位移行为（图 3-2）。PFC4.0 提
供两种标准接触模型（线性和赫兹）和几种特殊接触模型（Simple Ductile Model；
Smooth-Joint Model；Displacement-Softening Model；Simple Viscoelastic Model；
Burger's Model；Hysteretic-Damping Model）。

　　默认情况下，颗粒的所有接触被设置为线性或赫兹模型，具体取决于两个接触实体
（球-球或球-墙）的属性。线性模型可以包括接触黏结行为（即，线性模型可以是黏结的或
未黏结的，并且当黏结时，其表现为接触键）。通过向接触添加平行黏结组件来实现平行
黏结行为，并且该组件与接触处的其他组件并行地起作用。

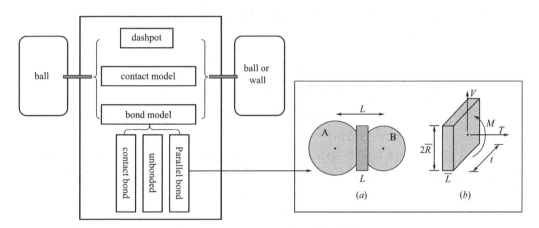

图 3-2　PFC4.0 中接触模型的组件（引自：Wang et al.，2014）

Hertz 接触力学模型：

　　接触力学是研究相互接触的物体之间如何变形的一门学科。赫兹 1882 年发表了关
于接触力学的著名文章"关于弹性固体的接触（On the contact of elastic solids）"，赫兹
进行这方面研究的初衷是为了理解外力如何导致材料光学性质的改变。在研究中，赫兹
用一个玻璃球放置在一个棱镜上，他首先观察到这个系统形成了椭圆形的牛顿环，以此
实验观察，赫兹假设玻璃球对棱镜施加的压力也为椭圆分布。随后他根据压力分布计算
了玻璃球导致的棱镜的位移并反算出牛顿环，以此再和实验观察对比以检验理论的正确
性。最后赫兹得到了接触应力和法向加载力，接触体的曲率半径，以及弹性模量之间的
关系。赫兹的方程是研究疲劳、摩擦以及任何有接触体之间相互作用的基本方程。赫兹
的全名为海因里希·鲁道夫·赫兹（Heinrich Rudolf Hertz，1857 年 2 月 22 日～1894 年
1 月 1 日），德国物理学家，于 1888 年首先证实了电磁波的存在，并对电磁学有很大的
贡献，故频率的国际单位制单位赫兹以他的名字命名。由赫兹开创性工作开始，随后由
其他人完善的接触力学理论是涉及接触体的各种科学及工程研究中不可缺少的工具之
一。因此赫兹在接触力学领域所作出的贡献不应该被他在电磁学领域杰出的成就而
忽视。

　　PFC 中的 Hertz-Mindlin 接触模型通过直接测试两个相等球体之间接触的响应来验
证，并与两个弹性球体之间接触的解析解进行比较。在法向方向上，赫兹给出了解决方案
（Timoshenko&Goodier，1951），如下：

$$F_n = \frac{2G\sqrt{2R}}{3(1-\nu)} u_n^{3/2} \tag{3-1}$$

式中 G——剪切模量；

ν——泊松比；

R——两个粒子的半径。

式（3-1）给出法向力 F_n，作为法向"接近"或重叠的函数，u_n。

剪切响应更复杂，因为在接触区域上存在部分滑动，通常会产生滞后剪切响应。在 PFC2D 中，实现剪切方向的简化关系，其中初始切线剪切模量用于导出剪切力。这个切线模量是瞬时法向力的函数，但不受剪切位移的影响（Mindlin and Deresiewicz, 1953）

$$K_s = \frac{2(3G^2(1-\nu)R)^{1/3}}{2-\nu} F_n^{1/3} \tag{3-2}$$

由 Mindlin 和 Deresiewicz 推导剪切兼容性时假定剪切位移是定义在"······相对于黏结部分均匀位移处的距离"。在 PFC2D 中，切向位移是两个球体的质心相对位移（即 Mindlin 和 Deresiewicz 位移的两倍）。

在数据文件"HN2D.DAT"中，两个球体以恒定速度一起移动，并且记录法向力作为法向位移的函数。图 3-3 显示了结果数据点，叠加在方程式（3-1）给出的解析解（显示为实线）上。对于给定的材料常数，发现误差约为平均法向力的 $10^{-12}\%$。

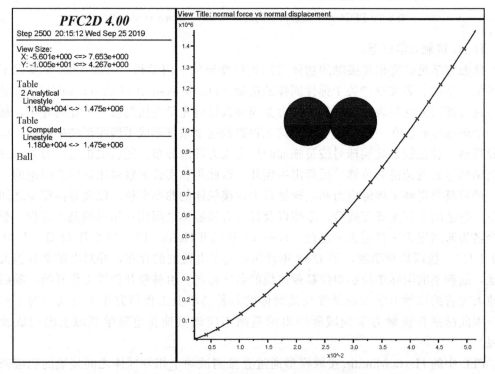

图 3-3　法向力与法向位移-计算值（交叉短线）与解析值（实线）

例 3-1　Hertz 接触中法向力和法向位移的计算（PFC4.0）

```
; fname: hn2d.dat
new
def setup
; ---given
  shearmod = 1e8
  poissrat = 0.25
  givenrad = 1.0
; ---derived
  x2pos    = givenrad * 2.0
end
setup
ball id 1 x 0 y 0 rad givenrad hertz
ball id 2 x x2pos y 0 rad givenrad hertz
fix x y spin
prop dens 1000 shear shearmod poiss poissrat
ini xvel 1e-3 range id 1 1
def Nforce
  Nforce = c_nforce(contact_head)
  bp = ball_head
  loop while bp # null
    if b_id(bp) = 1
      Ndisp   = b_xdisp(bp)
    endif
    bp = b_next(bp)
  endLoop
end
set hist_rep 100
hist Nforce Ndisp
cyc 2500
hist write 1 vs 2 table 1
def compare ; 与解析解相比较
  numPnt   = table_size(1)
  meanval = 0.0
  errmax   = 0.0
  Hfac     = 2.0 * shearmod * sqrt(2.0 * givenrad)/(3.0 * (1.0-poissrat))
  loop n (1, numPnt)
    ndis = xtable(1, n)
    xtable(2, n) = ndis
    ytable(2, n) = Hfac * sqrt(ndis) * ndis
    meanval = meanval + ytable(2, n)
    errmax   = max(errmax, abs(ytable(1, n)-ytable(2, n)))
  endLoop
```

```
    meanval = meanval / float(numPnt)
    errmax = errmax * 100.0 / meanval
    oo = out(' Error in normal force =' + string(errmax) +'% of mean force')
end
compare
table 1 name Computed
table 2 name Analytical
plot create the _ view
plot set title text 'normal force vs normal displacement'
plot tab 2 lin tab 1 mark red
return
; EOF: hn2d. dat
```

数据文件"HS2D. DAT"执行类似的测试，但法向加载分为 50 个阶段。在每个阶段之后，执行剪切方向上的"探测"，其中剪切速度施加在一个颗粒上并运行 10 步（然后反转）。记录剪切力的变化，并除以测得的剪切位移变化，得出切向剪切刚度的估计值。图 3-4 显示了叠加在由方程式（3-2）给出的解析解（绘制为实线）上的 PFC 计算出的剪切刚度值（绘制为交叉短线）。记录的误差是平均刚度的 6×10^{-7}%，精度略低于法向力测量记录的精度，这是因为测量增量斜率的过程不如直接测量力精确。注意到法向和剪切响应的准确度是针对以下属性：

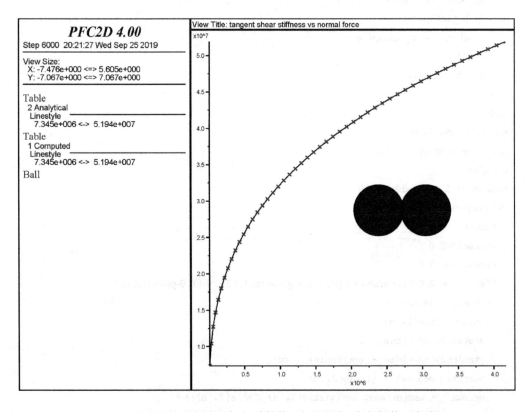

图 3-4　切向剪切刚度对法向力-计算值（交叉短线）与解析值（实线）

$$G = 10^8$$
$$\nu = 0.25$$
$$R = 1.0$$

通过相应地修改文件"HN2D. DAT"和"HS2D. DAT"，可以获得不同数据集的准确数值。同时要注意到，对于刚度模量较高的材料，探测中所用的速度应该降低。

例 3-2　Hertz 接触中切向剪切刚度与法向力的计算（PFC4.0）

```
; fname: hs2d. dat
new ; Shear displacement test of Hertz-Mindlin contact model (2D)
def setup
; ---given
  shearmod  = 1e8
  poissrat  = 0.25
  givenrad  = 1.0
  givenfric = 10.0
; ---derived or local
  x2pos     = givenrad * 2.0
  ntot      = 0
end
setup
ball id 1 x 0 y 0 rad givenrad hertz
ball id 2 x x2pos y 0 rad givenrad hertz
fix x y spin
prop dens 1000 shear shearmod poiss poissrat fric givenfric
def Exercise
  loop nnn (1, 50)
    command
      ini xvel 1e-3 yvel 0 range id 1 1
      cyc 100
      ini xvel 0 yvel 1e-4 range id 1 1
      zeroSforce
      cyc 10          ; do a shear "probe"
      measureSforce
      ini yvel mul-1 ; return to start
      cyc 10
    endCommand
  endLoop
end
def zeroSforce
  c_sforce(contact_head) = 0.0
  startDisp = b_y(find_ball(1))
end
```

```
def measureSforce
  ntot = ntot + 1
  relDisp = b _ y(find _ ball(1))-startDisp
  xtable(1, ntot) = c _ nforce(contact _ head)
  ytable(1, ntot) = c _ sforce(contact _ head) / relDisp
end
Exercise
def compare ; Compare to analytical solution
  numPnt   = table _ size(1)
  third    = 1.0 / 3.0
  Hsfac    = 2.0 * (shearmod^2 * 3.0 * (1.0-poissrat) * givenrad)^third
  Hsfac    = Hsfac/(2.0-poissrat)
  meanval = 0.0
  errmax   = 0.0
  loop n (1, numPnt)
    ndis = xtable(1, n)
    xtable(2, n) = xtable(1, n)
    ytable(2, n) = Hsfac * (xtable(1, n))^third
    meanval = meanval + ytable(2, n)
    errmax = max(errmax, abs(ytable(1, n)-ytable(2, n)))
  endLoop
  meanval = meanval / float(numPnt)
  errmax = errmax * 100.0 / meanval
  _ str ='Error in tangent shear stiffness ='+ string(errmax)
  _ str = _ str + '% of mean stiffness'
  oo = out( _ str)
end
compare
table 1 name Computed
table 2 name Analytical
plot create the _ view
plot set title text 'tangent shear stiffness vs normal force'
plot tab 2 lin tab 1 mark red
return
; EOF: hs2d. dat
```

3.2　PFC5.0 中的接触模型

图 3-5 中显示了两个块体发生接触的示意图，实际上发生接触的是块体的一部分区域，在图中，用部件（pieces）表示。每一个接触有两个接触端，分别为 end1 和 end2。图中的块体为刚性，因此块体的运动采用形心的旋转角速度和运动速度来表示。

表 3-1 列出了 PFC 提供的 10 种内置接触模型，以及它们的典型力学行为。其中，线

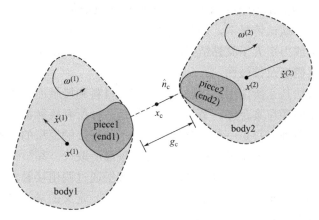

图 3-5　接触发生在两个块体的局部区域

性模型、抗滚动线性模型、线性接触黏结模型和线性平行黏结接触模型（共 4 种）具有许多共同的特点，因此被称为基于线性的模型。线性接触模型、线性平行黏结模型、光滑节理模型和平面节理接触模型利用了黏结的概念，其中剪切和/或拉力可由相对运动而产生，因此这些模型可用于构建黏结颗粒材料（Bonded-particle model）。

内置接触模型　　　　　　　　　　　　　　　　　　表 3-1

关键词	名称	力学行为
null	Null	没有相互的力学作用
linear	Linear	按照线弹性法则与黏性阻尼作用
linearcbond	Linear contact bond	为 BPM 的线性模型加上接触连接
linerpbond	Linear parallel bond	为 BPM 的线性模型加上平行黏结接触
hertz	Hertz	按照非线弹性法则结合黏性阻尼器来求解冲击问题
hysteretic	Hysteretic	按照非线弹性法则结合黏性阻尼器来求解冲击问题——直接指定法向恢复系数
smoothjoint	Smooth joint	为 BPM 加上考虑滑动摩擦/黏结界面
flatjoint	Faltjoint	为 BPM 加上考虑片状/黏结界面，以及部分损伤
rrlinear	Rolling resistance linear	在 Linear 模型的基础上，考虑抗滚动机制模型，用于颗粒系统内转动效应明显的接触问题
burger	Burger's	将 Kelvin 模型和 Maxwell 模型串联（法向和切向）在一起，用来模拟材料的流变问题

1. 基于线性的模型

基于线性的模型在 PFC4.0 中也适用。离散单元的建模框架在 PFC5.0 中进行了扩充导致与 PFC4.0 的实现方式产生了差别，但是这些接触的机制没有改变，在 PFC5.0 中可以重现 PFC4.0 的接触特性。

基于线性的模型提供两种标准的黏结行为——接触黏结与平行黏结，接触可以安装在球-球和球-墙接触点上。这两种黏结可以被看作把接触部分胶结在一起的一种力学行为。接触设置在各个接触部分中间，接触黏结的面积非常小通常为一个点，而平行黏结横截面

137

在 2D 中为一个矩形，在 3D 中为一个圆柱。接触黏结只能传递力的作用，而平行黏结可以同时传递力与力矩。默认情况下，接触之间无黏结。黏结是通过调用 bond method 来创建，当黏结受到的力或力矩大于其黏结强度时，黏结会断开，相应变为无黏结状态。

2.黏结颗粒材料模型及接触面

黏结颗粒模型方法基于所使用的接触模型来定义材料和接触面。接触黏结材料是一种是线性接触黏结模型的颗粒集合体，平行黏结材料是一种所有接触都为线性平行黏结模型的颗粒集合体，而平节理材料是一种所有接触都为平节理接触模型的颗粒集合体。而接触黏结、平行黏结、平节理接触均可以被光滑节理接触面所取代。黏结颗粒模型（BPM）材料通过对填充颗粒集合体执行黏结接触来形成，而接触通过调用接触模型的黏结特性来实现。通过接触之间的间隙小于接触模型设置表（CMAT）定义的黏结张开度或者接近度来判断每个颗粒之间存在接触。

3.2.1　接触模型的框架

这一节概述了接触模型的框架。对于每种接触模型组成进行了简单的描述。

3.2.1.1　激活与删除的标准

创建接触后，它将包含一个接触模型，该模型提供颗粒相互作用定律以更新内力和力矩，该接触目前也处于激活状态。接触被激活以后，则输入颗粒相互作用定律；否则，内力和力矩设置为零。接触模型可以改变活动状态（例如，使接触变为非激活（删除）状态将绕过颗粒相互作用定律，从而提高计算速度）。激活标准提供了接触将处于活动状态的条件；否则，该接触将处于无效状态。

接触检测逻辑（基于主体 body 的接近度）确定何时可以删除接触。但是，接触模型可以防止删除。删除标准提供了必须满足的条件，允许由接触检测逻辑决定是否删除接触。

3.2.1.2　力-位移定律

接触模型公式提供了力-位移定律，将广义内力与接触处的相对运动联系起来。内力和力矩（和）以相等和相反的方向作用在两个部件上（图 3-6）。相应的公式以一组内部参数表示，其中大多数与流变元件相关（图 3-7）。

3.2.1.3　能量分区

能量分区跟踪接触模型存储或耗散的能量。例如，线性模型将能量存储为应变能，并通过滑点和阻尼器耗散能量。能量分区由名称-值成对组成。能量跟踪由设置能量（set energy）命令激活，在本书 2.4.2.9 部分中进行了介绍。

3.2.1.4　接触的属性

属性是名称-值的对应。一些属性是可继承的，这意味着它们的值可以从接触两个部件的表面属性得出。PFC 模型保证每当修改任一块的表面属性时，都会更新可继承属性。保证要求将可继承属性的继承标志设置为 true，并且两个表面属性的名称都与可继承属性相同。可以使用

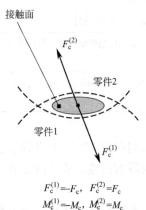

$$F_c^{(1)}=-F_c,\quad F_c^{(2)}=F_c$$
$$M_c^{(1)}=-M_c,\quad M_c^{(2)}=M_c$$

图 3-6　ball-ball 接触中的两个部件所承受的内部力与力矩

图 3-7　模型中包含的流变元件

contact property 命令直接指定接触的属性。另一方面，可以使用 ball property，cluster property 和 wall property 命令指定块的表面属性。也可以通过使用 cmat apply 命令将 CMAT 应用于那些接触来直接指定接触的属性。

对于每个接触模型，属性表都提供了简洁的属性参考，属性表的指示内容包括：

- 关键词（指示与适当的命令或 FISH 函数一起使用的属性的关键词）；
- 数学符号（与接触模型公式中使用的符号重合）；
- 对属性的详细描述；
- 值类型（请参见表 3-2）；
- 属性可能变化的范围；
- 默认值；
- 该属性是否可修改（所有属性都是可读的，但是只有可修改的属性是可写的）；
- 该属性是否可继承。

值的类型及描述　　　　　　　　　　　　　　　　　　　表 3-2

类型	描述
BOOL	布尔值
INT	整数值
FLT	浮点值
VEC	浮点值的 2D 或 3D 矢量
VEC2	浮点值的 2D 矢量
VEC3	浮点值的 3D 矢量

3.2.1.5　方法

接触方法允许对接触模型执行操作。例如，支持黏结的模型包括黏结和非黏结方法。方法包括相应的参数，由 contact method 命令调用。方法与接触模型属性之间的区别在于，方法不与任何属性相对应，并且在调用时，它们可能会修改多个接触属性。

3.2.1.6　接触的回调事件

可以通过回调机制响应接触模型中定义的特定事件（例如，黏结的断开），来触发 FISH 函数的执行。事件发生时，将使用传递给函数的有关事件的信息来调用关联的 FISH 函数。通过使用 set fish callback 命令将 FISH 函数与特定的回调事件相关联。本书 2.6.4 节介绍了 FISH 回调的用法。

3.2.2　基于线性模型的算例

3.2.2.1　盒子中的球

这个简单的例子模拟了 30 个在盒子中相互作用的球。激活重力作用以后，系统循环到设置时间，计算两种方案：

方案 A，不考虑能量的耗散；

方案 B，通过摩擦滑动和接触处的黏性阻尼消耗能量。

此示例演示了 ball generate，ball 属性和 CMAT 等命令的基本用法，并使用了线性接触模型。命令显示了如何在盒子中创建块。此示例的完整数据文件（3D）是"cmlinear_simple. p3dat"。由于 PFC3D 和 PFC2D 的命令结构相同，因此该数据文件也可以在 PFC2D 中操作（仅产生的球数不同）。

打开 cmlinear_simple. p3dat，文件的前两行（忽略以分号（；）开头的行，其被视为注释，并被忽略用于命令/ FISH 处理）调用新命令并为该项目设置项目标题。

```
new
title 'Balls in a box'
```

这两行不是强制性的。发出新命令会清除整个模型，如果多次运行该文件或执行了以前的操作，则该命令很有用。默认情况下，工作标题为空。也可以使用 Tools-> Options...菜单下的常规选项对话框设置工作标题。

接下来，使用 domain 命令指定域的范围：

```
domain extent-10.0 10.0
```

在创建任何模型组件之前，必须定义域范围。PFC 使用此信息进行几何计算和接触检测。此命令将 domain 范围设置为一个立方体框，边长为 20.0 个单位，以模型原点为中心 [始终为 (0.0，0.0，0.0)]。这是通过仅在 x 方向上指定范围的边缘来实现的。如果未指定 y 方向和/或 z 方向上的范围边缘，则使用前一方向的范围边缘。另请注意，domain conditions（即模型组件到达域边界时要应用的条件）可以使用 domain 命令指定。停止条件是默认值，平移速度和角速度设置为 0。

接下来，cmat default 命令用于选择 PFC 在创建新接触时要安装的默认力学接触模型，这里选择线性接触模型。还可以使用 property 关键词指定接触模型特性。在本工况条件下，法向刚度设置为 1.0e6 刚度单位。

```
cmat default model linear property kn 1.0e6
```

此命令在接触模型分配表 Contact Model Assignment Table（CMAT）上运行，CMAT 是 PFC5.0 中的新功能。在循环时进行接触检测，并且根据彼此的接近程度更新接触列表。如果部件（pieces）彼此移动得足够远以至于它们不再相互作用，则接触检测方案也会删除接触。无论何时创建接触，都会查询 CMAT 以选择要安装的相应接触模型。在程序启动时，CMAT 包含用 Null 接触模型填充的每种接触类型（例如，球-球，球-墙等）的默认槽。这意味着，默认情况下，主体不会相互交叉或"看到"。cmat default 命令用于修改这些默认插槽；如果未指定接触类型，则修改所有默认槽。请注意，CMAT 可能包含其他条目（每个条目与特定范围相关联），这很容易允许在系统中构建复杂的力学行为。

接下来的三条命令用于在由墙面构成的立方体框中生成 30 个球：

```
wall generate box -5.0 5.0 onewall
set random 10001
ball generate radius 1.0 1.4 box-5.0 5.0 number 30
```

wall generate 命令创建一个立方体框，其边长为 10.0 个单位，以模型的原点为中心。重复范围边缘的语法类似于上述域规范。onewall 关键词用于强制所有生成的 facet 属于同一个墙，而不是为框的每个面创建一个墙。可以利用 wall generate 命令生成其他预定义形状（例如，圆柱体、球体等）。墙是一个集合（2D 中的线段；3D 中的三角面）。也可以使用 wall create 命令创建墙及其构面，或者从 3D 中的现有 STL 或 DXF 文件导入墙，或者从 2D 或 3D 中的几何对象导入墙。

使用球生成命令 ball generate 生成球：在墙的大小的盒子中创建 30 个球，半径范围从 1.0～1.4 单位。请注意，这里没有初始重叠，因为 ball generate 命令会生成完全落在指定框内的球。球质心随机定位在盒子内，并且默认情况下从均匀分布中随机选择半径。球生成命令 ball generate 生成球不重叠的样本。请注意，可以使用其他命令来创建球（例如，球创建命令 ball create，其创建单个球，或球分配命令 ball distribute，产生具有目标孔隙度的样本而不考虑重叠）。

下一行使用球属性命令 ball attribute 来指定球的密度：

```
ball attribute density 100.0
```

PFC 要求球具有非零密度以便求解球的运动方程。如果存在密度为零的球，则在循环序列的开始处发生错误。球属性命令 ball attribute 可用于设置球的所有属性。请注意，关键词 attribute 在 PFC 中具有非常特定的含义，并且与特性 property 意义不同。

使用 set gravity 命令设置重力：

```
set gravity 10.0
```

使用上面的语法，将假设重力在 2D 中的 y 轴负方向上起作用；在 3D 中 z 轴负方向。请注意，如果指定了重力矢量的所有分量，则可以任意定向重力。

在这个阶段，模型已准备好求解。在继续之前，save 命令用于将系统的当前状态保存为"initial-state. p3sav"：

```
save initial-state
```

请注意 2D 中的模型状态（SAV）文件扩展名，二维为 p2sav，三维为 p3sav。如果用户未指定扩展名，则文件扩展名会自动附加到文件名中。

然后使用 solve 命令循环系统，目标时间限制为 10.0 个时间单位，并保存结果状态：

```
solve time 10.0
save caseA-nodamping
```

solve 命令用于启动和继续循环，直到达到目标限制标准。或者，采用循环命令 cycle 可用于执行给定数量的循环。

由于方案 A 模型中没有引入能量耗散机制，因此最初以势能形式存在的总能量被保存并分布到势能，动能和弹性应变能量分区中。图 3-8 显示了系统的状态，其中球的速度大小按照不同颜色来显示。从图中可以看出，系统中还存在较高水平的扰动。由于在 PFC 4.0 中默认的局部阻尼系数为 0.7，因此不会观察到此响应。但是，在 PFC 5.0 中，默认情况下没有局部阻尼（可以使用 ball 属性 damp 和 clump 属性 damp 命令设置局部阻尼系数）。

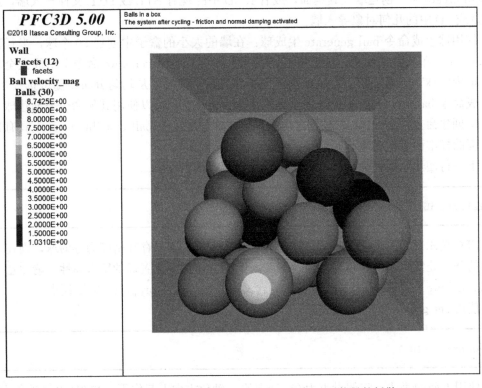

图 3-8　计算以后整个系统的位移分布（方案 A-无能量的耗散）

然后使用 restore 命令恢复保存的初始状态系统：

```
restore initial-state
```

与 Itasca 其他程序的结果文件 save 文件类似，2D 中的 SAV 文件扩展名为 .p2sav，3D 中的 SAV 文件扩展名为 .p3sav；如果用户未指定扩展名，则自动附加进去。

接着执行方案 B，修改 CMAT 以将耗散引入系统：

```
cmat default model linear property kn 1.0e6 ks 1.0e6 fric 0.25 dp _ nratio 0.1
```

　　线性接触模型继续用作默认模型，但改变属性以激活法线方向上的摩擦和黏性阻尼。有关模型和接触模型特性的详细信息，请参阅手册中关于线性接触模型的描述。

　　请注意，修改 CMAT 不会改变现有的接触，因为已经分配了接触模型。但是 CMAT 修改后创建的接触将受到影响。如果要修改现有接触，可以使用 cmat apply 命令。

　　此命令强制查询所有现有接触的 CMAT，并在必要时重新分配接触模型。使用此命令将删除先前存储在接触模型中的所有信息，因此应该小心使用。

　　最后，系统求解至目标时间，并创建一个新的结果文件。计算以后整个系统的位移分布如图 3-9 所示。

```
solve time 10.0
save caseB-damping
```

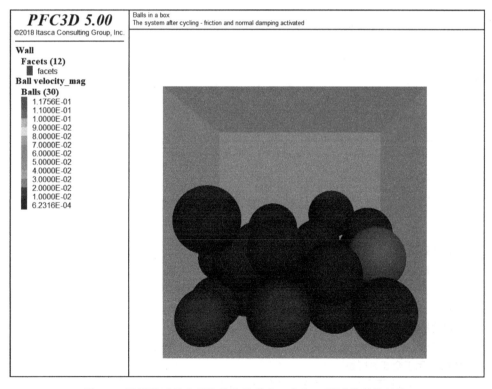

图 3-9　计算以后整个系统的位移分布（方案 B-激活能量的耗散）

例 3-3　cmlinear _ simple. p3dat，线性接触模型（Linear contact model）的验证

```
; fname：cmlinear _ simple. p3dat
; 线性接触模型的练习
```

```
new
title 'Balls in a box'
```

; 设置计算区域
```
domain extent-10. 0 10. 0
```

; 修改 CMAT 的默认设置
; 为所有接触类型选择线性接触模型(kn = 1e6)

```
cmat default model linear property kn 1. 0e6
```

; 在盒内产生 30 个球
```
wall generate box-5. 0 5. 0onewall
set random 10001
ball generate radius 1. 0 1. 4 box-5. 0 5. 0 number 30
```

; 指定球的密度
```
ball attribute density 100. 0
```

; 激活重力场
```
set gravity 10. 0
```

; 保存初始平衡状态
```
save initial-state
```

; 求解至设定时间并保存结果
```
solve time 10. 0
save caseA-nodamping
```

; 恢复到初始状态
```
restore initial-state
```

; 修改 CMAT 的默认设置
; 新创建的接触将使用这些设置
```
cmat default model linear property kn 1. 0e6 ks 1. 0e6 fric 0. 25 dp _ nratio 0. 1
```
; 将 CMAT 应用于全部的接触
; 注意接触模型将被覆盖(因此所有先前的信息都将丢失)
```
cmat apply
```

; 求解至设定时间并保存结果
```
solve time 10. 0
save caseB-damping
```

```
return
; EOF: cmlinear _ simple. p3dat
```

3.2.2.2　盒子中的颗粒团

　　这个例子中生成了三类颗粒团，并将对象放置在一个盒子里。在这个例子中，创建了三个 clump 模板来演示 clump 模板的逻辑。此示例还演示了 clump generate，clumpattribute 和 cmat default 命令的用法，并使用了线性接触模型。

　　cmat default 命令用于选择默认的力学接触模型。还选择了线性接触模型，但与前一个例子不同，增加了一些接触模型属性的指定，包括了剪切刚度、法向黏性阻尼比和摩擦力。这些额外的接触模型属性允许在不使用局部阻尼的情况下耗散能量。

```
cmat default model linear property kn 1.0e6          ...
         ks 5.0e5 dp _ nratio 0.5 fric 0.3
```

　　clump 模板用于创建 clump 对象，可以将其作为文件输出以供后续使用。clump 模板本身不是模型对象，它作为在模型中创建具有与 clump 模板相同形状颗粒团的基础。clump 模板创建 clump 集的工具包括相对于模板旋转、平移和缩放等功能。可以简单地从模板复制一个 clump 或创建 clumps 的分布（通过 clump generate 和 clump distribute 命令，如下所述）。

　　本例中创建的第一个 clump 模板由一个 pebble 组成。明确指定了 clump 模板的惯性张量和体积。还指定了 pebble 的数量、半径和位置。请注意，用户可以随机设置惯性属性。

```
[rad = 0.5]
[vc = (4.0/3.0) * math. pi * (rad)^3]
[moic = (2.0/5.0) * vc * rad^2]
clump template create name single          ...
         pebbles 1                          ...
         @rad 0 0 0                          ...
         volume @vc                          ...
         inertia @moic @moic @moic 0 0 0
```

　　第二个 clump 模板使用不同的方法来计算惯性属性。在这种情况下，clump 由两个具有相同半径的重叠 pebbles 组成。可以分析计算此配置的体积和惯性张量，或使用 pebcalculate 关键词从 pebble 配置计算这些参数。通过使用体素化方法，递归地将 pebble 占据的体积细分为正方形（2D）或者立方体（3D），用于估算指定公差的惯性属性。

```
clump template create name dyad          ...
         pebbles 2                          ...
         @rad [-rad * 0.5] 0 0              ...
```

145

```
@rad[rad*0.5] 0 0                    ...
pebcalculate 0.005
```

第三个 clump 模板使用另一种方法来指定 pebble 和惯性属性。此 clump 模板基于 dolos 的. STL 表面描述，如图 3-10 所示。STL（STereoLithography，立体光刻）是由 3D Systems 软件公司创立，STL 文件格式简单，只能描述三维物体的几何信息，不支持颜色材质等信息，是计算机图形学处理 CG，数字几何处理如 CAD，数字几何工业应用，如三维打印机支持的最常见文件格式。扭工字块体（Dolosse）一般用于保护沿海地区免受波浪作用的侵蚀。

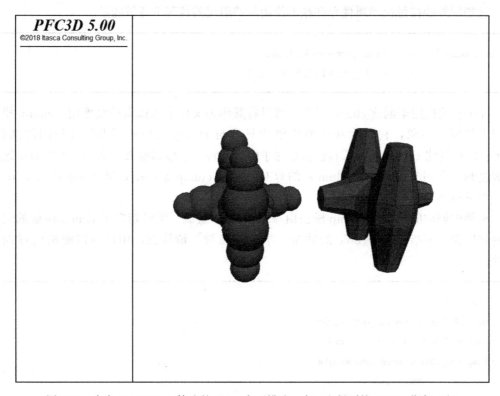

图 3-10　来自 BubblePack 算法的 dolos 表面描述（右）和得到的 pebble 分布（左）

如果采用手动指定表示此几何的 clump template 模板的惯性属性和 pebble 位置可能相当困难。相反，dolos 的三角形网格，闭合和流形曲面描述作为几何集导入则要容易，此几何集使用 surfcalculate 关键词计算形状的惯性属性，使用 bubblepack 算法通过近似 dolos 的内侧表面自动计算 pebble（指定通过 Taghavi 提出的 the Bubble Pack algorithm 算法生成 clump template pebbles）。通过该算法可以在 2D 和 3D 中自动填充凸面和凹面几何形状。ratio 关键词指定 clump template 中最小 pebble 与最大 pebble 的比率，而 distance 关键词则指定 pebble 分布平滑度的角度。用这种方式，可以控制 pebble 分布与表面表示匹配的精度。表面不用于解决接触，因此单独的 pebble 就是为了这个目的而采用。表面描述是一种用于定义 pebble 半径/位置和惯性属性的工具。提供表面描述的另一个好处是可以通过该表面描述使 clump 可视化，如下所示：

```
geometry import dolos.stl
clump template create name dolos                           ...
        geometry dolos                                    ...
        bubblepack ratio 0.3 distance 120                 ...
        surfcalculate
```

在容器中生成的颗粒团会沉淀下来，而颗粒团通过 clump generate 命令生成。下面的命令将没有重叠的 clumps 放在一个盒子中。第一组生成的 clumps 具有随机方向，体积则相当于直径为 1.5 的球体。体积和惯性张量自动缩放。在这种情况下，所有 clump 模板均匀采样以产生 50 个 clumps。Group 指定为 bottom 的设置则是针对这 50 个 clumps.

```
clump generate diameter size 1.5 number 50                ...
        box -5.0 5.0 -5.0 5.0 -5.0 0.0                    ...
        group bottom
```

用户可能希望基于指定的模板控制 clump 的比例以及它们相对于模板的方位。下面的代码通过模板、方位角、高程和倾角关键词实现了这两个目标。请注意，可以使用相同的盒子给出多个 clump generate 命令，通过这些单独的操作生成的 clump 不会发生重叠。与球一样，存在另外的命令（clump distribute）以创建一组满足目标孔隙度的 clumps，并允许重叠。这种工作的逻辑对球和 clump 的作用相似。生成的 clumps 模型如图 3-11所示。

```
clump generate diameter size 1.5 number 25                ...
        box -5.0 5.0 -5.0 5.0 0.0 5.0                     ...
        templates 2                                       ...
        dyad 0.3 dolos 0.7                                ...
        azimuth 45.0 45.0                                 ...
        tilt 90.0 90.0                                    ...
        elevation 45.0 45.0                               ...
        group top1
clump generate diameter size 1.5 number 25                ...
        box -5.0 5.0 -5.0 5.0 0.0 5.0                     ...
        templates 2                                       ...
        dyad 0.7 dolos 0.3                                ...
        azimuth -45.0 -45.0                               ...
        tilt 90.0 90.0                                    ...
        elevation 45.0 45.0                               ...
        group top2
```

; 指定 clump 的密度

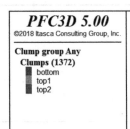

图 3-11　由 group 标识符着色的 clumps，这些组对应于 clump generate
命令的不同情况，并且不重叠

clump attribute density 100. 0

；激活重力加速度

set gravity 10. 0

　　然后将 clumps 在重力作用下沉降到盒子中（图 3-12 和图 3-13）。在沉降的中间阶段，可以看到模型顶部附近的许多 clumps 在重力作用下发生均匀移动。这些 clumps 在产生时不发生重叠，并且以相同的速度继续以彼此相邻的方式下降。然后这些 clumps 在盒子里迅速达到平衡。

　　例 3-4　clumps ＿ in ＿ a ＿ box. p3da，盒子中颗粒团的生成

; fname：clumps ＿ in ＿ a ＿ box. p3dat

new

title 'Clumps in a box'

; 设置计算区域与随机种子

domain extent -10. 0 10. 0

set random 12001

; 修改 CMAT 的默认设置

; 在这里，我们为所有接触类型选择线性接触模型

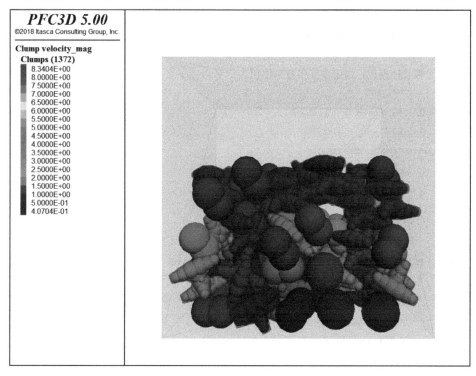

图 3-12　0.8 时间单位后用速度着色的颗粒团

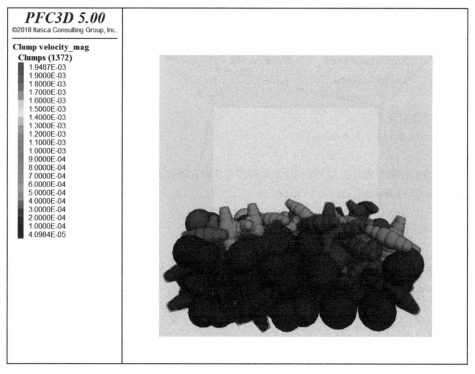

图 3-13　平衡后用速度着色的颗粒团

```
cmat default model linear property kn 1.0e6          ...
              ks 5.0e5 dp _ nratio 0.5 fric 0.3
```

; 创建一个颗粒团模板，指定惯性张量和体积
```
[rad = 0.5]
[vc    = (4.0/3.0) * math.pi * (rad)^3]
[moic = (2.0/5.0) *  vc * rad^2]
clump template create name single                    ...
              pebbles 1                              ...
              @rad 0 0 0                             ...
              volume @vc                             ...
              inertia @moic @moic @moic 0 0 0
```

; 创建一个颗粒团模板，指定通过体素化从卵石计算惯性特性
```
clump template create name dyad                      ...
              pebbles 2                              ...
              @rad [-rad * 0.5] 0 0
              @rad [rad * 0.5] 0 0                   ...
              pebcalculate 0.005
```

; 从 stl 文件创建颗粒团模板，并用 bubblepack 算法填充
```
geometry import dolos.stl
clump template create name dolos                     ...
              geometry dolos                         ...
              bubblepack ratio 0.3 distance 120      ...
              surfcalculate
```

; 产生一个盒空间
```
wall generate box -5.0 5.0 onewall
```

; 在没有方向控制的情况下在盒子中生成颗粒团，从所有颗粒团模板中均匀创建
```
clump generate diameter size 1.5 number 50          ...
              box -5.0 5.0 -5.0 5.0 -5.0 0.0        ...
              group bottom
```

; 使用方向控制在另一个盒子中生成颗粒团，采用不均匀模式地从模板创建
```
clump generate diameter size 1.5 number 25          ...
              box -5.0 5.0 -5.0 5.0 0.0 5.0         ...
              templates 2                            ...
              dyad 0.3 dolos 0.7                     ...
              azimuth 45.0 45.0                      ...
              tilt 90.0 90.0                         ...
              elevation 45.0 45.0                    ...
```

```
        group top1

clump generate diameter size 1.5 number 25        ...
        box -5.0 5.0 -5.0 5.0 0.0 5.0             ...
        templates 2                               ...
        dyad 0.7 dolos 0.3                        ...
        azimuth -45.0 -45.0                       ...
        tilt 90.0 90.0                            ...
        elevation 45.0 45.0                       ...
        group top2

; 指定颗粒团的密度
clump attribute density 100.0

; 激活重力场
set gravity 10.0

; 保存初始平衡状态
save initial-state

; 求解至设定时间并保存结果
solve time 0.8
save intermediate-time

; 再次求解至平衡并保存模型
solve aratio 1e-4
save final-model

return
; EOF: clumps _ in _ a _ box. p3dat
```

例 3-4 介绍了 clump template 以及从颗粒团中构建简单 PFC 模型的主要步骤。这个功能相应产生了一些有趣的问题：clump 代表什么？clump 是否应该具有定义其几何形状曲面的惯性属性？clump 惯性属性是否应该与用于求解接触的实际 pebble 属性相对应？读者可以在练习时思考一下这些问题。

3.2.3　黏结颗粒材料（BPM）算例

黏结颗粒建模方法是基于所使用的接触模型定义材料和接触面。读者可以通过黏结选定填充颗粒集合体的接触米创建 BPM 材料，通过调用接触模型的黏结方法来建立黏结接触。可以通过指定接触模型分配表（CMAT）中的接近度（proximity），来判断所有部件（pieces）之间的接触间隙小于指定黏结间隙。

黏结颗粒集合体模型的建立：

PFC 通过使用允许在接触处产生黏结的接触模型来再现在固体材料中观察到的许多力学行为。黏结 Bonds 在概念上可以理解为在材料的 pieces（即球 balls，卵石 pebbles 和平面 facets）之间，将载荷加载到特定极限值。如果引入的应力在该阈值以下，则该材料可以类似于连续介质。应力一旦超过局部强度极限，黏结便会发生断裂并且相邻部件可以自由地表现为未黏结状态。例如，摩擦滑动可以局部产生，用来模拟裂缝的开始和传播。实际上，可以将模拟出来的大部分响应与类似的实验室实验进行定量比较分析，从而帮助研究者校准所合成的材料。Potyondy（2004）对黏结颗粒方法（BPM）进行过详细的讨论。本例使用线性平行黏结模型（linear parallel bond model）来创建一个简单的材料。计算中直接指定接触性质，并使试件达到平衡。

数值模型

任何 PFC 模型的第一步均是选择模拟域（domain）的大小。根据定义，域是一个轴对齐的框，框内包含了模型的各个组件。下面的命令将域范围设置为方形框，边长为 20.0 个单位，以模型原点为中心 [始终为 (0.0, 0.0, 0.0)]。命令是通过仅在 x 方向上指定范围的边界来实现。如果未指定 y 方向和/或 z 方向上的范围边缘，则程序会使用前一个坐标轴方向的范围边界。

```
domain extent -10 10
```

下一步是使用接触模型分配表（CMAT）明确指定默认接触模型。这是 PFC 建模过程的重要且必需的步骤。在该模型中，将存在两种类型的接触：球-球和球-墙接触。我们将使用线性接触模型模拟球-墙接触。为了生成黏结颗粒模型，我们将使用线性平行黏结模型模拟球-球接触。另请注意使用 proximity 关键词，它可以确保如果各个部件的接触面在指定的间隙范围内，则将在部件之间创建接触。

```
cmat default model linear property kn 5e6
cmat default type ball-ball model linearpbond property kn 5e6 proximity 0.1
```

上面的命令没有具体提到球-墙接触，而是首先设置 CMAT 中的所有默认条目，通过省略 type 关键词来使用线性接触模型，然后仅仅修改球-球接触的条目来使用线性平行黏结模型。

生成的球必须被限制以便黏结，球的材料容器是使用 wall generate 命令生成一个封闭盒。通过使用 ball distribute 命令来创建球的集合，该命令通过在指定的框中随机创建球而不考虑重叠来匹配目标孔隙度。为了防止球从材料容器中逸出，可将球分布在体积略小于材料容器的盒子中。另外，将指定的孔隙率稍微调低以便在随后的平衡中获得所需的孔隙率。set random 命令用于指定随机数发生器的状态，以便可以多次创建特定分布的球。图 3-14 显示了生成球后存在的重叠现象。

```
wall generate box -5 5
```

```
set random 10001
ball distribute porosity 0.2 radius 0.5 0.6 box -4.5 4.5
```

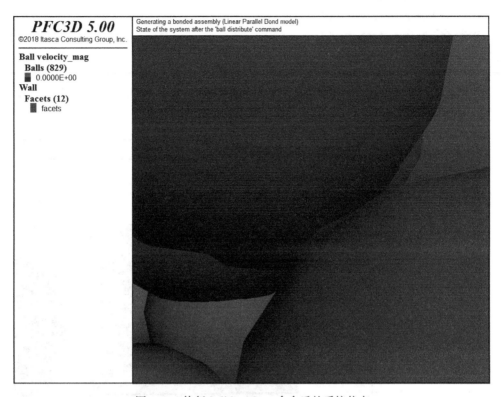

图 3-14　执行 balldistribute 命令后的系统状态

```
ball attribute density 1000.0 damp 0.7
cycle 2000 calm 50
set timestep scale
solve aratio 1e-3
set timestep auto
calm
```

　　请注意，在 PFC 计算中球密度是必需指定的属性，因为非零值对于 PFC 正确解析运动方程和计算时间步至关重要。由于我们仅对最终位置感兴趣，因此在该模拟中设定局部阻尼系数以有效地从系统中移除动能。循环命令 cycle 以 calm 关键词给出，通过周期性地使所有球平移/旋转速度清零，可以有效地从系统中移除动能。计算允许球重新排列而没有明显的重叠，并且没有显著的运动，可以相对快速地实现颗粒的组合。在计算中，也使用了密度缩放来快速达到平衡，并且用求解命令 solve 以目标平均力比值为极限执行。这些步骤确保了通过最小的计算量，而达到密集系统（颗粒模型）的生成。

　　为了进一步分析，在命令中创建了测量球，并建立了历史监测以记录组件内正应力的

153

变化过程。

```
measure create id 1 radius 5.0
history id 1 measurestressxx id 1
history id 2 measurestressyy id 1
history id 3 measurestresszz id 1
```

图 3-15 显示了此阶段系统的模型，窗口中绘制了球、墙和测量数据。测量球体由孔隙度的计算值着色。

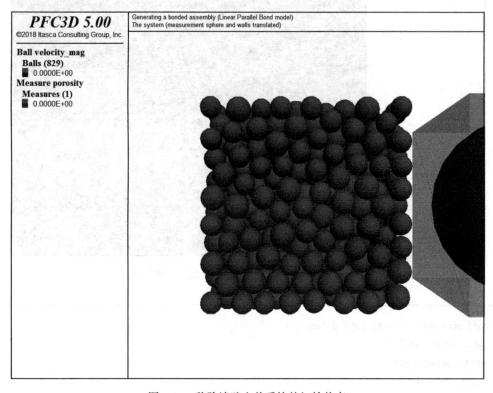

图 3-15　移除墙壁之前系统的初始状态

现在致密的颗粒集合体已经达到了平衡，下一阶段将在系统中安装平行黏结接触，这需要通过两个步骤完成的：（1）使用与上述 CMAT 槽的设置一致的空隙发出 contact method 命令以黏结接触；（2）发出 contact property 命令以设定黏结弹性和强度特性。

```
contact method bond gap 0.1
contact property pb_kn 1e6 pb_ks 1e6 pb_ten 1e6 pb_coh 1e6 pb_fa 30.0
ball attribute displacement multiply 0.0
save initial
```

初始状态完成，重置位移并保存。

删除约束

在接下来的阶段，对已经创建了平行黏结材料，通过删除墙来改变模型并使系统运算，达到目标平衡的条件。注意，线性弹簧和平行黏结模型在球-球接触中共存。

```
wall delete
cycle 1
solve aratio 1e-3
save final1
```

图 3-16 显示了系统中的球位移矢量和力链。在线性接触计算公式中，由于模型组件之间的绝对重叠，默认情况下会产生法向力，线性弹簧接触在墙的存在下处于受压状态。另一方面，具有平行黏结的接触则遵循法向力的增量公式。因此，平行黏结会抵抗施加的力以努力返回其插入构型。当同时存在线性和平行黏结并且墙被移除时，一些荷载被转移使得平行黏结处于受拉状态。图 3-17 显示了线性弹簧和接触点中的力，而图 3-18 显示了颗粒组件内应力的演变。

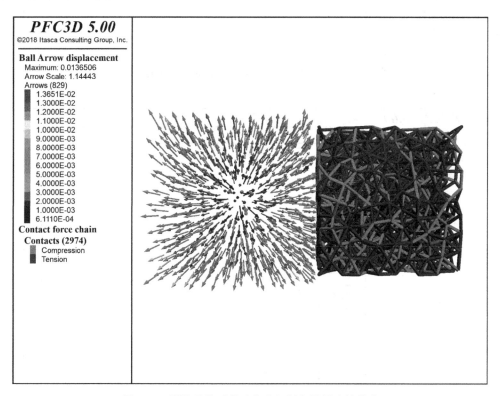

图 3-16　删除墙体后的球位移矢量与接触力链分布

前面的模拟涉及线性和平行黏结的刚度。接下来，我们再次模拟，但将线性法向刚度设置为 0.0。这样，就不会产生由于球彼此重叠而出现的力，并且模型应处于平衡状态。但是，由于先前累积到球上的力在第一次循环期间起作用，因此存在轻微的扰动（图 3-19～图 3-21）。

155

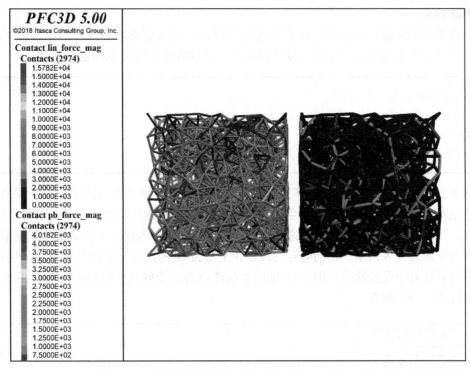

图 3-17　删除墙体后线性接触与平行黏结接触的接触力

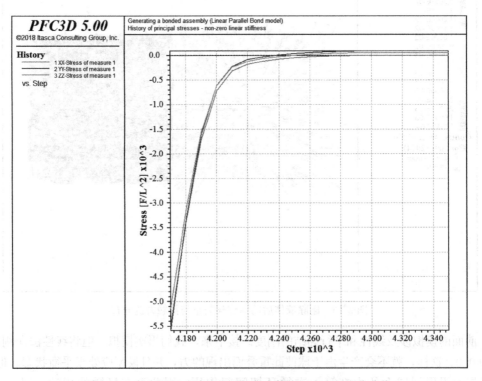

图 3-18　使用测量球计算的颗粒集合体内正应力的变化曲线

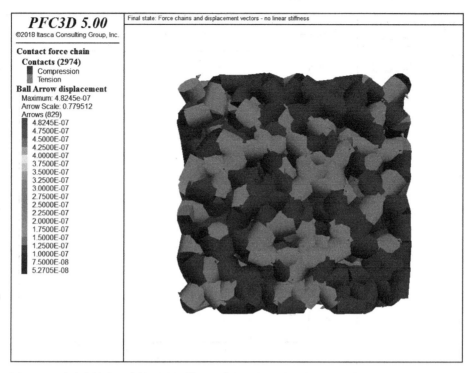

图 3-19　删除墙并在无线性刚度的情况下求解后的最终状态，球位移矢量与接触力链分布

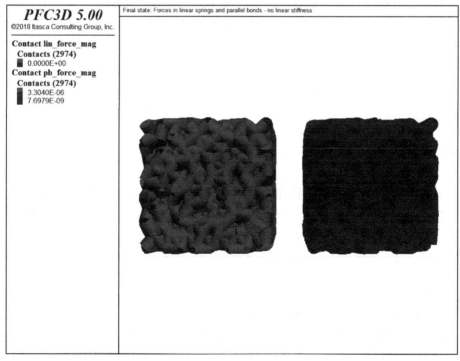

图 3-20　删除墙并在无线性刚度的情况下求解后的最终状态。
线性弹簧模型（左）和平行黏结模型（右）中的力

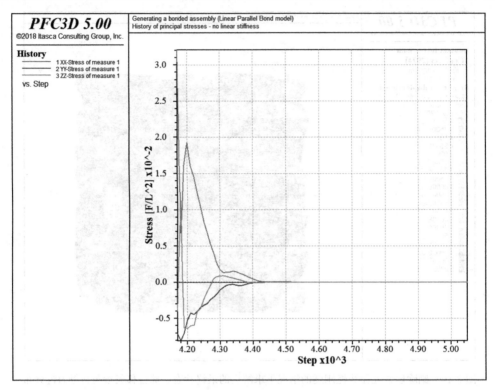

图 3-21 使用测量球计算的颗粒集合体内正应力的变化历史（无线性刚度）

```
restore initial
wall delete
contact property kn 0.0
cycle 1
solve aratio 1e-3
save final2
```

讨论

为了消除这种扰动，必须重置在先前的力-位移计算循环期间累积到物体的接触力（以及可能的接触力矩）。为了保持一致性，下面的命令还重置了线性平行黏结接触模型的 lin _ force 属性（尽管此步骤不是必需的）。计算结果如图 3-22 所示。

```
restore initial
wall delete
contact property kn 0.0 lin _ force 0.0 0.0 0.0
ball attribute contactforce multiply 0.0 contactmoment multiply 0.0
cycle 1
solve aratio 1e-3
save final3
```

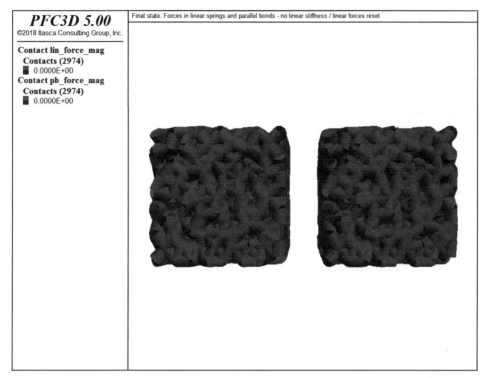

图 3-22　移除墙并在没有线性刚度的情况下以及在累积的接触力复位之后求解的最终状态。
线性弹簧接触力（左）和平行黏结接触力（右）全部消失

例 3-5　线性平行黏结颗粒集合体模型的建立

; fname：cmlinearpbond＿simple.p3dat

new

title 'Generating a bonded assembly (Linear Parallel Bond model)'

; 设置计算区域

domain extent-10 10

; 修改 CMAT 的默认设置
; 为除球-球接触之外的所有接触类型选择线性接触 linear 模型(kn = 1e6)
; 球-球接触采用 linearpbond 模型。
; 只有 linearpbond 模型的线性部分被激活，因此该模型将像线性模型一样工作。

cmat default model linear property kn 5e6

cmat default type ball-ball model linearpbond property kn 5e6 proximity 0.1

; 建立模型盒

wall generate box-5 5

; 在盒子中产生球。

159

; 伪随机数生成器的种子是固定的，确保在执行此文件时会生成相同的初始配置。
; 还要注意，用 ball distribute 命令指定的框范围小于上面生成的框墙。
; 这样做是为了避免球从容器漏出。
; 因此，调低 ball distribute 命令指定的孔隙率，以在平衡时获得所需的孔隙率。

```
set random 10001
ball distribute porosity 0.2 radius 0.5 0.6 box -4.5 4.5
save balls
```

; 设置球属性。
```
ball attribute density 1000.0 damp 0.7
```

; 使系统平静。
; 由于上面已使用 ball distribute 命令，因此创建球时不考虑重叠。
```
cycle 2000 calm 50
```

; 将系统求解到目标极限(此处为平均力比)。
; 为了更快地达到稳定配置，激活了密度缩放。
```
set timestep scale
solve aratio 1e-3
set timestep auto
calm
```

; 安装一个测量球以监视组件内的应力。
```
measure create id 1 radius 5.0
history id 1 measure stressxx id 1
history id 2 measure stressyy id 1
history id 3 measure stresszz id 1
```

; 安装平行黏结强度，这里仅影响 linearpbond 黏结模型的接触。
```
contact method bond gap 0.1
contact property pb_kn 1e6 pb_ks 1e6 pb_ten 1e6 pb_coh 1e6 pb_fa 30.0
```

; 重置球体的位移并保存初始平衡状态。
```
ball attribute displacement multiply 0.0
save initial
```

; 删除墙并求解至目标平均比率。
```
wall delete
cycle 1
solve aratio 1e-3
save final1
```

```
; 再次模拟，但将线性刚度设置为 0.0。
; 请注意，在前一个时间步长计算出的接触力已经累积到接触球上，因此会产生
; 轻微的扰动。
restore initial
wall delete
contact property kn 0.0
cycle 1
solve aratio 1e-3
save final2


; 再次模拟，但将线性刚度设置为 0.0。
; 并强制重置线性接触力。所有球都已固定，系统循环了 1 步，重置线性力。
restore initial
wall delete
contact property kn 0.0 lin _ force 0.0 0.0 0.0
ball attribute contactforce multiply 0.0 contactmoment multiply 0.0
cycle 1
solve aratio 1e-3
save final3


return
; EOF: cmlinearpbond _ simple.p3dat
```

例 3-5 描述了构建简单的颗粒黏结材料的步骤以及线性弹簧刚度对无约束阶段的影响，并对最终状态进行了说明。目的是通过一个简单的例子，来演示使用 PFC 进行黏结颗粒建模的机制，并重点说明了一些突出的特征。后期还需要许多额外的步骤来创建有意义的试样来模拟真实材料的力学特性（例如，控制初始状态的结构，校准材料属性和接触特性等）。

3.2.4　接触模型的校核

3.2.4.1　线性接触模型：校准法向临界阻尼比

当在具有线性接触模型的 PFC 模型中使用黏性阻尼时，应为模拟指定适当的阻尼常数以再现实际响应。一种方法是通过使用阻尼常数和恢复系数之间的关系来校准阻尼。Kawaguchi（1992）通过求解具有黏性阻尼的自由振动的运动方程来推导出这种关系。此外，将使用 PFC3D 的跌落测试结果与分析解决方案进行比较。

具有黏性阻尼的自由振动的运动方程由方程（3-3）给出：

$$m\ddot{x} + c\dot{x} + kx = 0 \qquad (3-3)$$

式中，m 是质量；c 是阻尼常数（黏性阻尼系数）；k 是刚度。

方程式（3-3）的解由式（3-4）给出

$$x(t) = C_1 e^{(-\zeta + \sqrt{\zeta^2-1})\omega_n t} + C_2 e^{(-\zeta + \sqrt{\zeta^2-1})\omega_n t} \qquad (3-4)$$

161

式中，C_1 和 C_2 是从初始条件确定的任意常数。此外，ζ 被定义为阻尼常数与临界阻尼常数之比，如公式（3-5）所示：

$$\zeta = c/c_c \tag{3-5}$$

式中，c_c 是临界阻尼常数，如公式（3-6）所示：

$$c_c = 2m\sqrt{\frac{k}{m}} = 2\sqrt{km} = 2m\omega_n \tag{3-6}$$

式中，ω_n 是系统的固有频率。

这种情况对应于欠阻尼系统，如两个撞击物体的回弹。

对于初始条件，方程式（3-3）的解如式（3-7）所示：

$$x(t) = e^{-\zeta\omega_n t}\left(x_0\cos\omega_d t + \frac{\dot{x}_0 + \zeta\omega_n x_0}{\omega_d}\sin\omega_d t\right) \tag{3-7}$$

阻尼振动的频率 ω_d 在公式（3-18）中给出：

$$\omega_d = \sqrt{1-\zeta^2}\,\omega_n \tag{3-8}$$

将 $x_0 = 0$ 代入公式（3-7）：

$$x(t) = e^{-\zeta\omega_d t}\left(\frac{x_0}{\omega_d}\sin\omega_d t\right) \tag{3-9}$$

$$\dot{x}(t) = -\zeta\omega_n e^{-\zeta\omega_n t}\left(\frac{x_0}{\omega_d}\sin\omega_d t\right) + e^{-\zeta\omega_n t}\dot{x}_0\cos\omega_d t \tag{3-10}$$

在一半时间段（振荡周期）之后，系统恢复位置至 0。系统的速度由公式（3-11）给出：

$$\dot{x}\left(t = \frac{\pi}{\omega_d}\right) = -e^{-\zeta\omega_n\frac{\pi}{\omega_d}}\dot{x}_0 \tag{3-11}$$

因此，恢复系数由式（3-12）给出：

$$\alpha = -\frac{\dot{x}\left(t - \frac{\pi}{\omega_d}\right)}{\frac{\pi}{\omega_d}} = e^{-\zeta\omega_n\frac{\pi}{\omega_d}} = e^{\frac{-\zeta\pi}{\sqrt{1-\zeta^2}}} \tag{3-12}$$

阻尼常数与临界阻尼常数之比 ζ 和阻尼常数 c 分别由公式（3-13）和公式（3-14）给出：

$$\zeta = \frac{\ln(\alpha)}{\sqrt{\ln^2(\alpha) + \pi^2}} \tag{3-13}$$

$$c = \frac{2\sqrt{km}\ln(\alpha)}{\sqrt{\ln^2(\alpha) + \pi^2}} \tag{3-14}$$

用两排 16 个球在重力作用下依次从一个 1m 高的墙面上跌落来进行跌落试验，接触设置为线性接触模型，其接触法向刚度为 0，阻尼常数与临界阻尼常数的比值从 0.0 变化到 1.0。此外，阻尼模式设置为 $M_d = 0$ 和 $M_d = 1$。当 $d = 1$ 时，物体之间没有拉伸接触力，并且需要调高临界阻尼比以获得相同的恢复系数。数据文件 restitution.p3dat 用于此模拟，模拟的参数附在表 3-3 中。

模拟参数	表 3-3
坠落高度	1m
球直径	50mm
球密度	2650kg/m³
法向接触刚度	$5\times10^4 \text{N/s}$
剪切接触刚度	0
摩擦系数	0
法向临界阻尼比	0.0 to 1.0
阻尼模式	0 and 1

　　求解 1s 时间后系统状态如图 3-23 所示。球根据其速度的大小显示为不同的颜色。当 x 增加时临界阻尼比从 0.0～1.0 变化，因此球的最大回弹高度接近 $x=0.0$，其中碰撞是弹性的。$y=0$ 这一排的球接触设置为 $m=0$，而第二排设置为 $m=1$。

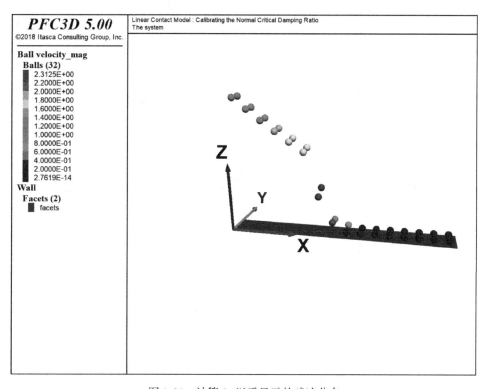

图 3-23　计算 1s 以后显示的球速分布

　　图 3-24 和图 3-25 分别显示了在模拟过程中监测球的 z 坐标位置，$m=0$ 和 $m=1$，并说明了回弹高度和频率随 b 和 m 的变化。

　　恢复系数由球的最大回弹高度计算，并相对于图 3-26 中的 2 和 3 的临界阻尼比绘制，其中解析解由公式（3-12）给出。数值和解析解之间的最大差异小于 3%。注意数值模型的准确性取决于时间积分粒度，因为接触模型实现和在此示例中选择用于评估恢复系数的方法（测量回弹高度）取决于此。上面给出的结果是通过 PFC 自动评估的时间步长获得。重复模拟时间步长固定为较低值（0.01）：结果（图 3-27）与分析解决方案相比（最大差异小于 1%）。

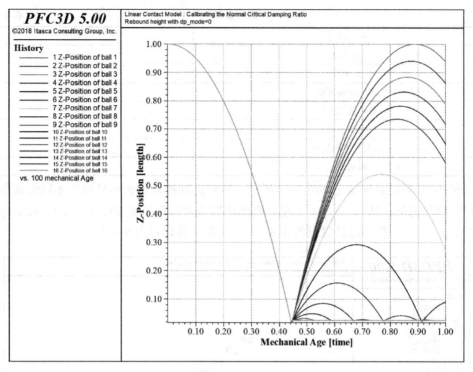

图 3-24　球体 z 坐标监测情况，$M_d=0$

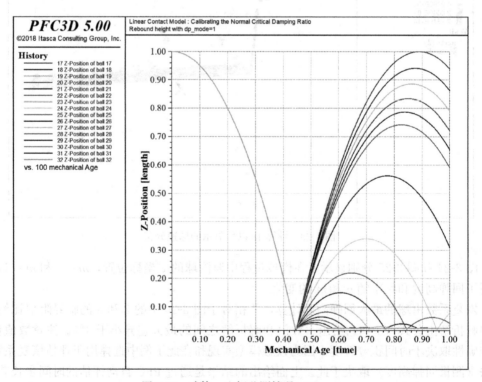

图 3-25　球体 z 坐标监测情况，$M_d=1$

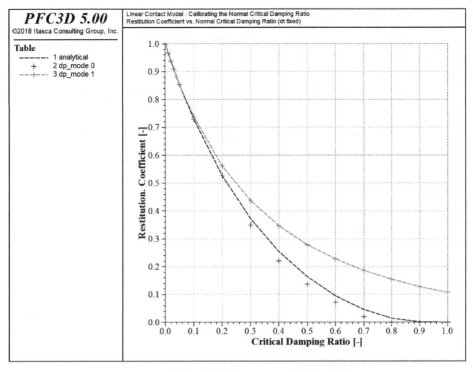

图 3-26　恢复系数与临界阻尼比间的关系曲线

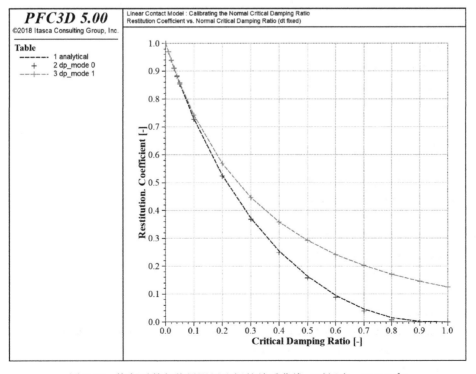

图 3-27　恢复系数与临界阻尼比间的关系曲线（时间步＝1×10^{-5}）

例 3-6 restitution. p3dat 法向临界阻尼比的校准

```
; 在重力作用下的跌落测试，在法线方向上使用不同的法向临界阻尼比和阻尼模式；
; 来执行线性接触模型。
; 使用"CMAT"可根据空间范围为该模型中的每个接触分配不同的接触模型属性。
new
title 'Linear Contact Model : Calibrating the Normal Critical Damping Ratio'
; ----------------------Custom utility functions------------------------
define make _ system(rad, height)
  local dia = 2. 0 * rad
  local _ lx = 2 * dia * 16
  local _ ly = 2 * dia * 2
  local _ lz _ inf = -0. 5 * dia
  local _ lz _ sup = height + 2. 0 * dia
  local _ rad = 0. 5 * dia
  command
    domain extent (0, @ _ lx) (0, @ _ ly) (@ _ lz _ inf, @ _ lz _ sup) ...
        condition reflect reflect reflect
    wall generate id 1 polygon  0  0     0 ...
                              @ _ lx 0      0 ...
                              0  @ _ ly  0 ...
                              @ _ lx @ _ ly  0
    history id 100 mechanical age
    history nstep 1
  end _ command
  local _ count = 0
  local _ zpos = height
  local test = 1. 0
  loop local j(1, 2)
    local _ ypos = dia * (2 * j-1)
    local _ ymin = _ ypos-0. 5 * dia
    local _ ymax = _ ypos + 0. 5 * dia
    loop local i(1, 16)
      local _ xpos = dia * (2 * i-1)
      local _ xmin = _ xpos-0. 5 * dia
      local _ xmax = _ xpos + 0. 5 * dia
      _ count = _ count + 1
      command
        ball create id @ _ count rad @rad pos (@ _ xpos, @ _ ypos, @ _ zpos)
        history id @ _ count ballzpos id @ _ count
      end _ command
    end _ loop
  end _ loop
```

```
end

define fill_cmat(rad, kn)
  local _cn
  local _dpmode = 0
  loop local j(1, 2)
    if j > 1 then
      _dpmode = 1
    endif
    local _ypos = 2.0 * rad * (2 * j-1)
    local _ymin = _ypos-rad
    local _ymax = _ypos + rad
    loop local i(1, 16)
      local _xpos = 2.0 * rad * (2 * i-1)
      local _xmin = _xpos-rad
      local _xmax = _xpos + rad
      if i <= 6 then
        _cn = 0.0 + (i-1.0) * 0.01
      else
        _cn = 0.0 + (i-6) * 0.1
      endif
      command
        cmat add model linear property kn @kn dp_nratio @_cn dp_mode @_dpmode ...
                 rangexpos @_xmin @_xmax ...
                 ypos @_ymin @_ymax
      end_command
    end_loop
  endloop
end

define make_tables(rad, height)
  local tab_ana = table.create('analytical')
  local tab_dp0 = table.create('dp_mode 0')
  local tab_dp1 = table.create('dp_mode 1')
  tab_dp = tab_dp0
  loop local j(1, 2)
    localhistfirst = 1 + 16 * (j-1)
    loop local i(1, 16)
      local _cn
      if i <= 6 then
        _cn = 0.0 + (i-1) * 0.01
      else
        _cn = 0.0 + (i-6) * 0.1
```

```
            endif
        if j = 1 then
            local rth
            if _cn # 1.0 then
                rth = -1.0 * _cn * math.pi / math.sqrt(1.0- _cn * _cn)
                rth = math.exp(rth)
            else
                rth = 0
            endif
            table.value(tab_ana, i) = vector(_cn, rth)
        endif
        local hid = histfirst + (i-1)
        local reb_h = get_hist_max(hid)-rad
        reb_h = math.max(reb_h, 0.0)
        local repu = math.sqrt(reb_h /(height-rad))
        table.value(tab_dp, i) = vector(_cn, repu)
    endloop
    tab_dp = tab_dp1
    endloop
    global err = 0
    loop i(1, 16)
        err = math.max(err, math.abs(table.y(tab_dp0, i)-table.y(tab_ana, i)))
    endloop
end


def get_hist_max(hid)
    tab_tmp = table.create('dummy')
    command
        history write @hid table dummy
    endcommand
    local tsize = table.size(tab_tmp)
    local minpassed = 0
    local max_h = -1e20
    section
        loop local it(2, tsize)
            local _y1 = table.y(tab_tmp, it-1)
            local _y2 = table.y(tab_tmp, it)
            if minpassed = 0 then
                if _y2 > _y1 then
                    minpassed = 1
                endif
            else
                max_h = math.max(max_h, _y2)
```

```
          if _y2 < max _ h then
             exit section
          endif
       endif
    endloop
  end _ section
  table. delete(tab _ tmp)
  get _ hist _ max = max _ h
end
; --------------------------SIMULATION-----------------------------
fish create ball _ radius 0. 025
fish create drop _ height 1. 0

@make _ system(@ball _ radius, @drop _ height)
@fill _ cmat((@ball _ radius, 5. 0e4)
ball attribute dens 2650
set gravity 0 0-10. 0
save ini
solve age 1. 0
;
@make _ tables(@ball _ radius, @drop _ height)
save final

restore ini
set timestep fix 1e-5
solve age 1. 0
;
@make _ tables(@ball _ radius, @drop _ height)
save final-dtfix

return
; EOF: restitution. p3dat
```

3. 2. 4. 2　赫兹接触模型：复杂的加载路径
问题的陈述：

赫兹接触模型提供了非线性弹性力-位移定律，并具有黏性缓冲阻尼。此示例的目的是分析复杂加载路径下单个接触的响应。讨论并比较了球-球接触和球-墙相互作用的结果。设置了两个简单的系统：第一个系统由两个相同的单位直径球组成；在第二系统中，底部球被圆形壁代替。对于两个接触的物体，所有自由度都是固定的，并且顶部球被施加位移，以便加载接触。系统具有以下加载路径（在全局坐标系中）：

a. 法向加载时间 $t=0.1$（沿着 Y 轴加载位移）

b. 滚动时间 0. 05（沿着 Z 轴旋转）

c. 滚动时间 0.05（沿着 X 轴旋转）

d. 滚动时间 0.05（沿着 Y 轴旋转）

e. 法向卸荷时间为 0.1（卸荷位移沿着 Y 轴）

对于两个系统，相同的加载路径重复三次，分别具有不同属性的工况如下：

1. $G=1.0\times10^9$，$\nu=0.3$，和 $\mu=0.5$。

2. 工况 1 下增加 $M_s=1$（激活法向卸荷下剪切力按比例缩小）。

3. 工况 2 下增加 $\beta_n=\beta_s=0.5$ 以及 $M_d=1$（激活黏性阻尼）。

模型的建立：

将具有单位直径的两个相同的球提交到上面详述的装载路径。图 3-28 显示了装载阶段 1a 结束时系统的状态（法向加载），在该图中，触点表现了两次：作为垂直于接触平面的线，以及作为与接触平面共面的盘。

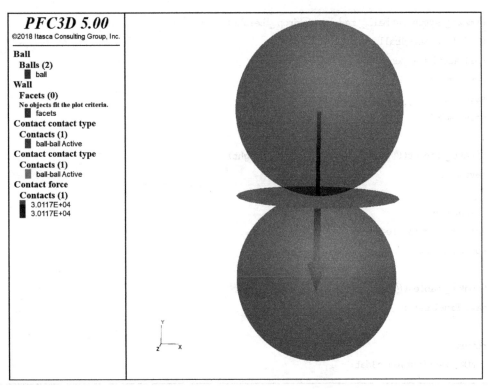

图 3-28　荷载 1a 阶段，球-球接触模型

在工况 1、2 和 3 的各个加载期间，监测的法向力和切向力（在弹簧和阻尼器中）的大小的历史分别显示在图 3-29、图 3-30 和图 3-31 中。

在所有三种情况下，弹簧法向力的变化是相同的：它在法向加载阶段 a 期间非线性地增加，在滚动和扭转加载阶段 b、c 和 d 期间保持恒定值，然后非线性地消失在法向卸载阶段 e。其最大值（对应于 1 s 的重叠）与赫兹接触模型中由等式（3-15）和式（3-16）给出的解析解（3.0117×10^4）一致。

$$F_s^h=F_{ss}^h\hat{s}_c+F_{st}^h\hat{t}_c \tag{3-15}$$

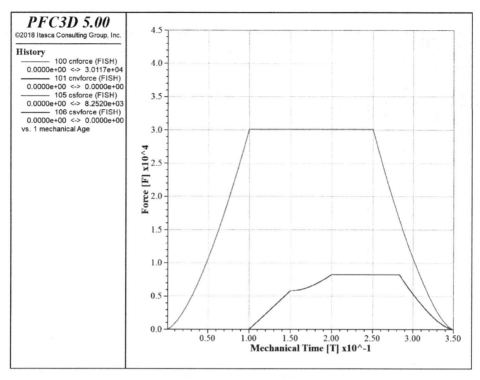

图 3-29　工况 1 加载路径下，球-球接触模型中弹簧和阻尼力演变情况

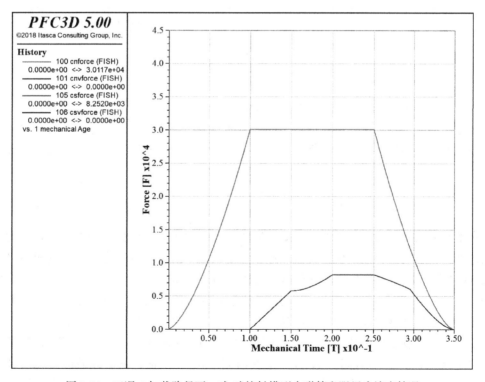

图 3-30　工况 2 加载路径下，球-球接触模型中弹簧和阻尼力演变情况

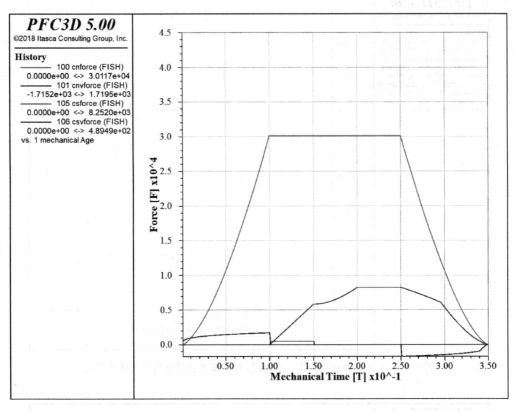

图 3-31　工况 3 加载路径下，球-球接触模型中弹簧和阻尼力演变情况

$$F_n^h = \begin{cases} -h_n |g_c|^{\alpha_h}, & g_c < 0 \\ 0, & \text{otherwise} \end{cases} \tag{3-16}$$

对于工况 2 和 3，弹簧中剪切力的演变是相同的，但是由于 M_s 的取值不同，工况 1 的演变是不同的。在工况 1 中，剪切力在法向加载阶段 a 期间保持为零，然后在滚动加载阶段 b 期间线性增加。在 b 阶段期间，斜率由初始切线剪切刚度给出，其在恒定重叠时是恒定的。见公式（3-17）对赫兹接触模型中赫兹剪切力的描述。

$$F_h^s = \begin{cases} F_s^*, & \|F_s^*\| \leqslant F_s^\mu \\ F_s^\mu (F_s^* / \|F_s^*\|), & \text{otherwise} \end{cases} \tag{3-17}$$

在滚动阶段 c 期间，重叠不会改变，但剪切力的大小会非线性地增加。这是因为加载方向改变了，剪切力现在由两个分量（沿轴和全局轴）组成。剪切力大小不受扭曲（加载阶段 d）的影响，因为在此阶段没有建立剪切位移。然而，剪切力矢量的方向适应了球之间的相对扭曲，如图 3-32 所示，其中剪切力的 x 分量的绝对值线性减小，z 分量的绝对值减小。在扭转加载阶段（力学时间从 0.2～0.5 时间单位），剪切力线性增加。

最后，由于在法向卸载阶段 1（e）期间没有产生剪切位移，剪切力在该阶段的开始时保持恒定（图 3-29 力学时间从 0.25～0.28 时间单位）。然而，随着卸载的进行，最终满足库仑滑移准则，并且剪切力随法向力（力学时间从 0.28～0.35 时间单位）的消失而消失。

172

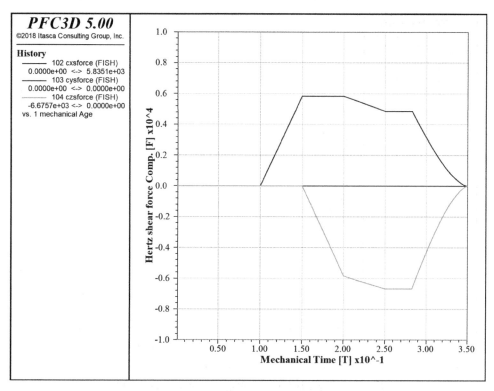

图 3-32　工况 1 加载路径中弹簧剪切力分量的演变（球-球接触）

除了在法向卸载阶段 e 期间，工况 2 和 3 中剪切力的演变类似于工况 1。对于那些情况，法向卸载时激活剪切力按比例缩小功能（$M_s = 1$）。

因此，当法向力减小时，剪切力也开始线性减小，直到满足库仑准则并且剪切力与法向力成比例消失（图 3-29，力学时间从 0.25～0.35 时间单位）。因为在工况 2 和 3 中滑移开始时的剪切力大小比在工况 1 中更低，所以在滑动期间消散的能量也将更低。通过比较图可以看出这一点。图 3-33、图 3-34 和图 3-35 分别示出了在工况 1、2 和 3 加载期间接触能量（应变能和滑移和阻尼器工作）的演变。请注意，黏性阻尼仅在工况 3 时被激活，这是阻尼器力（图 3-31）和阻尼器功（图 3-33）非零的唯一情况。

图 3-36 显示了球-墙相互作用的情况，在装载阶段（法向加载）1a 结束时的系统状态。在这种情况下，球和构成墙的平面之间存在多个接触。但是由于完全接触分辨率模式处于激活状态（默认设置），因此一次只能看到一个触点处于活动状态，但多个触点可能会呈现正重叠。

在工况 1、2 和 3 期间监测的法向力和剪切力（在弹簧和阻尼器中）的大小分别显示在图 3-37、图 3-38 和图 3-39 中。图 3-40～图 3-42 中显示了接触能量的变化情况。所有量的定性变化与球-球接触情况类似。然而，它们在数量上是不同的，尽管接触剪切模量和泊松比是相同的，因为接触的有效半径是不同的。接触的有效半径可以通过接触部件（piece）表面的半径求得：

$$\frac{1}{R} = \frac{1}{2}\left[\frac{1}{R^{(1)}} + \frac{1}{R^{(2)}}\right] \tag{3-18}$$

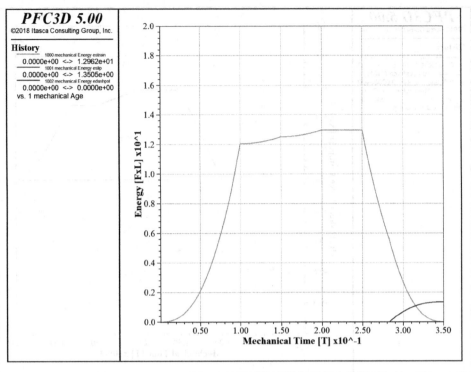

图 3-33 工况 1 加载期间接触能量的演变（球-球接触）

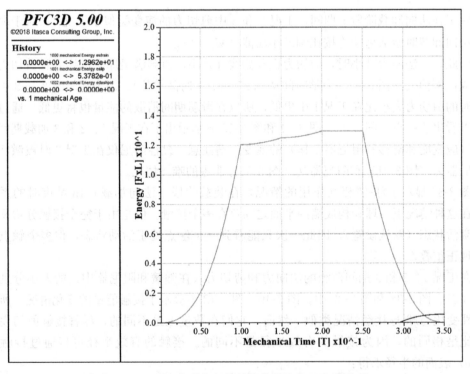

图 3-34 工况 2 加载期间接触能量的演变（球-球接触）

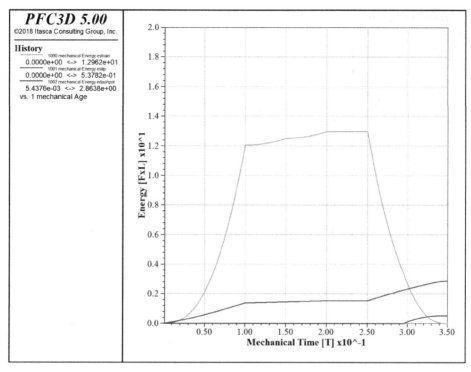

图 3-35 工况 3 加载期间接触能量的演变（球-球接触）

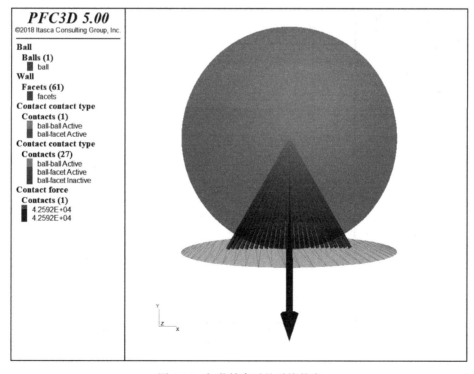

图 3-36 加载结束时的系统状态

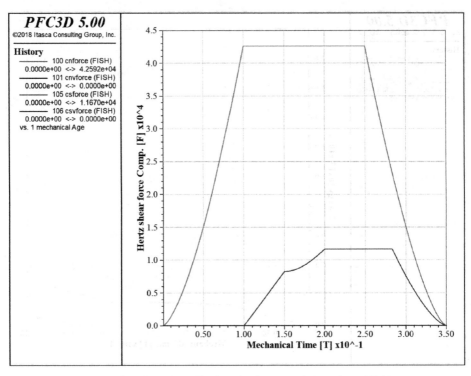

图 3-37　加载 1 期间弹簧法向力和剪切力的变化（球－面接触）

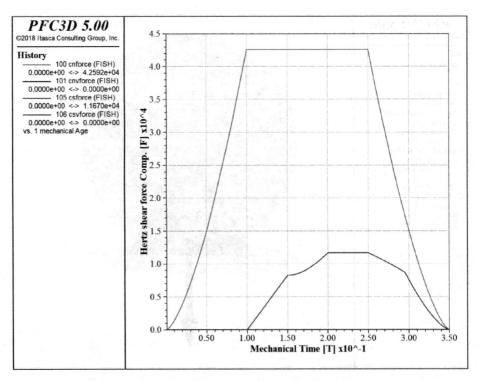

图 3-38　加载 2 期间弹簧法向力和剪切力的变化（球－面接触）

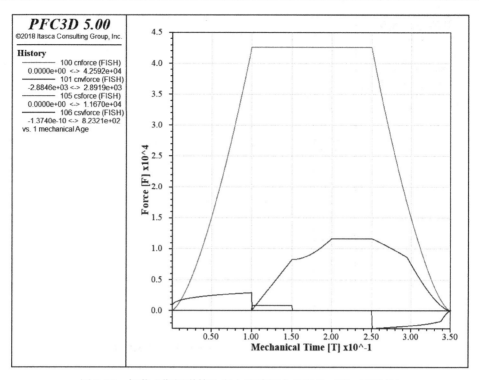

图 3-39　加载 3 期间弹簧法向力和剪切力的变化（球 - 面接触）

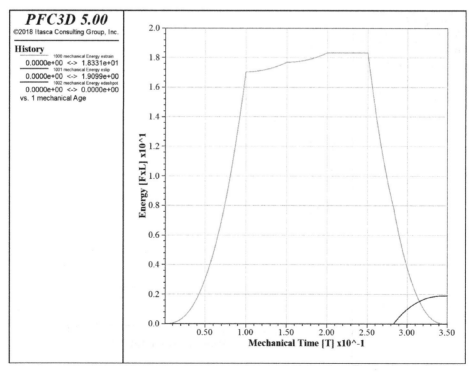

图 3-40　加载 1 期间弹簧接触能量的变化（球 - 面接触）

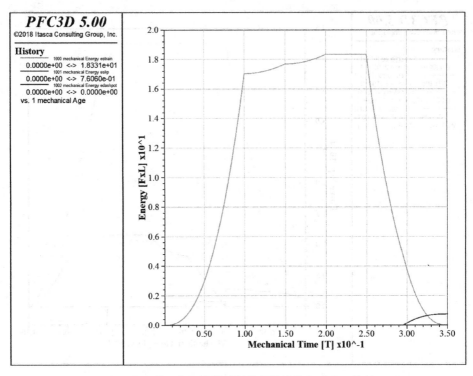

图 3-41　加载 2 期间弹簧接触能量的变化（球－面接触）

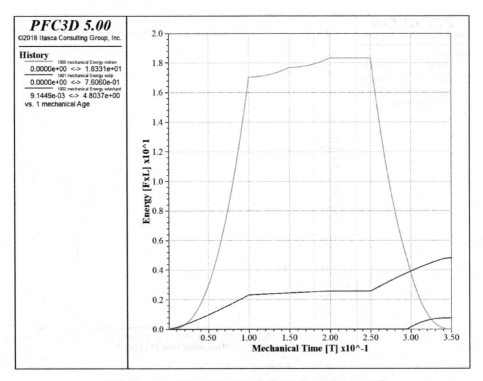

图 3-42　加载 3 期间弹簧接触能量的变化（球－面接触）

结论：

在该算例中，在不同的复杂加载路径下模拟了球-球接触和赫兹接触模型的球-墙相互作用，讨论并比较了接触力和接触能量的变化规律。

例 3-7-1　复杂的加载路径（赫兹接触模型）-设置参数，加载路径和历史监测

```
; fname: cmhertz-setup. p3dat
domain extent-2 2-2 2 condition periodic
cmat default model hertz property hz _ shear 1e9 hz _ poiss 0.3 fric 0.5
set timestep fix 1e-3

define monitor
  modeltime = mech. age
  cnforce = 0
  cnvforce = 0
  csforce = 0
  csvforce = 0
  loop foreach local cp contact. list
    hz _ f _ loc = contact. prop(cp, 'hz _ force')
    cnforce    = comp. x(hz _ f _ loc)
    hz _ fs _ loc = hz _ f _ loc
    comp. x(hz _ fs _ loc) = 0. 0
    csforce    = math. mag(hz _ fs _ loc)
    hz _ fs _ glob = contact. to. global(cp, hz _ fs _ loc)
    cxsforce   = comp. x(hz _ fs _ glob)
    cysforce   = comp. y(hz _ fs _ glob)
    czsforce   = comp. z(hz _ fs _ glob)
    cnvforce = comp. x(contact. prop(cp, 'dp _ force'))
    csvforce = comp. y(contact. prop(cp, 'dp _ force'))
  endloop
end

set fish callback 50. 0 @monitor
history nstep 1
history id 1 mechanical age
history id 2 timestep
history id 100 @cnforce
history id 101 @cnvforce
history id 102 @cxsforce
history id 103 @cysforce
history id 104 @czsforce

history id 105 @csforce
```

179

```
history id 106 @csvforce

set energy on
history id 1000 mechanical energy estrain
history id 1001 mechanical energy eslip
history id 1002 mechanical energy edashpot

define loading _ path(root，n)
    local fnamea = string. build('%1%2d_load%3a', root, global. dim, n)
    local fnameb = string. build('%1%2d_load%3b', root, global. dim, n)
    local fnamec = string. build('%1%2d_load%3c', root, global. dim, n)
    local fnamed = string. build('%1%2d_load%3d', root, global. dim, n)
    local fnamee = string. build('%1%2d_load%3e', root, global. dim, n)
    command
        ball attribute yvelocity-0. 01 range id 1
        solve time 1e-1
        save @fnamea
        ball attribute yvelocity 0 zspin 0. 00628 range id 1
        solve time 5e-2
        save @fnameb
        ball attribute spin multiply 0. 0xspin 0. 00628 range id 1
        solve time 5e-2
        save @fnamec
        ball attribute spin multiply 0. 0yspin 6. 28 range id 1
        solve time 5e-2
        save @fnamed
        ball attribute spin multiply 0. 0yvelocity 0. 01 range id 1
        solve time 1e-1
        save @fnamee
    endcommand
end
return
;
; EOF: cmhertz-setup. p3dat
```

例 3-7-2 复杂的加载路径（赫兹接触模型）——设置球-球接触

```
; fname: cmhertzbb. p3dat
new
title 'Exercising the Hertz contact model (ball-ball contact)'

call cmhertz-setup suppress
```

```
ball create id = 2 x = 0. 0 y = 0. 0 radius = 0. 5
ball create id = 1 x = 0. 0 y = 1. 0 radius = 0. 5

ball attribute density 2500. 0
ball fix x y zxspin yspin zspin
clean
save hzbb3d _ ini

; load 1 :
@loading _ path('hzbb', 1)

; load 2 : hz _ mode = 1
restore hzbb3d _ ini
contact propertyhz _ mode 1
@loading _ path('hzbb', 2)

; load 3 : hz _ mode = 1-normal and shear viscous damping
restore hzbb3d _ ini
contact propertyhz _ mode 1   ...
                dp _ nratio 0. 5 ...
                dp _ sratio 0. 5 ...
                dp _ mode   3

@loading _ path('hzbb', 3)

return
;
; EOF: cmhertzbb. p3dat
```

例 3-7-3　复杂的加载路径（赫兹接触模型）——设置球-墙接触

```
; fname: cmhertzbw. p3dat
;
new
title 'Excercising the Hertz contact model (ball-wall interaction)'

call cmhertz-setup suppress
wall generate id = 1 disk radius = 0. 5 position 0. 0 0. 5 0. 0 dip 90 resolution 0. 1
ball create id = 1 x = 0. 0 y = 1. 0 radius = 0. 5

ball attribute density 2500. 0
ball fix x y zxspin yspin zspin
clean
```

```
save hzbw3d _ ini

; load 1 :
@loading _ path('hzbw', 1)

; load 2 : hz _ mode = 1
restore hzbw3d _ ini
contact property hz _ mode 1
@loading _ path('hzbw', 2)

; load 3 : hz _ mode = 1-normal and shear viscous damping
restore hzbw3d _ ini
contact propertyhz _ mode 1   ...
                  dp _ nratio 0.5 ...
                  dp _ sratio 0.5 ...
                  dp _ mode   3

@loading _ path('hzbw', 3)

return
;
; EOF: cmhertzbw. p3dat
```

3.2.4.3　Burger's 接触模型：应力松弛

为了描述固体（岩土体）的蠕变（流变）现象，目前常常基于连续介质力学理论，采用简单的机械模型来模拟材料的某种性状，再将这些简单的机械模型进行不同的组合，就可求得固体（岩石）的不同蠕变方程式，以模拟岩石蠕变（见《FLAC3D 数值模拟及工程应用——深入剖析 FLAC3D5.0（第二版）》第 7 章 P273，2019）。通常用的简单模型有两种，一是弹性模型（虎克物质），另一是黏性模型（牛顿物质）。将这两种简单的机械模型（弹性单元和黏性单元）用各种不同方式加以组合，就可得到不同介质的蠕变模型。对于均质的、各向同性的线弹性材料来说，其变形性质可用体积模量 K 和剪切模量 G 来表示，前者决定着静水压力式荷载（球应力）下的纯体积变形，而后者计算所有畸变。常见的组合模型有：马克斯韦尔（Maxwell）模型、开尔文（Kelvin）[又称为伏埃特（Voigt）] 模型、广义马克斯韦尔模型、广义伏埃特模型、鲍格斯（Burger's）模型等。

就微观（细观）而言，任何固体都是聚集体，它是由坚硬的（弹性的或塑性的）骨架和充填其间的液体、半液体或半气态的物质所共同组成，因而才能产生蠕变现象。然而采用传统的连续介质力学方法，从这些微观（细观）结构着手来研究固体的蠕变是相当困难的。颗粒离散元的产生，为我们从微观（细观）结构着手来研究固体的蠕变提供了有力帮助。文献（王涛等，2009）已经开发了广义开尔文模型，并将其应用于深埋引水隧洞的围岩破坏问题。

问题的陈述：

Burger's 模型由开尔文模型和马克斯韦尔模型串联而成（图 3-43），采用连续介质力学分析时，一般采用 4 个常数 G_1、G_2、η_1 和 η_2 来描述。在颗粒离散元中，则需要推导颗粒与颗粒之间的相互作用随着时间的变化关系来表征材料的宏观蠕变特性。

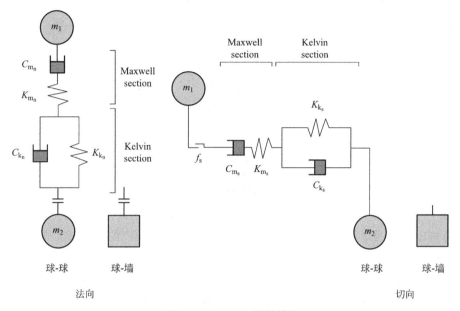

图 3-43   Burger's 接触模型

在 PFC 中，Burger's 模型是由一个简单的系统来表现，该系统由两个固定有非零初始重叠的球组成，并将法向力的时间衰减与预期的解析解进行比较。接触力的差分方程可以表示为：

$$f + \left[\frac{c_k}{k_k} + c_m \left(\frac{1}{k_k} + \frac{1}{k_m} \right) \right] \dot{f} + \frac{c_k c_m}{k_k k_m} \ddot{f} = \pm c_m \dot{u} \pm \frac{c_k c_m}{k_k} \ddot{u} \tag{3-19}$$

考虑应力松弛条件即接触力对单位位移的响应。为方便起见，将方程式（3-19）在 Burger's 的模型描述如下所示：

$$f = a_1 \dot{f} + a_2 \ddot{f} = b_1 \dot{u} + b_2 \dot{u} \tag{3-20}$$

$$a_1 = \frac{c_k}{k_k} + c_m \left(\frac{1}{k_k} + \frac{1}{k_m} \right) \tag{3-21}$$

$$a_2 = \frac{c_k c_m}{k_k k_m}$$

$$b_1 = \pm c_m$$

$$b_2 = \pm \frac{c_k c_m}{k_k}$$

在初始条件 $\dot{u} = u = 0$，$\dot{f} = f = 0$ 下，式（3-20）的拉普拉斯变换如式（3-22）所示：

$$1 + a_1 s + a_2 s^2 F(s) = b_1 s + b_2 s^2 U(s) \tag{3-22}$$

系统的传递函数：

$$G(s) = \frac{F(s)}{U(s)} = \frac{b_1 s + b_2 s^2}{1 + a_1 s + a_2 s^2} \tag{3-23}$$

对于单位输入 $u\ (t)\ =1$，有 $u\ (s)\ =1/s$，回应如下：

$$F(s) = G(s)U(s) = \frac{b_1 s + b_2 s^2}{1 + a_1 s + a_2 s^2} \frac{1}{s} = \frac{b_1 + b_2 s}{1 + a_1 s + a_2 s^2} \tag{3-24}$$

可由下式表达：

$$F(s) = \frac{A_1}{s - z_1} = \frac{A_2}{s - z_2} \tag{3-25}$$

其中 $z_1 z_2$ 是方程 $a_2 s^2 + a_1 s + 1 = 0$ 的根，且

$$A_1 = \frac{b_2 z_1 + b_1}{a_2\ (z_1 - z_2)}$$

$$A_2 = \frac{b_2 z_2 + b_1}{a_2\ (z_2 - z_1)} \tag{3-26}$$

因此，输入单位位移 $u(t) = 1$ 的时域解析解由下式给出：

$$f(t) = A_1 \exp(z_1 t) + A_2 \exp(z_2 t) \tag{3-27}$$

在算例中，由两个相等半径为 0.05 和密度为 2600kg/m^3 的球组成，具有初始重叠（即阶跃输入）。

图 3-44 显示了 PFC3D 的计算解和解析解的相比，计算出的法向力均随着时间的增加而衰减。数值解表明接触力随着时间的增加基本呈指数减小，这与图中虚线所示的解析解一致。

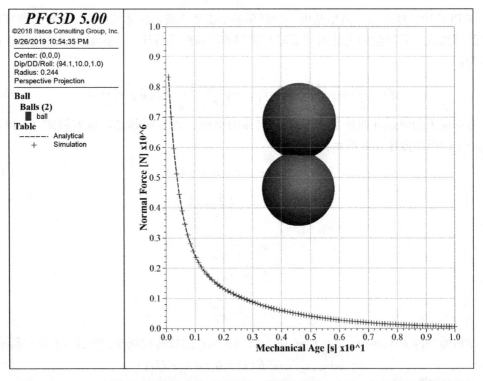

图 3-44　Burger's 模型法向接触力的时间历程，模拟结果用＋表示，解析解用虚线表示

例 3-8　Burger's 接触模型的应力松弛测试

```
; fname: burger. p2dat
; 初始重叠为 0.01
new
; ------------------------
[k _ set = 1.0e8]
[c _ set = 1.0e8]
[f _ set = 0.0  ]
[rad   = 0.05 ]
[un    = 0.01 ]
; ------------------------
define cal _ cf
   cal _ cf = comp. x(contact. prop(cpnt, 'bur _ force'))
   cal _ age  = mech. age-age0
end

; ------------------------
define compare _ func
   local numPnt   = table. size(1)
   global errmax   = 0.0
   local a1 = c _ set/k _ set  +  c _ set *  (1.0/k _ set + 1.0/k _ set)
   local a2 = c _ set * c _ set/(k _ set * k _ set)
   local b1 = c _ set
   local b2 = c _ set * c _ set/k _ set
   local z1 = (-a1 + math. sqrt(a1 * a1-4.0 * a2))/(2.0 * a2)
   local z2 = (-a1-math. sqrt(a1 * a1-4.0 * a2))/(2.0 * a2)
   local aa1 = (b2 * z1 + b1)/a2/(z1-z2)
   local aa2 = (b2 * z2 + b1)/a2/(z2-z1)
   loop n (1, numPnt)
     local tt = table. x(1, n)
     table. x(2, n) = table. x(1, n)
     table. y(2, n) = un * (aa1 * math. exp(z1 * tt) + aa2 * math. exp(z2 * tt))
     errmax   = math. max(errmax, math. abs(table. y(1, n)-table. y(2, n))/table. y(2, n))
   endLoop
   io. out(string. build(' Max. error = % 1 %', string(errmax * 100)))
end
; = = = = = = = = = = = = = = = = = = = = = = = = = = = = = = = = = = = = =
cmat default model burger property bur _ knk   @k _ set bur _ cnk @c _ set ...
                                  bur _ knm   @k _ set bur _ cnm @c _ set ...
                                  bur _ ksk   @k _ set bur _ csk @c _ set ...
                                  bur _ ksm   @k _ set bur _ csm @c _ set ...
                                  bur _ fric @f _ set
; 创建两个球，分配属性和边界条件。
```

```
domain extent-1 1
ball create id 1 rad @rad y 0.0
ball create id 2 rad @rad y [2.0 * rad-un]
ball attribute density 2600.0
ball fix x y spin
clean
[cpnt = contact.find('ball-ball', 1)]
;
history id 1 @cal _ cf
history id 2 @cal _ age
history nstep = 1000
[age0 = mech.age]
solve time 10.0
history write 1 vs 2 table 1
@compare _ func
save system-final.p2sav
return
; EOF：burger.p2dat
```

3.3　用户自定义接触模型的开发

3.3.1　PFC4.0开发环境

　　PFC自定义本构模型主要是对给出的位移增量，计算得到新的接触力。模型文件的编写，主要包括：基类的描述；成员函数的描述；模型的注册；模型与PFC之间的信息交换。PFC采用面向对象的语言标准C++编写而成，其本构模型都是以动态链接库文件的形式存在，在计算过程中主程序会自动调用用户指定的本构模型的动态链接库文件。对于用户自定义的本构模型，需要在C++环境下开发，然后由主程序调用执行。

　　颗粒离散元中的接触本构模型主要包括三个内容：接触刚度模型、滑动模型和黏结模型。接触刚度模型主要是体现基于牛顿第二定律的接触力与位移之间的关系，默认条件下，PFC按照弹性进行计算。滑动模型则在剪切力和法向接触力之间施加了一种关系，这样两个接触的球体可能会产生滑动。黏结模型提供接触在法向和剪切方向作用力的极限值，超过这个极限值，颗粒可能会脱开。PFC的自定义模型主要是通过调整接触间的刚度，以使接触力和位移符合更复杂的非线性条件，而相应的结果也会影响到滑动和断裂计算情况。

3.3.1.1　开发方法

　　本节介绍编写UDM（User-Defined contact Model）的方法。讨论涉及以下两组文件：Itasca软件安装包提供的材料包含文件（在"udm include"目录中）："cmodel.h"，"udm types.h"和"umdvect3.h"。示例UDM（位于"udm src"目录中）的头文件和源文件："linear.h"和"linear.cpp"。例3-9和例3-10中列出了这两个文件，示例UDM在CM _ linear 类中实现。

3.3.1.2 模型的注册

静态全局实例模型对象通过对构造函数的调用，可以使 PFC 程序获得目前开发的 UDM 的信息。对于 CM_linear UDM，由下面这一行执行该操作。

```
static CM_linear cmlinear(true);
```

在执行 PFC 程序时（对于 PFC 程序随附的标准模型），或者在加载 DLL 文件时（对于需要 C++/UDM 选项的可选模型），都会构造该对象。参数的 true 值使基本构造函数"注册（register）"新模型，从而将其添加到可用模型的列表（这些模型随 PRINT model 命令列出）。只需对特定模型进行一次静态注册，并且可以非常方便将其放置在模型的 C++ 源文件中。当 PFC 程序需要有关模型的信息或需要实例化模型的副本时（使用 Clone 成员函数），都会查询模型的静态实例。

3.3.1.3 模型的构建

UDM 作为 C++ 类实现，必须从 ContactModel 类派生。对于 CM_linear 模型，下面这行指定了这种关系。

```
class CM_linear : public Contact Model{
```

每个 UDM 必须提供构造函数和析构函数。对于 CM_linear 模型，下面这行定义了构造函数和析构函数。

```
EXPORT CM_linear( bool bRegister = false, ICodeFunc * cf = 0);
EXPORT~CM linear(void) {}
```

在这种情况下，析构函数为空。构造函数有两个参数，上一节说明了第一个参数控制模型的注册，第二个参数提供对程序状态信息的访问。构造函数声明由以下几行组成：

```
const unsigned long ulCM_linear = 100;
CM_linear:: CM_linear(bool bRegister, ICodeFunc * cf):
ContactModel(ulCM_linear, bRegister),
kn(0.0), ks(0.0), fric(0.0){

SetDelete( true );
MustOverlap( false );
}
```

构造函数必须调用 ContactModel 类的构造函数，并传入 UDM 唯一的类型编号（在本例中为 ulCM_linear，它等于 100），以及 bRegister 参数。PFC 程序提供标准型号的类型编号在"udm types. h"文件中列出。新的 UDM 应使用大于或等于 100 的类型编号，以避免与标准模型冲突。类型编号用于在保存还原过程中标识 UDM，以便在从保存文件中还原问题时可以在接触处重新安装正确的 UDM。在这种情况下，构造函数还将初始化私有数据成员（kn，ks 和 fric），并调用 ContactModel 类提供的两个支持函数。

3.3.1.4 要求的成员函数

每个 UDM 必须提供函数来替换 ContactModel 类的每个纯虚拟成员函数。在"cmodel. h"文件的 ContactModel 类定义中列出了这些功能以及有关其参数和用法的详细信息。这里提供了高级描述，对 UDM 进行编程时，也请查阅头文件。UDM 必须提供以下成员函数：

ContactModel * Clone（ICodeFunc * cf＝0）返回此 UDM 的新实例，请确保未通过为 UDM 构造函数的第一个参数指定 false 来注册它。

constchar * Name（void）返回 UDM 名称。此名称为 PFC 程序标识模型。例如，CM＿linear 模型的名称为"udm＿linear"，可以通过命令 MODEL udm＿linear 安装在接触上。

const char * * PropNames（void）返回以 null 结束的属性名称字符串数组。这些是 UDM 的属性。名称由 PROPERTY 命令用于设置属性，而 PRINT contact property 命令用于打印属性。

double ReturnProp（int n）返回与 PROPERTY name v 中的数组关联的属性 n 值。

voidAcceptProp（int n，double v）接收与 PropNames 中的数组关联的属性 n 值 v，并将其存储在本地。该功能由命令 PROPERTY name v 调用。例如，使用命令 PROPERTY lin kn 25.0 将 udm＿linear 模型的法向刚度设置为 25.0。

double KnEstimate（void）返回法线切线刚度的估计值，如果不存在其他刚度信息源，则 PFC 程序将使用该估计值，来估计初始时间步长。

double KsEstimate（void）返回剪切切向刚度的估计值，如果不存在其他刚度信息源，则 PFC 程序将使用该估计值，来估计初始时间步长。

unsigned long Version（void）返回此 UDM 的版本号。这可用于还原包含 UDM 早期版本的文件，该文件可能会省略一些变量。

const char * PreCycle（ICodeFunc&cf）在一组循环的开始时将为每个 UDM 调用此函数，并且可以使用该函数重新初始化内部数据。如果检测到错误情况（例如，已将仅对球-球接触有效的 UDM 分配给了球-墙接触），则返回带有错误消息的字符串；否则返回 0。cf 参数提供的功能将在下面介绍。

Void FDlaw（FdBlock&fb，ICodeFunc&cf），在离散单元计算的力-位移定律期间，将为每个 UDM 调用此函数。UDM 必须更新接触力和力矩，以及法向刚度和剪切刚度的当前值。信息（包括两个接触实体的相对运动）通过 fb 和 cf 参数传递到 UDM。

const char * SaveRestore（ModelSaveObject * mso），当给定 SAVE 和 RESTORE 命令时，PFC 程序将调用此函数。该函数用于保存和恢复由实数、整数和布尔类型组成的内部数据。如果检测到错误情况，则返回带有错误消息的字符串；否则返回 0。首先，调用 ContactModel 类的 SaveRestore 函数。其次，调用函数 mso—> Initialize（nd，ni，nb），其中 nd，ni 和 nb 分别是要保存或恢复的双精度数，整数和布尔值。最后，通过为每个变量调用 mso—> Save（ns，var）来标识这些变量，其中 ns 是变量的序列号（分别从 0 到 nd-1，0 到 ni-1 或从 0 到 nb-1），var 是要保存或还原的变量。

还可以使用以下两个函数来控制接触的行为：

voidSetDelete（bool bIn），如果为 true，则可以在选择 PFC 程序时删除该接触。否则，即使间距很大，该接触也不会被删除。

void MustOverlap（bool bIn）如果为 true，则该接触将处于非活动状态，除非两个接触实体具有正重叠，否则将不会调用 FDLaw 成员函数。在不活动时，接触力和力矩将为零，并且大多数接触量（包括位置和单位法线）将不会更新。将此标志设置为 true 将加快计算速度。如果必须发生某种类型的交互作用（例如，接触已绑定），则将此标志设置为 false。

3.3.1.5　信息交换

ICodeFunc 类用于通过成员函数 Clone，PreCycle 和 FDLaw 将信息传递到 UDM。该信息提供对 PFC 模型状态信息的访问，包括全局模型设置，接触状态，从接触实体继承的接触特性，黏性阻尼临界比和平行黏结特性。它还支持调用 fishcall FC_UDM，并在接触和两个接触实体的额外字段中设置或获取值。

FdBlock 类用于通过 FDLaw 成员函数在 UDM 和 PFC 程序之间交换信息。有两组数据，第一组是从 PFC 程序传递到 UDM 的数据，包括两个接触实体的重叠和相对速度，当前时间步长以及接触单位法向矢量；第二组是从 UDM 传递到 PFC 程序中的数据，包括接触力和力矩，接触的有效标记以及当前的接触刚度。

3.3.1.6　算例

此处提供了一个用户定义的接触模型示例，该示例再现了带有摩擦滑动的线性接触模型的行为。本示例可以用作构建自己的 DLL 文件的模板。模型名称是 udm_linear，例 3-9 和例 3-10 中列出了实现模型的头文件和源文件。有关完整的程序开发信息，请参考文件 "udm notes-UDM. txt"，包括关于如何构建和测试模型，以及如何修改模板项目以构建自己的 DLL 文件的说明。

例 3-9　Header file of the udm_linear contact model

```
#ifndef __CMODEL_LINEAR_H
#define __CMODEL_LINEAR_H
#ifndef _CMODEL_H
#include "cmodel.h"
#endif
// User-defined contact model "udm_linear" const unsigned long ulCM_linear = 100;
// User-written models should use type numbers >= 100, and each model
// should have a unique number. These numbers are used insave/restore.
class CM_linear: public ContactModel {
private:
double kn; double ks; double fric;
public:
EXPORT CM_linear( bool bRegister = false, ICodeFunc * cf = 0);
EXPORT ˜CM_linear(void) {}
EXPORT ContactModel * Clone( ICodeFunc * cf = 0 ) const
```

```
{ return new CM_linear(false, cf);}
//
EXPORT const char    *Name(void) const;
EXPORT const char    **PropNames(void)const;
EXPORT double ReturnProp(int n) const;
EXPORT void   AcceptProp(int n, doublev);
EXPORT double       KnEstimate(void) const { return kn;}
EXPORT double       KsEstimate(void) const { return ks;}
EXPORT unsigned long Version(void) const { return 1;}
EXPORT constchar    *PreCycle(ICodeFunc&) { return 0;}
EXPORT void          FDLaw(FdBlock&fb, ICodeFunc &cf);
EXPORT const char    *SaveRestore(ModelSaveObject * mso);
};
#endif
```

例 3-10 Source file of the udm linear contact model

```
#include "linear.h"
#include <math.h>
static CM_linear cm_linear(true);
CM_linear:: CM_linear( bool bRegister, ICodeFunc * cf ) :
ContactModel(ulCM_linear, bRegister),
kn(0.0), ks(0.0), fric(0.0) { SetDelete( true );
MustOverlap( false );
}
const char*CM_linear:: Name(void) const { return("udm_linear");
}
const char **CM_linear:: PropNames(void) const { static const char * strKey[] = {
"lin_kn", "lin_ks", "lin_fric", 0
};
return(strKey);
}
double CM_linear:: ReturnProp(int n) const { switch (n) {
case 0: return kn;
case 1: return ks;
case 2: returnfric;
default: return0.0;
}
}
void CM_linear:: AcceptProp(int n, double v) { switch (n) {
case 0: kn = v; break;
case 1: ks = v; break;
```

190

```
case 2: fric = v; break;
}
}
void CM_linear:: FDLaw( FdBlock& fb, ICodeFunc&cf ) {
if ( cf.dim() = = 2 ) { // PFC2D if (fb.u_n > 0.0) {
fb.n_force = kn * fb.u_n;
fb.s_force- = ks * fb.u_dot_s * fb.tdel;
double max_s_force = fb.n_force * fric;
if (fabs(fb.s_force) > max_s_force){
fb.s_force = fb.s_force < 0.0 ?
-fabs(max_s_force) : fabs(max_s_force);
}
fb.knest = kn; fb.ksest = ks;
}
else {
fb.n_force = 0.0;
fb.s_force = 0.0;
fb.knest = 0.0;
fb.ksest = 0.0;
fb.active = false;
}
}
else { // PFC3D
if (fb.u_n > 0.0) { fb.n_force = kn * fb.u_n;
double kst = ks * fb.tdel;
UMdvect vec = fb_u_dot_s * kst;
fb_s_force = fb_s_force-vec;
double max_s_force = fb.n_force * fric;
double dX = fb.pts_force->x;
double dY = fb.pts_force->y;
double dZ = fb.pts_force->z;
double sfmag = sqrt(dX * dX + dY * dY + dZ * dZ);
if (sfmag > max_s_force) {
double rat = max_s_force /sfmag;
fb_s_force = fb_s_force * rat;
}
fb.knest = kn; fb.ksest = ks;
}
else {
fb.n_force = 0.0; fb_s_force.Fill(0.0);
fb.knest = 0.0;
fb.ksest = 0.0;
fb.active = false;
```

```
        }
    }
}
const char * CM_linear:: SaveRestore(ModelSaveObject * mso) {
    const char * str = ContactModel:: SaveRestore(mso);
    if (str) return str;
    mso->Initialize(3, 0, 2);
    mso->Save(0, kn); // doubles. . . mso->Save( 1, ks);
    mso->Save( 2, fric);
    mso->Save( 0, delete_flag); // bools. . . mso->Save( 1, must_overlap);
    return 0;
}
/ * EOF * /
```

建立 udm_linear 模型后，可以通过 udm_linear 模型（请参见例 3-11）和内置标准 linear 接触模型（请参见例 3-12）创建简单的三球模型（图 3-45），用四面墙对球模型进行挤压。计算后，该模型获得了三个球的紧凑组装，在计算过程中出现了打滑，分离和变化的接触条件。通过将最大时间步长设为 0.20 并执行 1700 个计算步，将顶墙的向下位移量完全相同地应用于两个系统进行计算。构建完两个系统并使其达到静态平衡后，通过执行 PRINT 接触力命令可发现接触力相同。该结果证实了 udm_linear 模型的行为与内置标准 linear 接触模型（图 3-46）相同。

使用 UDM 时，应牢记以下问题：

在创建 UDM 或还原包含特定 UDM 的保存文件之前，必须给出 CONFIG cppudm and MODEL Load 命令。

udm_linear 模型的属性是使用 PROPERTY 命令指定的，但是名称和值与接触有关，而与颗粒无关。这种差异使得 udm_linear 模型的刚度必须为标准 linear 模型的刚度的一半，以便重现后者的结果。标准 linear 模型将刚度与颗粒关联，当两个颗粒接触时，假定这两个刚度是串联作用的，因此公共接触继承了每个颗粒的一半刚度（假定它们相等）。但是，udm_linear 模型指定的刚度与接触直接相关。

udm_linear 模型已使用 MODEL udm linear 命令分配给所有接触，并且此步骤之后形成的新接触被 catch contact FISH 函数捕获，该函数将为每个新接触调用，并将安装 udm_linear 模型，并为其分配属性。

例 3-11 基于 udm_linear 接触模型的三球接触研究

```
fname: udm_linear2d. dat
new
config cppudm
model load udm_linear_32. dll   ; 当使用 64-bit PFC2D 时 32 换成 64
set disk on
ball id = 1 x 0.5 y 0.5      rad = 0.5   ; 建立 3 个球等边三角形放置
ball id = 2 x 1.5 y 0.5      rad = 0.5
```

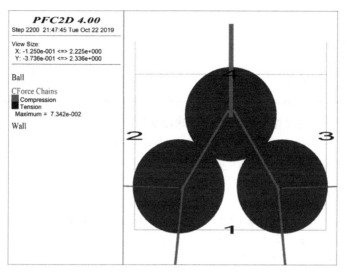

图 3-45　测试 udm＿linear 接触模型的三球模型

```
ball id＝3 x 1.0 y 1.3660254 rad＝0.5
prop dens 1.0
wall id＝1 kn 2 ks 2fric.1 nodes (0.0, 0.0) (2.1, 0.0)
wall id＝2 kn 2 ks 2fric.1 nodes (0.0, 2.0) (0.0, 0.0)
wall id＝3 kn 2 ks 2fric.1 nodes (2.1, 0.0) (2.1, 2.0)
wall id＝4 kn 2 ks 2fric.1 nodes (2.1, 2.0) (0.0, 2.0)
;
call ％fist％\2d＿3d\fishcall.fis
def catch＿contact; Called whenever new contact made.
  count＝count＋1; Count new contacts, for interest.
  cp     ＝ fc＿arg(0)
  c＿model(cp)＝'udm＿linear'
  c＿prop(cp, 'lin＿kn')   ＝1.0
  c＿prop(cp, 'lin＿ks')   ＝1.0
  c＿prop(cp, 'lin＿fric)＝0.1
end
model udm＿linear                          ; 更换存在的接触
prop lin＿kn＝1.0 lin＿ks＝1.0 lin＿fric＝0.1    ; 至 udm＿linear 模型
set fishcall FC＿CONT＿CREATE catch＿contact  ; 设置新接触
;
plot add ball yellow angle＝on
plot add wall black
plot add cforce green
wall id＝4yvel＝-0.001   ; 对 3 个球实施压缩
set dt max 0.20        ; 强制时间步长度相等
cycle 1700
wall id＝4yvel＝0.0      ; 达到平衡状态
```

```
cycle 500
plot show
print contact force
return
; EOF: udm _ linear2d.dat
```

例 3-12   基于内置线性接触模型的三球接触研究

```
; fname: linear2d.dat
new
set disk on
ball id = 1 x 0.5 y 0.5         rad = 0.5    ; 建立 3 个球等边三角形放置
ball id = 2 x 1.5 y 0.5         rad = 0.5
ball id = 3 x 1.0 y 1.3660254 rad = 0.5
prop dens 1.0
wall id = 1 kn 2 ks 2fric .1 nodes (0.0, 0.0) (2.1, 0.0)
wall id = 2 kn 2 ks 2fric .1 nodes (0.0, 2.0) (0.0, 0.0)
wall id = 3 kn 2 ks 2fric .1 nodes (2.1, 0.0) (2.1, 2.0)
wall id = 4 kn 2 ks 2fric .1 nodes (2.1, 2.0) (0.0, 2.0)
;
prop kn = 2.0 ks = 2.0 dens 1fric = 0.1    ; 设置球的刚度
;
plot add ball yellow angle = on
plot add wall black
plot add cforce green
wall id = 4yvel = -0.001    ; 对 3 个球实施压缩
set dt max 0.20             ; 强制时间步长度相等
cycle 1700
wall id = 4yvel = 0.0       ; 达到平衡状态
cycle 500
plot show
print contact force
return
; EOF: linear2d.dat
```

3.3.2   PFC5.0 开发环境

使用 C++插件功能，用户可以在 C++中创建自定义 FISH 内在函数和接触模型，以便在运行时加载。插件被编译为 DLL（动态链接库）文件，并具有超过 FISH 代码的几个明显优势：

- C++函数运行速度比 FISH 语言快 10～100 倍。
- 熟悉开发编程的用户可以生成在多处理器硬件上执行速度更快的插件。

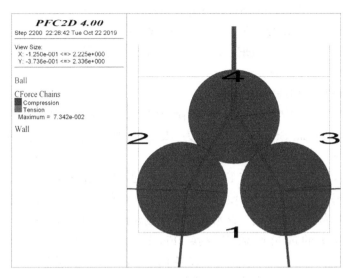

图 3-46　基于内置线性接触模型的三球模型

- 通过预定义的 FISH 内联函数或接触模型提供对内部数据结构和方法的直接访问。
- C＋＋插件可以链接并使用它需要的任何其他 C＋＋库或 DLL。

在 C＋＋语言中，重点是通过使用类来表示对象，以程序结构为面向对象的方法。与对象关联的数据由对象封装，并且在对象外部不可见。与对象的通信是通过对封装数据进行操作的成员函数进行的。此外，还支持对象的层次结构。可以从基础对象派生新对象类型，并且基础对象的成员函数可以被派生对象提供的类似函数取代。这种模式在程序模块化方面有明显的好处。例如，主程序可能需要在代码的许多不同部分中访问许多不同种类的派生对象，但是只需要引用基础对象，而不是引用对象。运行时系统自动调用相应派生对象的成员函数。Stevens（2000）提供了对 C＋＋编程的一个很好的介绍。以下内容是基于读者具有一定的 C＋＋编程语言的基础知识。

为了使编译的 DLL 与 PFC 兼容，必须使用 Microsoft Visual Studio 2010 SP1 进行编译。Microsoft Visual Studio 2010 SP1 可以从 Microsoft 的下载中心获得，并且需要 Qt4.8.5 版本接口，下面给出了 Qt 安装的方法。

正如网站（http：//qt-project.org/）所述："Qt 是一个面向使用 C＋＋的开发人员的跨平台应用程序和 UI 框架。"PFC 图形用户界面主要基于此库构建。因此，PFC 要求创建 C＋＋插件的所有用户都使用 Qt4.8.5 版本，并还要求安装 Qt 的 Visual Studio 集成。我们强烈建议用户严格遵循以下步骤：

- 从 Qt 存档下载文件 qt-everywhere-opensource-src-4.8.5.zip：http：//download.qt-project.org/archive/qt/4.8/4.8.5/；
- 创建文件夹 C：\ qt \ 4.8.5.64；
- 将 zip 文件的内容解压缩到此位置；
- 打开 Visual Studio 2010 64 位命令提示符。CD 到 C：\ qt \ 4.8.5.64 并输入 "configure-fast-opensource-no-webkit-platform win32-msvc2010"，选择 "y" 表示同意并输入 "nmake" 来构建二进制文件，这个过程需要几个小时；

● 从 http：//download. qt-project. org/official_releases/vsaddin/qt-vs-addin-1. 1. 11-opensource. exe 下载并安装 Qt Visual Studio 加载项；

● 打开 Visual Studio 2010 IDE，在 Qt-> Qt Options 下添加 Qt 版本 4. 8. 5. 64 以及相关目录 C：\ qt \ 4. 8. 5. 64。

3.3.2.1　C++语言的 FISH 内置插件

本节描述了在 C++中编写 FISH 内置函数以在 PFC 中操作的方法。这包括相关基类的描述、如何创建 Visual Studio（以下称为 MSVS）项目、加载生成的 DLL 以及如何访问 PFC 特定数据等。

基类接口 IFishLibrary 为所有 FISH 内联函数的特定执行提供了框架。PFC 中可用的许多预定义的 FISH 内置函数都是使用相同的接口实现的。此基本接口称为抽象接口，因为它完全由纯虚拟成员函数组成。这意味着不能创建此基类的任何对象，并且任何派生类对象必须提供真实的成员函数来替换 IFishLibrary 的每个纯虚拟函数。请注意，IFishLibrary 类可能会在加载时添加一个或多个新的 FISH 内在函数。

IFishLibrary 类只是组成通用 PFC 程序界面的众多类之一。整个计算引擎被实现为 DLL。事实上，Itasca 提供的 GUI 完全通过同一个界面与 PFC 交互。该接口以 C++头文件的形式位于 PFC 安装的 "interface" 目录中。

有关该接口的完整文档，请参见 PFC5.0 帮助文档中 "程序界面 Programmer's Interface" 部分，此处不再赘述。例如，IFishLibrary 界面中的每个方法都在那里完整记录。这些文档与 PFC 源一起构建，因此它反映了对 PFC 的任何修改。

访问所有模型数据的入口点是 IProgram 接口。此接口传递给 IFishLibrary：：get () 和 IFishLibrary：：set ()。PFC 特定数据（例如，球和接触数据）通常可通过 IProgram 模板函数 IProgram：：findInterface () 获得；此函数模板参数是需要访问的接口类。

我们提供 "项目模板" 插件，这是在 MSVS 2010 中创建 FISH 内部项目的首选并且强烈推荐方式。请按照以下步骤操作：

● 假设已安装 PFC 5.0 和 MSVS 2010，请在 PFC 5.0 安装目录中找到文件 "PFC500VS2010Addin. msi"。

● 双击执行此安装文件（可能需要具有管理员权限）。

● 启动 MSVS 并从菜单中选择文件->新建->项目。

● 从 "Installed Templates" 部分中选择 "Visual C++" 类别。

● 在 "Win32 控制台应用程序" 中找到 "PFC500 Fish Intrinsic Function" 选项。

● 为新项目指定名称。还可以选择新位置来放置新项目和解决方案。

● 将出现一个对话框，要求命名新的内置函数。这将是类的名称和附加到代码中添加的所有内部函数名称的前缀。稍后可以通过直接编辑源来更改此名称。

● 将使用一些简单的示例函数作为源创建项目。可以自由修改此项目以匹配特定的期望行为。

● 选择 {Release2D；Release} 解决方案配置，用于 {PFC2D；PFC3D}。如果将为 PFC2D 构建的 DLL 加载到 PFC3D 中，可能会出现意外结果，包括代码崩溃。

生成的头文件和源文件演示了在 C++中循环球和接触的方法，以及制作具有正弦值的表。此外，还演示了球上的多线程回路。重要的是要注意预处理器定义 DIM 的设置取决于解决方案配置，其中〔DIM＝2 表示 PFC2D；DIM＝3 表示 PFC3D〕。这很重要，因为使用了 itascaxd 命名空间；此命名空间允许根据代码的维度适当地分配维度，如矢量。〔Release2D；Release〕配置只能与〔PFC2D；PFC3D〕一起使用。另请注意，必须使用 pfc 命名空间来访问特定于 PFC 的信息，例如 ball，clump 或 wall 数据。

除了上述方法，还可以从头开始创建 MSVS 项目。要在 MSVS 2010 中创建 DLL，首先需要创建解决方案。该解决方案将包含基本上是 C＋＋源和头文件及其依赖项集合的项目。

提供了示例解决方案和项目。这个文件集可以在 PFC 安装目录的"fishexample"文件夹中找到（默认情况下为"Program FilesItascaPFC500"）。要创建自定义 DLL，用户可能只希望修改提供的示例。但是不建议这样做，因为原始示例将不再可供参考。此外，MSVS 在每个解决方案和项目文件中嵌入唯一标识符（GUIID）。复制项目并重命名它可能会导致 IDE 内部严重混淆。相反，我们建议您使用以下步骤和设置创建新项目：

●从"开始"菜单启动 MSVS 2010，然后选择"文件"—＞"新建"—＞"项目"。在"Project Types"下，选择"Qt Projects"。在"Templates"下，选择"Qt Library"。选择项目的位置和名称，然后按 OK 按钮。请注意，只有安装了 Qt 的 MSVS 加载项才会出现 Qt 项目选项。

●将出现 Qt Library 项目向导。只需选择 Finish 并接受默认设置即可。

●默认情况下，将为项目创建"test. h""test. cpp"和"test global. h"。右键单击所有这些并在上下文菜单中选择 Remove，然后在选项对话框中选择 Delete。

●将文件"fishexample. h""fishexample. cpp""version. rc"和"version. txt"从"pluginfiles ＼ fish ＼ example"复制到 MSVS 为解决方案和项目创建的目录中。重命名 C＋＋源文件以指示新库（例如，"fishtest. h"和"fishtest. cpp"）。

●在 MSVS 的 Solution Explorer 窗口中，右键单击"Header Files"文件夹并添加"fishtest. h"。然后右键单击"Source Files"文件夹并添加"fishtest. cpp"。将文件"version. rc"添加到"Resources"文件夹中。将文件"version. txt"添加为项目对象。

●使用配置管理器创建，调试和发布 64 位版本。确保将 Qt 版本更改为 64 位（右键单击解决方案，然后选择"更改解决方案的 Qt 版本"）。

●右键单击项目条目，然后选择"Properties"。确保 Configuration 读取"Active（Debug）"，并且 Platform 读取"Active（x64）"。可以稍后通过适当修改复制这些步骤来创建项目的发行版本。

●对项目属性进行以下更改：

●C ＼ C＋＋ ＼ GeneralAdditional Include Directories，添加程序安装目录的"interface"子目录。

●C ＼ C＋＋ ＼ General ＼ Debug Information Format＝，程序数据库

●C ＼ C＋＋ ＼ General ＼ Warning Level ＝-level4

●C ＼ C＋＋ ＼ General ＼ Detect 64-bit Portability Issues＝，yes

●C ＼ C＋＋ ＼ General ＼ Treat Warnings as Errors＝，yes

●C ＼ C＋＋ ＼ PreprocessorPreprocessor Definitions ＝，添加"EXAMPLEFISH EXPORTS"（或其他一些出口指标）。可能还想添加"FISHDEBUG"或其他一些调试编译

指示符（但不是"DEBUG"）。如果使用"namespace itascaxd"，则必须根据与 PFC2D \ 3D 的使用情况分别定义预处理器定义 DIM＝2 或 DIM＝3。

● C \ C++ \ Code Generation \ Runtime Library ＝，多线程 DLL。

● Linker \ General \ OutputFile＝fishtest005 _ 64. dll-生成的 DLL 的名称应遵循约定"fish ＜name＞ 005 _ 64. dll"，其中"＜name＞"是 getName（）返回的库的唯一名称方法。"fish"前缀将其标识为 FISH 插件，"005"表示用于指示二进制兼容性的主要版本号，"_ x64"表示它是 64 位 DLL。如果具有访问权限，则可以将输出文件放在 PFC 的"exe64 \ plugins \ fish"目录中，以便在启动时自动加载。

● Linker \ General \ Additional Library Directories＝ $ （QtDir）lib；$ （PFC）libexe64，这里假设"PFC"是一个环境变量，表示 PFC 的插件文件目录。安装时不会创建这样的环境变量；它必须由用户手动创建。或者，可以在此处输入完整路径。

● Linker \ Input \ Additional Dependencies＝base005 _ 64. libQtCore4. lib，请注意，默认情况下，Debug 配置将尝试链接到"QtCore4d. lib"。在这种情况下，插件需要链接到 Qt 的发行版本。

● Linker \ Debugging \ Generate Debug Info＝-yes

● 要创建发行版，请在"Release"配置属性中进行相同的属性更改，但在项目属性页的"C \ C++ \ Optimization"部分中进行相应的更改。

● 如果插件 DLL 已放在"exe64 \ plugins \ fish"目录中，则它将在 GUI 启动时自动加载。否则，可以使用 load fish 命令显式加载插件。如果 DLL 使用 Itasca 命名约定，则提供的字符串可以只是库名称（即，如果库 DLL 名为"fishtest005 _ 64. dll"，则为"test"）。否则，可以指定完整文件和路径。尝试加载插件时，将按顺序自动搜索以下目录：

● "dir"注册表项中的目录和所有子目录。

● 用户必须在注册表位置"HKEY CURRENT USER \ Software \ Itasca \ pfc2d500"或"HKEY CURRENT USER \ Software \ Itasca \ pfc3d500"中设置此项。

● PFC 可执行文件所在的目录和所有子目录。

● 当前目录和所有子目录。

请注意，使用调用用户定义的 FISH 内在函数的 FISH 代码创建的模型状态（SAV）文件要求在还原时存在这些内在函数。PFC 将尝试在还原期间自动查找并加载这些内在函数。如果相应的 DLL 不在 PFC 自动搜索的位置之一，则此过程将失败。

3.3.2.2 接触模型插件 (Contact Model Plug-ins)

本节描述了在 C++中编写用于 PFC 中的接触模型的方法。这包括基类的描述，如何创建 Visual Studio 项目，加载生成的 DLL 和如何访问 PFC 数据。

Itasca 提供了"Project Template"加载项，这是在 MSVS 2010 中创建接触模型项目的首选方法。请按照以下步骤操作：

● 假设已安装 PFC 5.0 和 MSVS 2010，请在 PFC 5.0 安装目录中找到文件"PFC500VS2010Addin. msi"。

● 双击执行此安装文件（用户可能需要具有管理员权限）。

- 启动 MSVS 并从菜单中选择 File—>New—>Project。
- 从 "Installed Templates" 部分中选择 "Visual C++" 类别。
- 向下滚动到右侧，"Win32 Console Application" 出现在顶部。用户将看到 "PFC500 Contact Model" 选项。
- 为新项目指定名称。用户还可以选择新位置来放置新项目和解决方案。
- 将出现一个对话框，要求用户命名新的接触模型。稍后可以通过直接编辑源来更改此名称。
- 将为用户创建一个项目，包括线性接触模型的来源作为示例。该项目可以自由修改。

值得注意的是，接触模型有 2D 和 3D 的区分。通常，所有接触模型都以通用方式编写，以便在 2D 和 3D 中操作。除了 DLL 名称之外，2D 和 3D 之间的主要区别是预处理器定义 {DIM=2 in 2D；DIM=3 in 3D}。存在通用向量（DVect）和角向量（DAVect）类型定义，其根据 DIM 的值而改变。偶尔需要 2D 和 3D 特定代码段，在这些情况下，宏定义 THREED 或明确检查 DIM 的值是很方便的。

如果插件 DLL 已被放置在 2D 目录中的 "exe64 \ plugins \ contactmodelmechanical2D" 或 3D 目录中的 "exe64 \ plugins \ contactmodelmechanical3D"，然后它将在 GUI 启动时自动加载。否则，可以使用 load contactmodelmechanical 命令显式加载插件。尝试加载插件时，将按顺序自动搜索以下目录：

- "dir" 注册表项中的目录和所有子目录。用户必须在注册表位置 "HKEY CURRENT USER \ Software \ Itasca \ pfc2d500" 或 "HKEY CURRENT USER \ Software \ Itasca \ pfc3d500" 中设置此项。
- PFC 可执行文件所在的目录和所有子目录。
- 当前目录和所有子目录。

请注意，使用自定义接触模型创建的模型状态（SAV）文件要求在还原时显示这些接触模型。PFC 将尝试在恢复期间自动查找和加载这些接触模型；如果相应的 DLL 不在 PFC 自动搜索的位置，则此过程将失败。

3.3.2.3 算例——盒子中的球

本节进行一个 C++编写 PFC 接触模型的算例，并在 PFC5.0 中进行调用。首先编译 PFC5.0 自定义颗粒接触模型，打开 MSVS2010 新建项目 PFC500 Contact Model，如图 3-47 所示，对项目命名并选择文件位置，点击确定。

之后弹出向导对话框，如图 3-48 所示，输入接触模型名称 pfc（后面在 PFC5.0 中调用会使用此名称），点击 Finish 即可。

进行上述操作之后，MSVS2010 会自动生成一个项目，默认为 PFC 中的线性接触模型，与 PFC 中内嵌的 linear contact model 相同。如图 3-49 所示，生成了 "ContactModelexample. h" "ContactModelexample. cpp" "version. rc" 等文件。

在工具栏选择 "Release" "x64" 项目编译属性进行编译，如图 3-50 所示，如果选择 "Debug" 属性，在之后的加载过程中会出错。

之后选择调试→启动调试，编译项目。

接触模型编译好之后，接下来在 PFC5.0 软件中进行调用。找到接触模型项目文件地

图 3-47 MSVS2010 新建项目窗口

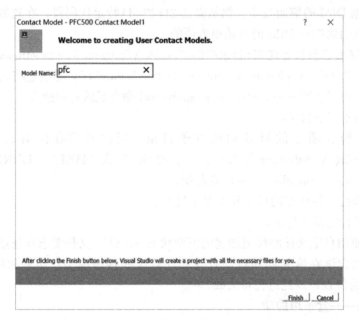

图 3-48 向导对话框

址，将"contactmodelmechanical3dpfc005_64.dll"文件拷贝至 PFC 的安装目录：C：\ Program Files \ Itasca \ PFC500 \ exe64 \ plugins \ contactmodel，contactmodel 文件夹原本并不存在，可自行在 plugins 文件夹中创建。

打开 PFC3D 5.0 软件，用"balls in a box"例子来试算接触模型，如图 3-51 所示，选择"help"菜单→"Examples..."选项，在弹出的窗口中选择"CMLinearSimple.p3prj"，点击"open"打开。

运行结果如图 3-52 所示。

加载自定义线性接触模型。选择 PFC"Tools"菜单→"Plugins"选项，弹出如图 3-53 所示选项卡。

编辑上述 PFC 项目，在例 3-3 源命令文件中插入以下内容：

图 3-49　项目文件列表

图 3-50　项目编译属性

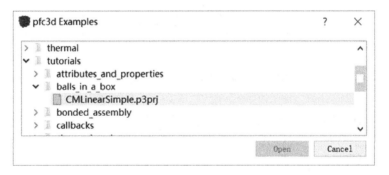

图 3-51　调用 PFC balls in a box 算例

Load contactmodelmechanical3d "plugins/contactmodel/contactmodelmechanical3dpfc
005 _ 64.dll"

configure plugins

cmat default pfc example property kn 1.0e6

注释掉源命令文件中的"cmat default model linear property kn 1.0e6",并将后面的
"cmat default model linear property kn 1.0e6 ks 1.0e6 fric 0.25 dp _ nratio 0.1"中,将
"linear"改为自定义的接触名"pfc"。

保存并运行,计算结果如图 3-54 所示,发现计算结果与 PFC 内置的"linear contact
model"运行结果(图 3-52)完全一致。

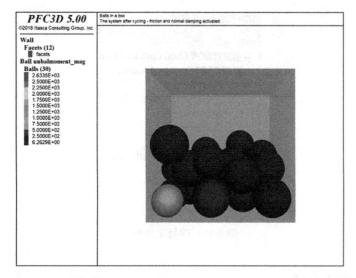

图 3-52　接触模型为 PFC 内置 linear contact model 计算结果图

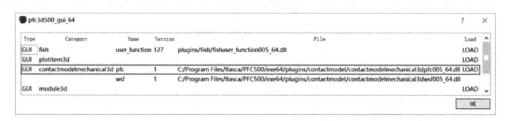

图 3-53　加载自定义接触模型选项卡

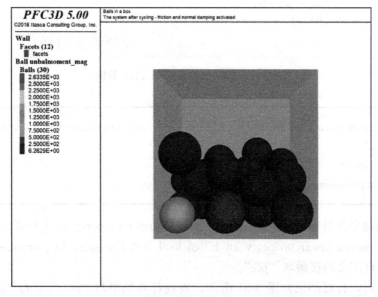

图 3-54　调用自定义接触模型计算结果图

例 3-13　PFC 5.0 中的自定义接触模型测试

```
new
title 'Balls in a box'
; 设置计算区域
domain extent-10.0 10.0
; 修改 CMAT 的默认设置
; 安装自定义的接触模型
Load contactmodelmechanical3d "plugins/contactmodel/contactmodelmechanical3dpfc
005 _ 64.dll"
configure plugins
cmat default pfc example property kn 1.0e6
; 在盒内产生 30 个球
wall generate box -5.0 5.0 onewall
set random 10001
ball generate radius 1.0 1.4 box-5.0 5.0 number 30
; 指定球的密度
ball attribute density 100.0


; 激活重力场
set gravity 10.0
; 保存初始平衡状态
save initial-state
; 求解至设定时间并保存结果
solve time 10.0
save caseA-nodamping


; 恢复到初始状态
restore initial-state
; 将 CMAT 的默认插槽修改为 pfc 模型
; 新创建的接触将采用该设置
cmat default model pfc property kn 1.0e6 ks 1.0e6 fric 0.25 dp _ nratio 0.1
; 将 CMAT 应用于全部的接触
; 注意接触模型将被覆盖(因此所有先前的信息都将丢失)
cmat apply


; 求解至给定时间并保存模型
solve time 10.0
save caseB-damping


return
; EOF：cmlinear _ simple.p3dat
```

第 4 章　PFC 数值试验功能包 FistPkg

4.1　概述

PFC 采用大量的彼此接触的颗粒集来描述现实材料介质的力学特性，这一描述方式有别于现有试验与规程规范方法，难以直接通过常规方式获得颗粒特别是其间的接触参数即细观参数，因此 Itasca 为 PFC 使用者专门提供了用于颗粒材料数值试验及参数标定的功能包 FistPkg，这也是 PFC 程序有别于其他离散元程序的特色之一。

FistPkg 基于 PFC 内置集成语言 FISH 开发，其功能主要依据现实物理试验而设计，因此其应用步骤主要包括几个主要环节：1）试样制备：依据材料组成结构特征（或级配）及几何形态由 Pebbles 元素（也包括颗粒 Ball、墙体 Wall 等）等构成的 PFC 模型；2）材料参数设置：输入已知或待校核确认的细观力学参数，包括颗粒属性和接触性质，且以后者为主；3）受力状态设定：依据数值试验类型，设定相应的边界条件，以及与其匹配的初始应力条件，完成模型受力状态的配置；4）加载模拟：实现与数值试验类型一致的加载模拟，模拟成果可用以开展破裂特征分析、本构关系（应力-应变关系）、能量转换等机制性研究；或者结合已知试验成果或经验认识来评价选择的接触模型及细观力学参数的合理性，通过不断地调整获得最终的模型和参数，此即为常用的 PFC 模型细观力学参数的校核或标定过程。

FistPkg 的研发源于工程咨询项目驱动，其初衷在于研究加拿大深埋矿山花岗岩破裂扩展机制等复杂力学特性，之后作为功能包随 PFC 软件一起发布供用户免费使用。其提供的简单易用的流程化操作功能显然有助于用户集中精力进行材料力学特性研究与应用，规避了在程序开发与定制环节不必要的时间投入。目前，该功能包已成为基于颗粒流方法开展岩石力学特性相关研究不可或缺的主流研究工具。自 1995 年 FistPkg 的前身 FishTank 发布 1.1 版本以来，相关代码与功能也日渐成熟灵活，在 PFC5.0 和 6.0 中将 FishTank 更名为 FistPkg。此外，依据版本的不同，FistPkg 在 PFC 5.0 中被命名为 FistPkg {25，26，27，…}；FistPkg 在 PFC 6.0 中被命名为 FistPkg6.{1，2，…}。

需要说明的是，由于时间和资源限制，Itasca 公司未将 FistPkg 相关功能直接集成到 PFC 程序的源代码中（从而使其成为基本命令集的一部分）。此外，还源自于如下考虑：

●算法尚未执行与基本命令集相同的严格测试；

●针对特定的复杂力学特性材料的研究应用情形，可能需要修改一些控制参数以获得稳定的计算；

●由于算法专注于涉及高度非线性过程的模拟，因此不能保证对于不同的输入参数的情况而都有稳定的表现。

前已述及，FistPkg 是应用 FISH 语言所编写的程序包，其为某些常规研究与应用定制了大量的模板化程序（也可理解为案例），用户基于此作针对性简单修改即可形成满足自身特定研究需求的工作文件。目前，这些常规研究与应用主要包括两个方面的内容：

● 岩土材料数值模型试验：从主要功能来看，FistPkg 可理解为虚拟岩石力学试验室，其含有对包括剪切、拉伸、劈裂等一系列典型岩石力学试验从试样制备、伺服控制、试样加载、指标监测及成果解译在内的成套模拟技术，建立起 PFC 模型材料与实际材料之间的联系。显然其用途首先在于研究材料在既定细观力学参数及荷载条件下的破裂特征和本构关系，此外，当对应于实际材料的细观力学参数为未知时，FistPkg 还可作为参数校核与标定的有力手段与工具。

● 工程应用：大尺度工程模型的构建同样依据用于描述岩土体结构与几何形态的颗粒模型来创建，而细观力学参数赋值及其边界条件定义和应力初始化等主要环节，与构建模型试验试样的工作过程具有高度的相似性。因此，FistPkg 还经常用来构建大尺度工程模型，如深埋地下硐室及边坡等。

本章内容主要涉及采用 FistPkg 开展岩土材料数值试验分析研究的原理与方法，重点介绍了典型数值试验功能文件构成及其关键或控制性参数的物理或力学含义，为材料破裂机制研究和细观力学参数校核、标定等相关工作提供参考。

4.2　功能包简介

4.2.1　PFC 数值试验类型及实现步骤

PFC 的一大重要用途就是进行岩土力学试验的模拟，其因采用颗粒离散元方法，所以在模拟数值试验上有许多优势，特别是能够直观表现岩石材料因加卸载引致其中裂纹萌生与扩展的完整过程，揭示常规连续介质力学模型难以描述的复杂材料力学特性。

从力学机制上来看，裂纹的萌生与扩展本质是细观至宏观现象的表现过程，包括位置和方位特征在内的破裂萌生特征是材料细观结构决定的不连续、非均质等典型性质综合作用引致的结果，目前离散元是研究该类问题最为行之有效的方法和手段。因此，利用 PFC 开展材料特性研究的优势主要来自其采用的离散元力学模型力求从细观构成角度考察材料的结构特征（如土/矿物颗粒的级配条件）。从细观角度，PFC 模型采用离散化的 Pebbles 模型元素（典型如颗粒 Balls）及其集合体描述现实材料的内部结构，可以更为真实地反映物质的不连续性与非均质性等特点，从而达到考察连续介质理论通常难以揭示的复杂力学行为及机制。

如图 4-1 所示，PFC 数值试验功能包 FistPkg 目前主要提供了双轴/三轴试验、巴西劈裂试验、直拉试验三大类典型岩石力学试验的模拟功能。用户只需在功能包的基础上调整自己所需要的试验的各种参数，就能进行岩土力学试验的模拟。

基于 FistPkg 的 PFC 岩石力学试验模拟过程可以简单地分为两个主要步骤：试样的制备和试验的加载。试样的制备包括材料属性的定义、试样物理属性（如颗粒密度等）的定义、颗粒接触力学属性的定义，而试验的加载类型和过程控制主要取决于对加载条件的设定。

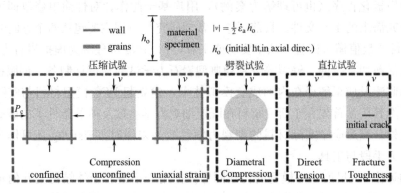

图 4-1 PFC 中的三种常规岩石力学试验

4.2.2 功能包文件夹构成

FistPkg 功能包主要包含三个文本文件（dirContents. txt、fistPkg-publicMods. txt、fistPkg-README. txt）和两个子文件夹（Documentation、ExampleProjects）。其中，"fistPkg-README. txt"简述了功能包特点，"FistPkg-publicMods. txt"是功能包升级说明文件，"dirContents. txt"则用于描述功能包中的文件构成。

文件夹 Documentation 主要提供的帮助文件见表 4-1。

文件夹 Documentation 内容　　　　　　　　　　　　　　　　表 4-1

文件名	文件说明
FistPkg-Cover	功能包总论
FistPkg-Documentation	帮助文件
FlatJointContactModel［ver1］	平节理接触模型说明
HillContactModel［ver4］	Hill 接触模型说明
MatModelingSupport［fistPkg *Version*］	支持的材料模型
MatModelingSupport［fistPkg *Version*］ExampleMats1	支持的材料模型实例帮助
MatModelingSupport［fistPkg *Version*］ExampleMats2	
MatModelingSupport［fistPkg *Version*］ExampleMats3	
MatModelingSupport［fistPkg *Version*］Talk	支持材料模型的讨论
Potyondy（2015）-BPM _ AsATool	平行黏结模型工具说明

文件夹 ExampleProjects（案例模板文件夹）是 FistPkg 功能包的核心构成内容，其中又同时为二维和三维岩石力学试验模拟分别定制有功能文件夹（fistSrc）和案例模板文件夹两类。其中，功能文件夹 fistSrc 中文件为实现包括试样制备、材料定义、边界条件及应力状态设定及加载控制在内的重点环节提供通用化功能函数文件，主要包括："ft. fis"主要用于试样制备；"ct. fis"压缩试验加载控制；"tt. fis"拉伸试验加载控制；"dc. fis"劈裂试验加载控制；"ck. fis"破裂监控函数。案例模板文件夹按接触模型定义及参数设置的不同为 PFC 典型接触模型定制提供了标准化岩石力学试验应用研究案例，如常用的平行接触模型 MatGen-ParallelBonded、平节理接触模型 FlatJointContactModel 等，每个接

触模型案例模板文件夹采用 MatGen. p｛2，3｝prj、MatGen. p｛2，3｝dvr 文件进行颗粒模型项目管理。其中 MatGen. p｛2，3｝dvr 为项目驱动文件，其余为模型参数配置文件，如试样属性参数文件 mvParams. p｛2，3｝dat 和细观力学参数配置文件 mpParams. p｛2，3｝dat。案 例 模 板 文 件 夹 大 多 都 包 含 双 轴/三 轴 压 缩（CompTest）、巴 西 劈 裂（DiamCompTest）、直拉（TenTest）三种数值试验的实现文件，对应于的加载文件分别为 CompTest. p｛2，3｝dvr、DiamCompTest. p｛2，3｝dvr 和 TenTest. p｛2，3｝dvr。具体内容见表 4-2 及图 4-2 示例。

文件夹 ExampleProjects 内容　　　　　　　　　　　　　　　　　　表 4-2

文件名	文件说明
fistSrc	FISH 函数包
FlatJointContactModel	平节理接触模型
HillContactModel	Hill 接触模型
MatGen-ContactBonded	接触黏结模型材料
MatGen-FlatJointed	平节理模型材料
MatGen-Hill	Hill 模型材料
MatGen-Linear	线性接触模型材料
MatGen-ParallelBonded	平行黏结模型材料
MatGen&Test _ AllMats-RUN. dvr	材料生成及试验驱动文件
MatGen&Test _ AllMats-RUN. prj	材料生成及试验项目文件

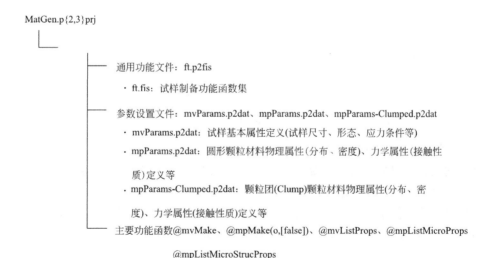

图 4-2　MatGen 项目的文件结构

案例模板文件在执行过程中会自动调用 fistSrc 文件夹中的功能文件，具体调用关系为：

●试样制备：文件 MatGen. p｛2，3｝dvr 调用 fistSrc 文件夹中 ft. fis 文件为试样制备提供通用功能；

●试样加载：加载文件 CompTest. p｛2，3｝dvr、DiamCompTest. p｛2，3｝dvr 和

TenTest. p {2, 3} dvr 分别调用 fistSrc 文件夹中 ct. fis、dc. fis、tt. fis 文件实现伺服、加载速度等加载控制，此外还调用 ck. fis 用于在加载过程中实际监控破裂萌生与扩展指标。

4.3 试样制备

4.3.1 概述

试样制备是利用 FistPkg 进行岩石力学数值试验的第一步工作，一旦试样制备好之后，即可在接下来的加载试验中调用试样模型进行加载。本节将对试样制备的基本操作步骤与文件构成进行讲解。FistPkg 中的数值实验试样不仅支持颗粒 Ball，还提供了包含颗粒团 clump 的模型供用户选择。如图 4-3 和图 4-4 所示分别为球颗粒与颗粒团试样模型。颗粒团 clump 的应用目的一般有两种：首先是用于精确刻画岩土材料固体骨架的结构形态，另外则通过 clump 起伏状边界形态增加材料内部结构之间的咬合能力，以提高材料的摩擦强度。

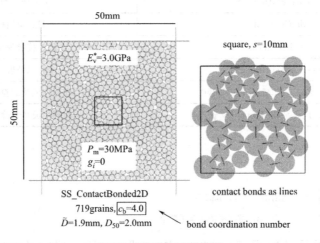

图 4-3　球颗粒 Ball 模型

4.3.1.1 试样制备工作步骤

试样的制备可以分为四个步骤如图 4-5 所示，包括：①颗粒自由填充（图 4-6）；②颗粒密实处理（图 4-7）；③接触属性赋值定义；④应力初始化。

颗粒自由填充使用 {ball, clump} distribute command，命令特点：颗粒在试样范围内自由充填；颗粒之间允许重叠；初始孔隙比由参数 nc（pk _ nc）控制。

$$n_c = (v_v - v_g)/v_g \tag{4-1}$$

式中，v_v 为试样面积（2D）/体积（3D）；v_g 为颗粒总面积/体积（不考虑颗粒重叠影响）。

颗粒自由充填操作的结果是在指定形态的试样边界内部形成松散颗粒集合，该集合体的基本特点是颗粒分布极为随机，颗粒间接触性质极为离散和不均匀。例如，其中有些颗粒可能会与其他颗粒形成大幅度重叠，或者有些颗粒完全悬空、不与其他任何颗粒具有接触关系。显然，颗粒集所描述的这种空间形态关系与实际材料的内部结构特征不符。因

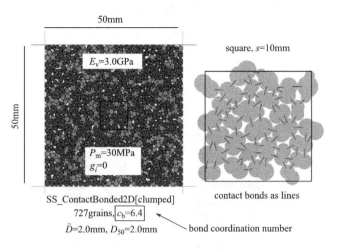

图 4-4　颗粒团 clump 模型

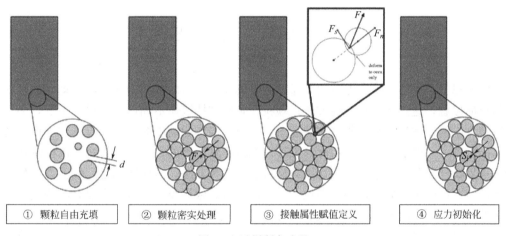

图 4-5　试样制备步骤

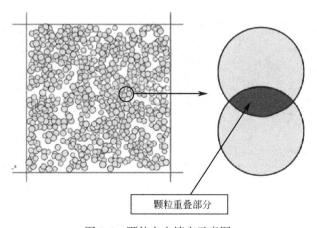

图 4-6　颗粒自由填充示意图

此，需依此为基础对松散颗粒作优化处理，使得颗粒形成合理的接触关系。该处理措施一般称为"密实处理"，目前常用的颗粒密实处理方法有两种，如图 4-7 所示。

- 墙体运动压缩
- 颗粒膨胀压缩

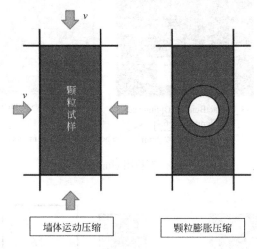

图 4-7　两种颗粒密实方法

顾名思义，墙体运动压缩方法是通过调整墙体位置（向试样内部方向移动）使颗粒运动而形成接触，达到密实状态的方法；颗粒膨胀则维持墙体不动即试样尺度不变，通过缩放颗粒大小的方式达到颗粒集密实的意图。其中，墙体运动压缩的方法仅适用于模拟物理试样的制备，一般散体材料适用此种方法；颗粒膨胀压缩的方法对模拟物理试样制备和周期性边界试样制备均适用，一般黏结类材料适用此种方法。需说明的是，以上方法均基于前提假定，即微量的墙体运动或颗粒大小变化均可导致颗粒内部接触力显著的变化，因此认为调整操作不会改变试样大小及其内部的颗粒级配性质。如图 4-8 和图 4-9 所示，两种方法分别对墙体或颗粒半径作微量调整后，可引致试样宏观力学意义上球应力的显著变化。

图 4-8　墙体运动压缩过程

(a) (b) (c)

图 4-9 颗粒膨胀压缩过程

4.3.1.2 通用文件的构成及功能

通用文件是指在每个类型的接触的文件里都存在的文件，是生成实验试样及进行数值实验所必要的文件，具体组成见表 4-3。

试样制备模块通用文件构成   表 4-3

文件名	文件说明
MatGen&Test-RUN. p {2，3} dvr	材料生成及实验总控制文件（2D/3D）
MatGen. p {2，3} dvr	材料生成控制文件（2D/3D）
MatGen. p {2，3} prj	材料生成项目文件（2D/3D）
MatGen-MakePlots. p {2，3} dat	材料生成结果出图命令文件（2D/3D）
mpParams. p {2，3} dat	材料（球）属性定义命令文件（2D/3D）
mpParams-Clumped. p {2，3} dat	材料（团）属性定义命令文件（2D/3D）
mvParams. p {2，3} dat	试样属性定义命令文件（2D/3D）

4.3.2 试样基本属性的定义

试样的基本属性（Material-Vessel Parameters）主要由 mvParams. p {2，3} dat 命令文件对全局参数进行定义与控制，全局参数主要包括：

- mv_type：试样类型，0—基本物理试样 1—周期边界试样；
- mv_shape：试样容器形状，0—长方体 1—圆柱体 2—球体（不常用）；
- mv_{H，W，D}：试样截面内高、宽和轴向长度深（3D-{z，y，x} 2D-{y，x，N/A}）球体直径为 H；
- mv_emod：颗粒材料与墙体的接触模量。

4.3.3 试样材料属性定义

试样的材料属性主要由 mpParams. p {2，3} dat 命令文件来进行定义赋值，包括通用、填充和材料组。主要由两个 FISH 函数组成：mpSetCommonParams（通用参数）、mpSetPackingParams（材料填充参数）和 mpSetCBParams（接触黏结材料参数）。

4.3.3.1 材料属性定义的主要内容

材料通用物理属性（mpSetCommonParams）主要包括：

- cm_matName：材料名称；
- cm_matType：接触材料类型，0-linear，1-contact bonded，2-parallel bonded，3-flat jointed，4-user-defined；
- cm_localDampFac：局部阻尼系数，一般默认为0.7；
- cm_densityCode：密度类型，0-grain颗粒密度，1-bulk整体密度；
- cm_densityVal：密度（其物理意义取决于cm_densityCode）；
- cm_shape：颗粒类型，0-all balls，1-all clumps；用于定义创建数值试样采用的pebble元素类型；
- cm_nSD：颗粒粒径分布组数；
- cm_typeSD（nSD）：粒径分布类型，0-均匀分布，1-正态分布；
- cm_ctName（nSD）：分组名称，程序会依据接触模型的不同对属于不同粒径分组的颗粒进行自动命名；
- cm_Dlo（nSD）：第 $i \in$ ［1, nSD］个粒径分组内颗粒直径最小值；
- cm_Dup（nSD）：第 $i \in$ ［1, nSD］个粒径分组内颗粒直径最大值；
- cm_Vfrac（nSD）：第 $i \in$ ［1, nSD］个粒径分组内颗粒的体积分数；

材料填充物理属性（mpSetPackingParams）主要包括：

- pk_Pm：材料受到的压力；
- pk_seed：随机数种子；
- pk_procCode：材料密实处理方式，0-墙体运动压缩，1-颗粒膨胀压缩；
- pk_nc：材料初始孔隙率。

接触黏结材料参数（mpSetCBParams）主要包括：

线性组

- cbm_emod：接触有效模量
- cbm_krat：接触刚度比
- cbm_fric：接触摩擦系数

接触黏结组

- cbm_igap：间隙设置
- cbm_tens_m：接触抗拉强度分布（应力）均值
- cbm_tens_sd：接触抗拉强度分布（应力）方差
- cbm_shears_m：接触剪切强度分布（应力）均值
- cbm_shears_sd：接触剪切强度分布（应力）方差

线性材料组

- lnm_emod：接触有效模量
- lnm_krat：接触刚度比
- lnm_fric：接触摩擦系数

4.3.3.2 力学属性（接触）定义

线性接触模型（linear contact model）是散体颗粒材料所需要的基础，黏结类接触模型（如 Contact Model、Parallel-Bonded Model 等）在其中的黏结键发生断裂后也会退化成线性接触模型，线性接触模型需要设置的参数见表 4-4。

线性接触模型参数　　　　　　　　　　　　　　　表 4-4

参数	描述
lnm_emod	有效模量
lnm_krat	刚度比
lnm_fric	摩擦系数

接触黏结模型可以设想为沿接触法向和剪切向布置的一对弹簧，弹簧（即黏结键）具有恒定的刚度及强度。在黏结模型未发生破裂的前提下，接触强度由黏结键控制。在接触受力过程中，沿其法向弹簧中可形成拉应力，如拉应力超过法向黏结键强度，则接触发生断裂，此时接触法向力和剪切力都变为零；类似地，若接触剪切力超过其剪切黏结键强度，且法向接触力为压力时，黏结模型剪切黏结键发生破裂，此后接触剪切强度由摩擦系数和法向力控制，服从 Coulomb 理想滑移定律，即剪切力不超过摩擦系数与法向接触力的乘积。接触黏结模型需要设置的参数见表 4-5。

接触黏结接触模型参数　　　　　　　　　　　　表 4-5

参数	描述
线性组	
cbm_emod	有效模量
cbm_krat	刚度比
cbm_fric	摩擦系数
接触黏结组	
cbm_igap	接触安装间隙
pbm_tens	黏结抗拉强度
cbm_shears	黏结抗剪强度
线性接触模型与表 4-4 相同	

平行黏结模型（Parallel-bonded contact model）能抵抗力与扭矩的作用，当所承受的力超过强度极限，黏结接触模型会断裂，即接触因黏结键失效而产生破坏。平行黏结接触模型需要设置的参数见表 4-6。

平行黏结接触模型参数　　　　　　　　　　　　表 4-6

参数	描述
线性组	
pbm_emod	有效模量
pbm_krat	刚度比
pbm_fric	摩擦系数

参数	描述
平行黏结组	
pbm _ igap	接触安装间隙
pbm _ rmul	半径乘子
pbm _ bemod	黏结有效模量
pbm _ bkrat	黏结刚度比
pbm _ coh	黏结内聚力
pbm _ ten	黏结抗拉强度
pbm _ fa	摩擦角
线性接触模型与表 4-4 相同	

平节理模型描述了两个表面之间刚性连接的理想化界面（见第 1 章 1.2.4），表面称为面（faces），颗粒为面缘颗粒（faced grains），每个晶粒都被描绘为圆形或球形核心，并带有许多裙边面（skirted faces）。平节理由黏结单元组成，单元的破坏会产生裂缝。黏结单元为线弹性，承受力直到达到强度极限，退化为线性接触模型。平节理模型需要设置的参数见表 4-7。

平节理接触模型参数　　　　　　　　　　　　　　　　　　表 4-7

参数	描述
平节理组	
fjm _ trackMS	微观结构追踪标志
fjm _ igap	安装间隙
fjm _ B _ frac	黏结分数
fjm _ G _ frac	间隙分数
fjm _ Nr	径向单元数
fjm _ rmulCode	半径乘子方式 0-固定 1-变化
fjm _ rmulVal	半径乘子值
fjm _ emod	有效模量
fjm _ krat	刚度比
fjm _ fric	摩擦系数
fjm _ ten	抗拉强度
fjm _ coh	内聚力
fjm _ fa	摩擦角
线性接触模型与表 4-4 相同	

4.3.4　试样制备成果检查与分析

在试样制备完成之后，可通过 FistPkg 内置函数获取试样几何与级配构成等相关关键指标，并作为试样成果合理性的判断依据。如若不满足分析要求，可进行参数调整重新制备试样：

●试样的基本属性（参见本章 4.3.2 节）可以通过 @mvListProps 函数在 PFC 的 Console 面板查看，如图 4-10 所示。

```
pfc2d>@mvListProps
## Material-Vessel Properties:
   mv_type: 0 (physical)
   mv_shape: 0 (rectangular cuboid)
   {mv_H, _wdy} (height {initial, current}, aligned with y-axis): {0.05,0.05}
   {mv_W, _wdx} ( width {initial, current}, aligned with x-axis): {0.05,0.05}
   mv_D (depth,  aligned with z-axis): 1
       [2D model: unit-thickness disks, thus mv_D is always one.]
   mv_expandFac: 1.2
   mv_emod (effective modulus): 3e+09
   mv_insetLFac (measurement region spanning-length factor): 0.8
   mv_insetDFac (measurement region diameter factor): 0.8
```

图 4-10　@mvListProps 函数显示数据

●粒径分布、接触力学性质设置参数（参见本章 4.3.3 节）可以通过 @mpListMicroProps 函数在 PFC 的 Console 面板查看，如图 4-11 所示。

```
pfc2d>@mpListMicroProps
## Material Microproperties:
   Common group:
      cm_matName (material name): SS_ParallelBonded2D
      cm_matType (material-type code): 2 (parallel-bonded)
      cm_localDampFac (local-damping factor): 0.7
      cm_densityCode: 1 (cm_densityVal is bulk density)
      cm_densityVal: 1960
      Grain shape & size distribution group:
      cm_shape (grain-shape code): 1 (all clumps)
      cm_nSD (number of size distributions): 2
         cm_typeSD(1): 0 (uniform)
         cm_ctName(1): dyad
         cm_Dlo(1): 0.0016
         cm_Dup(1): 0.0024
         cm_Vfrac(1): 0.75
         --------------------------
         cm_typeSD(2): 0 (uniform)
         cm_ctName(2): peanut
         cm_Dlo(2): 0.0016
         cm_Dup(2): 0.0024
         cm_Vfrac(2): 0.25
      cm_Dmult (diameter multiplier): 1
   Packing group:
      pk_seed (seed of random-number generator): 10000
      pk_Pm (material pressure): 3e+07
      pk_PTol (pressure tolerance): 0.01
      pk_ARatLimit (equilibrium-ratio limit): 0.008
      pk_stepLimit (step limit): 2000000
      pk_procCode (packing-procedure code): 1 (grain scaling)
      pk_nc (grain-cloud porosity): 0.08
      _pkORmaxLimit (overlap-ratio maximum limit): 0.25
      _pkORupdateRate (overlap-ratio update rate, number of cycles): 100
   Parallel-bonded material group:
      Linear group:
         pbm_emod (effective modulus): 1.5e+09
         pbm_krat (stiffness ratio): 1.5
         pbm_fric (friction coefficient): 0.4
      Parallel-bond group:
         pbm_igap (installation gap): 0
         pbm_rmul (radius multiplier): 1
         pbm_bemod (bond effective modulus): 1.5e+09
         pbm_bkrat (bond stiffness ratio): 1.5
         pbm_mcf (moment-contribution factor): 1
         pbm_ten_m (tensile-strength distribution, mean): 1e+06
         pbm_ten_sd (tensile-strength distribution, standard deviation): 0
         pbm_coh_m (cohesion distribution, mean): 2e+07
         pbm_coh_sd (cohesion distribution, standard deviation): 0
         pbm_fa (friction angle [degrees]): 0
   Linear material group:
      lnm_emod (effective modulus): 1.5e+09
      lnm_krat (stiffness ratio): 1.5
      lnm_fric (friction coefficient): 0.4
```

图 4-11　@mpListMicroProps 函数显示数据

●试样的级配（平均粒径、d50 粒径等）和接触条件统计（接触类型，个数、力学参数等）可以通过 @mpListMicroStrucProps 函数在 PFC 的 Console 面板查看，如图 4-12 所示。

●粒径分布状态详细分析（数据表 Table）：（1）GSD Retained 表单：粒径分布曲线；（2）GSD 表单：累计粒径分布曲线如图 4-13 所示。

```
pfc2d>@mpListMicroStrucProps
## Material Microstructural Properties [# is "number of"]:
  Grain Size and Packing Information:
    mp_nGN (# grains): 727
    Grain-size distribution (GSD) via gsdMeasure(numBins) to create table GSD,
      which is displayed in view pl-GSD.
    mp_Davg      (average grain diameter): 0.00197288
    mp_D50       ( median grain diameter): 0.00206174
    mp_PhiVavg (vessel resolution w.r.t. mp_Davg ): 25.3436
    mp_PhiV50  (vessel resolution w.r.t. mp_D50  ): 24.2514
    mv_mn (measurement-based porosity): 0.0933271
    mp_ORs (overlap ratios (max, min, avg)): (0.1261,5.03506e-06,0.017038)
  Contact Information:
    mp_nLNc  (# active linear-based            contacts): 2494
    mp_nLNgg (# active linear-based grain-grain contacts): 2494
    mp_nLNgw (# active linear-based grain-wall  contacts): 0
  Bonded-Material Information:
    mp_CNb (bond coordination number via bcnMeasure): 6.86107
    mp_nCBb (# contact-bonded bonds): 0
    mp_nPBb (# parallel-bonded bonds): 2494
    mp_nFJc (# flat-jointed contacts): 0
    mp_nFJe (# flat-jointed elements): 0
    mp_nFJb (# flat-jointed bonds): 0
```

图 4-12 @mpListMicroStrucProps 函数显示数据

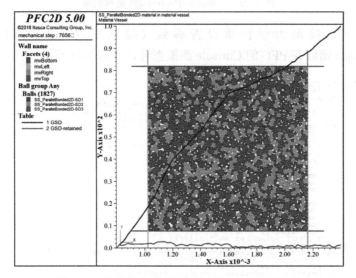

图 4-13 粒径分布状态详细分析（数据表 Table）

4.4 试样加载

4.4.1 文件构成及功能

在岩体试样构建完成后就可以调用材料储存文件对其进行加载实验。FistPkg 提供了三种实验类型：（1）压缩试验（有侧限、无侧限和径向应变）；（2）劈裂试验；（3）直拉试验。用户可以根据自己的需要来选择数值试验类型并调整控制加载参数。加载实验大致可分为两个步骤：

● 伺服加载：分为两个步骤，首先是围压条件的建立，即依据输入的围压条件，通过调整试样周边 wall 对象的速度，在试验试样内形成满足要求的围压环境，据此即可进行后续加载，即在围压控制的基础上对试样持续加载，直至其进入破坏状态；

● 成果解析：成果解析的本质是监测上述加载过程中试样对象（包括颗粒、wall）的速度、接触力，经力学关系式解译得到试样的宏观力学参数。

对应于三种试验的加载控制文件分别存放在名为 CompTest（压缩试验）（表 4-8）、

DiamCompTest（劈裂试验）（表 4-9）、TenTest（直拉试验）（表 4-10）三个文件夹下。

CompTest（压缩试验）文件夹内容　　　　　　　　　表 4-8

文件名	文件说明
CompTest. p2（3）dvr	压缩试验总控制文件（包含 2D 及 3D）
CompTest. p2（3）prj	压缩试验项目文件（包含 2D 及 3D）
CompTest-MakePlots. p2（3）dat	压缩试验出图命令文件（包含 2D 及 3D）
ctParams. p2（3）dat	压缩试验参数定义命令文件（包含 2D 及 3D）

DiamCompTest（劈裂试验）文件夹内容　　　　　　　表 4-9

文件名	文件说明
DiamCompTest. p2（3）dvr	劈裂试验总控制文件（包含 2D 及 3D）
DiamCompTest. p2（3）prj	劈裂试验项目文件（包含 2D 及 3D）
DiamCompTest-MakePlots. p2（3）dat	劈裂试验出图命令文件（包含 2D 及 3D）
dcParams. p2（3）dat	劈裂试验参数定义命令文件（包含 2D 及 3D）

TenTest（直拉试验）文件夹内容　　　　　　　　　表 4-10

文件名	文件说明
TenTest. p2（3）dvr	直拉试验总控制文件（包含 2D 及 3D）
TenTest. p2（3）prj	直拉试验项目文件（包含 2D 及 3D）
TenTest-MakePlots. p2（3）dat	直拉试验出图命令文件（包含 2D 及 3D）
ttParams. p2（3）dat	直拉试验参数定义命令文件（包含 2D 及 3D）

还有一些有关试验的通用 fish 函数文件存放在 fistSrc 文件夹中（表 4-11）。

PFC 试验中的通用 fish 函数　　　　　　　　　表 4-11

文件名	文件说明
ck. fis	裂纹扩展监测函数
ct. fis	压缩试验功能函数
dc. fis	劈裂试验功能函数
tt. fis	直拉试验功能函数

4.4.2　试验类型及参数定义

这一节主要介绍压缩试验、直拉试验和巴西劈裂试验的实现方法，及其相应参数的定义方法。

4.4.2.1　压缩试验

双轴（单轴）压缩数值模型以顶部和底部的墙体模拟加载板对颗粒集合体进行加载，左右两个墙体在整个计算过程中可以通过伺服控制技术实现颗粒集合体围压条件近似维持为恒定值。图 4-14 中，h、w 分别表示试样的高度和宽度，V_p 表示加在墙体的加载速度。

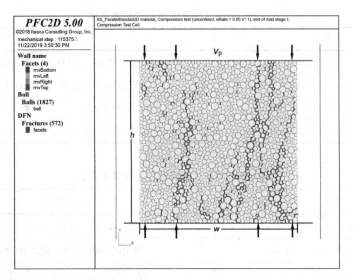

图 4-14　压缩试验示意图

在压缩试验中调用的 FISH 函数：

● @ctSetParams：试验参数赋值；

● @ctCheckParams：检查试验参数；

● @ctListProps：打印显示参数。

需要设置的变量：

● ct _ testType：压缩试验类型，0-有围压，1-无围压，2-单轴应变；

● ct _ Pc：围压，数值>0 为受压；

● ct _ eRate：轴向加载速率；

● ct _ loadCode：加载阶段，0-单段加载，1-多阶段加载，若此参数设置为 1，要设置 @ctPerformStage 函数来控制多阶段加载；

● ct _ loadFac：加载停止条件。

4.4.2.2　直拉试验

目前实验室直拉试验中的岩石试样的制作成本很高且加工难度很大，同时加载时容易出现受力偏差。但是要研究岩石的抗拉力学特性，必须要从岩石的直接拉伸试验出发，所以数值模拟就成了一种切实有效的研究手段。与压缩试验不同，在 FistPkg 中，直拉数值试验加载无法通过对墙体施加速度条件来实现，而是对试样顶部和底部一定厚度条形范围内颗粒施加一组沿试样轴向的速度条件，这一组大小相同的速度反向作用于试样两端，以实现拉伸加载。同时，由于只设置了轴向速度，所以在整个加载过程中条形颗粒横向的速度和转动速度都为零。当然，为规避突发的速度荷载对试样可能产生的动态冲击作用，往往需要采用循环数分段方式使颗粒块速度自 0 逐渐过渡至最终指定值 v，直拉试验颗粒模型如图 4-15 所示。

在直拉试验中调用的函数：

● @ttSetParams：试验参数赋值；

- @ttCheckParams：检查试验参数；
- @ttListProps：打印显示参数。

需要设置的变量：

- tt _ tg：定义试样两端 tt _ tg 厚度范围内的颗粒用于加载；
- tt _ eRate：轴向加载速率；
- tt _ loadCode：加载阶段，0-单段加载，1-多阶段加载，若此参数设置为 1，要设置 @ctPerformStage 函数来控制多阶段加载；
- ct _ loadFac：加载停止条件。

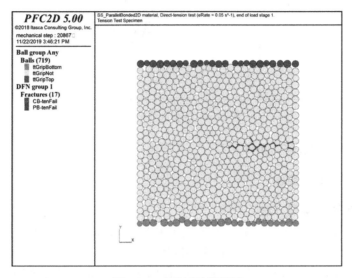

图 4-15　直拉试验模型图

4.4.2.3　巴西劈裂试验

巴西劈裂试验相较于直拉试验在试验室条件下容易执行，劈裂试验是在圆柱体试样的直径方向上放入上下两根垫条，施加相对的线性荷载，使之沿试样直径方向破坏，测得试样的抗拉强度。与压缩试验相同，PFC 中的劈裂试验也是通过控制墙的速度来对岩石进行加载。劈裂试验结果如图 4-16 所示。

在压缩试验中调用的函数：

- @dcSetParams：试验参数赋值；
- @dcCheckParams：检查试验参数；
- @dcListProps：打印显示参数。

需要设置的变量：

- dc _ ｛w，d｝：圆盘宽度，深度；
- dc _ emod：圆盘有效模量；
- dc _ g0：初始圆盘间隔；
- ct _ eRate：轴向加载速率；
- ct _ loadCode：加载阶段，0-单段加载，1-多阶段加载，若此参数设置为 1，要设置 @ctPerformStage 函数来控制多阶段加载；

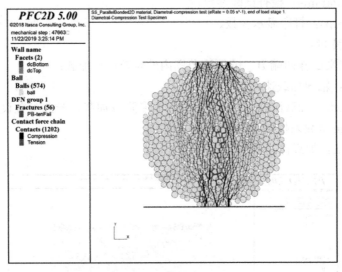

图 4-16 劈裂试验结果图

- ct_loadFac：加载停止条件。

4.4.3 相关主要功能及实现

4.4.3.1 伺服原理与实现方法

在 PFC 软件中，墙（wall）并不能被直接赋予荷载条件（如集中力、弯矩和应力等），在三轴试验中，若想对试样侧壁施加恒定的围压，必须采用对墙的速度进行控制的方式达到施加相应恒定围压的目的。PFC 中的伺服机制通过每周期内调用一次 FISH 函数 wall.servo.force 来施加力，并用 wall servo 命令来控制伺服开关。PFC 中伺服机制执行下列算法，二维情况下边界 wall 的法向速度可写为：

$$\dot{u}^{(\omega)} = G(\sigma^{\text{measured}} - \sigma^{\text{required}}) = G\Delta\sigma \tag{4-2}$$

式中，G 为伺服的增量参数。

在单位时间步内由 wall 运动引起的力最大增量是：

$$\Delta F^{(\omega)} = k_n^{(\omega)} N_c \dot{u}_n^{(\omega)} \Delta t \tag{4-3}$$

式中，N_c 是边界约束上接触面的数量；$k_n^{(\omega)}$ 是这些接触面的平均刚度。因此，平均接触应力的变化量是：

$$\Delta\sigma^{(\omega)} = k_n^{(\omega)} N_c \dot{u}_n^{(\omega)} \Delta t / A \tag{4-4}$$

式中，A 是约束区域。为了保持稳定，wall 约束应力变量的绝对值必须小于测试应力与需求应力之差的绝对值。在实践中，假定一个比例系数 α，则可得下列表达式：

$$|\Delta\sigma^{(\omega)}| < \alpha |\Delta\sigma| \tag{4-5}$$

联立上述几式得到：

$$k_n^{(\omega)} N_c G \Delta t / A < \alpha |\Delta\sigma| \tag{4-6}$$

式中，$kn(\omega) > 0$，$N_c > 0$，$\Delta t > 0$，$A > 0$，取 $G > 0$，$\Delta\sigma > 0$，于是消去 $|\Delta\sigma|$ 得到：

$$G < \frac{\alpha A}{k_n^{(\omega)} N_c \Delta t} \tag{4-7}$$

因此，可以通过下式来确定伺服增量参数 G：

$$G = \frac{\alpha A}{k_\mathrm{n}^{(\omega)} N_\mathrm{c} \Delta t}$$

(4-8)

实际模拟中一般取 $\alpha = 0.5$。图 4-17 显示了 PFC 软件三轴试验示意图，其中运用了上述伺服机制。

Wall servo 后可接关键词：

- activate on/off 控制伺服开关；
- force 设置目标力（全局坐标）；
- vmax 指定最大速度；
- x/y/z force 设置 x/y/z 方向力。

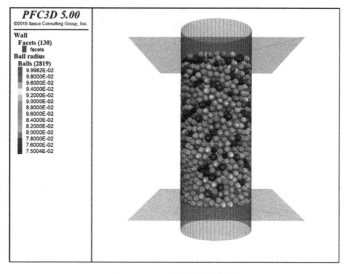

图 4-17　三轴试验示意图

除了上述所述的刚性伺服方法，PFC 还有一种采用颗粒作为加载边界的柔性伺服方法，该伺服方法将刚性墙体由两列球代替组成柔性膜，颗粒之间用黏结接触模型黏结，且黏结强度设置为较大值。围压则是通过对柔性颗粒施加等效集中力来进行模拟，维持围压的稳定，柔性伺服如图 4-18 所示。图 4-19 显示了利用伺服完成的直剪试验。

例 4-1　伺服控制算例：直剪试验

```
new
title 'Wall servo example: Shear Box'
set random 10001
domain extent-0.4 0.4-0.3 0.3
cmat default model linear method def emod 1e7 krat 2.5 ...
                    prop dp_nratio 0.2

; 创建剪切盒的上半部分
wall generate name 'top' box-0.25 0.25 0.0 0.125
```

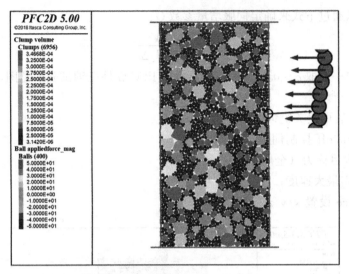

图 4-18 柔性伺服示意图

wall delete wall range set name 'topBottom'

wall create name 'topExt' vertices-0. 3 0. 0-0. 25 0. 0

wall group 'top'

；创建剪切盒的下半部分

wall generate name 'bot' box-0. 25 0. 25-0. 125 0. 0

wall delete wall range set name 'botTop'

wall create name 'botExt' vertices 0. 25 0. 0 0. 3 0. 0

wall group 'bot' range group 'top' not

；创建球，设置重力场

ball distribute poros 0. 17   . . .

                   resolution 0. 006   . . .

                   radius 0. 8 1. 2   . . .

                   box-0. 25 0. 25-0. 125 0. 125

ball attribute density 2500. 0

ball property fric 0. 01

set gravity 10. 0

cycle 100 calm 10

solve aratio 1e-3

set mechanical age 0. 0

save sb-init

；对顶部墙设置伺服控制模拟法向应力

ball attribute displacement 0. 0 0. 0 damp 0. 7

ball property fric 0. 5

[m = 100. 0]

[p = m * global. gravity()]

wall servo force [p] activate on range set name 'topTop'

```
history id 1 mechanical age
history id 2 mechanical solve aratio
history id 11 wall xdisplacement name 'topTop'
history id 12 wall ydisplacement name 'topTop'
history id 21 wall ycontactforce name 'topTop'
history id 22 wall xcontactforce name 'botRight'
history id 23 wall ycontactforce name 'botRight'
solve
save sb-load
; 在顶部墙上保持伺服，施加 x 方向速度
history purge
set mechanical age 0.0
ball attribute displacement 0.0 0.0
wall attribute displacement 0.0 0.0
wall attribute xvelocity 0.001 range group 'top'
solve time 5.0
save sb-move
return
```

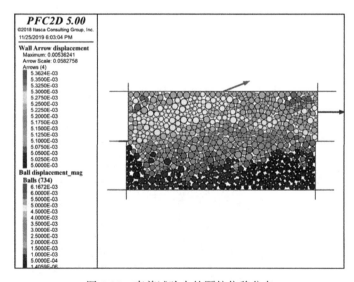

图 4-19　直剪试验中的颗粒位移分布

4.4.3.2　破裂监测

在数值试验过程中，裂纹的萌生与扩展特性指标及可视化显示可以通过调用 ck.fis 文件提供的通用函数来实现。在 PFC 软件模拟中，可认为黏结型接触模型（如 Parallel-Bonded Model）中的黏结单元（或黏结键）发生断裂时即形成一个裂纹。针对每条裂纹，ck.fis 监控并解译得到如下主要的描述性信息：接触类型（平行黏结、接触黏结、平节理接触、光滑节理）；破坏模式（拉伸破坏、剪切破坏）；几何信息（尺寸、位置、法向）及该破裂发生的时间等。由于监控解译信息丰富完整，因此这些信息可以存储作为创建离散

裂隙网络（DFN）的数据依据。在可视化环节，ck. fis 提供裂纹可视化功能函数，且可通过调用 ckFliter 函数对破裂按指定条件进行过滤。裂纹在 2D 中通过线段（图 4-20）进行可视化表达，在 3D 中则描述为一圆盘（图 4-26），因此可分别选择长度和直径作为可视化尺度控制参数，对于接触模型为平行接触模型（Parallel-Bonded Model）的情形，线段长度或圆盘直径默认为 2 倍接触半径。在提供的案例模板文件夹…FistPkg \ IntroExamples \ 1 _ OtherExamples 中，执行 MatExc. dat（例 4-13），可以计算出隧洞周围的裂纹分布（图 4-21）。

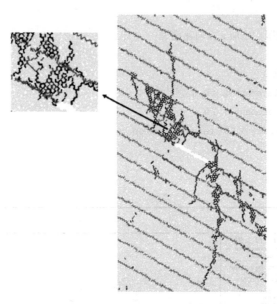

图 4-20　压缩试验中试样裂纹分布示意图

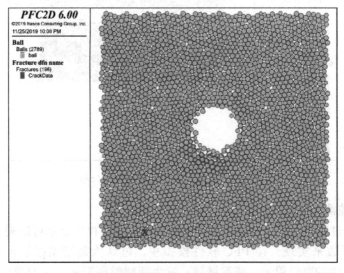

图 4-21　隧洞周围的裂纹分布

4.4.3.3　常用力学指标监测

在用加载试验进行 PFC 的微观参数标定过程中，最重要的就是得到各种应力应变曲线，从而求得试样的弹性模量、泊松比、抗压强度、抗拉强度等参数进行标定。FistPkg 对这些常用力学指标自带了检测功能，调取 history 就可实现。检测力学指标表如表 4-12 所示。

各检测力学指标表　　　　　　　　　　　　　　　　　　　表 4-12

变量名	对应力学指标
mv _ ms〔xx，yy，zz，xy，xz，yz〕	各方向应力（2D 中 zz，xz，yz 方向应力为零）
mv _ me〔xx，yy，zz，xy，xz，yz〕	各方向应变（2D 中 zz，xz，yz 方向应力为零）
mv _ ms〔a，r〕	轴向/径向应力
mv _ me〔a，r〕	轴向/径向应变
mv _ msd	偏应力
mv _ msm	平均应力
mv _ med	偏应变
mv _ mev	体积应变
mv _ mn	孔隙率

注：表中应力方向拉为正，即应变扩张为正。

4.4.3.4　人工合成岩体技术（SRM）

　　岩体是一个经历长期的构造运动、风化卸荷及溶蚀作用而形成的复杂地质体，其中往往存在着大量随机分布的不连续结构面，并且往往大小不一，产状等都存在一定随机性，这使得岩体具有十分明显的随机结构特性。不连续结构面在空间的相互切割会形成一系列复杂的裂隙网络，从而使岩体变为非均匀和非连续的结构体，其变形及强度特性变得更加复杂。近年来，采用离散化裂隙网络（DFN）已成为一种研究裂隙岩体特性的有效手段。所以，最新版 FistPkg 可借助 PFC 中的随机节理网络技术（DFN）生成随机裂隙网络，从而系统性形成人工合成综合岩体模型（SRM）。在裂隙分布及力学性质描述环节，用户可以自定义设置节理的角度、数目和尺寸等几何信息以及节理强度节理刚度等力学信息，将这些随机裂隙（随机裂隙采用 SJM 模型）加入到完整岩体中，从而可以构建出能够反映裂隙岩体特性，并符合现场统计规律的综合岩体模型（图 4-22）。

　　例 4-2　离散化裂隙网络（DFN）的形成

```
; -----------------插入离散化裂隙网络(DFN)
fracture template create 'JSET1T' dip-limits 40.   50. size power-law 3 size-limits 0.005   0.010
fracture template create 'JSET2T' dip-limits 130. 140. size power-law 3 size-limits 0.010   0.020

fracture generate dfn 'JSET1' template 'JSET1T'   ...
        generation-box @ _ genboxXMIN @ _ genboxXMax @ _ genboxYMIN @ _ genboxYMax ...
        p10 100. begin @ _ genboxXMIN, 0. end @ _ genboxXMax, 0.
fracture generate dfn 'JSET2' template 'JSET2T'   ...
        generation-box @ _ genboxXMIN @ _ genboxXMax @ _ genboxYMIN @ _ genboxYMax ...
        p10 100. begin @ _ genboxXMIN, 0. end @ _ genboxXMax, 0.
```

; —————————————安装光滑节理接触模型并设置属性

fracture contact-model model 'smoothjoinT' install

人工合成岩体技术利用描述岩体的基本构成方式（岩块＋结构面），避免了传统分析手段存在的不足，可以实现对结构面导致的岩体不连续性、不均匀性、尺寸效应等特性的真实描述。

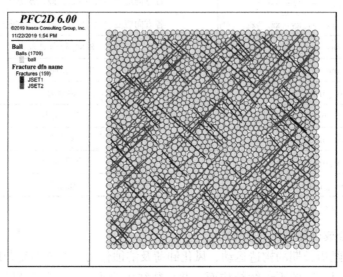

图 4-22　SRM 功能在 FISHTANK 中的实现

4.4.3.5　制作块模板（PBRICK）及其组装

PFC 中的块（Brick）是一种可以黏结组合的组件，可以通过多次网格化规则复制以构建大尺度模型。块（在一个单独的 PFC 中运行）是通过在周期性边界内压缩一组颗粒，然后将其以紧凑的形式存储而得到的。因为块一侧颗粒的几何排列与另一侧颗粒的几何排列正好相反即满足所谓的周期性对称条件，因此正好可以将这些组件复制并完美组装在一起，同时保证两个块的接触部位不会出现几何冲突问题（如重叠）。

块模板（PBRICK）在 PFC 6.0 版本中功能进一步增强。块模板是一种压实的黏结组件，可以通过多次复制来构建更大规模的模型。通过在周期性边界内压缩球颗粒然后以紧凑形式存储，以得到块模板。然后，可以将该组件完美地装配在一起，组装完成的模型由于块模板已经压实并平衡，不需要进一步进行模型的平衡。用户可以随意选择各个方向上的组装模板数量以及选定组装中心，这样就确定了以块模板为基础的大模型。在新版本的FistPkg 中运用了此功能，Assemble.p2dvr 控制文件用来控制模板的组装（图 4-23），如图 4-24 所示是块组装在 FistPkg 中的应用。

4.5　数值试验样例（以接触黏结材料为例）

在本节将选择由接触黏结模型（contact bond model）构建试验材料来代表一种典型砂岩，所用微（细）观参数如表 4-13 所示，试样示意图如图 4-25 所示。对其进行单轴压

图 4-23　块模板组装命令文件

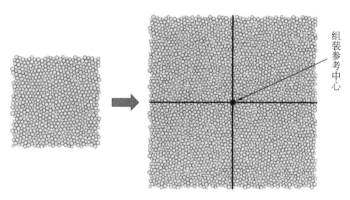

图 4-24　块模板组装在 FistPkg 中的应用

缩、巴西劈裂和直拉三种试验，得到了如图 4-26～图 4-32 的结果。其中图 4-27 为无侧限压缩应力应变曲线，可求得材料弹性模量及抗压强度；图 4-28 为无侧限压缩径向应变轴向应变曲线，可求得材料泊松比；图 4-30、图 4-32 分别为巴西劈裂轴向力与轴向位移曲线、直拉试验应力应变曲线，用户可对材料在两种试验下的抗拉强度进行对比。

颗粒细观参数表　　　　表 4-13

参数名	数值
密度（kg/m^3）	1960
局部阻尼系数	0.7
颗粒最大直径（m）	6.0e-3
颗粒最小直径（m）	6.0e-3
初始围压（Pa）	30e6
初始孔隙率	0.3
接触黏结弹性模量（Pa）	3.0e9

续表

参数名	数值
接触黏结刚度比	1.5
接触黏结摩擦系数	0.4
接触黏结法向强度（Pa）	1.0e6
接触黏结切向强度（Pa）	20.0e6
线性弹性模量（Pa）	3.0e9
线性刚度比	1.5
接触黏结摩擦系数	0.4

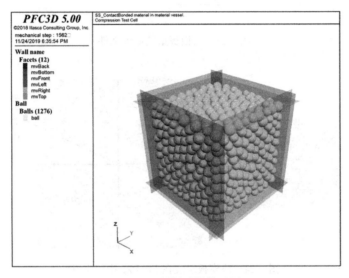

图 4-25　材料试样模型图

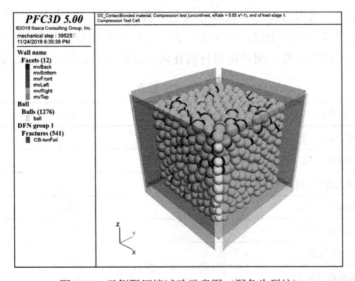

图 4-26　无侧限压缩试验示意图（深色为裂纹）

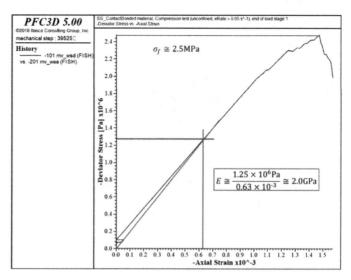

图 4-27　无侧限压缩应力应变曲线

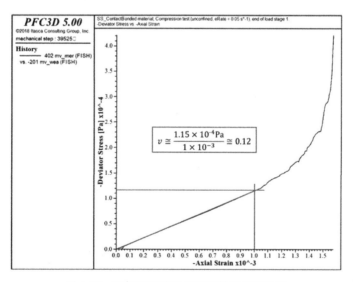

图 4-28　无侧限压缩径向应变轴向应变曲线

4.6　附本章提及部分代码及说明

本节以平行黏结模型为例，列出部分代码并加以说明，使读者能够更好地学习及使用 FistPkg 功能包。

- MatGen&Test-RUN. p2dvr

此文件为整个程序的控制主文件，仅通过对此文件的命令进行删除或添加就能控制整个程序的运行。

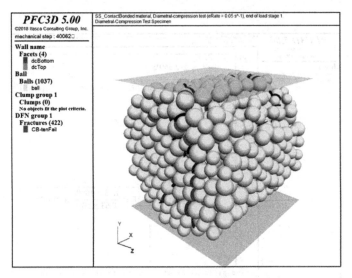

图 4-29　巴西劈裂试验示意图（深色为裂纹）

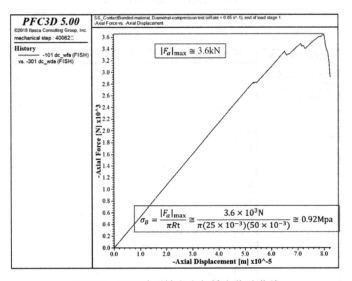

图 4-30　巴西劈裂轴向力与轴向位移曲线

例 4-3　MatGen&Test-RUN. p2dvr

---

set logfile MatGen&Test-RUN. p2log ；设置记录文件

set log on truncate

new

system clone timeout-1MatGen. p2prj ...

　　　call MatGen. p2dvr ；调用试样制备控制文件

system clone timeout-1CompTest \ CompTest. p2prj ...

　　　call CompTest. p2dvr ；调用压缩试验控制文件

system clone timeout-1 DiamCompTest \ DiamCompTest. p2prj ...

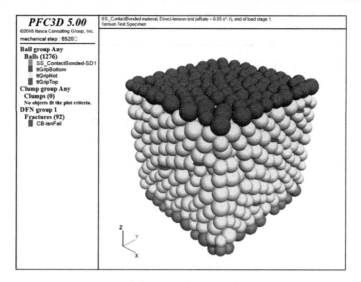

图 4-31　直拉试验示意图（深色为裂纹）

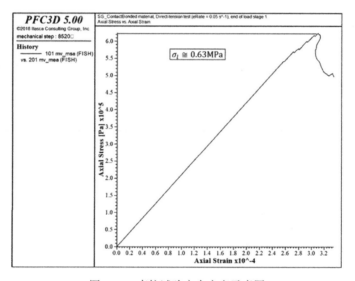

图 4-32　直拉试验应力应变示意图

call DiamCompTest. p2dvr ；调用压裂试验控制文件

system clone timeout-1 TenTest \ TenTest. p2prj ...

call TenTest. p2dvr ；调用直拉试验控制文件

set log off

exit

return

; EOF：MatGen&Test-RUN. p2dvr

● MatGen. p2dvr

此文件为试样制备的控制文件，一般不需要修改。

例 4-4 MatGen. p2dvr

```
set logfile MatGen. p2log ; 开始记录文件
new
call .. \ fistSrc \ ft. fis suppress ; 调用压缩试验 FISH 函数文件
callmvParams. p2dat     suppress ; 调用压缩试验通用属性定义命令文件
callmpParams. p2dat     suppress ; 调用压缩试验材料属性定义命令文件
@mvMake; 声明函数
@mpMake( 0, [false] )
@mvListProps
@mpListMicroProps
@mpListMicroStrucProps
set log off; 结束记录
gui project save
; exit
return
```

● mvParams. p2dat

此文件为压缩试验试样基本属性定义命令文件，用户可以直接通过修改命令定义模型的尺寸和模量等参数。

例 4-5 mvParams. p2dat

```
def mvSetParams
; 设置材料容器相关参数
  mv _ type   = 0; 定义模型属性
  mv _ H = 50.0e-3; 定义模型高
  mv _ W = 50.0e-3; 定义模型宽
mv _ emod = 3.0e9; 定义模型弹性模量
end
@mvSetParams; 调用相关函数
@ _ mvCheckParams
@mvListProps
@msBoxDefine( [vector(0.0, 0.0)], [vector(10e-3, 10e-3)] ) ; centered square (10 mm side)
Return
```

● mpParams. p2dat

此文件为压缩试验试样颗粒材料属性定义命令文件，用户可以直接通过修改命令定义材料颗粒的刚度和强度等参数，有关参数的说明本章内已加以说明。

例 4-6 mpParams. p2dat

```
def mpSetCommonParams ; 定义相关函数
```

```
; 设置通用参数.
  cm _ matName = 'SS _ ParallelBonded2D'
  cm _ matType = 2
  cm _ localDampFac = 0. 7
  cm _ densityCode = 1
  cm _ densityVal = 1960. 0
; 颗粒形状与尺寸分布:
    cm _ nSD = 1
    cm _ typeSD = array. create(cm _ nSD)
    cm _ ctName = array. create(cm _ nSD)
    cm _ Dlo     = array. create(cm _ nSD)
    cm _ Dup     = array. create(cm _ nSD)
    cm _ Vfrac   = array. create(cm _ nSD)
    cm _ Dlo(   1) = 1. 6e-3
    cm _ Dup(   1) = 2. 4e-3
    cm _ Vfrac(1) = 1. 0
end
@mpSetCommonParams
def mpSetPackingParams
; 设置充填参数(grain scaling).
  pk _ Pm = 30e6
  pk _ procCode = 1
  pk _ nc = 0. 08
end
@mpSetPackingParams
def mpSetPBParams
; 设置平行黏结材料参数.
    ; 线性组:
    pbm _ emod = 1. 5e9
    pbm _ krat = 1. 5
    pbm _ fric = 0. 4
    ; 平行黏结组:
    pbm _ igap = 0. 0
    pbm _ rmul = 1. 0
    pbm _ bemod = 1. 5e9
    pbm _ bkrat = 1. 5
    pbm _ mcf = 1. 0
    pbm _ ten _ m   = 1. 0e6
    pbm _ ten _ sd = 0. 0
    pbm _ coh _ m   = 20. 0e6
    pbm _ coh _ sd = 0. 0
    pbm _ fa = 0. 0
; 线性材料组:
```

```
    lnm _ emod = 1. 5e9
    lnm _ krat = 1. 5
    lnm _ fric = 0. 4
end
@mpSetPBParams
@ _ mpCheckAllParams
@mpListMicroProps
Return
```

- CompTest. p2dvr

此文件为压缩试验控制文件，原则上不需要修改。

例 4-7 CompTest. p2dvr

```
set logfile CompTest. p2log
set log on truncate
set echo on
restore .. \ SS _ ParallelBonded2D-matV. p2sav  ; 调用存储状态文件
call .. \ .. \ fistSrc \ ck. fis suppress  ; 调用裂隙 fish 文件
call .. \ .. \ fistSrc \ ct. fis suppress  ; 调用压缩 fish 文件
call ctParams. p2dat suppress  ; 调用压缩参数设置文件
@msOff ; 声明相关函数
@ckInit
@ctSeatingPhase
@ft _ ZeroGrainDisplacement
@ctLoadingPhase
@ckListData
set log off
gui project save
exit
return
; EOF: CompTes
```

- ctParams. p2dat

此文件为压缩试验参数定义命令文件，用户可以直接通过修改命令定义试验的加载、卸载等参数及监测（history）的设置，有关参数的说明上文已加以说明。

例 4-8 ctParams. p2dat

```
def ctSetParams
; Set Compression-Test Parameters.
  ct _ testType = 1
  ct _ Pc = 100. 0e3
  ct _ eRate = 0. 05
```

```
    ct _ loadCode = 0
    ct _ loadFac = 0.8
end
@ctSetParams
@ _ ctCheckParams
@ctListProps
; 指定在压缩测试中的监测信息
    history reset
    history nstep 10
    ; 对压力和应变伺服：
    history add id = 11 fish mv _ wPx    ; 监测 x 向伺服应力
    history add id = 12 fish mv _ wPy
    history add id = 21 fish mv _ wex    ; 监测 x 向伺服应变
    history add id = 22 fish mv _ wey
    ;
    history add id = 101 fish mv _ wsd
    history add id = 201 fish mv _ wea
    history add id = 202 fish mv _ wer
    history add id = 203 fish mv _ wev
    ;
    history add id = 402 fish mv _ mer
    history add id = 403 fish mv _ mev
    ;
    history add id = 31 fish mv _ mn
    ; 裂纹监测
    history add id = 41 fish ck _ nALL
    history add id = 42 fish ck _ nPBt
    history add id = 43 fish ck _ nPBs
return
; EOF：ctParams.p2dat
```

● DiamCompTest. p2dvr

此文件为压裂试验控制文件，原则上不需要修改。

例 4-9　DiamCompTest. p2dvr

```
set logfile DiamCompTest. p2log
set log on truncate
set echo on
restore .. \ SS _ ParallelBonded2D-mat. p2sav
ball delete range circle center (0.0，0.0) radius 25.0e-3 not
clump delete range circle center (0.0，0.0) radius 25.0e-3 not
call .. \ .. \ fistSrc \ ck. fis suppress
```

```
call .. \ .. \ fistSrc \ dc.fis suppress
call dcParams.p2dat suppress
@msOff
@ckInit
@dcSetupPhase
@ft_ZeroGrainDisplacement
@dcLoadingPhase
@ckListData
set log off
gui project save
Return
```

● dcParams.p2dat

此文件为压裂试验参数定义命令文件，用户可以直接通过修改命令定义试验的加载、卸载等参数及监测（history）的设置，有关参数的说明上文已加以说明。

例 4-10 dcParams.p2dat

```
def dcSetParams
; 设置劈裂试验参数
  dc_w = 50.0e-3
  dc_g0 = 50.0e-3
  dc_eRate = 0.05
  dc_loadCode = 0
  dc_loadFac = 0.8
end
@dcSetParams
@_dcCheckParams
@dcListProps
; 指定测试期间的监测信息
  history reset
  history nstep 10
  ;
  history add id = 101 fish dc_wfa
  history add id = 201 fish dc_wea
  history add id = 301 fish dc_wda
  ; 裂纹监测
  history add id = 41 fish ck_nALL
  history add id = 42 fish ck_nPBt
  history add id = 43 fish ck_nPBs
return
```

● TenTest.p2dvr

此文件为直拉试验控制文件，原则上不需要修改。

例 4-11　TenTest. p2dvr

```
set logfile TenTest. p2log
set log on truncate
set echo on
restore .. \ SS _ ParallelBonded2D-mat. p2sav
call .. \.. \ fistSrc \ ck. fis suppress
call .. \.. \ fistSrc \ tt. fis suppress
call ttParams. p2dat suppress
@msOff
@ckInit
@ttSetupPhase
@ft _ ZeroGrainDisplacement
@ttLoadingPhase
@ckListData
set log off
gui project save
exit
return
```

● ttParams. p2dat

此文件为直拉试验参数定义命令文件，用户可以直接通过修改命令定义试验的加载、卸载等参数及监测（history）的设置，有关参数的说明上文已加以说明。

例 4-12　ttParams. p2dat

```
def ttSetParams
; 设置直拉测试参数
  tt _ tg = 2. 0e-3
  tt _ eRate = 0. 05
  tt _ loadCode = 0
  tt _ loadFac = 0. 8
end
@ttSetParams
@ _ ttCheckParams
@ttListProps
; 指定测试期间的监测信息
  history reset
  history nstep 10
  ;
  history add id = 101 fish mv _ msa
  history add id = 201 fish mv _ mea
```

```
    ; 裂纹监测
    history add id = 41 fish ck _ nALL
    history add id = 42 fish ck _ nPBt
    history add id = 43 fish ck _ nPBs
return
```

- MatExc. dat

此文件为开挖命令文件。

例 4-13 MatExc. dat

```
setup
fish define _ excconfig
      _ modelL = mv _ perNx * mv _ H
      _ modelH = mv _ perNy * mv _ W
      _ btol = 0. 002
      _ excR = 0. 01
      _ xl1 = - _ modelL/2. - _ btol
      _ xl2 = - _ modelL/2.  + _ btol
      _ xr1 = _ modelL/2. - _ btol
      _ xr2 = _ modelL/2.  + _ btol
      _ yb1 = - _ modelH/2. - _ btol
      _ yb2 = - _ modelH/2.  + _ btol
      _ yt1 = _ modelH/2. - _ btol
      _ yt2 = _ modelH/2.  + _ btol
end
@ _ excconfig
```

```
ball attribute displacement 0. 0. spin 0.
ball fix v-x rang position-x @ _ xl1 @ _ xl2
ball fix v-x rang position-x @ _ xr1 @ _ xr2
ball fix v-y rang position-y @ _ yb1 @ _ yb2
ball fix v-y rang position-y @ _ yt1 @ _ yt2
model cyc 2000

; 开挖
hist dele
program call '.. \ \ fistsrc \ ck. fis'  suppress
@ckinit
;
ball dele rang annu center 0. 0. rad 0. 0.01
model cyc 2000
model save 'MatExc'
```

第 5 章　PFC 光滑节理模型研究

节理岩体的力学性质一方面与岩石材料的性质密切相关，另一方面受到节理面的几何形态和力学性质控制。大量节理岩体力学试验揭示了节理几何特性对节理岩体强度和变形各向异性特征的影响，而对于节理的力学参数的研究却由于物理试验限制，难以取得突破性的进展。节理的各种力学参数，包括刚度（法向刚度和切向刚度）、内聚力，抗拉强度、内摩擦角、摩擦系数是计算岩体工程稳定性的必要参数。不同的岩体经受的地质作用及其赋存环境不同，所形成的节理面力学性质也会不同。根据节理是否具有黏结强度，一般可以将节理岩体分为黏结节理和非黏结节理。本章基于颗粒离散元程序，采用 BPM 材料模拟完整岩石（岩块），将 PFC 中的光滑节理模型（Smooth-Joint Contact Model/SJM）嵌入其中生成节理岩体试件，通过三轴压缩数值试验系统地研究光滑节理（非黏结 unbonded 节理和黏结 bonded 节理）各细观力学参数对试件的宏观特性，包括强度、弹性模量和泊松比的影响。通过室内试验与数值模拟的对比，提出有效的 SJM 细观参数标定方法，并对层状节理岩体 SJM 细观参数各向异性力学特性进行了系统研究。最后，通过一系列的单轴压缩试验模拟，研究了节理分布对层状岩体力学参数的影响。

5.1　模拟节理岩体的光滑节理模型

5.1.1　PFC 5.0 中的光滑节理模型

SJM（参见 1.2.3.2）的开发是为了模拟不受颗粒接触方向影响的节理力学行为。当节理经过的相邻颗粒之间的平行黏结接触时，平行黏结接触会被光滑节理接触替代，其方向与节理方向平行，两相邻颗粒可以相互覆盖或发生相对滑动，从而可以避免沿颗粒表面旋转绕行的行为。

光滑节理模型（SJM）用于球-球接触上，在命令和 FISH 语言中用 smoothjoint 表示。无论沿着交界面的局部颗粒接触方向如何，SJM 都能模拟具有膨胀效应的平面界面行为。通过 SJM 可以将摩擦滑动节理或黏结节理设置在节理两侧的颗粒之间的接触上。SJM 能够模拟材料的线弹性、黏结以及伴随着剪胀的摩擦滑移等宏观力学行为（图 5-1）。黏结节理面开始处于线弹性状态，直到荷载超过其极限强度，黏结断开而形成非黏结接触面；非黏结节理面的力学行为包括线弹性变形和伴随剪胀的摩擦滑移，滑移的产生由施加在剪切力上库仑极限来控制。节理面不能抵抗相对旋转（$M_c \equiv 0$）。力的更新遵循力-位移定律（参见第 1 章 1.2.1）。如果处于小应变模式（$S_l = $ false），则 SJM 的接触一直是激活状态，在此模式下接触永远不会被删除。如果处于大应变模式（$S_l = $ true），则当接触为黏结状态或者表面间隙为负时，SJM 接触处于激活状态。

表 5-1 中列出了由 SJM 模型定义的属性，表面可继承属性到接触模型属性的关系见

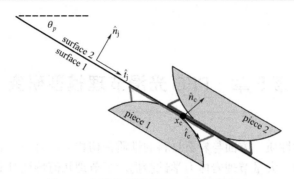

图 5-1　光滑节理模型的组成及力学行为

式（5-1）～式（5-3）。

SJM 模型属性（PFC5.0）　　　　　　　　　　　　　　　　表 5-1

关键词	表示符号	描述	范围	默认值	可修改	可继承
sj＿kn	k_n	法向刚度	$[0, +\infty)$	0.0	YES	YES
sj＿ks	k_s	剪切刚度	$[0, +\infty)$	0.0	YES	YES
sj＿fric	μ	摩擦系数	$[0, +\infty)$	0.0	YES	YES
sj＿da	Ψ	膨胀角	$[0, +\infty)$	0.0	YES	NO
sj＿state	S_j	节理黏结状态： 0—未黏结 1—张拉破坏 2—剪切破坏 3—黏结	{0；1；2；3}	0	YES	NO
sj＿large	S_l	大应变	{false, true}	false	YES	NO
sj＿ten	σ_c	抗拉强度	$[0, +\infty)$	0.0	YES	NO
sj＿coh	c	内聚力	$[0, +\infty)$	0.0	YES	NO
sj＿fa	φ	节理摩擦角	$[0, +\infty)$	0.0	YES	NO
sj＿shear	τ_c	剪切强度	$[0, +\infty)$	0.0	YES	NO
sj＿rmul	λ	节理半径乘数	$[0, +\infty)$	1.0	YES	NO
sj＿radius	R	节理半径	$[0, +\infty)$	N/A	NO	N/A
sj＿area	A	节理面积	$[0, +\infty)$	N/A	NO	N/A
sj＿slip	s	滑动状态	{false, true}	False	NO	N/A
sj＿gap	g_j	节理间隙	R	0.0	YES	NO
sj＿un	$\hat{\delta}_n$	法向位移	R	0.0	NO	N/A
sj＿us	$\hat{\delta}_s$	切向位移	R^3	0	NO	N/A
dip	θ_p	节理倾角	$[0, 360]$	0.0	YES	NO
ddir	θ_d	节理倾向	$[0, 180]$	0.0	YES	NO
sj＿fn	F_n	法向力大小	R	0	YES	NO
sj＿fs	F_s	剪切力大小	R^3	0	YES	NO

单位面积的线性刚度 k_n、k_s 和摩擦系数 μ 可以从接触部位继承。对于要继承的属性，必须设置为 true，并且两个接触部位必须包含此属性。

刚度继承时假设两接触部位是串联的：

$$\frac{1}{k_n}=\frac{1}{k_n^{(1)}}+\frac{1}{k_n^{(2)}} \tag{5-1}$$

$$\frac{1}{k_s}=\frac{1}{k_s^{(1)}}+\frac{1}{k_s^{(2)}} \tag{5-2}$$

式中，（1）、（2）分别代表接触部位 1 和接触部位 2 的属性，摩擦系数由最小摩擦系数继承：

$$\mu=\min(\mu^{(1)},\mu^{(2)}) \tag{5-3}$$

接下来，通过一个简单算例，介绍一下在 PFC3D 中光滑节理模型的实现方法。

5.1.2　光滑节理模型算例

本算例演示了如何模拟沿单个节理（断层）的滑动。根据作用在断层上的剪切力和法向应力以及断层摩擦角，断层可以表现出稳定（锁定）或不稳定（滑动）的行为。在 PFC 模拟中，首先使用线性平行黏结模型（linear parallel bond model）创建 BPM 黏结颗粒模型，然后再将光滑节理模型施加在选定的接触上，最后在重力作用下计算不同节理摩擦角的滑动行为。

5.1.2.1　模型的生成

首先用 domain 命令设置计算区域，用 cmat 命令设置接触模型，用 wall 命令设置一个箱形墙，构建 6m×6m×6m 的模型（图 5-2）。在墙内填充孔隙率为 0.2 的球体，半径在 0.3~0.4m 之间。用 ball attribute 命令设置球属性，密度为 1000kg/m³，阻尼为 0.7。

例 5-1　完整模型的建立

```
new
title 'Simulating slip on a fault (Smooth Joint Contact model)'
; 设置模型域
domain extent-20 20
cmat default model linearpbond property kn 5e7 dp _ nratio 0.5
wall generate box-6 6
set random 1001
ball distribute porosity 0.2 radius 0.3 0.4 box-6 6
ball attribute density 1000.0 damp 0.7
cycle 1000 calm 10
; 用 solve 命令计算，设置最终平衡应该达到的平均不平衡力比，
; 计算中使用密度缩放使系统快速达到平衡。
set timestep scale
solve aratio 1e-3
set timestep auto
calm
wall delete
```

241

```
contact method bond gap 0.0
; 用 contact property 命令指定接触参数, 清零球位移,
; 将线性刚度设置为 0, 重置线性接触力。
contact property pb_kn 1e8 pb_ks 1e8 pb_ten 1e12 pb_coh 1e12 pb_fa 30.0
ball attribute displacement multiply 0.0
contact property kn 0.0 lin_force 0.0 0.0 0.0
ball attribute contactforce multiply 0.0 contactmoment multiply 0.0
cycle 1
solve aratio 1e-5
save intact
```

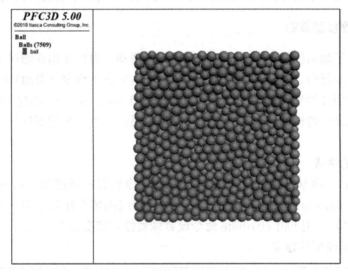

图 5-2　模型示意图

5.1.2.2　节理的添加

　　下面的命令用于向模型添加节理。首先调用已经建立好的完整颗粒模型, 然后再添加节理 (断层)。添加节理最简单的方法是创建离散裂隙网络 (DFN)。在此命令中, 创建的 DFN 仅包含单个节理。节理的倾角为 $30°$, 为了确保其贯穿整个模型, 直径设置为 20m。

```
restore intact
dfn addfracture dip 30 ddir 90 size 20.0
```

　　默认情况下, 节理的形状是一个三维圆盘 (二维为一条线), 中心的坐标默认为 0.0。可以将 DFN 添加到视图窗格 (参见第 2 章 2.2.2.1) 中以查看它, 如图 5-3 所示。在此图中, DFN 颜色已更改为黑色 (透明化) 以便于查看, 可以在 DFN 绘图属性 "Color Opt-Colors-facets" 下找到。

　　可以通过 DFN 来设置接触的属性, DFN 设置的属性都会自动施加在 dfn model 命令创建的接触上。节理的属性如以下命令所示:

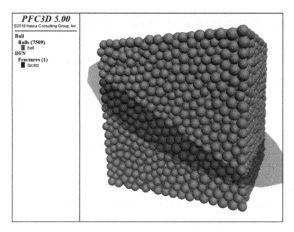

图 5-3　DFN 模型

```
dfn property sj _ kn 2e9 sj _ ks 2e9 sj _ fric 0.70 sj _ coh 0.0 sj _ ten 0.0 sj _ large 1
```

摩擦角设定为 35°，预计节理在此摩擦角下不会滑动。需要注意的是，PFC 需要输入的是无量纲摩擦系数（摩擦角的正切）而不是摩擦角（以度为单位）。将 sj _ large 参数设置为 1 可确保在预期较大应变时节理接触的行为正常。设置 sj _ large＝1 会增加少量的计算量，因为需要检查接触以查看它们是否已经分开。然后将光滑节理模型设置到与 DFN 相交的所有接触（在这种情况下，是单个节理）。如果一个颗粒质心位于裂缝的一侧而另一个颗粒质心位于相对侧，则接触与节理相交。可以使用'distance'关键词指定更宽的断层区域。设置非零的距离值将在指定的断层距离范围内拾取额外的接触。对于此示例，指定距离为 0.1m。沿节理创建光滑接触的命令如下所示：

```
dfn model name smoothjoint install dist 0.1
```

节理模型如图 5-4 所示，图中的光滑节理接触和平行黏结接触通过不同的颜色显示。

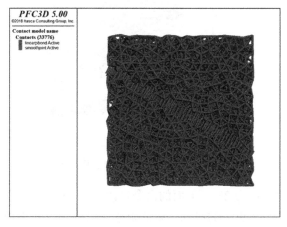

图 5-4　节理模型示意图

最后，在节理滑动时会形成新的接触，而光滑接触模型是通过激活 DFN 接触模型设置来完成的：

```
dfn model name smoothjoint activate
```

例 5-2　添加节理

```
restore intact
dfn addfracture dip 30 ddir 90 size 20.0
dfn property sj_kn 2e9 sj_ks 2e9 sj_fric 0.70 sj_coh 0.0 sj_ten 0.0 sj_large 1
dfn model name smoothjoint install dist 0.1
dfn model name smoothjoint activate
save fault
```

5.1.2.3　施加重力荷载

此阶段首先在模型的底部固定一排颗粒，然后对模型施加重力荷载。然后施加重力并指定 10m/s^2 的加速度。将球的 Color By 属性更改为 Text Val-fixity，则可以在底部看到固定的颗粒。使用 solve 计算，使模型最终达到平衡。球的位移如图 5-5 所示。

```
restore fault
ball fix vel range z-6-5.3
set gravity 10
solve aratio 1e-5
save load_fric35
```

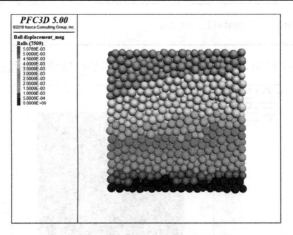

图 5-5　摩擦角 35°时球的位移结果

现在将节理摩擦角设置为 25°。下面的命令将改变 DFN 范围内所有现有和未来光滑节理接触的摩擦角。为了产生更多的滑动，降低阻尼可以能够得到更加真实的结果。由于模型会发生不稳定滑移，这里不采用 solve 命令，而是执行 10000 个循环步：

```
dfn property sj _ fric 0. 466
ball attribute damp 0. 1
cyc 10000
save load _ fric25
```

模型颗粒的位移图（图 5-6）显示了沿着节理产生了明显的滑动。

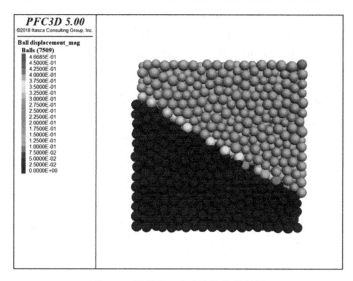

图 5-6　摩擦角 25°时球的位移结果

例 5-3　施加荷载

```
restore fault
ball fix vel range z-6-5. 3
set gravity 10
solve aratio 1e-5
save load _ fric35
dfn property sj _ fric 0. 466
ball attribute damp 0. 1
cyc 10000
save load _ fric25
```

5. 1. 2. 4　总结

此示例展示了如何通过将光滑节理模型设置在与一个圆形断裂面相交的接触上来模拟单个断层上的滑动。在此例中用到的方法也可用于模拟具有许多交叉节理（断层）的岩石试件，但是，在这种情况下，对颗粒分辨率（resolution）的要求会更高，也就是需要生成较小尺寸的颗粒。通过使用 dfn model 命令，可以自动识别交叉接触点，并为其指定正确的方向和属性。如果希望模拟具有不同属性的多个断裂组，可以创建多个 DFN，并为其分配不同的属性。

5.2 单节理岩体各向异性研究

5.2.1 单节理 SJM 模型的参数特性研究方案

数值模拟的参数标定和效果验证需要开展一系列室内物理试验，下面的试验采用混凝土材料制备人工圆柱形试件。混凝土材料由水泥、砂和水按照 0.466：0.365：0.169 的比例配置而成，并在适宜的温度和湿度下经过 28d 养护。所有试件均从混凝土块中取芯获得。试件分为两组，完整试件和单节理贯穿试件，加工完成的试件直径为 51.7mm，高为 122.7mm。由于试件端面打磨以及节理面切割会造成试件高度的降低，因此从混凝土块中取芯获得的完整岩石试件的高度分别为 122.9mm 和 127.3mm，前者经打磨成为完整岩石试件，后者经切割和打磨成为节理试件。节理试件的节理倾角与水平方向夹角分别为 30°、45°和 60°，切割后的试件块体用胶带沿节理四周方向固定。

三轴压缩试验在香港大学的 MTS 815 伺服岩石试验机上进行。该系统最大可以提供 4600kN 的轴向荷载和 140MPa 的侧向围压，系统主要包含装载架、三轴压力室、侧向压力增压器、空隙压力增压器、液压性能套件、数控装置以及电脑工作站。通过安装在试件中的双平均轴向应变伸长计和圆周伸长计可以测量最大分别为 10% 及 30% 的轴向应变和侧向应变。装载架的刚度为 10.5×1010N/m。三轴压缩试验分两步进行：首先逐渐增加轴压和围压至 5MPa，然后保持围压不变，以 0.5kN/s 恒定应力加载速率增加轴向荷载直至试件失效。加载过程中，通过记录的轴向应力、应变，侧向应力、应变和体积应变得出试件的强度、弹性模量和泊松比等物理参数。首先对完整岩石试件进行三轴压缩试验，测得其抗压强度为 77.82MPa，弹性模量为 14.47GPa，泊松比为 0.161。然后对节理岩体试件进行三轴压缩试验，具体结果见 5.3 中物理试验结果与数值模拟结果对比。

数值模型采用黏结颗粒模型（BPM）和光滑节理模型（SJM）来分别模拟岩块和节理。首先采用 BPM 构建不含层理面的完整岩石数值试件，其尺寸与上述物理试验试件尺寸相同，高为 122.7mm，直径为 51.7mm。然后赋予其假定的细观参数进行单轴压缩试验，将数值模拟宏观参数与物理试验宏观参数进行对比。通过不断调整颗粒体模型细观参数使数值模拟宏观参数与物理试验结果基本一致，从而实现岩块的细观参数标定，最终标定的岩石细观参数见表 5-2。其中，颗粒最小半径为 1.2mm，最大半径与最小半径之比为 1.66，颗粒密度为 2085.16kg/m³，颗粒总数为 12546。横跨直径方向的颗粒数量超过 20 个，满足 ISRM 规定的试件最小尺寸和颗粒尺寸之间的关系。由表 5-3 可见，采用表 5-2 中的岩块细观参数进行单轴压缩试验测得的宏观参数与物理试验结果十分吻合。

岩块 BPM 细观参数　　　　　　　　　　　表 5-2

颗粒	数值	平行黏结	数值
E_c (GPa)	11.5	$\bar{E}_c$ (GPa)	11.5
k_n/k_s	1.5	$\bar{k}^n/\bar{k}^s$	1.5
μ_c	0.5	$\bar{\sigma}_c$ (MPa)	60±15

续表

颗粒	数值	平行黏结	数值
R_{max}/R_{min}	1.66	$\overline{\tau}_c$ (MPa)	60 ± 15
R_{min} (mm)	1.2	$\overline{\lambda}$	1.0
ρ (kg/m³)	2085.16		

岩块宏观参数对比　　　　　　　　　　　　　　　　　　　表 5-3

宏观特性	抗压强度（MPa）	弹性模量（GPa）	泊松比
物理试验	77.82	14.47	0.161
数值模拟	80.42	14.17	0.156

在完整岩石模型中，采用 SJM 构建不同倾角的贯穿单节理，并将其嵌入到 BPM 当中（图 5-7）。光滑节理两侧颗粒的平行黏结被光滑节理接触取代，相邻颗粒可以沿着节理面发生平滑的相对滑动，不会受到颗粒接触方位的影响。光滑节理可以模拟非黏结节理，也可以模拟黏结节理。非黏结节理的法向强度 σ_c、内聚力 c_b 均为零，主要力学参数包括法向刚度 $\overline{k}_n$、切向刚度 $\overline{k}_s$、摩擦系数 μ；黏结节理的法向强度 σ_c 和内聚力 c_b 不都为零，主要力学参数包括法向刚度 $\overline{k}_n$、切向刚度 $\overline{k}_s$、摩擦系数 μ、法向强度 σ_c、内聚力 c_b、内摩擦角 φ_b。SJM 的参数研究主要采用 45°节理试件进行。

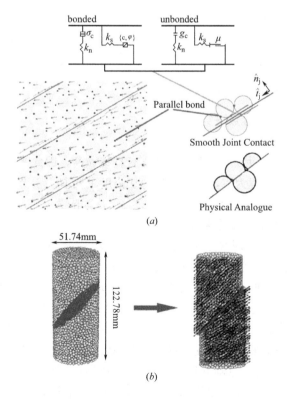

图 5-7　颗粒流模型
（a）光滑节理细观原理示意图；（b）45°节理三维模型试件

光滑节理模型的初始力学参数可以根据黏结颗粒模型细观参数转换得到，此时的光滑节理力学性质与平行黏结的力学性质是等效的，也就是说节理试件的整体力学特性与完整试件的力学特性基本相同。由经验公式可以计算出光滑节理模型各细观参数的基准值，如表 5-4 和表 5-5 所示。本章将系统研究光滑节理的各细观参数对节理试件的强度和变形特性影响，包括法向刚度 $\bar{k}_n$、切向刚度 $\bar{k}_s$、摩擦系数 μ、法向强度 σ_c、内聚力 c_b、内摩擦角 φ_b。表 5-4 列出了非黏结节理参数研究方案，在研究某一参数时，将其赋予不同的取值，强度参数取值为零。表 5-5 列出了黏结节理参数研究方案，在研究内摩擦角 φ_b 和摩擦系数 μ 时，将其赋予不同的取值，强度参数取值为初始值的一半。

非黏结节理细观参数初始值及参数研究方案　　　　　　　　　表 5-4

光滑节理	初始值	参数研究方案（折减系数）	说明
μ	0.5	0.2、0.4、0.5、0.6、0.8、1.0、1.2、1.4	σ_c、c_b 为零，其余参数不变
$\bar{k}_n$ (GPa/m)	12600	1、1/2、1/3、1/5、1/10、1/25、1/50、1/100	σ_c、c_b 为零，其余参数不变
$\bar{k}_s$ (GPa/m)	8400	1、1/2、1/3、1/5、1/10、1/25、1/50、1/100	σ_c、c_b 为零，其余参数不变

黏结节理细观参数初始值及参数研究方案　　　　　　　　　表 5-5

光滑节理	初始值	参数研究方案（折减系数）	说明
σ_c (MPa)	42.0	1、1/2、1/3、1/5、1/10	其余参数不变
c_b (MPa)	42.0	1、1/2、1/3、1/5、1/10	其余参数不变
φ_b (deg)	0	0、15、30、45、60	σ_c、c_b 减半，其余参数不变
μ	0.5	0.2、0.4、0.5、0.6、0.8、1.0、1.2、1.4	σ_c、c_b 减半，其余参数不变

5.2.2　光滑节理模型中的细观参数研究

5.2.2.1　非黏结节理细观参数研究

1. 节理摩擦系数的影响

对于非黏结节理岩体而言，节理面本身没有黏结强度，因此光滑节理的强度参数，包括内聚力和法向强度均设置为零，此时节理剪切强度主要取决于节理面法向应力和节理面摩擦系数。节理摩擦系数 μ 的取值范围是 0.2~1.4，间隔为 0.2，共 7 个取值，另外还包括基本方案 $\mu=0.5$，其余细观参数均保持不变。

如图 5-8（a）所示，节理摩擦系数的改变对应力-应变曲线的峰前和峰后阶段均有显著影响，根据曲线特征可以将其分为三种类型。当 $\mu<0.5$ 时，应力增长至较低水平曲线便发生弯折，斜率由高变低，随后应力随应变缓慢增长，曲线趋于水平，直至应变达到2.0%；当 $\mu>0.5$ 时，应力迅速增长至峰值强度然后急剧下降至较低的残余强度，呈现出典型的脆性岩石变形破坏过程；当 $\mu=0.5$ 时，曲线呈现出以上两种类型曲线的综合特征，即应力增长至中等水平，曲线发生弯折，斜率由高变低，应力缓慢增长直至应变达到1.0%左右，应力达到峰值便急剧下降，最后维持一定的残余强度直至应变达到2.0%。总体来看，摩擦系数的增大会提高曲线的峰前斜率，对峰后曲线的形态亦会产生显著影响，摩擦系数超过0.8后，曲线基本重合。

由于在 $\mu<0.5$ 的情况下，曲线没有明显的峰值强度，因此以曲线转折点为基准获取

试件的屈服强度、弹性模量和泊松比。如图 5-8（b）所示，在 $\mu < 0.8$ 的情况下，摩擦系数的改变对宏观参数的影响十分显著。当摩擦系数从 0.2 增长至 0.8，屈服强度从 29.2MP 提高至 75.0MPa，弹性模量从 10.26GPa 增大至 14.26GPa，增幅分别为 156.8% 和 40.0%，泊松比随着摩擦系数的增大反而减小，由 0.247 降至 0.157，降幅为 36.4%。当摩擦系数取值超过 0.8 时，继续增大摩擦系数对宏观参数的影响十分有限。图 5-8（c）所示为三种典型试件（$\mu = 0.2$，$\mu = 0.5$，$\mu = 1.4$）的体积应变曲线，可以发现摩擦系数越小，试件的体积膨胀效应越明显，当轴向应变超过 1.5% 时，$\mu = 0.5$ 和 $\mu = 1.4$ 的试件呈现出相似的体积应变变化过程。

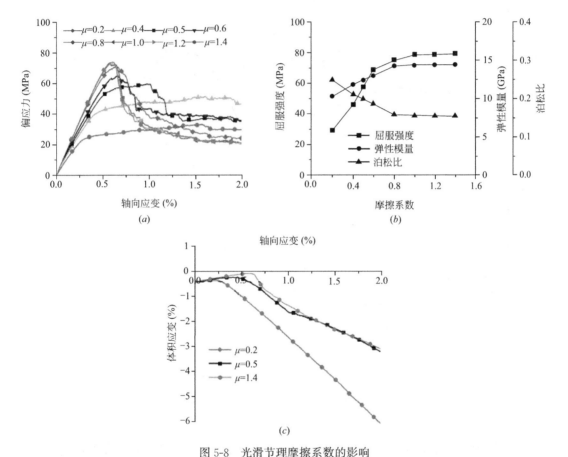

图 5-8　光滑节理摩擦系数的影响

（a）应力-应变曲线；（b）强度及变形参数；（c）体积应变-轴向应变曲线

图 5-9（a）～（c）所示为三种典型试件（$\mu = 0.2$，$\mu = 0.5$，$\mu = 1.4$）的细观裂纹扩展和节理面滑动过程分析。根据形成机理的不同，细观裂纹可以分为平行黏结拉伸裂纹和平行黏结剪切裂纹；节理面的滑动过程是通过节理面两侧的两个测点的相对滑动位移来记录的。从细观裂纹的类型和扩展过程来看，三种试件的相似之处在于，前期拉伸裂纹居多，后期剪切裂纹居多，不同之处在于裂纹的数量、增长速率。由图 5-9（a）可知，当 $\mu = 0.2$ 时，细观裂纹数量最少（低于 300 条）而滑动位移最大（高于 3.0mm），这说明当摩擦系数足够小，试件的变形破坏主要是由于节理面两侧块体发生较大的相对滑动，而岩

块内部并未破裂；当 $\mu=1.4$ 时（图 5-9c），裂纹数量在峰值强度附近开始急剧增长，拉伸裂纹数量迅速超过剪切裂纹数量，节理面相对滑动位移在峰值强度之后发生小幅度增长（低于 0.5mm），由此可见，试件的破坏主要是岩块达到承载能力而失效，节理的滑动并不明显；当 $\mu=0.5$ 时（图 5-9b），裂纹的数量和滑动位移均居于以上两种情况之间，在应力达到屈服点时，裂纹数量和滑动位移开始增长，滑动位移的增长速率要高于裂纹数量增长的速率，应力到达峰值时，裂纹数量大幅增加，滑动位移稳定增长，因此试件的变形和破坏是节理面相对滑移和岩块内部破裂共同造成的。

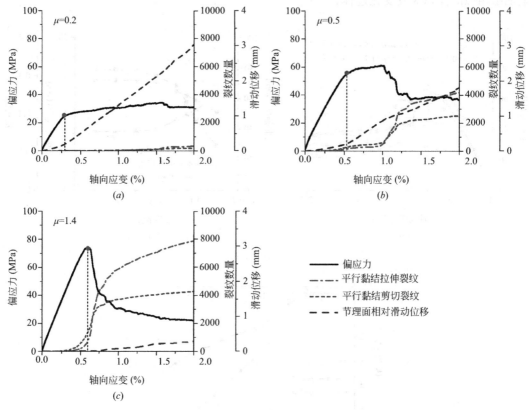

图 5-9 裂纹扩展及节理面滑动位移分析

(a) $\mu=0.2$；(b) $\mu=0.5$；(c) $\mu=1.4$

节理岩体在荷载作用下的宏观特性和试件的细观受力状态、变形特性和破坏模式有着密切联系。为了更好地解释试件的宏观特性及其产生机理，下面从细观角度分析了试件的力链传递特征、裂纹性质和分布以及颗粒的位移状态。图 5-10 和图 5-11 为试件中心部位切片的细观特性准二维显示图，切片厚度为试件直径的 1/5，这种处理方法能够很好地优化三维离散元计算结果的显示效果。在图 5-10（彩色效果见 Hu et al.，2018）中，黄色网状线条代表接触力链，可以反映接触力传递的方向及大小，线条越粗，接触力越大，红色圆点代表拉伸裂纹、黑色圆点代表剪切裂纹。当 $\mu=0.2$ 时，接触力分布较为均匀，最大接触力为 1.06kN，力链方向从两端到节理面有向节理面法向偏转趋势，细观裂纹数量非常少；当 $\mu=1.4$ 时，接触力分布不均，岩块基质破坏明显，最大接触力为 2.43kN，细观裂纹数量最多，聚集效应明显，能在上、下岩块中发现明显的破裂带，且存在贯穿节理面的破裂带，裂纹一般分布在接触力较大的部位；当 $\mu=0.5$ 时，力链的分布状况居于以上两者之间，力链方向并没有明显地向节理面法向偏移，裂纹数量也处于以上两者之间，主要分布于下部岩块，也能够发现明显的破裂带，但没有贯穿节理面的破裂带。总的来看，随着摩擦系数的增大，裂纹的数量和最大接触力随之增加，力链的分布均匀程度随之降低。

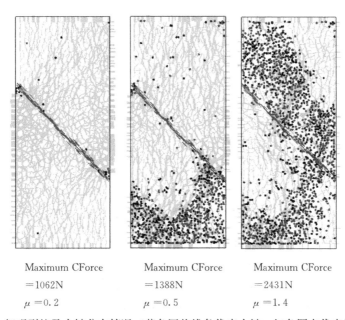

Maximum CForce	Maximum CForce	Maximum CForce
$=1062\mathrm{N}$	$=1388\mathrm{N}$	$=2431\mathrm{N}$
$\mu=0.2$	$\mu=0.5$	$\mu=1.4$

图 5-10　细观裂纹及力链分布情况（黄色网状线条代表力链，红色圆点代表拉伸裂纹，黑色圆点代表剪切裂纹，彩色效果见 Hu et al.，2018）

为了进一步揭示摩擦系数对节理岩体的破坏模式的影响，图 5-11 显示了细观颗粒的位移矢量，箭头代表位移的方向，长短代表位移的大小，红色虚线圈出了宏观破裂带的部位。当 $\mu=0.2$ 时，节理面上、下部位的颗粒沿着节理按相反的方向发生相对滑动，两部分块体的颗粒位移方向和大小十分一致，块体内的颗粒基本没有发生相对错动或分离，以一个整体在发生滑动；当 $\mu=1.4$ 时，在红色虚线圈出的部位中，颗粒位移的方向和大小产生显著差异，颗粒之间有发生错位和分离的趋势，由此在上、下部块体分别形成一条宏观裂缝，同时还有一条宏观裂缝贯穿节理面；当 $\mu=0.5$ 时，上部块体颗粒的位移方向和大小较为一致，下部块体红色虚线圈出了颗粒位移和大小均有显著差异的部位，此处也会形成一条宏观裂缝。图 5-11 所示的宏观裂缝与图 5-10 所示的细观裂纹聚集部位十分吻合，两者相互印证，互为补充，揭示了具有不同节理摩擦系数的节理岩体破坏模式。

2. 节理刚度的影响

节理刚度包括法向刚度和切向刚度，为了单独研究这两个刚度参数的影响，分别在其平行黏结等效参数的基础上进行不同程度的折减（1、1/2、1/3、1/5、1/10、1/25、1/50、1/100），其他参数保持不变。法向刚度在 12600GPa/m 的基础上进行折减，取值分别为 6300GPa/m、4200GPa/m、2520GPa/m、1260GPa/m、504GPa/m、252GPa/m、126Gpa/m；

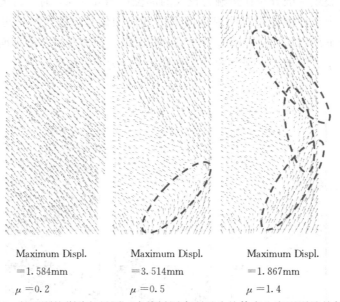

Maximum Displ.　　　　Maximum Displ.　　　　Maximum Displ.

=1.584mm　　　　　　=3.514mm　　　　　　=1.867mm

$\mu=0.2$ 　　　　　　　$\mu=0.5$ 　　　　　　　$\mu=1.4$

图 5-11　细观颗粒位移矢量图（虚线椭圆中所示为块体产生宏观裂缝的部位）

切向刚度在 8400GPa/m 的基础上进行折减，取值分别为 4200GPa/m、2800GPa/m、1680GPa/m、840GPa/m、336GPa/m、168GPa/m、84GPa/m。

如图 5-12（a）和（b）所示，法向刚度和切向刚度对应力-应变曲线的形态影响较小，所有曲线线性增长至某一个屈服点之后发生弯折，随后以接近水平方向的斜率缓慢增长至峰值强度，峰后急剧下降至 40MPa 左右的残余强度。通过对比发现，法向刚度对曲线的峰前斜率影响比切向刚度更加显著，切向刚度的改变对曲线的影响非常有限。图 5-12（c）和图 5-12（d）分别显示了法向刚度和切向刚度的改变对试件宏观力学参数的影响，法向刚度的影响程度要高于切向刚度的影响程度。由图 5-12（c）可知，法向刚度的减小会造成屈服强度、弹性模量和泊松比不同程度的降低。当法向刚度高于基准值的 1/10（1260GPa）时，各宏观力学参数基本没有变化；当法向刚度处于基准值的 1/10（1260GPa/m）至 1/100（126GPa/m）之间时，各宏观力学参数会随着法向刚度的降低而降低，其中屈服强度由 56.3MPa 降至 52.3MPa，弹性模量由 11.8GPa 降低至 8.5GPa，泊松比由 0.162 降至 0.158，降幅分别为 7.1%、28.0% 和 2.5%。由图 5-12（d）可知，切向刚度的减小会造成屈服强度和弹性模量不同程度的降低，但会提高泊松比。当切向刚度高于基准值的 1/10（840GPa/m）时，各宏观力学参数基本没有变化；当切向刚度处于基准值的 1/10（840GPa/m）至 1/100（84GPa/m）之间时，屈服强度 58.5MPa 降至 53.3MPa，弹性模量由 12.3GPa 降至 11.2GPa，降幅均为 8.9%，泊松比由 0.200 升至 0.235，升幅为 17.5%。

图 5-13（a）～（c）为法向刚度取值分别为 6300GPa、504GPa/m、126GPa/m 情况下的细观裂纹数量及节理面的相对滑动位移的变化图。由图 5-13 可见，法向刚度的降低会略微降低细观裂纹的数量，但基本不会影响节理面的相对滑动位移。切向向刚度的影响基本可以忽略不计。

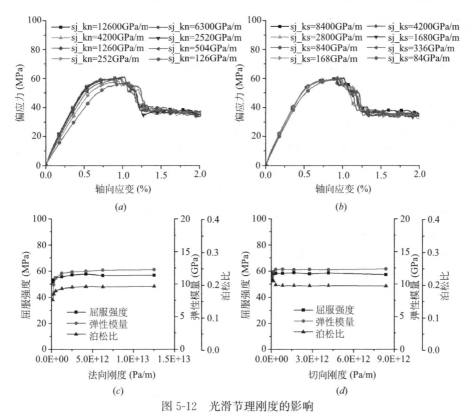

图 5-12　光滑节理刚度的影响

（a）法向刚度对应力-应变曲线的影响；（b）切向刚度对应力-应变曲线的影响；
（c）法向刚度对宏观参数的影响；（d）切向刚度对宏观参数的影响

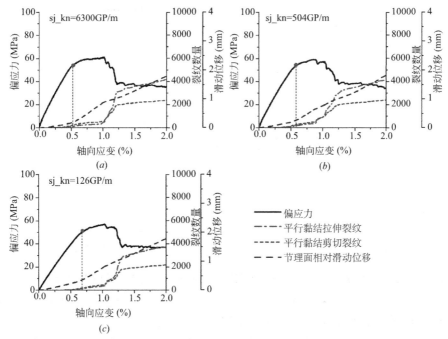

图 5-13　裂纹扩展及节理面滑动位移分析

（a）sj_kn＝6300GPa/m；（b）sj_kn＝504GP/m；（c）sj_kn＝126GP/m

5.2.2.2 黏结节理细观参数研究

1. 节理法向强度的影响

节理法向强度反映了节理的抗拉力学特性，其参数影响研究是在其平行黏结等效参数的基础上进行不同程度的折减（1、1/2、1/3、1/5、1/10），取值分比为 60MPa、30MPa、20MPa、12MPa、6MPa，其他参数保持不变。

从图 5-14（a）中可以看出，当法向强度等于 60MPa 时，其应力-应变曲线与完整岩体十分类似，这是因为此时节理强度与完整岩块强度相当，节理的弱化效应不存在。随着节理法向强度的进一步减小，峰值强度也随之降低，节理的弱化效应变得更加明显，但并不改变曲线的峰前斜率，主要影响曲线的峰后形态。在图 5-14（b）中，同样可以发现随着节理法向强度的降低，试件的弹性模量和泊松比基本保持不变，分别维持在 14.5GPa 和 0.150，而屈服强度从 80.0MPa 降至 72.1MPa，降幅为 9.9%。由图 5-14（c）可知，体积应变曲线与应力-应变曲线类似，在体积压缩阶段基本重合，扩容阶段才会产生一定差异，法向强度越低，体积膨胀效应越明显。

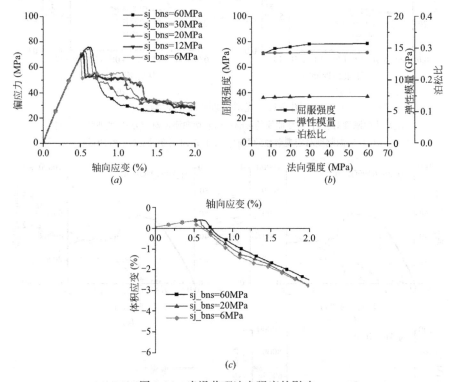

图 5-14　光滑节理法向强度的影响
（a）应力-应变曲线；（b）强度及变形特性；（c）体积应变-轴向应变曲线

图 5-15（a）~（c）为节理法向强度分别为 60MPa、20MPa 和 6MPa 试件的裂纹扩展及节理面滑动位移图，可以看出节理法向强度的降低会使节理的弱化效应更加明显。如图 5-15（a）所示，节理强度与平行黏结强度取等效值时的试验力学特性与完整试件的力学特性接近，平行黏结拉伸裂纹和剪切裂纹数量分别高达 8900 和 4800，节理面相对滑动位移接近于 0，光滑节理剪切裂纹和拉伸裂纹数量分别为 300 和 16，由此可见试件的破坏

主要是由于岩块内部细观裂纹的萌生和扩展导致，节理并没有发生滑动。在图 5-15（b）中，当节理法向强度降低至 20MPa 时，在岩块屈服破坏附近，岩块内细观裂纹数量急剧上升，应力随之急剧下降，紧接着在光滑节理破裂附近，节理剪切裂纹急剧上升至最大值 300，节理面滑动位移由此以一定速率大幅增长，说明此时节理面黏结强度已完全丧失，滑动效应明显。如图 5-14（c）所示，节理法向强度进一步降低至 6MPa，值得注意的是，在应力达到峰值强度之前，由于节理面法向强度较弱，节理面拉伸裂纹多于剪切类型的裂纹，最终约达到 480；峰值强度附近平行黏结裂纹急剧上升，迅速超过节理面裂纹，紧随其后光滑节理裂纹达到最大值，节理面相对位移稳步上升；当轴向应变达到 1.25% 左右，应力再次急剧下降，此处平行黏结裂纹再次大幅增长。试件在加载过程中经历了从完整岩块的颗粒平行黏结接触破坏，到光滑节理岩体的破裂，再到完整岩体的平行黏结破坏三个阶段的破坏。总的来说，随着节理法向强度的降低，试件的破坏过程会有所差异，平行黏结裂纹逐渐减少，光滑节理裂纹随之增多，节理面相对滑动位移也更加明显。

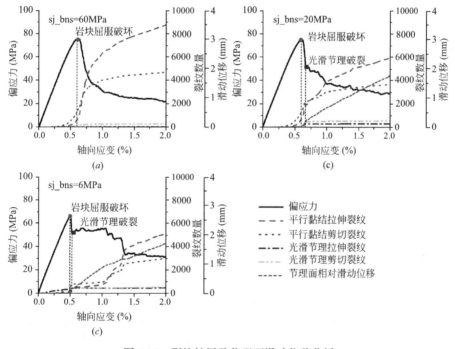

图 5-15　裂纹扩展及节理面滑动位移分析
（a）sj_bns＝60MPa；（b）sj_bns＝20MPa；（c）sj_bns＝6MPa

2. 节理剪切强度的影响

节理的剪切强度是由节理的内聚力、内摩擦角和作用于节理面的法向应力共同决定，下面开展节理内聚力和内摩擦角对节理剪切强度的影响研究。

节理的内聚力参数研究是在其平行黏结等效内聚力的基础上进行不同程度的折减（1、1/2、1/3、1/5、1/10），取值分比为 60MPa、30MPa、20MPa、12MPa、6MPa，其他参数则保持不变。由图 5-16（a）可知，节理内聚力未折减的试件呈现出与完整试件相近的曲线形态，节理内聚力的折减则会使应力-应变曲线出现两个峰值。对于内聚力被折减的试件，第一个峰值过后，应力急剧下降，但试件仍然具有承载能力，峰后应力继续增长至一定水平后，急剧下降至一定的残余强度，值得注意的是，这些曲线的峰后阶段基本重合。如图 5-16 (b) 所示，节理内聚力由 60MPa 降至 10MPa 会导致试件屈服强度从 80.1MPa 降至 57.4MPa，弹性模量从 14.5GPa 降至 12.3GPa，泊松比从 0.151 提高至 0.195。由图 5-16 (c) 可知，内聚力为 60MPa 试件的体积压缩阶段最长，体积膨胀效应最弱，内聚力为 20MPa 和 6MPa 试件的体积压缩阶段较短，体积膨胀效应更加明显，且两者的曲线十分接近。

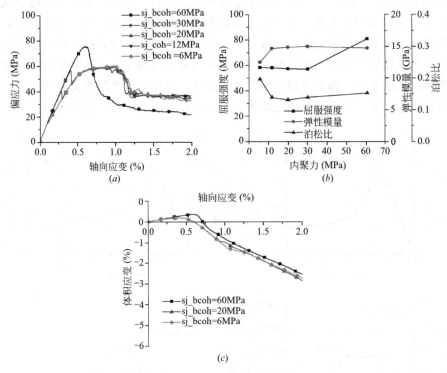

图 5-16　光滑节理内聚力的影响

(a) 应力-应变曲线；(b) 强度及变形特性；(c) 体积应变-轴向应变曲线

图 5-17 (a)～(c) 为节理内聚力分别为 60MPa、20MPa 和 6MPa 试件的裂纹扩展及节理面滑动位移图，可以看出节理法向强度的降低会使节理的弱化效应更加明显。如图 5-17 (a) 所示，节理强度与平行黏结强度等效时的试验力学特性与完整试件的力学特性接近，平行黏结拉伸裂纹和剪切裂纹数量分别高达 8900 和 4800，节理面相对滑动位移接近于 0，光滑节理剪切裂纹和拉伸裂纹数量分别为 300 和 16，此时试件的破坏主要是由于岩块内部细观裂纹的萌生和扩展导致，节理并没有发生滑动。当节理内聚力降低取值为 20MPa 时，从图 5-17 (b) 可以发现，应力增长初期，细观裂纹以光滑节理剪切裂纹为主，应力到达第一个峰值时，光滑节理剪切裂纹数量急剧升高至最大值 1000，光滑节理拉伸裂纹数量接近 0，此时节理面基本丧失黏结强度，节理面相对滑动位移稳定上升。由于节理面摩擦阻力限制，应力仍会继续增长，直到应变为达到 1‰时，平行黏结裂纹急剧上升，最终平行黏结剪切裂纹和拉伸裂纹数量分别达到 4200 和 2500 左右。由图 5-17 (c) 可知，当节理内聚力进一步降低至 6MPa 时，节理黏结的破坏发生在较低的应力水平，随后的裂纹扩展过程及节理面滑动位移与上述过程（节理内聚力为 20MPa）类似。总的来

说，随着节理内聚力的降低，节理抗剪强度相应降低。

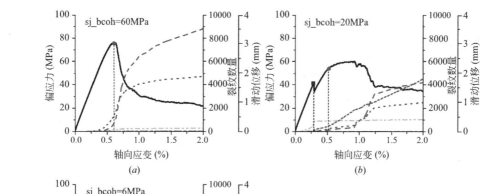

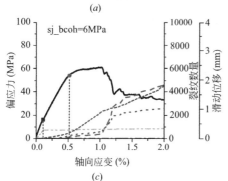

图 5-17　裂纹扩展及节理面滑动位移分析

(a) sj _ bcoh＝60MPa；(b) sj _ bcoh＝20MPa；(c) sj _ bcoh＝6MPa

　　节理内摩擦角的参数研究是通过将其取值为 60°、45°、30°、15°、0°来进行。为了凸显摩擦角的影响，将节理的法向强度和内聚力取为基准值的 1/2（30MPa）。从图 5-18（a）可以看出，当内摩擦角为 45°和 60°时，试件的应力-应变曲线基本重合，都与完整试件的曲线接近；当内摩擦角低于 45°时，试件的应力应变曲线的峰值会随着内摩擦角的减小而降低，峰值过后，由于摩擦阻力的抗滑作用，试验的应力仍然会缓慢增长直到轴向应变到达 1％左右。值得注意的是，所有应力-应变曲线的峰前阶段基本重合。通过分析图 5-18（c）可以发现，内摩擦系数的改变对试件的弹性模量和泊松比影响不大，弹性模量处于 14.5～15.0MPa 之间，泊松比处于 0.135～0.150 之间。当内摩擦角由 0°增长至 30°时，屈服强度小幅度增长，由 49.0MPa 增大至 55.0MPa，增幅为 12.2％；当内摩擦角由 30°增长至 45°时。屈服强度大幅度增长，由 55.0MPa 提高至 80.0MPa 左右，增幅为 45.5％；当内摩擦角由 45°增长至 60°时，屈服强度依然维持在 80.0MPa 左右。由图 5-18（c）可知，内摩擦角为 60°试件的体积压缩量最高，膨胀效应最弱，随着内摩擦角的减小，体积膨胀效应增强。

　　图 5-19（a）～（c）为节理内摩擦角分别为 0°、30°和 60°试件的裂纹扩展及节理面滑动位移图，可以看出节理内摩擦角的增大会显著提高试件的抗剪强度。如图 5-19（a）所示，当节理内摩擦角为 0°时，光滑节理抗剪强度较低，光滑节理剪切裂纹的萌生和扩展导致应力到达第一个峰值后急剧跌落，此时光滑节理剪切裂纹数量达到最大值 920，随后节理面发生相对滑动，滑动位移稳步上升，但由于节理面摩擦阻力的存在，应力会进一步增长，在应变达到 1％左右，平行黏结裂纹数量急剧上升，应力随之急剧下降至一定的残余强度

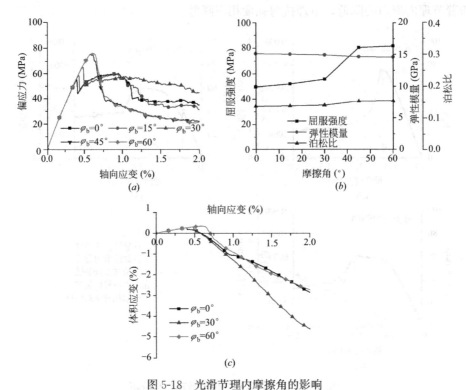

图 5-18　光滑节理内摩擦角的影响

（a）应力-应变曲线；（b）强度及变形特性；（c）体积应变-轴向应变曲线

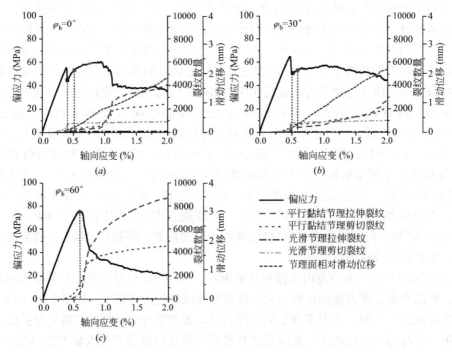

图 5-19　裂纹扩展及节理面滑动位移分析

（a）$\varphi_b = 0°$；（b）$\varphi_b = 30°$；（c）$\varphi_b = 60°$

水平（约 30MPa）。如图 5-19 (b) 所示，当节理内摩擦角增大至 30°时，节理抗剪强度有所提高，达到节理黏结破裂所需的应力随之增大，节理黏结破裂之后节理面相对滑动位移稳步上升，平行黏结裂纹数量增长幅度不大，应力变化幅度不大，最终维持在 40.0MPa 左右的水平。如图 5-19 (c) 所示，当节理内摩擦角进一步增大至 60°时，节理抗剪强度较大，光滑节理裂纹及节理面相对滑动位移基本为 0，平行黏结裂纹在应力峰值附近急剧增长，此时试件的破坏过程和完整岩体破坏过程相似，节理的影响可以忽略。总的来说，随着节理内摩擦角的增大，节理抗剪强度会提高，节理的弱化效应则相应降低。

3. 摩擦系数的影响

为了凸显摩擦系数的影响，节理的法向强度和内聚力均取为基准值的 1/2（30MPa）。摩擦系数的取值范围 0.2～1.0，间隔为 0.2，共 5 个取值。

从图 5-20 (a) 中可以看出，摩擦系数的增大会显著提高试件的峰值强度，峰前曲线基本重合，但峰后曲线差异较大。当摩擦系数高于 0.8 时，应力-应变曲线与完整岩体试件曲线接近，应力达到峰值后急剧下降；当摩擦系数低于 0.8 时，应力-应变曲线达到峰值后急剧下降，随后应力仍然会发生不同程度的增长，最后保留一定的残余强度。由图 5-20 (b) 可知，摩擦系数由 0.2 增大至 1.0，弹性模量基本不变，维持在 15.7GPa 左右，泊松比由 0.119 小幅增大至 0.151，增幅为 26.9%，屈服强度由 29.5MPa 大幅增长至 80.2MPa，增幅为 171.9%。从图 5-20 (c) 中可以看出，摩擦系数越小，试件体积膨胀效应越明显，当轴向应变超过 0.75% 时，摩擦系数为 0.6 和 1.0 的试件的体积应变十分接近。

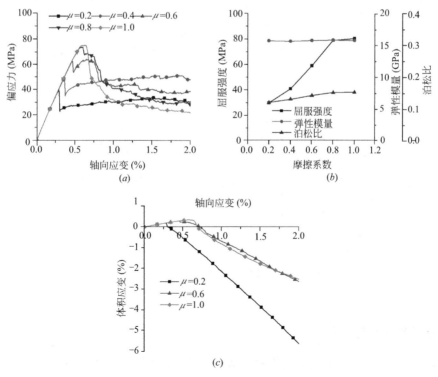

图 5-20　光滑节理摩擦系数的影响
(a) 应力-应变曲线；(b) 强度及变形特性；(c) 体积应变-轴向应变曲线

图 5-21（a）～（c）为节理摩擦系数分别为 0.2、0.6 和 1.0 试件的裂纹扩展及节理面滑动位移图，可以看出节理摩擦系数的增大会显著提高试件的强度。如图 5-21（a）所示，当节理摩擦系数为 0.2 时，光滑节理抗剪强度较低，光滑节理剪切裂纹的萌生和扩展导致应力到达第一个峰值后急剧跌落，此时光滑节理剪切裂纹数量达到最大值 1159，随后节理面发生相对滑动，滑动位移稳步上升，但由于节理面摩擦阻力较小，应力增长幅度不大，平行黏结裂纹数量较少，应力最终维持在 30MPa 左右的残余强度。如图 5-21（b）所示，当节理摩擦系数增大至 0.6 时，达到节理黏结破裂所需的应力也随之增大，节理黏结破裂之后，应力小幅突降，节理面相对滑动位移稳步上升，由于摩擦阻力的作用，应力仍能继续增长，在轴向应变达到 0.75% 时，应力急剧下降，平行黏结裂纹急剧上升，应力最终维持在 40.0MPa 左右的残余强度。如图 5-21（c）所示，当节理摩擦系数进一步增大至 1.0 时，试件的破坏过程与完整岩体试件类似，应力到达峰值后急剧下降，峰前阶段以光滑节理剪切裂纹的扩展为主，数量达到 668 以后便不再增长，峰后以平行黏结破裂裂纹为主，平行黏结剪切裂纹和拉伸裂纹数量最终高达 8113 和 4425，节理面相对滑动现象十分微弱，试件破坏主要是岩块内部裂纹扩展所致。总的来说，随着节理摩擦系数的增大，节理抗剪强度在提高，节理的弱化效应则降低，光滑节理裂纹减少，平行黏结裂纹增多。

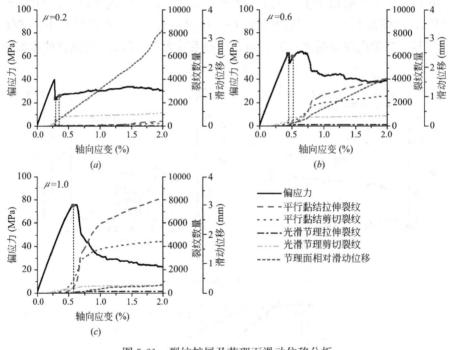

图 5-21　裂纹扩展及节理面滑动位移分析
（a）$\varphi_b = 0°$；（b）$\varphi_b = 30°$；（c）$\varphi_b = 60°$

5.2.3　细观参数标定方法

根据 5.3 节光滑节理细观参数研究的结果，可以将光滑节理各细观参数对宏观特性的影响程度进行比较和总结。如图 5-22 所示，细观参数的影响程度采用高、中、低三种标记来表示。光滑节理摩擦系数对弹性模量、屈服强度和泊松比的影响程度均为最高，其次是光滑节理法向刚度对三个宏观参数的影响程度均为中等。光滑节理法向强度、内聚力和内摩擦角对屈服强度的影响程度为中等，法向刚度、切向刚度和内聚力对泊松比的影响程度为中等。根据以上研究结果，提出了光滑节理细观参数的标定方法以提高光滑节理细观参数的标定效率，具体步骤如下：

（1）首先根据完整岩体的宏观参数，如弹性模量、泊松比和峰值强度，按照经验公式方法标定出代表完整岩块的平行黏结细观参数；

（2）对于非黏结节理，将光滑节理参数中的法向强度、内聚力和内摩擦角均设置为零；

（3）初步调整光滑节理摩擦系数，使应力-应变曲线形态基本匹配，再对光滑节理摩擦系数进行细微调整，使屈服强度基本匹配；

（4）将光滑节理法向刚度在基准值上进行折减，保持刚度比不变，使弹性模量基本匹配，但由于法向刚度的降低会导致屈服强度的降低，因此需要对步骤（3）和（4）重复进行；

（5）最后，通过调整刚度比来匹配泊松比，泊松比会随着刚度比的增大而增大，但泊松比的改变同时会影响到弹性模量和泊松比，因此步骤（4）和（5）需要重复进行。

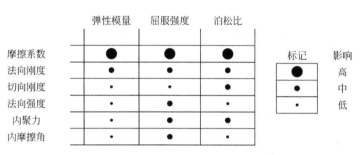

图 5-22　光滑节理细观参数对宏观特性的影响程度

5.2.4　验证

室内物理试验采用的试件尺寸与数值模拟试件尺寸相同，节理的倾角为 30°、45° 和 60°，节理面没有黏结强度。通过进行一系列三轴压缩试验得到如图 5-23 所示的应力-应变曲线，图中实线代表物理试验结果，虚线代表数值模拟结果。由物理试验结果可知，当试件节理倾角由 30° 变为 60° 时，其应力-应变曲线呈现出明显的脆性向延性的转变，节理岩体试件的强度和变形特性在很大程度上取决于节理倾角的大小。30° 节理试件曲线与完整岩体试验曲线形态相似，即应力增长至较高的峰值强度后迅速降低，呈现出典型的脆性破坏特征；45° 和 60° 节理试件的曲线形态相似，即应力增长至较低的屈服强度后，曲线斜率显著降低，应力仍会继续缓慢增长，呈现出典型的延性破坏特征。

数值模拟根据上节提出的光滑节理标定方法和步骤开展，首先对 45° 节理试件进行模拟。平行黏结参数与完整岩体平行黏结参数相同，光滑节理参数按上述方法不断调整，使试验得到的宏观力学特性，包括应力-应变曲线、屈服强度、弹性模量及泊松比，与物理试验的结果相匹配。表 5-6 为最终标定好的节理试件细观参数。对于 30° 和 60° 节理试件的也采用相同的细观参数进行数值模拟试验，模拟的结果如图 5-23 所示。由此可见，数值模拟的应力-应变曲线能较好地匹配物理试验的应力-应变曲线，节理倾角变化所导致的应力-应变曲线由脆性向延性的转变在数值模拟的结果中能够得到很好的体现。由图 5-23 可见，45°节理试件的应力-应变曲线匹配效果最好，而其他两种试件的匹配存在一定差异，但曲线形态基本相同。物理试验所采用的人工试件虽然是在同一条件下制作和加工而成，但不同试件的节理面特性却难以保证完全相同，因此采用相同的细观参数进行不同倾角试件的数值模拟可能会与真实情况有些差异。但总体来讲，采用本章提出的光滑节理细观参数标定方法，能够提高细观参数的标定效率，模拟结果与物理试验结果匹配良好。

45°节理试件细观参数　　　　　　　　　　表 5-6

颗粒特性	取值	黏结特性	取值	光滑节理特性	取值
E_c (GPa)	12	$\bar{E}_c$ (GPa)	12	$\bar{k}_n$ (GPa/m)	1260
k_n/k_s	1.5	$\bar{k}^n/\bar{k}^s$	1.5	$\bar{k}_s$ (GPa/m)	840
μ_c	0.5	$\bar{\sigma}_c$ (MPa)	75±40	μ	0.15
R_{max}/R_{min}	1.66	$\bar{\tau}_c$ (MPa)	75±40	σ_c，c_b (MPa)	0
R_{min} (mm)	1.2	$\bar{\lambda}$	1.0	ψ，φ_b (deg)	0
ρ (kg/m³)	2085.16				

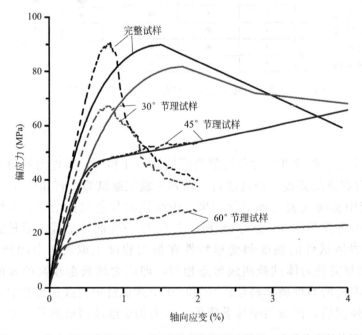

图 5-23　应力-应变曲线对比（实线代表物理试验结果，虚线代表数值模拟结果）

节理岩体的破坏模式主要可以分为三类：劈裂破坏（块体内发生张拉劈裂）、滑移破坏（沿节理面发生大位移滑动）、劈裂与滑移的复合破坏（张拉劈裂和节理面滑移同时存在）。从物理试验的结果来看，试件的破坏模式与节理倾角有直接关系，30°节理试件发生劈裂破坏，60°节理试件发生滑移破坏，45°节理发生复合破坏。如图 5-24 所示，实线代表人工节理面，虚线代表加载后产生的破裂面。30°节理试件生成的裂纹主要分布在下部岩块，与完整岩体的裂纹位置大致接近，由于倾角较小，节理面处的法向分力较大而切向分力较小，因此节理面不易发生相对滑动，试件的劈裂破坏主要是岩块内部裂纹扩展所致。60°节理试件并未发现明显裂纹，由于节理倾角较大，法向分力较小而切向分力较大，节理面上、下岩块发生相对滑移导致试件的滑移破坏。45°节理试件有一条裂隙贯穿节理面，同时节理面上、下块体发生一定程度的相对滑移，因此形成这种复合破坏模式。

完整试件　　　30°(劈裂破坏)　　　45°(复合破坏)　　　60°(滑动破坏)

图 5-24　节理岩体试件破坏模式对比（实线代表节理，虚线代表裂缝）

颗粒流数值模拟可以从细观角度描述试件的应力、变形和破坏特性，主要通过接触力的传递、细观裂纹的类型和分布、颗粒的位移来体现。图 5-25（彩色效果见 Hu et al.，2018）显示了从峰前到峰后不同阶段的力链和裂纹分布的演化过程，力链的粗细代表接触力的大小，红色圆点代表拉伸裂纹，黑色圆点代表剪切裂纹。随着加载的进行，裂纹的数量逐渐增加，且剪切裂纹的数量居多，裂纹主要分布在轴向力链较强的部位，侧向接触力较强的部位会抑制裂纹的扩展。在同一加载阶段，随着节理倾角的增加，力链线条整体变细，接触力整体变小，裂纹数量减少。当轴向应变为 3% 时，30°节理试件上部和下部各形成一条破裂带，45°节理试件上部形成一条破裂带，60°没有明显的破裂带。图 5-26 为三种节理试件细观颗粒位移矢量图，箭头代表位移方向，长短代表位移大小，椭圆圈标记出了宏观破裂带。节理倾角为 30°时，上部的颗粒位移方向由左下往右下偏转，下部颗粒位移方向由右上往左上偏转，偏转后颗粒位移大小均有所降低，节理面两侧的相对滑动现象并不明显；节理倾角为 45°时，上部颗粒位移方向由左下往右下偏转，下部颗粒位移方向与节理面基本一致，节理面两侧的相对滑动比较明显；节理倾角为 60°时，上部和下部颗粒的位移方向都和节理面一致，没有颗粒位移方向大幅改变的区域，节理面两侧的相对滑移非常显著。颗粒位移矢量图（图 5-25）中的宏观破裂带与裂纹分布图（图 5-26）中的裂纹聚集带位置基本重合，两者相互印证，互为补充。综合以上分析，三种倾角试件的数值模拟破坏模式与物理试验的破坏模式十分吻合，即 30°节理试件为劈裂破坏，60°节理试件为滑移破坏，45°节理试件为劈裂与滑移的复合破坏。

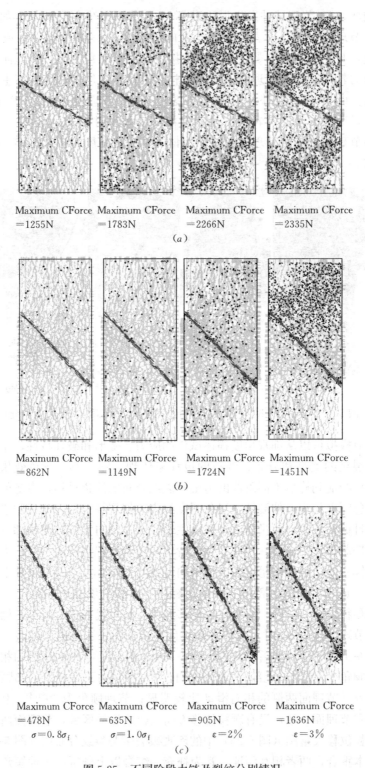

图 5-25 不同阶段力链及裂纹分别情况

$(a)\ \theta=30°$；$(b)\ \theta=45°$；$(c)\ \theta=60°$（黄色网状线条代表力链，红色圆点代表拉伸裂纹，

黑色圆点代表剪切裂纹，彩色效果见 Hu et al.，2018）

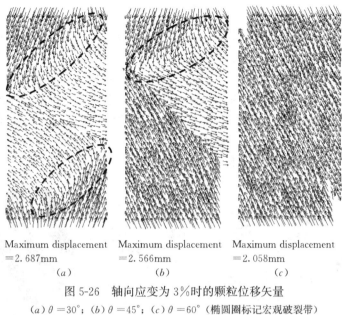

Maximum displacement = 2.687mm　Maximum displacement = 2.566mm　Maximum displacement = 2.058mm

(a)　(b)　(c)

图 5-26　轴向应变为 3%时的颗粒位移矢量

(a) $\theta = 30°$；(b) $\theta = 45°$；(c) $\theta = 60°$（椭圆圈标记宏观破裂带）

5.3　层状节理岩体各向异性研究

5.3.1　层状节理岩体模型

层状岩体是地下工程中广泛存在的一种岩体，这类岩体中通常具有呈定向规律分布的弱结构面，使岩体的强度和变形表现出明显的各向异性特征。层状岩体在垂直和平行节理面方向的力学特性差别较大，节理面倾角是决定这种差异程度最为关键的因素之一。以上章节采用较为简单的理想化模型，探讨了单节理试件的力学特性。本节进一步探讨更加实际的层状节理岩体的各向异性特征，分别对 0°、15°、30°、45°、60°、75°和 90°倾角节理试件进行单轴压缩试验，研究了层状节理岩体强度和变形各向异性特征及其对不同节理细观参数的敏感性。

本节根据文献（Tien et al.，2000）中的室内物理试验数据进行单组层状节理岩体的各向异性研究。物理试验采用人工制备试件，与天然试件相比，人工试件易于制备，性质均匀可控，扰动较小。模型材料由水泥和高岭石按 4.5∶1 的重量比混合配置，将混合后的粉末材料分别装入塑料袋，每袋的重量为 84g，是单层岩体所需的材料。模具中含有滤纸，允许水分在固化过程中均匀渗漏，模具各部分由螺钉固定。首先，将一袋粉末材料倒入模具中，用刷子和抹刀抹平。然后，用气缸在承载板上施加 0.7MPa 的压力，持续 10s，将粉末压实。压实后抬起承载板，将 20g 水均匀喷洒在层面上。接着，将另一袋粉末材料倒入到磨具中，按照上述步骤重复进行。最后得到的层状岩体有 70 层，每层厚度为 1.75～2mm。块体模型材料随后放入蒸汽养护室中固化 3d，温度控制在 75℃。固化完成后，将其移至养护室继续固化，养护室的相对湿度超过 98%，温度维持在 25℃，持续时间为 28d。

　　为了获取具有不同倾角的层理试件，从不同的角度在块体模型材料中取芯，使试件的层理面与水平方向的倾角 β 分别为 0°、15°、30°、45°、60°、75°和 90°，如图 5-27 所示。此外，不含层理面的完整试件需要从不含层理面的完整块体模型材料中取芯。所有加工好的圆柱形试件高为 100mm，直径为 48mm。首先对完整试件进行单轴压缩试验以获取岩块的基本力学特性，测得抗压强度为 48.10MPa，弹性模量为 8.90GPa，泊松比为 0.170。然后对不同倾角节理试件分别进行单轴压缩试验，测量其抗压强度和弹性模量，进而对节理试件进行强度和变形各向异性分析。

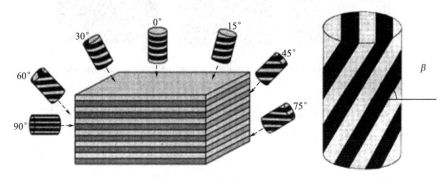

图 5-27　不同倾角试件取芯示意图

　　数值模型采用黏结颗粒模型（BPM）和光滑节理模型（SJM）来分别模拟岩块和节理。首先采用 BPM 构建不含层理面的完整岩石数值试件，其尺寸与上述物理试验试件尺寸相同，高为 100mm，直径为 48mm。然后赋予其假定的细观参数进行单轴压缩试验，将数值模拟宏观参数与物理试验宏观参数进行对比。通过不断调整颗粒体模型细观参数使数值模拟宏观参数与物理试验结果基本一致，从而实现岩块的细观参数标定，最终标定的岩块细观参数见表 5-7 中 BPM 参数。其中，颗粒最小半径为 1.0mm，最大半径与最小半径之比为 1.66，颗粒密度为 2600kg/m³，颗粒总数为 12618。横跨直径方向的颗粒数量超过 20 个，满足 ISRM 规定的试件最小尺寸和颗粒尺寸之间的关系。由表 5-8 可见，采用表 5-7 中的岩块细观参数进行单轴压缩试验测得的宏观参数与物理试验结果非常吻合。

岩块 BPM 细观参数　　　　　　　表 5-7

颗粒	数值	平行黏结	数值
E_c (GPa)	6.9	$\bar{E}_c$ (GPa)	6.9
k_n/k_s	1.2	$\bar{k}^n/\bar{k}^s$	1.2
μ_c	0.5	$\bar{\sigma}_c$ (MPa)	42±5
R_{max}/R_{min}	1.66	$\bar{\tau}_c$ (MPa)	42±5
R_{min} (mm)	1.0	$\bar{\lambda}$	1.0
ρ (kg/m³)	2600		

岩块宏观参数对比　　　　　　　　　　　　　　　　表 5-8

宏观特性	抗压强度（MPa）	弹性模量（GPa）	泊松比
物理试验	48.10	8.90	0.170
数值模拟	48.67	8.92	0.176

在完整岩体试件的基础上，采用 SJM 构建倾角为 $0°$、$15°$、$30°$、$45°$、$60°$、$75°$ 和 $90°$ 的单组节理，并将其嵌入到 BPM 当中（图 5-28）。光滑节理的相邻间距为 20mm，与物理试验的实际层理间距（1.7～2mm）不同，这主要是考虑到颗粒的尺寸效应以及大量嵌入光滑节理模型会导致计算速度大幅降低。节理间距是影响岩体力学性质的一个不容忽视的因素，Wang et al.（2016）采用颗粒流方法研究了节理间距对岩体试件强度和变形特性的影响，节理间距的影响不在本节的研究范围之内。

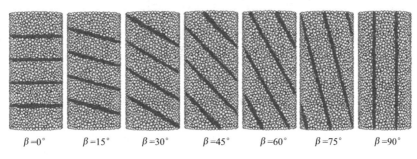

图 5-28　不同倾角层状节理岩体颗粒流模型

光滑节理模型的初始力学参数可以根据黏结颗粒模型细观参数转换得到，此时的光滑节理力学性质与平行黏结的力学性质是等效的，也就是说试件的整体力学特性与完整试件的力学特性基本相同。由经验公式可以计算出光滑节理模型各细观参数的基准值，如图 5-28 中的初始值。本章将系统研究光滑节理的各细观参数对节理试件的强度和变形特性影响，包括法向刚度 $\bar{k}_n$、切向刚度 $\bar{k}_s$、摩擦系数 μ、法向强度 σ_c、内聚力 c_b、内摩擦角 φ_b。表 5-9 列出了详细的参数研究方案，在研究某一参数时，将其赋予不同的取值，其他参数保持不变，值得注意的是在研究刚度 $\bar{k}_n$、$\bar{k}_s$ 和内摩擦角 φ_b 时，将法向强度 σ_c 和内摩擦角 φ_b 减半，以突出该参数的影响。

光滑节理细观参数初始值及参数研究方案　　　　　　　　表 5-9

光滑节理	初始值	参数研究方案（折减系数）	说明
$\bar{k}_n$ (GPa/m)	9200	1、1/2、1/3、1/5、1/10	σ_c、c_b 减半，其余参数不变
$\bar{k}_s$ (GPa/m)	7670	1、1/2、1/3、1/5、1/10	σ_c、c_b 减半，其余参数不变
μ	0.5	0.1、0.3、0.5、0.7、1.0	其余参数不变
σ_c (MPa)	42.0	1、1/2、1/3、1/5、1/10	其余参数不变
c_b (MPa)	42.0	1、1/2、1/3、1/5、1/10	其余参数不变
φ_b (deg)	0	0、15、30、45、60	σ_c、c_b 减半，其余参数不变
ψ (deg)	0	无	无

5.3.2 层状节理岩体节理细观参数影响

5.3.2.1 内聚力的影响

光滑节理内聚力系数的影响研究是通过将内聚力在基准值（42.0MPa）的基础上进行五种不同程度（1、1/2、1/3、1/5 和 1/10）的折减来进行计算，其他参数保持不变。

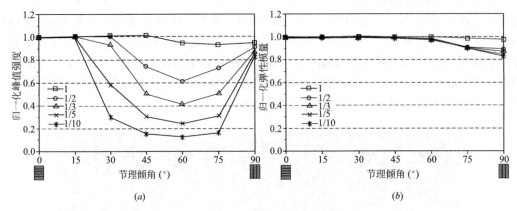

图 5-29　内聚力对宏观参数的影响

（a）内聚力对抗压强度的影响；（b）内聚力对弹性模量的影响。

（1、1/2、1/3、1/5 和 1/10 为黏结力在基准值上的折减系数）

如图 5-29（a）所示，光滑节理内聚力的降低会使节理试件的抗压强度呈现出明显的 U 形特征，且内聚力越小，U 形跨度和深度越大，这是由于内聚力的减小会降低节理的抗剪强度，从而降低单轴抗压强度。当节理倾角低于（或等于）15°时，内聚力的降低对抗压强度基本没有影响；当节理倾角在 30°～75°之间时，内聚力的降低会引起抗压强度的大幅降低，最大降幅超过 80%；当节理倾角为 90°时，抗压强度会随着内聚力的降低而小幅下降，最大降幅不超过 20%。由图 5-29（b）可见，内聚力的改变对弹性模量的影响非常有限。当节理倾角低于（或等于）60°时，内聚力减小并降低弹性模量；当节理倾角等于 75°时，内聚力的折减系数为 1/2 时，使弹性模量下降约 10%，但进一步对内聚力进行折减并不会继续降低弹性模量；当节理倾角为 90°时，内聚力折减系数由 1 变成 1/10，使弹性模量产生约 20% 的降幅。

5.3.2.2 法向强度的影响

光滑节理法向强度的参数影响研究是通过将法向强度在基准值（42.0MPa）的基础上进行五种不同程度（1、1/2、1/3、1/5 和 1/10）的折减来进行计算，其他参数保持不变。

如图 5-30（a）所示，法向强度的降低也会造成节理试件抗压强度的降低，但降幅要显著低于内聚力改变所带来的降幅。当节理倾角小于（或等于）30°时，法向强度的降低并不影响节理试件的抗压强度；当节理倾角由 45°增大至 75°时，法向强度的降低会造成抗压强度的显著降低，降幅由约 15% 增至约 30%；当节理倾角为 90°时，法向强度降低所造成的抗压强度的降幅变小，约为 15%。由图 5-30（b）可知，法向强度的改变对弹性模量的影响非常微小。当节理倾角小于（或等于）45°时，弹性模量基本没有变化；当节理倾角由 60°增大到 90°时，弹性模量的变化幅度十分有限，低于 10%。

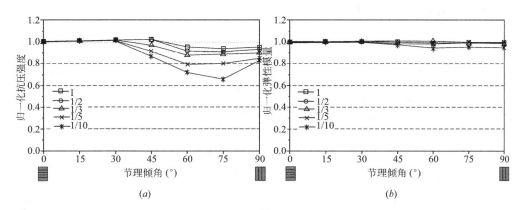

图 5-30 法向强度对宏观参数的影响

（a）法向强度对抗压强度的影响；（b）法向强度对弹性模量的影响。

（1、1/2、1/3、1/5 和 1/10 为法向强度在基准值上的折减系数）

5.3.2.3 摩擦系数的影响

光滑节理摩擦系数的参数影响研究是通过将摩擦系数分别取 0.1、0.3、0.5、0.7 和 1.0 来进行计算，其他参数保持不变。

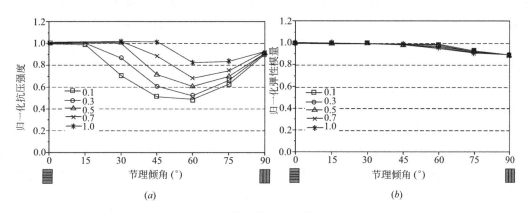

图 5-31 摩擦系数对宏观参数的影响

（a）摩擦系数对抗压强度的影响；（b）摩擦系数对弹性模量的影响。

（0.1、0.3、0.5、0.7 和 1.0 分别为摩擦系数的不同取值）

如图 5-31（a）所示，光滑节理摩擦系数的降低使节理试件强度的各向异性更加明显。当节理倾角小于（或等于）15°时，摩擦系数改变并不能明显改变试件的抗压强度；当节理倾角为 30°～75°时，摩擦系数的降低会显著降低抗压强度，这是由于摩擦系数的降低会减弱节理的抗剪强度，从而降低抗压强度，抗压强度的降幅由 25%（30°）增至 50%（45°），再降至 22%（75°）；当节理倾角为 90°时，摩擦系数的改变对抗压强度的影响可以忽略不计，因为 90°节理试件的节理方向与荷载方向一致，节理面的抗剪强度对其承载能力影响较小。由图 5-31（b）可见，摩擦系数的改变对各倾角试件的弹性模量基本没有影响。

5.3.2.4 内摩擦角的影响

光滑节理内摩擦角的参数影响研究是通过将内摩擦角分别取 0°、15°、30°、45°和 60°

来进行计算，其他参数保持不变。

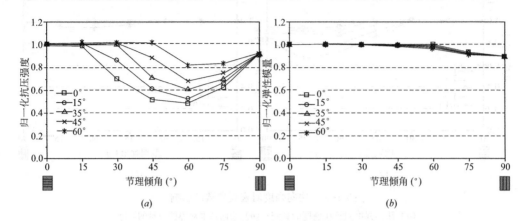

图 5-32   内摩擦角对宏观参数的影响

(a) 内摩擦角对抗压强度的影响；(b) 内摩擦角对弹性模量的影响。

(0°、15°、30°、45°和60°分别为内摩擦角的不同取值)

如图 5-32 (a) 所示，光滑节理内摩擦角的降低会造成节理试件抗压强度的降低，同样是由于节理内摩擦角的降低会导致节理抗剪强度的降低，进而使抗压强度降低。当节理倾角小于（或等于）30°时，内摩擦角的改变对抗压强度基本没有影响；当节理倾角为 45°和 60°时，内摩擦角的降低使抗压强度显著降低，降幅分别为 25%和 22%；当节理倾角增大至 75°和 90°时，内摩擦角的改变对抗压强度的影响非常有限，但 90°节理试验的抗压强度变化幅度较为明显。由图 5-32 (b) 可见，内摩擦角的改变对各倾角节理试件基本没有影响。

5.3.2.5   法向刚度的影响

光滑节理法向刚度的参数影响研究是通过将法向刚度在基准值（9200GPa/m）的基础上进行五种不同程度（1、1/2、1/3、1/5、1/10）的折减来进行计算，法向强度和内聚力取为基准值的 1/2（21MPa），其他参数保持不变。

如图 5-33 (a) 所示，光滑节理法向刚度的减小对节理试件的强度各向异性并不明显，U 形曲线的形态没有发生显著改变。当节理倾角小于（或等于）15°时，法向刚度的减小对抗压强度基本没有影响；当节理倾角为 30°～60°，节理试件的抗压强度随着法向刚度的降低发生小幅下降，最大降幅约为 12%（45°）；当节理倾角大于（或等于）75°时，节理试件抗压强度基本不受法向刚度改变的影响。由图 5-33 (b) 可知，光滑节理法向刚度的降低对节理试件的变形特性影响显著。当节理倾角小于（或等于）30°时，法向刚度的降低使节理试件的弹性模量降幅较大，约为 20%；当节理倾角由 45°增长至 75°时，弹性模量随法向刚度降低而降低的幅度逐渐减小；当节理倾角为 90°时，法向刚度的减小对节理试件的弹性模量基本没有影响。

5.3.2.6   切向刚度的影响

光滑节理法向刚度的参数影响研究是通过将法向刚度在基准值（7670GPa/m）的基础上进行五种不同程度（1、1/2、1/3、1/5、1/10）的折减来进行计算，法向刚度和内聚力取为基准值的 1/2（21MPa），其他参数保持不变。

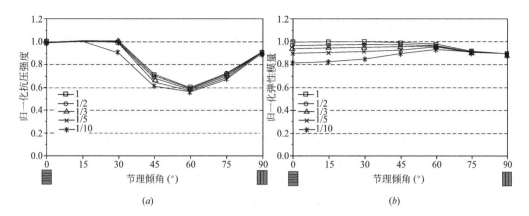

(a) 　　　　　　　　　　　　　　　　*(b)*

图 5-33　法向刚度对宏观参数的影响

（*a*）法向刚度对抗压强度的影响；（*b*）法向刚度对弹性模量的影响。

（1、1/2、1/3、1/5、1/10 为法向刚度在基准值上的折减系数）

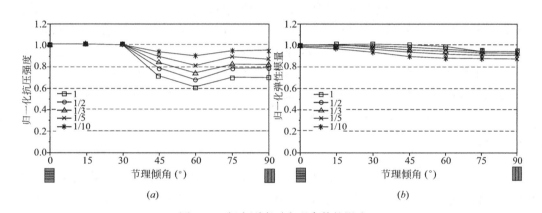

(a) 　　　　　　　　　　　　　　　　*(b)*

图 5-34　切向刚度对宏观参数的影响

（*a*）切向刚度对抗压强度的影响；（*b*）切向刚度对弹性模量的影响。

（1、1/2、1/3、1/5、1/10 为切向刚度在基准值上的折减系数）

如图 5-34（*a*）所示，光滑节理切向刚度的降低对节理试件的抗压强度影响显著。当节理倾角小于（或等于）30°时，节理试件的抗压强度基本不会受切向刚度变化的影响。当节理倾角为 30°～60°时，切向刚度的降低会使试件的抗压强度降低，且降低幅度随倾角增大而增加；当节理倾角为 75°和 90°时，切向刚度降低所导致的抗压强度的降低幅度基本一致，大约为 30％。由图 5-34（*b*）可见，切向刚度的减小会显著影响节理试件的变形特性。当节理倾角小于（或等于）15°时，试件的弹性模量基本不会受切向刚度变化的影响；当节理倾角由 15°增大至 60°时，节理试件的弹性模量降幅逐渐增大至 10％；当节理倾角由 60°升高至 90°，切向刚度减小所造成的试件弹性模量降幅有所降低。

5.3.3　细观参数标定方法

根据上节光滑节理细观参数研究的结果，可以提出层状节理岩体细观参数标定方法，从而提高细观参数标定效率，具体步骤如下：

（1）完整岩块的平行黏结细观参数主要包括刚度参数和强度参数，如果已知完整岩块的宏观参数，可以直接按完整岩石试件的标定方法选出合适的平行黏结细观参数。

（2）如果完整岩块的宏观参数未知，则可以根据节理倾角为90°节理岩体试件的弹性模量来标定平行黏结细观刚度参数，因为此时节理特性对试件的变形特性影响最小，90°节理试件弹性模量与完整岩块弹性模量最为接近。

（3）对平行黏结细观强度参数的标定，可以选取节理倾角为0°的节理试件的抗压强度作为完整岩块的抗压强度，因为此时荷载主要由岩块承担，节理特性对试件的强度影响最小，0°节理试件的抗压强度与完整岩块的抗压强度最为接近。

（4）降低光滑节理的细观刚度参数来匹配节理试件的变形各向异性。先调整节理法向刚度来匹配0°～30°节理试件的弹性模量，因为节理法向刚度对这些节理试件的弹性模量影响最大，再调整光滑节理的切向刚度来调整45°～75°节理试件的弹性模量，因为节理切向刚度对这些节理试件的弹性模量影响最大。

（5）降低光滑节理的细观强度参数来匹配节理试件的强度各向异性。首先将节理内摩擦角取为零，调整节理的内聚力和法向强度使颗粒模型与含节理试件的最小抗压强度匹配，然后调整节理内摩擦角和摩擦系数，使节理的抗压强度的U形曲线在形态上更加接近。由于节理强度参数的调整会使节理试件的弹性模量发生改变，而节理刚度参数的调整亦会造成节理试件抗压强度的改变，所以需要对步骤（4）和（5）重复进行，直到节理试件的变形和强度各向异性能够较好地匹配。

5.3.4 验证

根据文献（Tien, et al., 2000）中的层状节理岩体单轴试验结果，运用上述标定方法确定数值模型的各个细观参数，如表 5-10 所示。光滑节理的刚度、内聚力和法向强度均远低于平行黏结的刚度参数，但其摩擦系数较高。

层状节理试件细观参数　　　　表 5-10

颗粒	数值	平行黏结	数值	光滑节理	数值
E_c (GPa)	6.9	$\bar{E}_c$ (GPa)	6.9	$\bar{k}_n$ (GPa/m)	700
k_n/k_s	1.2	$\bar{k}^n/\bar{k}^s$	1.2	$\bar{k}_s$ (GPa/m)	200
μ_c	0.5	$\bar{\sigma}_c$ (MPa)	42±5	μ	0.8
R_{max}/R_{min}	1.66	$\bar{\tau}_c$ (MPa)	42±5	σ_c (MPa)	3.0
R_{min} (mm)	1.0	$\bar{\lambda}$	1.0	c_b (MPa)	2.0
ρ (kg/m³)	2600			φ_b (deg)	45
				ψ (deg)	0

（1）强度和弹性模量对比

如表 5-11 所示，数值模拟结果与物理试验结果匹配良好，能够很好地反映出层状节理岩体的强度和变形各向异性。由图 5-36 中数值模拟结果可以看出，抗压强度曲线呈 U 形，当节理倾角由 0°增加至 30°时，抗压强度小幅下降；当节理倾角由 30°增加至 60°时，抗压急剧下降，在 60°达到最小值，为 13.14MPa；当节理倾角由 60°增加至 90°，抗压强度大幅回升至 40.72MPa，小于节理倾角为 0°时的抗压强度 47.29MPa。数值模拟得到的抗压强度变化规律、最小抗压强度和最大抗压强度对应的节理倾角都与物理试验结果十分吻合。由图 5-37 中的数值模拟结果可以看出，弹性模量呈现出先减小后增大的规律，但变化幅度较小。当节理倾角由 0°增加至 45°时，弹性模量缓慢降低，在 45°时达到最小值 6.51GPa；当节理倾角由 45°增大至 90°时，弹性模量逐渐增大，在 90°达到最大值 8.23GPa。虽然最小弹性模量对应的节理倾角与物理试验不同，数值模拟得到的弹性模量变化规律和最大弹性模量对应的节理倾角都与物理试验结果吻合。由此可见，根据本章提出的节理岩体细观参数标定方法能够有效地模拟层状节理岩体的强度和变形各向异性。

物理试验与数值模拟结果对比 表 5-11

节理倾角（°）	抗压强度（MPa）			弹性模量（GPa）		
	物理试验	数值模拟	误差（%）	物理试验	数值模拟	误差（%）
0	47.95	47.29	1.4	7.56	7.31	3.3
15	39.87	47.56	19.3	7.39	7.11	3.8
30	40.66	44.80	10.2	7.07	6.60	6.6
45	27.99	21.57	22.9	7.04	6.51	7.5
60	12.62	13.14	4.1	6.26	6.59	5.3
75	20.32	15.19	25.2	7.49	7.71	2.9
90	37.95	40.72	7.3	8.94	8.23	7.9

为了进一步验证试验结果的合理性，下面进一步对层状节理岩体的强度和变形各向异性进行理论求解。本节所研究的层状节理岩体是典型的单组节理岩体，其节理倾角相同、内摩擦角和内聚力等力学参数相同。在这种情况下，单组节理岩体的强度条件与单节理岩体的强度条件相同。根据 Jaeger（2007）提出的单结构面强度理论，沿结构面发生剪切破坏的强度条件为：

$$\sigma_1 = \sigma_3 + \frac{2(c_w + \sigma_3 \tan\varphi_w)}{(1 - \tan\varphi_w \cot\beta)\sin2\beta} \tag{5-4}$$

式中，σ_1、σ_3 分别为轴压和围压，在单轴压缩条件下 σ_3 取值为 0；c_w、φ_w 分别为节理面内聚力和内摩擦角；β 为节理面与水平方向的夹角。

图 5-35 所示，$\tau = c_w + \sigma\tan\varphi_w$ 为节理面的强度包络线，根据试件受力状态（σ_1、σ_3）可以给出应力莫尔圆。由莫尔强度理论可知，若应力莫尔圆上的点落在节理强度包络线以下，试件不会沿此节理破坏。利用图 5-35 中的几何关系可以求出节理面发生破坏的临界倾角 β_1 和 β_2：

$$\beta_1 = \frac{\varphi_w}{2} + \frac{1}{2}\arcsin\left[\frac{(\sigma_1 + 2c_w\cot\varphi_w)\sin\varphi_w}{\sigma_1}\right]$$

$$\tag{5-5}$$

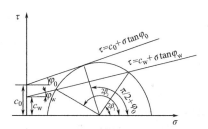

图 5-35　单结构面岩体强度分析

$$\beta_2 = 90^\circ + \frac{\varphi_w}{2} - \frac{1}{2}\arcsin\left[\frac{(\sigma_1 + 2c_w\cot\varphi_w)\sin\varphi_w}{\sigma_1}\right] \tag{5-6}$$

由公式可见，β_1 和 β_2 的取值是由内聚力和内摩擦角决定的。为了确定节理的内聚力和内摩擦角，将公式（5-4）进行转换可得公式（5-7），峰值强度与围压存在线性关系，通过公式（5-10）和公式（5-11）可求得内摩擦角和内聚力。

$$\sigma_1 = \frac{1+\sin\varphi_w}{1-\sin\varphi_w}\sigma_3 + \frac{2c_w\cos\varphi_w}{1-\sin\varphi_w} \tag{5-7}$$

$$M = \frac{2c_w\cos\varphi_w}{1-\sin\varphi_w} \tag{5-8}$$

$$N = \frac{1+\sin\varphi_w}{1-\sin\varphi_w} \tag{5-9}$$

$$\varphi_w = \arcsin\left(\frac{N-1}{N+1}\right) \tag{5-10}$$

$$c_w = M\frac{1-\sin\varphi_w}{2\cos\varphi_w} \tag{5-11}$$

采用表 5-10 中的细观参数对 60° 单节理试件进行三轴压缩试验，围压分别取 5MPa、10MPa 和 15MPa，获得不同围压下的峰值强度。如图 5-36 所示，对峰值强度和围压作线性回归分析，得出 $\sigma_1 = 4.05\sigma_3 + 15.13$，因此 $M = 15.13$，$N = 4.05$。代入公式（5-10）和式（5-11）可得摩擦角和内聚力分别为 37.15°、3.76MPa。

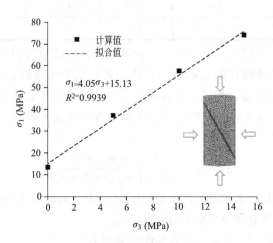

图 5-36　抗压强度与围压的关系

将内聚力和摩擦角参数代入公式（5-5）和公式（5-6），求出 $\beta_1 = 41.96^\circ$，$\beta_2 = 85.19^\circ$。因此，当 $41.96^\circ \leqslant \beta \leqslant 85.19^\circ$ 时，试件沿节理面破坏，在 $\beta = 45^\circ + \varphi_w/2 = 63.58^\circ$ 时，试件抗压强度最小；当 $\beta \leqslant 41.96^\circ$ 或 $\beta \geqslant 85.19^\circ$ 时，试件不会沿节理面破坏，试件强度取决于岩石强度。

如图 5-37 所示，将文献（Yong，et al.，2000）中的物理试验结果、本章的数值模拟结果以及结构面强度理论解进行比较，三种结果的强度曲线均呈现出相似的 U 形特性，吻合程度较好。节理倾角为 $0^\circ \sim 30^\circ$ 时，数值模拟结果与理论解较为接近，此时岩体试件主要发生岩块破坏；节理倾角为 $45^\circ \sim 80^\circ$ 时，数值模拟结果和物理试验结果都与理论解匹

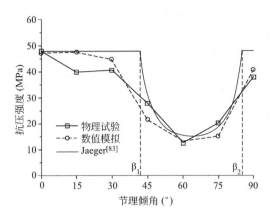

图 5-37　不同倾角层状节理试件强度曲线

配较好，此时岩体试件主要沿结构面破坏。

对于单组节理岩体的变形特性，Amadei（1982）基于等效连续介质模型，将水平层状节理岩体等效弹性模量的计算公式进一步推广，得出节理倾角为 β 的层状节理岩体等效弹性模量的计算公式：

$$\frac{1}{E_\beta} = \frac{1}{E_r} + \cos^2\beta\left(\frac{\cos^2\beta}{\bar{k}_n \cdot \delta} + \frac{\sin^2\beta}{\bar{k}_s \cdot \delta}\right) \tag{5-12}$$

式中，E_r 为完整岩块的弹性模量；$\bar{k}_n$、$\bar{k}_s$ 分别为节理面的法向刚度和切向刚度；δ 为节理面间距，本章取 20mm。

如图 5-38 所示，将文献（Yong，et al.，2000）中的物理试验结果、本章的数值模拟结果以及结构面强度理论解进行比较，三种结果的弹性模量均呈现出先减小后增大的特点。节理倾角为 $0°\sim45°$ 时，数值模拟结果与物理试验结果较为接近，但两种试验结果都与理论解存在一定差异；节理倾角为 $60°\sim90°$，数值模拟结果和物理试验结果都与理论解匹配较好，此时岩体试件主要沿结构面破坏。

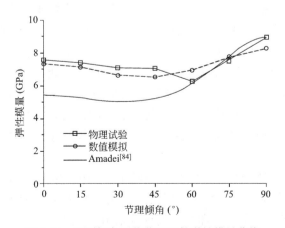

图 5-38　不同倾角层状节理试件弹性模量曲线

总的来说，物理试验结果和数值模拟结果得出的强度和弹性模量的变化趋势和理论解保持一致，但仍然存在一些差异。这主要是因为理论解是基于理想化模型，与实际的层状节理岩体和数值模拟试件存在一定差异。比如，实际层状岩体的各节理面性质难以保证完全相同，同一层理面上不同部位的几何特性和力学特性也可能不同。数值模拟采用的颗粒模型试件，在加载过程中会产生细观裂纹，裂纹会进一步扩展和贯通，甚至会与节理面产生联系，进而影响试件的整体力学特性。

（2）破坏模式对比

Yong，et al.（2000）对 7 种不同倾角层状节理试验进行单轴压缩试验所得的破坏模式如图 5-39 所示。当节理倾角为 0°～30°时，试件内产生贯穿层理面的连续纵向裂纹，层理面没有发现明显的开裂及滑移；当节理倾角为 45°时，试件内既有节理面开裂产生的倾斜裂纹，也有贯穿层理面的纵向裂纹；当节理倾角为 60°～75°时，试件内主要产生沿节理面开裂的倾斜裂纹，没有发现明显贯穿节理面的纵向裂纹；当节理倾角为 90°时，试件内产生沿纵向节理面开裂的裂纹。

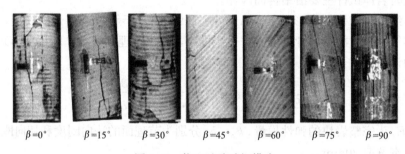

$\beta=0°$ $\beta=15°$ $\beta=30°$ $\beta=45°$ $\beta=60°$ $\beta=75°$ $\beta=90°$

图 5-39　物理试验破坏模式

利用颗粒流数值模拟方法可以进一步从细观角度分析层状节理试件的破裂过程和破坏模式。图 5-40～图 5-42 为不同倾角试件在三个阶段（峰值强度、峰后 80%峰值强度、轴向应变为 1%）的力链及裂纹分布图（彩色效果见 Hu et al.，2018），黑色圆点代表剪切裂纹，红色圆点代表拉伸裂纹，黄色网状线条代表力链，蓝色线条代表节理。当节理倾角为 0°～30°，细观裂纹主要产生于完整岩石中，随着加载的进行，裂纹会在试件上部逐渐聚集，形成宏观破裂带，破裂带可以穿过节理面；当节理倾角为 45°～75°时，细观裂纹基本上都产生在层理面上，随着加载的进行，裂纹在层理面上的聚集程度越来越明显，形成宏观破裂带，倾角越大，光滑节理拉伸裂纹越多，而完整岩石中没有产生细观裂纹；当节理倾角为 90°时，由于节理面与加载方向平行，节理面上细观拉伸裂纹聚集程度较高，形成明显宏观破裂带，但随着加载的进行，完整岩石中也会产生较多的细观裂纹并逐渐形成宏观破裂区。因此，颗粒流数值模拟结果与物理试验得出的破坏模式能够保持一致。

表 5-12 列出了试件达到峰值强度时不同倾角节理试件的各种细观裂纹的数量和百分比，节理倾角的改变会显著影响各细观裂纹的比例。如图 5-43 所示，当节理倾角为由 0°增加至 45°时，平行黏结拉伸裂纹和剪切裂纹分别由 30.9%和 64.7%降低至 0.1%，光滑节理拉伸裂纹和剪切裂纹分别由 2.9%和 1.6%上升至 11.5%和 88.3%。由此可见，在节理倾角较小时，主要发生平行黏结接触的破坏，且平行黏结剪切裂纹是主要破坏模式；随着节理倾角的增大，光滑节理裂纹迅速增大，光滑节理剪切裂纹在 45°达到最大比例

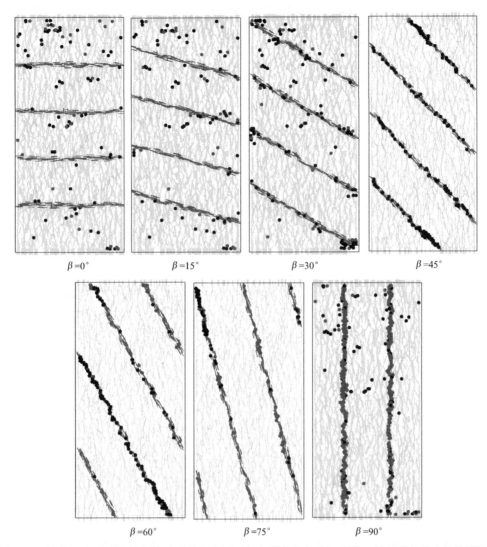

图 5-40　峰值强度时试件的力链及裂纹分布图（红色圆点代表剪切裂纹，黑色圆点代表拉伸裂纹，黄色网状线条代表力链，蓝色线条代表节理，彩色效果见 Hu et al.，2018）

88.3％，说明岩块的破裂已经转变为节理的破裂。当节理倾角由 45°增加至 90°时，平行黏结的两种裂纹比例均低于 10％，光滑节理的剪切裂纹比例由 88.3％降低至 14％，光滑节理拉伸裂纹比例由 11.5％增长至 76.1％，所以节理倾角的进一步增大会导致光滑节理的剪切破坏向拉伸破坏转变。

如图 5-44 所示，细观裂纹在不同方向的数量不同，且会随着节理倾角的增大而改变，图中规定沿水平面顺时针角度为正，逆时针为负。当节理倾角为 0°～15°时，裂纹在各个方向的分布数量类似，大部分裂纹的方向处于 60°～90°之间，即裂纹方向于加载方向夹角较小；当节理倾角增大至 30°时，裂纹的方向基本都集中在 30°～45°；当节理倾角进一步增大至 45°～90°时，裂纹的方向全都与节理的方向相同，这说明此时岩体的破裂主要是节理破裂导致，而节理的破裂是由于光滑节理接触沿节理方向发生滑动。

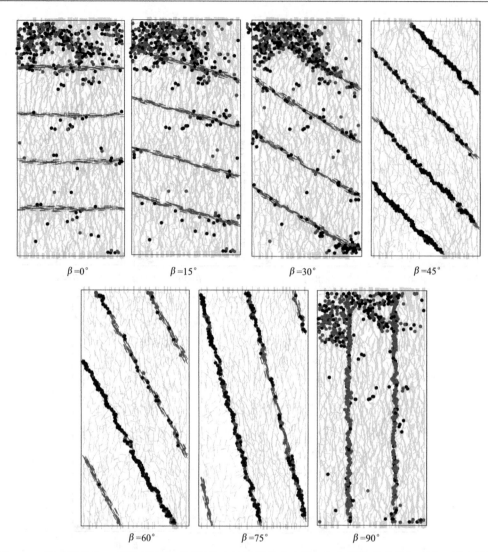

$\beta=0°$　　　　$\beta=15°$　　　　$\beta=30°$　　　　$\beta=45°$

$\beta=60°$　　　　$\beta=75°$　　　　$\beta=90°$

图 5-41　峰后强度为 80% 峰值强度时试件的力链及裂纹分布图（红色圆点代表剪切裂纹，黑色圆点代表拉伸裂纹，黄色网状线条代表力链，蓝色线条代表节理，彩色效果见 Hu et al.，2018）

峰值强度时不同倾角节理试件的各种细观裂纹百分比　　　　表 5-12

节理倾角（°）	平行黏结				光滑节理			
	拉伸裂纹	百分比	剪切裂纹	百分比	拉伸裂纹	百分比	剪切裂纹	百分比
0	238	30.9	499	64.7	22	2.9	12	1.6
15	296	31.7	570	61.0	18	1.9	50	5.4
30	253	24.1	376	35.8	70	6.7	351	33.4
45	2	0.1	2	0.1	167	11.5	1285	88.3
60	0	0.0	0	0.0	417	49.9	419	50.1
75	0	0.0	0	0.0	657	60.8	423	39.2
90	185	4.2	247	5.7	3313	76.1	609	14.0

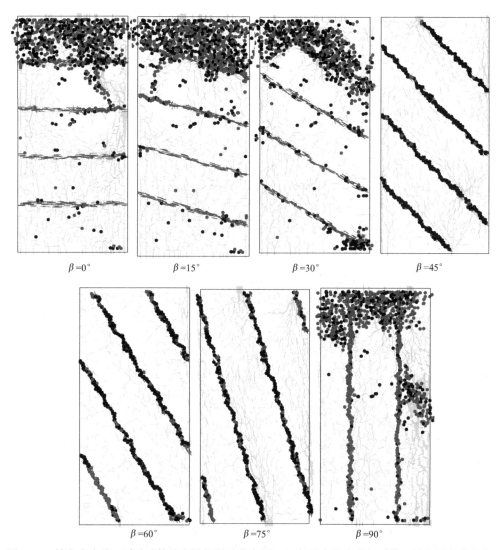

图 5-42　轴向应变为 1% 时试件的力链及裂纹分布图（红色圆点代表剪切裂纹，黑色圆点代表拉伸裂纹，黄色网状线条代表力链，蓝色线条代表节理，彩色效果见 Hu et al.，2018)

5.4　结论

　　节理岩体是工程实践中广泛遇到的一种材料，其力学特性是由岩块和节理特性共同决定的，因此呈现出显著的不连续性和各向异性，给岩体工程稳定性评价和设计带来困难。本章首先对节理岩体的理论、物理试验和数值模拟国内外研究现状进行调研；然后，介绍了颗粒离散元背景和原理以及本章采用的接触模型；接着，采用单节理岩体试件进行光滑节理各细观参数对试件强度和变形特性的研究，提出有效的参数标定方法，针对室内物理试验宏观力学参数进行细观参数标定，并将数值模拟结果与室内物理试验结果进行比较；最后，构建具有不同倾角的层状节理岩体模型，研究了光滑节理各细观参数对节理试件的

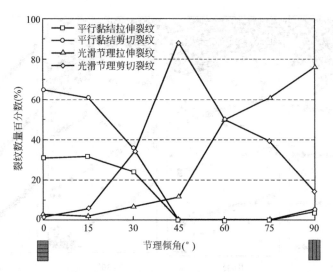

图 5-43　峰值强度时不同倾角节理试件的各种细观裂纹百分比

各向异性特性的影响，并将所得数值模拟结果与室内物理试验结果和理论解进行比较。根据以上研究内容，可以得出以下主要结论：

（1）利用 SJM 模拟了黏结节理和非黏结节理，通过对单节理岩体试件进行三轴压缩试验，研究了光滑节理各细观参数对试件的强度和变形特性的影响：①非黏结节理中的摩擦系数对试件的强度和变形特性影响最大，摩擦系数的降低会显著改变应力-应变曲线模式和试件最终破坏模式，会造成屈服强度和弹性模量的降低以及泊松比的增大；②节理刚度的影响较低，不会改变应力-应变曲线模式和试件的最终破坏模式，法向刚度的影响要高于切向刚度的影响，法向刚度的降低和切向刚度的降低会导致屈服强度和弹性模量的降低，但对泊松比的影响相反，前者使泊松比降低，后者使泊松比增大；③黏结节理的法向强度的降低对试件的峰前特性基本没有影响，因此不会导致弹性模量和泊松比的变化，但会显著降低试件的峰值强度并影响裂纹扩展过程。黏结节理的切向强度是由节理的内聚力、内摩擦角共同决定的，内聚力和内摩擦角的降低会显著降低试件的屈服强度。

（2）根据 SJM 不同细观参数对试件宏观特性的影响程度，提出了单节理试件 SJM 细观参数标定方法，能够迅速确定试件的光滑节理细观参数，使数值模拟结果与室内物理试验结果非常吻合。采用颗粒流方法通过力链的传递、细观裂纹的性质和分布以及颗粒位移矢量进一步从细观角度揭示节理倾角对试件的裂纹扩展过程及最终破坏模式的影响，即 $30°$、$45°$ 和 $60°$ 节理试件分别发生劈裂破坏、复合破坏和滑移破坏，这与室内物理试验结果一致。

（3）层状节理岩体试件的力学特性不仅受节理倾角控制，节理的力学性质也会显著影响试件的强度和变形特性。不同的光滑节理细观参数对不同倾角的试件抗压强度影响程度不同，黏聚力和摩擦系数在 $30° \sim 75°$ 影响较大，法向强度和切向刚度在 $45° \sim 90°$ 影响较大，内摩擦角在 $45° \sim 60°$ 影响较大，法向刚度在各倾角情况下影响均较小；层状节理试件的弹性模量随倾角变化幅度较小，光滑节理的强度对试件的弹性模量影响较小，刚度参数对试件的弹性模量影响较大，其中法向刚度的影响最明显，且倾角越小，影响越明显。

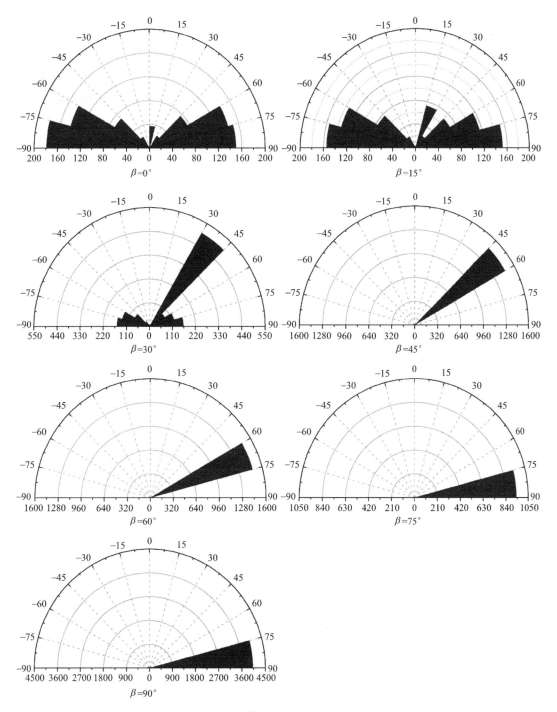

图 5-44　峰值强度时裂纹方位分布图

（4）根据本章提出的层状节理岩体试件光滑节理细观参数标定方法，能够迅速确定合适的光滑节理细观参数，使各倾角节理试件的颗粒流数值模拟结果与室内物理试验结果匹配，与理论解吻合程度也较好。抗压强度与节理倾角的关系曲线形态为 U 形，弹性模量随节理倾角的变化幅度较小，呈现出先减小后增大的趋势。

（5）颗粒流数值模拟结果得到的层状节理岩体破坏模式与室内物理试验结果相似，在节理倾角为 0°~30°时，细观裂纹主要产生于完整岩块部分，试件的破坏主要是岩块内部的细观裂纹导致，且平行黏结剪切破坏占主导地位，在节理倾角为 45°~90°，细观裂纹主要产生于节理面，试件的破坏是由于节理面两侧岩块发生相对滑移，随着节理倾角的增大，光滑节理由剪切破裂转变为拉伸破裂。

第6章　PFC中加载速率对岩石力学特性表征的影响

6.1　概述

　　岩体是赋存于自然界中非常普遍而复杂的介质体，其经历了各种地质构造作用、风化作用以及人类营力作用，因此天然岩体内通常广泛存在着诸如节理、断层、片理、裂隙等一系列不连续结构面。在这几类不连续结构面中，节理是指那些有一定成因、形态和分布规律的裂隙，但在工程界节理和裂隙常视为同义语，不加区别的使用。按照成因节理可以分为原生节理、构造节理和次生节理三种。在水电工程中，节理裂隙以各种形式广泛分布在岩体内，这种岩体结构的显著不均匀性使得岩体呈现出普遍的各向异性的特点，这给岩体力学科研工作者和工程技术人员带来了许多复杂的理论和工程问题。随着我国水电建设事业的不断推进和发展，越来越多的岩体工程在建设过程中都不可避免地遇到并受到这些复杂不连续结构面的影响，如正在建设中的金沙江白鹤滩水电站和大渡河丹巴水电站等。在这些大型的岩体工程中，节理岩体中节理裂隙的几何特征（如长度、倾角以及密集程度等）通常比较复杂，而且岩体通常处于复杂的三向应力环境中。大量的研究成果表明：节理岩体的力学特性，尤其是强度特性与节理、裂隙的空间位置紧密相关（Shen et al.，1995；Wong & Chau，1998；Bobet & Einstein，1998；朱维申等，2002；张平，2004；张平等，2006）。因此，研究节理岩体在三向应力状态下的变形和力学特性，对于探究节理岩体的力学特性与破坏机制，以及实际岩体工程的相应处治措施有着重要的意义。

　　同时，在实际岩体工程中，由于工程施工、荷载变化以及构造挤压等原因，导致了岩体荷载加载速率快慢不尽相同，而不同的加载方式及加载速率下岩石材料的力学性能有较大的差异性，因此岩石材料力学性能的加载速率效应是岩体工程中岩石力学研究领域的一个热点问题。目前，对于完整岩体的加载速率效应的研究已较多（吴绵拔和刘远惠，1980；尹小涛等，2010；梁昌玉等，2012；黄达等，2012），而对节理岩体的加载速率效应的研究相对较少，而且大多是通过对相似材料模型开展的单轴压缩试验研究。由于节理岩体原样取样时难以克服控制扰动的影响，并且制作节理裂隙十分困难，因此通常采用相似材料建立物理模型来研究节理岩体的力学性质；然而，采用相似材料建立的物理模型很难真实模拟节理岩体内部的矿物组成及粒径分布情况，也难以反映矿物之间及裂隙节理处的黏结情况，因此很难通过物理模型试验从细观角度对节理岩体的力学性质和破坏损伤过程进行准确深入的研究（黄达等，2013）。

　　基于颗粒离散元的基本理论和方法，从细观角度模拟节理岩体物理力学性质具有显著优势，本章选择三维颗粒流程序（PFC3D）作为研究工具，开展考虑加载速率效应的单节理岩体三轴压缩数值模拟试验，并对数值模拟中表征节理的接触模型——光滑节理模型

（SJM）的细观参数进行敏感性分析，计算结果可以为三轴压缩试验模拟中的节理岩体加载速率效应研究提供一定的参考。

非均质的节理岩体的应力状态以及承载情况往往十分复杂多变，针对不同工程问题，加载速率是一个变化幅度很大的参数，考虑加载速率对非均质岩石材料力学性质的影响一直以来都是岩体力学研究领域的一个热点问题。关于节理岩体的加载速率效应，国内外众多专家学者针对此开展了广泛而深入的研究工作，取得了一系列突出的成果。

节理岩体物理力学性质一般通过现场或者室内试验获得。根据加载速率的大小，岩石试验可以划分为静态加载、准动态加载和动态加载试验，然而关于这三种不同加载方式对应的加载速率范围的划分，现行的岩石试验规范中还没有统一的标准。一般认为，应变速率小于 $10^{-4}\,\mathrm{s}^{-1}$ 属于低应变速率（即静态加载）；$10^{-4}\sim10^2\,\mathrm{s}^{-1}$ 属于中等应变速率，其中 $10^{-4}\sim10^{-2}\,\mathrm{s}^{-1}$ 属于准静态加载，$10^{-2}\sim10^2\,\mathrm{s}^{-1}$ 属于准动态加载；大于 $10^2\,\mathrm{s}^{-1}$ 属于高应变速率（即动态加载）（尹小涛等，2010 & 梁昌玉等，2012）。随着研究理论的逐渐积累与试验手段的发展完善，目前岩石压缩试验主要有以下几种加载速率的控制标准：加载时间控制，即通过控制试样压坏的时间来控制加载的快慢，如美国岩石试验规程中要求试样在 $1\sim15\mathrm{min}$ 内压坏；荷载控制，这是如今最普遍应用的方法，如我国水利水电岩石试验规程要求每秒 $0.5\sim0.8\mathrm{MPa}$ 的速率加载直至破坏（徐志英，1993）；变形控制，这是伺服刚性试验机广泛应用之后逐渐推广的。一般认为应变率大于 $10^2\,\mathrm{s}^{-1}$ 属于高应变速率，即动态加载，而对静态和准静态的应变率界限的划分目前尚无比较一致的看法，大部分研究者对于准静态加载的取值范围为 $10^{-4}\sim10^{-2}\,\mathrm{s}^{-1}$（或 $10^{-5}\sim10^{-1}\,\mathrm{s}^{-1}$），准动态加载的取值范围为 $10^{-2}\sim10^2\,\mathrm{s}^{-1}$（或 $10^{-1}\sim10^1\,\mathrm{s}^{-1}$），准静态和准动态的加载速率界限一般为 $10^{-2}\,\mathrm{s}^{-1}$ 或 $10^{-1}\,\mathrm{s}^{-1}$（表 6-1）。

动静态加载的应变率界限（梁昌玉等，2012）　　　　表 6-1

来源	应变率 $\dot{\varepsilon}$（s^{-1}）			
	静态	准静态	准动态	动态
Logan 和 Handin（1970）	$10^{-5}\sim0$	—	$10^{-2}\sim10^2$	$>10^2$
杜金声（1979）	$<10^{-2}$	—	$10^{-2}\sim10^2$	$>10^3$
吴绵拔和刘远惠（1980）	$<10^{-4}$	$10^{-4}\sim10^{-2}$	$10^{-2}\sim10^2$	$>10^2$
Blanton（1981）	—	—	$10^{-1}\sim10^1$	—
R. L. Sierakowski（1984）	$10^{-4}\sim10^{-1}$	—	$10^{-1}\sim10^0$	$>10^2$
B. G. Tarasov（1990）	$10^{-8}\sim10^{-3}$	—	—	$10^{-2}\sim1$
李夕兵和古德生（1994）	$<10^{-5}$	$10^{-5}\sim10^{-1}$	$10^{-1}\sim10^1$	$10^1\sim10^3$
王 斌等（2010）	$10^{-5}\sim10^{-1}$	—	$10^{-1}\sim10^1$	$10^1\sim10^3$
梁昌玉（2012）	$<5\times10^{-4}$	—	$5\times10^{-4}\sim10^2$	$>10^2$
黄理兴（2010）	$10^{-5}\sim10^{-1}$	—	$10^{-1}\sim10^4$	$10^{-1}\sim10^4$

基于以上的现状与背景，为了更好地运用 PFC3D 三轴数值模拟试验对节理岩体的加载速率效应进行详细的研究和分析，本章中将介绍：（1）相似材料的室内三轴压缩试验，PFC3D 三轴压缩数值试验的模拟过程，及数值模型的相关细观参数的确定方法；（2）以

节理倾角为 30°及 45°的节理岩体试样为研究对象，对表征节理的光滑节理模型的摩擦系数、法向刚度、切向刚度及法向与切向间的刚度比四个参数分别设置多组不同的数值在三种不同加载速率下开展三轴数值压缩试验，定量地分析在不同加载速率下这四个细观参数的改变对岩体宏观力学性质如杨氏模量、泊松比和峰值强度等的影响；（3）以完整岩体、节理倾角为 30°和 45°的节理岩体这三组岩体试样为研究对象，分别开展加载速率为 0.00307m/s、0.0307m/s、0.307m/s、0.6144m/s、0.921m/s（对应的应变率分别为 $0.05s^{-1}$、$0.5s^{-1}$、$5s^{-1}$、$10s^{-1}$、$15s^{-1}$）共五种加载速率条件下的三轴压缩数值模拟试验，从岩体试样的应力应变曲线、变形行为、破坏特征及能量响应等方面对节理岩体的加载速率效应展开深入的探索和研究。

6.2　岩体三轴压缩物理试验及数值模拟

6.2.1　三轴物理试验设计

原位试验和室内物理模型试验都是岩石力学领域最直接和最有效的研究方法。对于节理岩体的研究来说，由于巨大的时间和经济消耗、复杂的操作流程及缺乏可重复性的特点，现场试验要综合考虑原位条件下的天然不连续结构面的影响非常困难，因此用相似模型材料来模拟各向异性的节理岩体的室内试验成了节理岩体研究领域被广泛采用的、有效的研究方法。本节将从岩体试样的制备和三轴压缩试验系统和操作过程进行简要的介绍。

6.2.1.1　岩体试样制备

人工试样是由水、砂、水泥以配比为 0.169∶0.365∶0.466 组成的混凝土混合物，加工成型用以模拟节理岩体的力学行为。圆柱形标准试样的直径为 51.7mm，高度为 122.78mm。准备两组岩体粗制试样，经过断面研磨和切割后分别制作成完整岩体试样和节理岩体试样进行三轴压缩试验。由于在对试样两端进行研磨和切割形成节理时会造成试样高度的减小，因此完整岩体的粗制试样平均高度为 122.9mm，节理岩体的粗制试样的平均高度为 127.3mm。所有岩体试样均取自相同的混凝土砌块，这些混凝土砌块均经过相同条件的混合、铸造及 28d 的养护，并保证所有岩体试样的端部在加载过程中与压台平滑接触。接着对高度为 127.3mm 的粗制岩体试样组进行锯片割缝，分别形成包含与水平方向夹角为 30°和 45°的单条张开节理的两种节理岩体试样，每个节理岩体试样的两部分用胶带沿着节理方向进行固定（图 6-1）。

6.2.1.2　试验系统及程序

对完整岩体试样及节理岩体试样的三轴压缩试验采用 MTS-815 三轴伺服材料试验机，该系统最大可以提供 4600kN 的轴向荷载和 140MPa 的侧向围压，系统主要包含装载架、三轴压力室、侧向压力增压器、空隙压力增压器、液压性能套件、数控装置以及电脑工作站。通过安装在试样中的双平均轴向应变伸长计和圆周伸长计可以测量最大分别为 10%及 30%的轴向应变和侧向应变。装载架的刚度为 $10.5 \times 10^{10} N/m$。整个加载试验系统是一个闭环反馈控制系统，在测试期间传感器生成的反馈信号可以与显示所需测试条件的程序信号相比较，若两种信号不匹配系统将会自动进行修正。

首先，在两个相同试样直径的加压平台中安装好岩体试样，将试样套上 0.5mm 厚的

Intact   30°(spilt mode)   45°(mixed mode)   60°(sliding mode)

图 6-1　不同倾角人工试样模型

聚四氟乙烯热收缩管，套管和试样之间用钢圈固定在加压平台上。接着，将双平均轴向应变伸长计和圆周伸长计安装在试样的中间高度以消除断面摩擦的影响。在试验开始之前所有的 MTS 传感器和伸长计传感器都根据标准进行校核以保证结果的准确性。三轴压缩试验分两个阶段进行，第一个阶段需要几分钟逐渐增加侧限压力至 5MPa，这一过程中轴向荷载保持在一定值以维持试验在合适的位置。第二个阶段，逐渐以一定的加载速率对试验进行加载直至试样的破坏发生，此过程中试样的侧限压力保持不变。加载过程中，记录轴向应力、轴向应变、侧向应力、侧向应变及体积应变的数据来获取包含应力应变曲线、强度、杨氏模量和泊松比等岩石宏观力学性能。

6.2.2　三轴数值试验模拟过程

6.2.2.1　试样模型生成

颗粒数值模型试样的尺寸和力学参数根据常规室内物理力学试验，结合相关的岩石力学性质、测定方法的规定综合选定。其中，试样的高度 $H=122.78\text{mm}$，半径 $R=25.87\text{mm}$。试样中的颗粒集合体采用半径扩大法生成，取颗粒最小粒径 $R_{\min}=1.8\text{mm}$，颗粒最大粒径与最小粒径之比为 $r=1.66$，试样的模型示意图及具体几何尺寸及颗粒参数如图 6-2 及表 6-2 所示。节理岩体试样的生成主要分为两步：首先构建能够表征完整岩石的颗粒集合体并赋予 BPM 接触模型及其相关细观力学参数，然后在完整岩石模型上加入研究所需的节理面并赋予 SJM 接触模型及其相关细观力学特性参数。

三轴压缩试验试样的几何参数

表 6-2

几何参数	数值
试样尺寸（mm）	$W \times R^2 = 122.78 \times 25.87^2$
颗粒最小粒径（mm）	$R_{\min} = 1.8$
颗粒粒径比	$r = 1.66$

续表

几何参数	数值
颗粒数目	$N = 3172$
颗粒密度（kg/m³）	$\rho_{颗粒} = 2085.16$

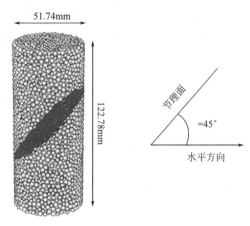

图 6-2　模型试样示意图（节理面倾角为 45°时）

6.2.2.2　数值模拟过程

（1）在模型生成时需要设置上下两道墙及侧墙以生成颗粒集合体，压缩试验时通过伺服机制控制侧墙的速度来提供恒定的侧向压力，上下两道墙作为加载墙（平面）且被设置为光滑的，加载墙和侧墙的法向刚度分别等于与墙接触的所有颗粒法向平均刚度的 β_p 和 β_c 倍。

（2）上下两道墙通过指定应变率来实现对试样的加载，并根据式（6-1）算出上下两道墙移动的速度：

$$v_p = \frac{1}{2} \dot{\varepsilon}_p L_0 \tag{6-1}$$

式中，L_0 为试样的初始高度；$\dot{\varepsilon}_p$ 为应变率。在初始加载阶段，上下两道墙的移动速度在 n_p 个循环周期内分 s_p 个阶段达到最终的稳定加载速度 v_p。

（3）上下两道墙不断进行加载，加载过程中监测轴向应力的值并记录其最大值。在一个典型的压缩试验过程中，该值会逐渐增大到某一最大值，然后会随着模型的破坏而逐渐降低，加载到满足如式（6-2）所示条件为止。在加载过程中可以记录裂缝的分布、裂缝累计数目、能量变化情况以及破坏模式。

$$\varepsilon_y = 0.02 \tag{6-2}$$

式中，ε_y 为加载过程中监测的轴向应变。压缩数值模拟试验完成后，根据计算过程中设置的监测变量值，根据监测得到的数据即可算出试样的抗压强度和弹性模量。

6.2.3　PFC3D 细观参数标定

本章中采用颗粒黏结模型 BPM（参见第 3 章 3.2.2）形成颗粒集合体以此来表征完整的岩石块体，在颗粒集合体中加入光滑节理模型来表征岩体中的节理裂隙。在运用颗粒流程序对岩石进行模拟时，为了验证模拟结果的可靠性和准确性，需要对物理试验与数值模拟实验结果进行对比和匹配，在校验的过程中细观参数的确定显得尤为重要。本章涉及的 PFC3D 细观参数主要有颗粒、平行黏结模型和光滑节理模型的以下不同力学参数：弹性模量、法向刚度与切向刚度比值、法向黏结强度及切向黏结强度，以及颗粒间摩擦系数等。在颗粒流数值模型中，一般是通过相同的加载条件下尽量使岩石试样的室内试验和数值模拟实验的宏观力学性质如弹性模量、峰值强度、泊松比及应力应变曲线等匹配一致，以使数值模型更加逼近真实材料的性质。下面介绍根据上面的室内试验结果来获取颗粒流数值模型细观参数的过程。

6.2.3.1 标定方法

首先，需要确定的是颗粒的细观参数，包括最小半径、最大最小半径比、密度、法向刚度与切向刚度的刚度比、摩擦系数与弹性模量等。对岩体试样进行颗粒分析，获得岩体试样的颗粒组成，为数值模型试样的颗粒粒径划定范围。根据常规的物理力学性质试验的结果，可以得到岩体试样的弹性模量和密度等物理参数。在三维颗粒流程序中，模型试样的整体杨氏模量与颗粒刚度及颗粒半径之间存在如式（6-3）所示的经验定量关系（Itasca，2010）：

$$k_n = 4R \times E_c \tag{6-3}$$

式中，k_n 表示颗粒的法向刚度；R 表示颗粒的半径；E_c 表示颗粒的杨氏模量。综合考虑岩体试样的颗粒分析及物理力学性质试验，同时结合 PFC3D 的计算原理，便可得到数值试样模型有关颗粒的一系列细观参数。

接着，根据匹配完整岩体室内试验的杨氏模量、泊松比和峰值强度等物理力学性质，可以对表征完整岩石材料的平行黏结模型的细观参数进行确定（Itasca，2010）。需要注意的是，表征完整岩石材料的平行黏结模型的细观参数确定之后就保持恒定不变。然后，在完整岩体数值模型中插入光滑节理模型，以此来生成节理岩体试样的数值模型试样。加入了光滑节理模型之后，除了节理的倾角和倾向，光滑节理模型的所有其他性质是继承于完整岩石材料的性质，即光滑节理模型与平行连接模型的细观参数取为一致，然后改变光滑节理模型的细观参数以考虑节理对岩体性质的弱化影响。由于室内三轴压缩试验中的节理岩体试样的节理是通过切割形成的张开裂缝，因此数值模型采用的光滑节理模型的黏结状态选择"无黏结且不发生破坏"，即将光滑节理的法向和切向黏结强度均设置为零。光滑节理模型的其他细观参数如摩擦系数、法向刚度及切向刚度的确定方法与完整岩体的平行黏结模型的确定方法一样，即通过改变光滑节理模型的细观参数，将节理岩体数值模型的模拟结果与室内物理试验的结果进行对比，使杨氏模量、泊松比和峰值强度等物理力学性质尽量匹配一致。

6.2.3.2 结果验证

在调试过程中尽量使岩体三轴压缩物理试验与数值试验的应力应变曲线一致如图 6-3 所示，以更加逼近真实材料的性质。根据上述方法确定了一系列数值模拟细观参数如表 6-3 所示，在本章 6.3 节，将以表 6-3 中的细观参数为基础开展加载效率效应的数值模拟研究。

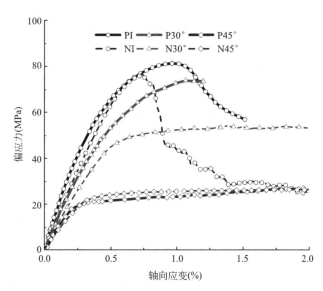

图 6-3　物理试验与数值模拟试验应力-应变曲线（PI—完整岩块物理试验，NI—完整岩块模拟试验，
P30°—含 30°节理物理试验，N30°—含 30°节理模拟试验，
P45°—含 45°节理物理试验，N45°—含 45°节理模拟试验）

完整岩石和光滑节理的细观参数　表 6-3

颗粒	数值	平行连接	数值	光滑节理	数值
E_c (GPa)	12	$\overline{E}_c$ (GPa)	12	$\overline{k}_n$ (GPa/m)	1260
k_n/k_s	1.5	$\overline{k}^n/\overline{k}^s$	1.5	$\overline{k}_s$ (GPa/m)	840
μ_c	0.5	$\overline{\sigma}_c$ (MPa)	75±40	μ	0.15
R_{max}/R_{min}	1.66	$\overline{\tau}_c$ (MPa)	75±40	σ_c, c_b (MPa)	0
R_{min} (mm)	1.8	$\overline{\lambda}$	1.0	ψ, φ_b (deg)	0
ρ (kg/m³)	2085.16				

6.2.4　小结

本节中主要从室内相似材料三轴试验、PFC3D 三轴数值试验及数值模型相关细观参数的确定几个方面进行说明。首先介绍了室内试验岩体试样的制备、试验系统及具体步骤，进行室内三轴压缩试验并得到了完整岩体、节理倾角分别为 30°和 45°的节理岩体三种岩体试样的应力-应变曲线；然后介绍了 PFC3D 数值试样模型生成及三轴数值试验模拟过程，并根据室内三轴试验的结果说明了 PFC3D 数值模型的相关细观参数的确定方法，进而确定了后续数值模拟研究中所需的细观参数。研究表明：完整岩体和节理倾角为 45°的节理岩体的室内物理试验和数值模拟试验的应力-应变曲线结果比较一致，而可能由于物理试验试样制备与养护条件的问题，节理倾角为 30°的岩体试样的物理试验和数值试验的结果略有差别。考虑到完整岩体和节理倾角为 45°的节理岩体的物理试验和数值模拟试验的结果拟合程度较高，故认为本节中确定的数值细观参数是合理的，可以用于后续的数值模拟研究。

6.3 SJM 细观参数对岩体宏观特性影响研究

为了更好地模拟天然岩体内的节理结构面，Cundall（Itasca，2010）提出了光滑节理模型的概念，Mas Ivars（2008）通过引入 SJM 模型模拟了节理岩体的基本力学行为。在模拟工程问题时，首先必须要确定的是与宏观材料特性相匹配的细观参数（赵国彦等，2012）。本章采用光滑节理模型来模拟岩体内的节理裂隙，就需要对光滑节理模型相关的细观参数进行分析和研究。通过上一节的讨论可以得到，室内三轴压缩试验中的节理岩体试样的节理是通过切割形成的张开裂缝，因此表征节理的光滑节理模型的黏结状态选择"无黏结且不发生破坏"，即将光滑节理的法向和切向连接强度均设置为零，故光滑节理模型的其他细观参数如摩擦系数、法向刚度及切向刚度就形成了影响岩石材料的主要因素。在上一节简要介绍了 PFC3D 细观参数标定的基本方法和步骤之后，本节将从光滑节理模型的摩擦系数、法向刚度、切向刚度及法向与切向间的刚度比四个参数进行更加详细的参数敏感性分析，对每个细观参数分别设置多组不同的数值，在不同加载速率下开展三轴数值压缩试验，定量地分析不同加载速率条件下这四个细观参数对岩体宏观力学性质如杨氏模量、泊松比和峰值强度等的影响。

6.3.1 摩擦系数的影响

6.3.1.1 数值试验方案

试样的高度 $H = 122.78\text{mm}$，半径 $R = 25.87\text{mm}$。试样中的颗粒集合体采用半径扩大法生成，取颗粒最小粒径 $R_{\min} = 1.8\text{mm}$，颗粒最大粒径与最小粒径之比为 $r = 1.66$，试样的模型示意图及具体几何尺寸及颗粒参数如图 6-2 及表 6-2 所示，数值模拟细观参数如表6-3 所示，其中有关光滑节理模型的细观参数的取值，在本节针对摩擦系数的研究中只对摩擦系数取值进行不同的调整和变化，而其他细观参数则参照表 6-3 进行取值。同样的，遵循控制变量的原则，在后续对刚度的影响研究中只对相应刚度进行调整和变化，而摩擦系数等其他细观参数则同样参照表 6-3 进行取值。在本节中，取节理倾角分别为 30° 和 45° 两种节理岩体试样模型，光滑节理模型的摩擦系数 μ 分别取为 0.15、0.3、0.5、0.8 和1.0 共五种情况，每种摩擦系数情况下设置 0.0307m/s、0.307m/s 和 0.921m/s（对应的应变率分别为 0.5/s、5/s 和 15/s）三种加载速率进行三轴压缩数值试验，计算方案如表6-4 所示。

光滑节理模型摩擦系数影响的试验方案 表 6-4

节理倾角（°）	加载速率（m/s）	SJM 摩擦系数 μ				
	0.0307	0.15	0.3	0.5	0.8	1.0
30	0.307	0.15	0.3	0.5	0.8	1.0
	0.921	0.15	0.3	0.5	0.8	1.0
	0.0307	0.15	0.3	0.5	0.8	1.0
45	0.307	0.15	0.3	0.5	0.8	1.0
	0.921	0.15	0.3	0.5	0.8	1.0

6.3.1.2　模拟结果分析

　　从图 6-4 可以看出，随着摩擦系数的增加，峰值强度呈增大的趋势。节理倾角为 30°时，当摩擦系数 $\mu<0.5$ 时，峰值强度随摩擦系数的增加近似呈线性增长；当摩擦系数 $\mu>0.5$ 时，峰值强度随摩擦系数的增加则不再发生明显的变化。节理倾角为 45°时，峰值强度整体随摩擦系数的增加近似呈增大趋势，当摩擦系数 $\mu<0.5$ 时，曲线斜率较大，峰值强度增长较快；而当摩擦系数 $\mu>0.5$ 时，曲线变缓，峰值强度增长也变缓。可以看出，两种不同节理倾角试样的不同加载速率条件下，岩体的峰值强度随摩擦系数的增大整体上呈现增大的趋势，这是因为摩擦系数越大岩体沿着节理面的滑动变得越困难，因此岩体可以承受的荷载也越大。但当摩擦系数增大到一定程度之后，随着摩擦系数的提高岩体可以承受荷载的增长趋势则逐渐变缓，甚至不再增长。从图中可知，三种加载速率的峰值强度变化曲线基本上是平行的，表明峰值强度随摩擦系数的增大的变化趋势不随加载速率的改变而改变，加载速率的提高仅使得峰值强度曲线向上平移即呈现整体的增大趋势，加载速率对峰值强度的影响将在下一节进行更详细的分析与讨论。

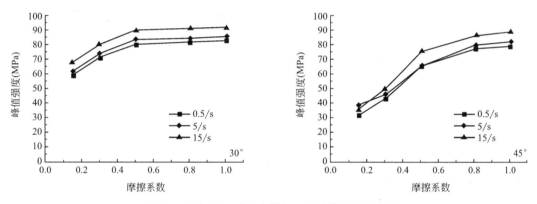

图 6-4　光滑节理模型摩擦系数对峰值强度的影响

　　从图 6-5 可知，弹性模量随摩擦系数的增加的变化趋势与峰值强度随摩擦系数的增加的变化趋势比较一致，整体上呈现出增大的趋势。需要注意的是，不同加载速率条件下，弹性模量随摩擦系数变化的三条曲线相差不大，尤其是节理倾角为 45°时三条曲线基本上

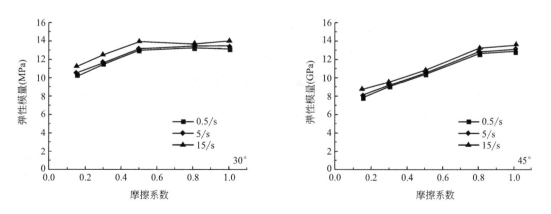

图 6-5　光滑节理模型摩擦系数对弹性模量的影响

重合，说明弹性模量作为岩石材料的变形特性受加载速率的影响不显著，而主要与岩石材料的类型、完整程度、结构面等自身物理性质有关。从图 6-6 可以看出，随着摩擦系数的增加，泊松比整体呈减小的趋势，这与弹性模量随摩擦系数增大的变化趋势刚好相反。同样的，当摩擦系数增大到一定程度之后，随着摩擦系数的提高岩体泊松比减小变缓甚至不再减小，不同加载速率条件下的泊松比随摩擦系数变化的三条曲线也基本上重合。可以看出，各组试样中随着摩擦系数增大，泊松比整体呈减小趋势，摩擦系数的提高使得岩体沿着节理面的滑动更加困难，说明岩体试样的横向变形性能逐渐减弱。

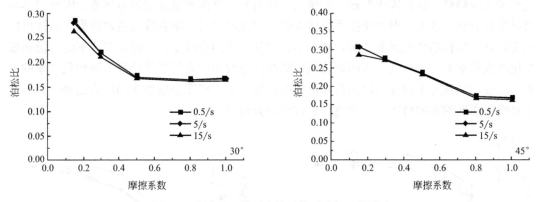

图 6-6　光滑节理模型摩擦系数对泊松比的影响

6.3.2　刚度的影响

本节中试样的模型示意图及具体几何尺寸及颗粒参数同样参照图 6-2 及表 6-2 取值，试样模型取节理倾角分别为 30°和 45°两种节理岩体，光滑节理模型的刚度（法向刚度、切向刚度及刚度比）则取多组不同数值，每种刚度取值情况下设置 0.0307m/s、0.307m/s 和 0.921m/s（对应的应变率分别为 0.5s^{-1}、5s^{-1} 和 15s^{-1}）三种加载速率进行三轴压缩数值试验，具体计算方案如表 6-5～表 6-7 所示。

6.3.2.1　法向刚度的影响

对表 6-3 中光滑节理模型的法向刚度在 1260GPa/m 的基础上分别进行 1、1/2、1/3、1/4、1/5、1/10、1/25 和 1/50 的八种不同程度的折减，分别取值为 1260GPa/m、630GPa/m、420GPa/m、315GPa/m、252GPa/m、126GPa/m、50.4GPa/m 和 25.2GPa/m，其他参数取值不变，计算方案见表 6-5 所示。

光滑节理模型法向刚度影响的试验方案　　　　　　　　　　　　　　表 6-5

节理倾角（°）	加载速率（m/s）	SJM 法向刚度 $\bar{k}_n$（GPa/m）							
30	0.0307	1260	630	420	315	252	126	50.4	25.2
	0.307	1260	630	420	315	252	126	50.4	25.2
	0.921	1260	630	420	315	252	126	50.4	25.2
45	0.0307	1260	630	420	315	252	126	50.4	25.2
	0.307	1260	630	420	315	252	126	50.4	25.2
	0.921	1260	630	420	315	252	126	50.4	25.2

从图 6-7～图 6-9 可以看出，随着法向刚度的增加，峰值强度整体上基本保持不变，而弹性模量和泊松比随法向刚度的增加呈增大趋势，而且这种增大趋势随着法向刚度的增大逐渐减弱。当光滑节理连接的法向刚度大于 252GPa/m 时，各试样的峰值强度基本上不发生变化，弹性模量和泊松比的增长幅度较小；而当法向刚度小于 252GPa/m 时，可以看到此时弹性模量和泊松比随法向刚度的增加增大的幅度较大，影响更明显。光滑节理模型中的刚度表示节理面上颗粒在受力时抵抗弹性变形的能力，是颗粒间重叠位移改变难易程度的表征。相同作用力增量条件下，法向刚度越大，表示颗粒间的重叠位移增量则越小，岩体越难以发生变形，因此表征出来的岩体宏观特性弹性模量和泊松比就越大。另外注意到，不同加载速率条件下，峰值强度、弹性模量和泊松比随法向刚度变化的三条曲线相差不大，这与上节光滑节理模型摩擦系数的影响分析类似，岩体的宏观强度和变形性质受光滑节理模型法向刚度影响的规律基本不随加载速率的改变而改变。

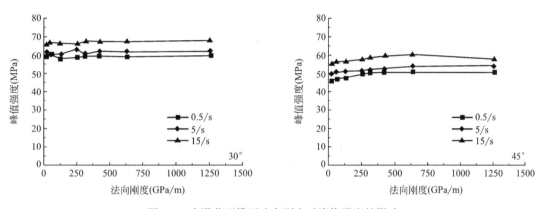

图 6-7　光滑节理模型法向刚度对峰值强度的影响

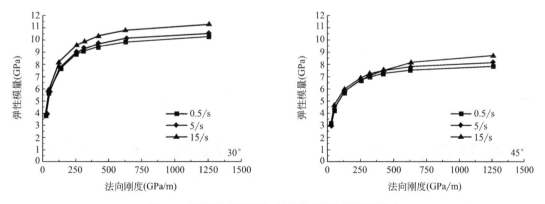

图 6-8　光滑节理模型法向刚度对弹性模量的影响

6.3.2.2　切向刚度的影响

对表 6-3 中光滑节理模型的切向刚度在 840GPa/m 的基础上分别进行 1、1/2、1/3、1/4、1/5，1/10，1/25 和 1/50 的八种不同程度的折减，分别取值为 840GPa/m、420GPa/m、280GPa/m、210GPa/m、168GPa/m、84GPa/m、33.6GPa/m 和 16.8GPa/m，其他参数取值不变，计算方案见表 6-6。从图 6-10～图 6-12 可以看出，随着切向刚度的增加，峰值

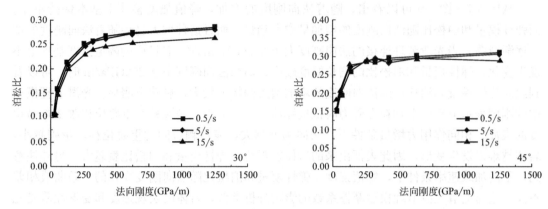

图 6-9　光滑节理模型法向刚度对泊松比的影响

强度、弹性模量和泊松比整体上基本保持不变，与法向刚度相比，光滑节理的切向刚度对岩体宏观强度和变形特性的影响基本上可以忽略。同样可以注意到，不同加载速率条件下，峰值强度、弹性模量和泊松比随切向刚度变化的三条曲线相差不大，这与前两节中光滑节理模型摩擦系数和法向刚度的影响分析中所表现出的规律类似，说明了加载速率作为荷载条件并没有改变光滑节理模型的细观参数（摩擦系数、法向刚度和切向刚度）对岩体强度和变形特性的影响规律。

<table>
<tr><td colspan="10" align="center">光滑节理模型切向刚度影响的试验方案</td><td align="right">表 6-6</td></tr>
</table>

节理倾角（°）	加载速率（m/s）	SJM 切向刚度 $\bar{k}_s$（GPa/m）							
	0.0307	840	420	280	210	168	84	33.6	16.8
30	0.307	840	420	280	210	168	84	33.6	16.8
	0.921	840	420	280	210	168	84	33.6	16.8
	0.0307	840	420	280	210	168	84	33.6	16.8
45	0.307	840	420	280	210	168	84	33.6	16.8
	0.921	840	420	280	210	168	84	33.6	16.8

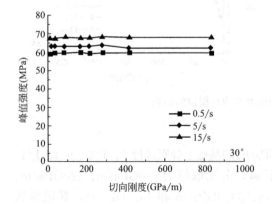
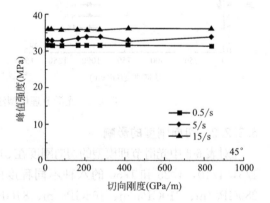

图 6-10　光滑节理模型切向刚度对峰值强度的影响

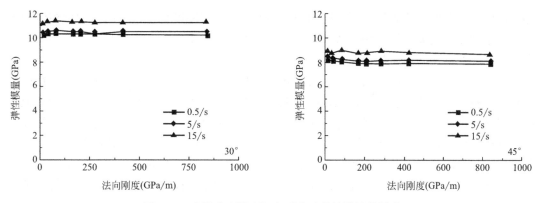

图 6-11 光滑节理模型切向刚度对弹性模量的影响

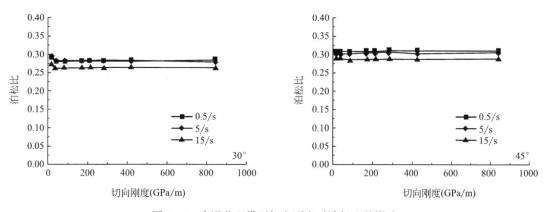

图 6-12 光滑节理模型切向刚度对泊松比的影响

6.3.2.3 刚度比的影响

光滑节理模型的法向与切向的刚度比取值分别为 10∶1、5∶1、1∶1、1∶5 和 1∶10，即法向刚度与切向刚度之比分别为 8400∶840、4200∶840、840∶840、840∶4200 和 840∶8400，计算方案如表 6-7 所示。

光滑节理模型刚度比影响的试验方案 表 6-7

节理倾角（°）	加载速率（m/s）	SJM 刚度比				
30	0.0307	10∶1	5∶1	1∶1	1∶5	1∶10
	0.307	10∶1	5∶1	1∶1	1∶5	1∶10
	0.921	10∶1	5∶1	1∶1	1∶5	1∶10
45	0.0307	10∶1	5∶1	1∶1	1∶5	1∶10
	0.307	10∶1	5∶1	1∶1	1∶5	1∶10
	0.921	10∶1	5∶1	1∶1	1∶5	1∶10

从图 6-13 可以看出，随着刚度比的增加，节理倾角为 30°时，岩体峰值强度整体上基本保持不变；而节理倾角为 45°时，当刚度比小于 1 即法向刚度小于切向刚度时，岩体的峰值强度随刚度比的增加而减小，当刚度比大于 1 时，随着刚度比的增加，岩体的峰值强度基本上不再变化。从图 6-14、图 6-15 可知，弹性模量和泊松比随刚度比的增加呈增大

趋势，而且这种增大趋势随着刚度比的增大逐渐减弱。当刚度比小于 1 时，弹性模量和泊松比随刚度比的增加增长较快，增幅明显；而当刚度比大于 1 时，可以看到此时弹性模量和泊松比随刚度比的增加基本上不再发生变化。

同前面的分析类似，加载速率的改变并不影响刚度比对岩体宏观强度和变形特性的影响规律。然而，需要注意的是，在相同细观参数条件下，不同的加载速率下岩体的峰值强度、弹性模量和泊松比等宏观物理性质则发生了明显的变化，表明加载速率对节理岩体的力学性质产生了显著的影响，图 6-13～图 6-15 中不同加载速率下的三条曲线出现了不同程度的偏移也印证了加载速率的这一影响。因此，在下一节中将在多组不同的加载速率条件下，从岩体的强度和变形特性、破坏特征和加载过程中的能量响应等方面详细分析节理岩体的加载速率效应。

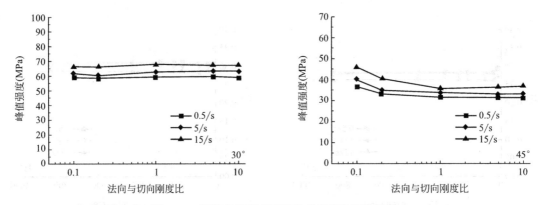

图 6-13　光滑节理模型刚度比对峰值强度的影响

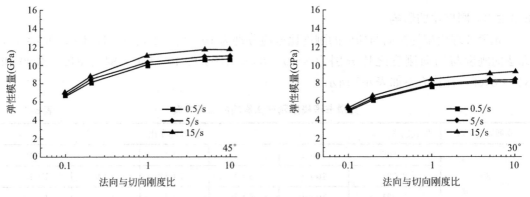

图 6-14　光滑节理模型刚度比对弹性模量的影响

6.3.3　小结

基于前面对完整岩体试样和两种不同节理倾角的节理岩体试样的室内物理试验和数值模拟试验进行拟合并确定了相关数值模型的细观参数之后，本节从光滑节理模型的摩擦系数、法向刚度、切向刚度及法向与切向间的刚度比四个参数进行了更加详细的参数敏感性分析，定量地讨论分析了这四个细观参数对岩体宏观力学性质如杨氏模量、泊松比和峰值

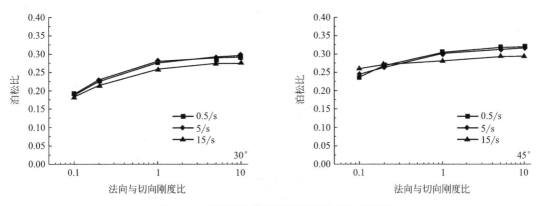

图 6-15　光滑节理模型刚度比对泊松比的影响

强度等的影响。根据所得试验结果的分析，对数值模型的四个细观参数对岩体试样宏观力学性质的影响程度进行了排序，得到以下结论：

（1）峰值强度受光滑节理模型细观参数影响的强弱程度顺序为：摩擦系数（较强）＞刚度比（较弱）＞法向刚度/切向刚度（很弱）；

（2）弹性模量受光滑节理模型细观参数影响的敏感性顺序为：法向刚度（较强）＞摩擦系数/刚度比（较弱）＞切向刚度（很弱）；

（3）泊松比受光滑节理模型细观参数影响的敏感性顺序为：法向刚度（较强）＞摩擦系数/刚度比（较弱）＞切向刚度（很弱）；

（4）不同加载速率条件下，峰值强度、弹性模量和泊松比随光滑节理模型细观参数改变的变化规律相差不大，即光滑节理模型的细观参数对岩体宏观强度和变形性质的影响规律对加载速率并不敏感。

6.4　节理岩体加载速率效应的数值模拟研究

天然岩体内通常广泛存在着诸如节理、断层、片理、裂隙等一系列的不连续结构面，不均匀结构面的存在使得岩体呈现出非常显著的各向异性的特点，而不同的加载方式及加载速率下岩石材料的力学性能也有着较大的差异性。因此，研究节理岩石材料力学性能的加载速率效应有着重要的现实意义。本节选择三维颗粒流程序作为研究工具，开展考虑加载速率效应的单节理岩体三轴压缩数值模拟试验。

6.4.1　计算方案设计

6.4.1.1　数值计算模型

基于前面的研究成果，本节采用三维颗粒流程序对完整及含节理面的岩体进行加载速率效应的数值模拟。试样的高度 $H=122.78$mm，半径 $R=25.87$mm。试样中的颗粒集合体采用半径扩大法生成，取颗粒最小粒径 $R_{min}=1.8$mm，颗粒最大粒径与最小粒径之比为 $r=1.66$，最终生成颗粒 3712 个。颗粒集合体由上下两道墙及侧墙以生成颗粒集合体，压缩试验时通过伺服机制控制侧墙的速度来提供恒定的侧向压力，上下两道墙通过指定应变率来实现对试样的加载。构建的三种计算模型如图 6-16 所示，分别为完整岩体试样模型，节理面倾角分别为 30°和 45°的两种节理岩体试样模型，所有模型中完整岩块和节理分别采用 BPM 模型和 SJM 模型来模拟。

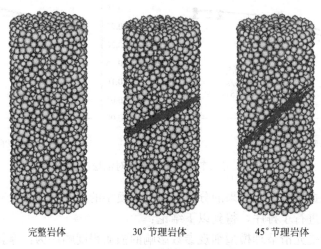

完整岩体　　　　　30°节理岩体　　　　　45°节理岩体

图 6-16　三种岩体模型试样示意图

6.4.1.2　数值试验方案

计算时选取的细观力学参数如表 6-3 所示。岩体数值模型试样的三轴压缩试验的计算方案如表 6-8 所示，分别进行完整岩体试样、节理倾角分别为 30°及 45°的单节理岩体试样共三组试验，每组试验的加载速率分别为 0.00307m/s、0.0307m/s、0.307m/s、0.614m/s、0.921m/s（对应的应变率分别为 $0.05s^{-1}$、$0.5s^{-1}$、$5s^{-1}$、$10s^{-1}$、$15s^{-1}$）总共 5 个岩体试样。

完整岩体及不同节理倾角岩体的数值试验方案　　　　　　表 6-8

试样编号	节理倾角（°）	加载速率（m/s）				
1~5 号	30	0.00307	0.0307	0.307	0.614	0.921
6~10 号	45	0.00307	0.0307	0.307	0.614	0.921
11~15 号	完整岩体	0.00307	0.0307	0.307	0.614	0.921

6.4.2　模拟结果分析

6.4.2.1　应力应变分析

将各个岩体试样按照前面章节所述的程序进行三轴压缩数值试验，可以得到各个岩体试样的轴向应力-应变过程曲线，从各岩体试样的应力-应变曲线图可以看出，由于加载速率的不同而造成岩体应力-应变曲线显示出较大的差别，加载速率的大小对岩体的各向异性有着重要的影响。

从图 6-17 可以看出，随着加载速率的提高，岩石的峰值强度得到明显的提高，而弹性模量则没有明显的增大现象。加载速率为 0.00307m/s 及 0.0307m/s 时，试样应力应变曲线基本上重合，岩体试样的相关物理力学性质也基本上是相同的。对于岩石物理压缩试验的准静态和准动态加载的应变率界限值，大多数研究者取值为 $0.01s^{-1}$ 或 $0.1s^{-1}$。在本次数值模拟中，加载速率 0.00307m/s 和 0.0307m/s 对应的应变率分别为 $0.05s^{-1}$ 和 $0.5s^{-1}$，其大小分别与 $0.01s^{-1}$ 和 $0.1s^{-1}$ 处于同一数量级，因此认为这两种加载速率下的数值模型试样基本上是准静态加载的。需要注意的是，通过上述分析仅仅是得出数值模拟中应变率为 $0.05s^{-1}$ 和 $0.5s^{-1}$ 的两个试样是准静态加载的，而数值压缩试验的准静态和准动态加载的应变率界限值则需要设置更多更精确的数值方案来研究确定；由于在颗粒离散元数值模拟中对模型和计算均采用了一些假定，数值试验与物理试验的应变率界限值在数值上往往并不严格相等，因此只能将数值试验与物理试验的应变率的数量级进行参照对比。从压缩试验过程中试样的形态变化可知，试样在压缩过程中发生了明显的滑移现象，上下两部分岩块沿着节理面发生了剪切滑移。这一现象说明了采用低加载速率时，节理岩体三轴压缩条件下主要是沿着节理面发生剪切滑移破坏。随着加载速率的进一步增大，岩体的破坏模式发生了变化，试样不仅仅沿着节理面发生剪切滑移破坏，还沿着轴向发生了锥形压裂破坏。

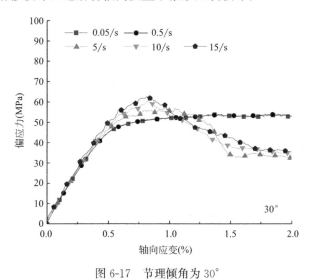

图 6-17　节理倾角为 30°

从图 6-18 可知，随着加载速率的增大，峰值强度也随之逐渐增大，而弹性模量增大

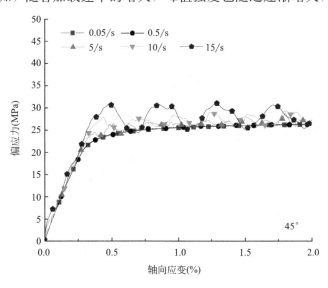

图 6-18　节理倾角为 45°轴向应力-轴向应变曲线

不明显。节理倾角为45°时，从压缩试验过程中试样的形态变化可知，不同加载速率条件下的岩体试样都发生了明显的滑移现象，试样主要沿着节理面发生剪切破坏。当加载速率为0.00307m/s及0.0307m/s时，试样应力应变曲线基本重合，这一规律与节理倾角为30°时的试验结果一致，岩体试样基本处于准静态加载。从图中可以看出，随着加载速率的提高，应力应变曲线出现了明显的波动现象，应力应变曲线的波动性特征与岩体试样的能量响应有着紧密的联系。应变能增加，应力增大，反之，应变能释放，应力下降。应力波动是岩体试样应变能变化的直观反映。图6-19为节理倾角为45°的5个试样的应变能变化曲线，可以看出，加载速率比较小时试样颗粒压缩均匀，峰后试样的应变能趋于稳定，因而应力曲线较稳定；加载速率较大时岩体试样峰后的应变能产生了明显的波动变化，因此导致应力曲线表现出明显的波动性。

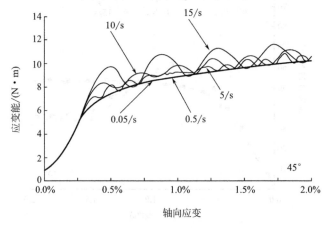

图 6-19　节理倾角为45°时应变能变化曲线

从图6-20可以看出，当加载速率为0.00307m/s及0.0307m/s时，试样应力应变曲线

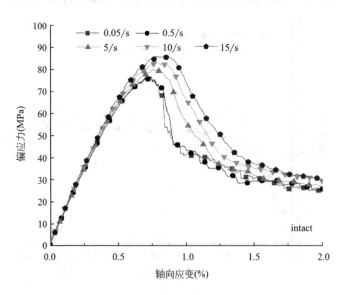

图 6-20　完整岩体试样轴向应力-轴向应变曲线

基本上重合，岩体试样的峰值强度和弹性模量基本上相同，这一规律与节理倾角为 30°和 45°时的试验结果一致，可以认为这两种加载速率条件下岩体试样是准静态加载的。随着加载速率的继续提高，完整岩体的峰值强度得到明显的提高，而弹性模量仍然没有明显的增大现象。在加载速率较小时，应力应变曲线峰后段非常陡峭，随着加载速率的增加，曲线峰后段的陡峭程度逐渐变缓，这一现象表明随着加载速率的增加，岩体的峰值强度和峰后的延性均得到提高。

各组数值试验三轴峰值强度及弹性模量结果　　　　表 6-9

节理倾角（°）	试样编号	加载速率（m/s）	峰值强度（MPa）	弹性模量（GPa）
30	1	0.00307	58.86（0.00%）	10.25（0.00%）
	2	0.0307	59.34（0.82%）	10.25（0.00%）
	3	0.307	62.02（5.37%）	10.5（2.44%）
	4	0.614	65.5（11.28%）	10.76（4.98%）
	5	0.921	67.7（15.02%）	11.25（9.76%）
45	6	0.00307	31.35（0.00%）	7.84（0.00%）
	7	0.0307	31.54（0.614%）	7.87（0.38%）
	8	0.307	33.87（8.04%）	8.1（3.32%）
	9	0.614	34.41（9.76%）	8.36（6.63%）
	10	0.921	36.17（15.37%）	8.72（11.22%）
Intact	11	0.00307	81.9（0.00%）	13.6（0.00%）
	12	0.0307	82.06（0.2%）	13.62（0.15%）
	13	0.307	85.45（4.33%）	13.79（1.4%）
	14	0.614	88.35（7.88%）	13.94（2.5%）
	15	0.921	91.16（11.31%）	14.13（3.9%）

根据上述各图中各条曲线可以算得各岩体试样的峰值强度及弹性模量（如表 6-9 所示），并分别绘制二者随加载速率的变化曲线如图 6-21 及图 6-22 所示。随着加载速率从 0.00307m/s 增大到 0.921m/s，节理倾角为 30°时峰值强度增长了 15.02%，弹性模量增长了 9.76%；节理倾角为 45°时，峰值强度和弹性模量分别增长了 15.37%和 11.22%；完整岩体试样的试验结果表明，二者分别增长了 11.31%和 3.9%。同时，可以看出，节理倾角为 45°时，岩体试样的峰值强度和弹性模量随加载速率的增长程度最大，增幅也最明显，这一结果在一定程度上也说明了岩体的峰值强度和弹性模量越低，其强度和变形性能受加载速率的影响就越大。

6.4.2.2 变形行为分析

节理的存在使岩体的强度和变形特性表现出了显著的各向异性特点，Prudencio & Jan（2007）、陈新等（2011）、肖维民等（2014）等都曾开展了预制岩体试样的室内压缩试验方面的探索，研究了节理倾角对节理岩体强度、变形特征以及破坏模式等的影响。针对不同节理倾角的单裂隙岩体，在加载速率不同的条件下，岩体的变形行为也表现出明显的规律性。如图 6-23 所示，随着加载速率从 0.00307m/s 增大到 0.921m/s，节理倾角为 30°（减小 6.81%）和 45°（减小 7.23%）时的岩体试样的泊松比减小较明显，而完整岩体试

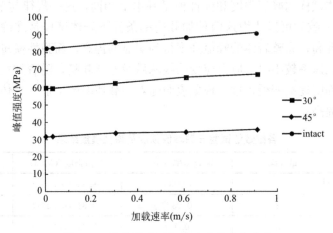

图 6-21　峰值强度随加载速率的变化曲线

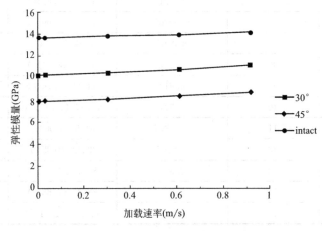

图 6-22　弹性模量随加载速率的变化曲线

样（减小 1.7%）的泊松比随加载速率的增大变化较小。图 6-22 中的曲线变化表明：节理倾角为 30°（增大 9.76%）和 45°（增大 11.22%）时的岩体试样的弹性模量受加载速率的影响较明显，而完整岩体试样（增大 3.9%）的弹模变化不明显，三组岩体试样的弹性模量与泊松比随加载速率的变化规律相似。从岩体试样的弹性模量和泊松比的变化规律还可以看出，节理的存在将显著地改变岩体的变形行为：如图 6-22 所示，节理倾角增大，岩体的弹性模量减小（仅针对本章研究的两种倾角情况），这与文献（Wang et al.，2016）关于节理岩体各向异性的研究规律是一致的；如图 6-23 所示，节理倾角增大，岩体的横向变形将变大，因此泊松比变大。

　　如图 6-24 所示，体积应变大于零表示试样体积收缩，体积应变小于零时表示试样体积膨胀，图 6-25 和图 6-26 中体积应变的正负与此规定一致。当节理倾角为 30°时，加载速率为 0.00307m/s 及 0.0307m/s 时，试样主要发生了剪切滑移破坏，岩体的体积应变曲线基本上重合，与 45°节理岩体规律类似。随着加载速率的继续增大，岩体的体积应变随轴向应变的变化曲线出现了明显的上扬现象，表明随着加载速率的增大，岩体的体积膨胀程度逐渐变小。发生这一现象主要是因为加载速率较小时，岩体受压充分均匀，横向应变也

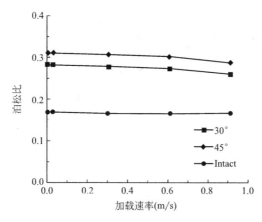

图 6-23　泊松比随加载速率的变化曲线

充分变化，因而岩体体积膨胀及时，体积应变（绝对值）较大；而随着加载速率的增大，在相同轴向应变条件下，岩体的横向应变做出反应的灵敏度逐渐降低，横向应变还来不及变化，因此体积膨胀的速度随加载速率的增加也逐渐降低，体积应变（绝对值）在逐渐变小。

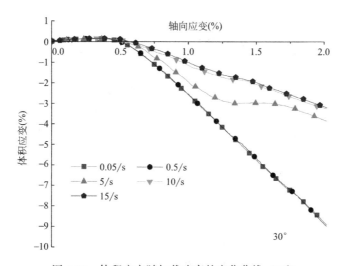

图 6-24　体积应变随加载速率的变化曲线（30°）

从图 6-25 可知，节理倾角为 45°时，岩体的体积应变曲线基本重合，这一变化规律主要与此时节理岩体的破坏形式有关。从上节的分析可知，节理倾角为 45°时，不同加载速率条件下岩体试样主要沿着节理面发生剪切破坏，几乎一致的滑移破坏模式使岩体的体积膨胀也表现出基本相同的规律，因此不同加载速率条件下体积应变随轴向应变的变化曲线基本上重合。

从图 6-26 可以看出，在加载速率为 0.00307m/s 及 0.0307m/s 时，这两种加载速率条件下岩体试样均是准静态加载的，岩体的变形规律没出现显著变化，体积应变曲线之间的差异很小。随着加载速率的继续增大，完整岩体试样的体积应变随轴向应变的变化曲线上扬现象明显，这与 30°节理岩体的变化规律比较一致：加载速率增大，横向应变

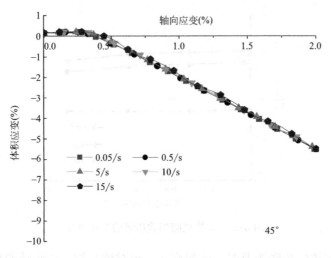

图 6-25　体积应变随加载速率的变化曲线（45°）

变化变得不及时，体积应变（绝对值）慢慢变小，导致曲线上扬，岩体的体积膨胀程度逐渐变小。

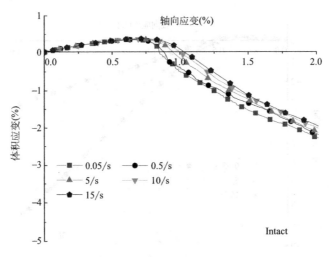

图 6-26　体积应变随加载速率的变化曲线（完整岩体）

6.4.2.3　破坏裂纹分析

如图 6-27～图 6-29 所示，随着加载速率从 0.00307m/s 增大到 0.921m/s，各组岩体试样得到的微裂纹数目都出现了增长现象，然而不同节理倾角情况下的增长程度则有所不同。从图 6-27 可知，加载速率为 0.00307m/s 及 0.0307m/s 时，岩体主要沿着节理面发生剪切滑移破坏，产生的微裂纹较少，而且剪切裂纹的数目比拉裂纹的数目大；当加载速率 $\geqslant$ 0.307m/s 时，两种微裂纹的数目都随着加载速率的增大而增大，并且拉裂纹数目比剪切裂纹的数目大，微裂纹的这种变化规律与岩体既沿着节理面发生剪切滑移破坏同时还发生了锥形压裂破坏的破坏模式是紧密相关的。从图 6-28 可以看出，节理倾角为 45°时，岩体内产生的微裂纹数目较少，而且不同加载速率条件下剪切裂纹的数目均比拉裂纹的数目

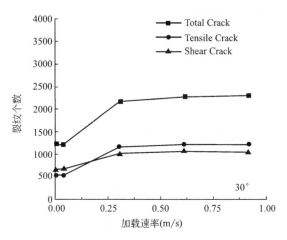

图 6-27　不同加载速率下微裂纹数目统计（30°）

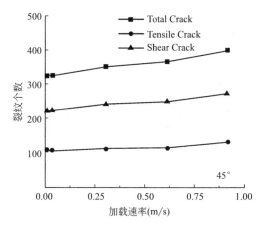

图 6-28　不同加载速率下微裂纹数目统计（45°）

要大，试样主要沿着节理面发生了剪切滑移破坏。如图 6-29 所示，随着加载速率的增大，完整岩体试样内产生的微裂纹数目出现了非常明显的增长现象，微裂纹的数目和密集程度一定程度上反映出了岩体压缩的损伤程度。因此，大的加载速率下岩石破损严重。同时，从图中还可以看出，随着加载速率的增加，拉裂纹数目会逐渐超过剪切裂纹数目。

6.4.2.4　能量响应分析

在颗粒流数值程序中，对各类能量的定义如下：边界能量，是边界作用力与边界位移的乘积；黏结能量，是克服颗粒间黏结强度所做的功；摩擦能量，是摩擦力与摩擦位移的乘积；动能，是全部颗粒动能的总和；应变能，是应力与应变之间的乘积。为了定量分析不同应变速率下的能量变化，利用颗粒流程序中嵌入的 FISH 语言编写了程序记录数值加载过程中各类能量的变化，整理了压缩试验结束时各类能量的数值，见表 6-10。表中能量和是摩擦能、黏结能、应变能和动能的能量之和，能量比是能量和与边界输入能的比值，各组试样的能量比随加载速率的变化曲线如图 6-30 所示。

如表 6-10 所示，不同加载速率条件下，模型试样的能量反应有所不同。从之前章节

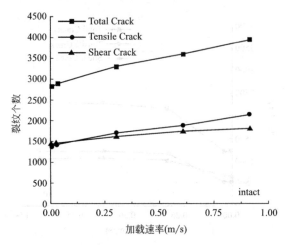

图 6-29　不同加载速率下微裂纹数目统计（完整岩体）

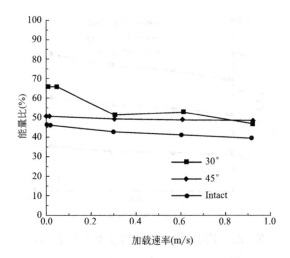

图 6-30　不同加载速率下能量比变化情况

中分析可知，加载速率为 0.00307m/s 及 0.0307m/s 时，岩体试样三轴压缩试验基本上是静态加载的，此时加载速率的变化对三轴数值试验的影响很小，因此三组岩体试样的各类能量数值基本上没有变化。随着加载速率从 0.307m/s 进一步增大到 0.921m/s，各组试样的各类能量数值相应的都发生了不同程度的变化。各组岩体试样的边界能与动能增大幅度明显，应变速率越大，动能越大，说明破坏剧烈。各类能量中，摩擦能所占的比例最大，摩擦能大说明了峰后阶段摩擦作用成为影响岩体试样残余强度的主要作用，而材料固有的强度特性成为次要影响（尹小涛等，2010；梁昌玉等，2012）。随着加载速率的增加，能量比逐渐降低，说明了能量损失的份额随着加载速率的提高逐步增加，其中节理倾角为 30°时，加载速率从 0.0307m/s 到 0.307m/s 能量比的降低幅度较大，这是因为材料的破坏模式发生了改变。在加载速率很大的情况下，边界输入能量远大于各类能量相加的能量和，这是因为颗粒流程序加载过程中对模型表面崩离的颗粒做了删除，这部分颗粒的动能便损失掉了，而且墙体与颗粒间也存在摩擦能耗散。

各组数值试验各类能量统计结果   表 6-10

节理倾角	加载速率 (m·s^{-1})	边界能 (N·m)	黏结能 (N·m)	摩擦能 (N·m)	动能 (N·m)	应变能 (N·m)	能量和 (N·m)
30°	0.00307	262.27	20.84	123.85	0.00	27.47	172.17
	0.0307	263.40	20.76	124.24	0.00	27.52	172.53
	0.307	237.13	10.86	89.68	0.05	20.04	120.62
	0.614	240.33	13.61	78.15	0.10	25.01	116.87
	0.921	248.68	13.58	79.11	0.15	24.67	117.51
45°	0.00307	146.82	5.99	57.74	0.00	10.21	73.93
	0.0307	147.22	6.02	57.81	0.00	10.23	74.07
	0.307	151.08	6.08	58.66	0.03	10.15	74.91
	0.614	156.07	6.27	59.86	0.09	10.30	76.52
	0.921	160.26	6.61	60.24	0.17	10.60	77.61
Intact	0.00307	235.86	10.68	80.22	0.00	17.87	108.77
	0.0307	235.70	10.54	79.23	0.00	17.97	107.75
	0.307	255.46	10.10	80.96	0.03	19.09	110.18
	0.614	274.64	11.04	83.06	0.08	20.39	114.57
	0.921	289.31	10.71	83.38	0.16	20.53	114.77

6.4.3 小结

本节选择三维颗粒流程序（PFC3D）作为研究工具，开展考虑加载速率效应的单节理岩体三轴压缩数值模拟试验，主要从岩体试样的应力应变曲线、变形行为、破坏特征及能量响应等方面展开分析，主要得到以下结论：

（1）随着加载速率从 0.00307m/s 增大到 0.921m/s，各组岩体试样的峰值强度和弹性模量均出现了不同程度的提高，节理倾角为 30°时峰值强度和弹性模量分别增长了15.02％和9.76％；节理倾角为 45°时峰值强度和弹性模量分别增长了15.37％和11.22％；完整岩体试样时二者分别增长了11.31％和3.9％。

（2）加载速率为 0.00307m/s 及 0.0307m/s 时，试样应力应变曲线基本上重合，岩体试样的相关物理力学性质也基本上是相同的。对于岩石物理压缩试验的准静态和准动态加载的应变率界限值，大多数研究者取值为 0.01/s 或 0.1/s。在本次数值模拟中，加载速率0.00307m/s 和 0.0307m/s 对应的应变率分别为 0.05/s 和 0.5/s，其大小分别与 0.01/s 和0.1/s 处于同一数量级，因此认为这两种加载速率下的数值模型试样基本上是准静态加载的。

（3）随着加载速率从 0.00307m/s 增大到 0.921m/s，节理倾角为 30°和 45°时的岩体试样的泊松比减小较明显，分别减小6.81％和7.23％；而完整岩体试样的泊松比随加载速率的增大变化较小，仅减小1.7％。完整岩体和节理倾角为 30°时，随着加载速率的增大，试样的体积应变随轴向应变的变化曲线出现了明显的上扬现象，岩体的体积膨胀程度随加载速率的增大而逐渐变小；而节理倾角为 45°时，不同加载速率下岩体试样的体积应变曲线则基本上重合。

（4）节理倾角为 30°时，加载速率为 0.00307m/s 及 0.0307m/s 时，岩体试样主要沿着节理面发生了剪切滑移破坏，岩体内均匀产生了少许拉裂纹和剪切裂纹；随着加载速率的继续增大，岩体上下端部出现了大量的微裂纹，除了沿着节理面发生剪切滑移破坏，同时试样两端还发生了锥形压裂破坏。节理倾角为 45°时，岩体试样主要沿着节理面发生剪切滑移破坏。随着加载速率的增大，完整岩体试样内产生的微裂纹分布规律没有发生明显的变化，岩体试样主要发生沿着轴向的锥形压裂破坏。随着加载速率的提高，各组岩体试样的微裂纹数目都出现了不同程度的增加，表明加载速率的越大，岩体的损伤程度越严重。

（5）随着加载速率从 0.307m/s 增大到 0.921m/s，各组试样的各类能量数值相应的都发生了不同程度的变化。各组岩体试样的边界能与动能增大幅度明显，应变速率越大，动能越大，说明破坏剧烈。随着加载速率的增加，能量比逐渐降低，说明加载速率越大，岩体试样能量损失占的份额也越大。

6.5 结论

在岩石力学与工程中，岩石材料力学性能的加载速率效应一直以来都是一个热点问题。本章首先对节理岩体加载速率效应的试验和数值模拟的研究现状进行了归纳和总结，然后主要从室内相似材料三轴试验、PFC3D 三轴数值试验及数值模型相关细观参数的确定几个方面进行了介绍。接着，从光滑节理模型的摩擦系数、法向刚度、切向刚度及法向与切向间的刚度比四个参数进行详细的参数敏感性分析，定量地讨论分析这四个细观参数对岩体宏观力学性质如杨氏模量、泊松比和峰值强度等的影响。最后，重点开展了考虑加载速率效应的单节理岩体三轴压缩数值模拟试验研究，主要从岩体试样的应力应变曲线、变形行为、破坏特征及能量响应等方面展开分析。通过上述综合分析，得到如下主要结论：

（1）从光滑节理模型的摩擦系数、法向刚度、切向刚度及法向与切向间的刚度比四个参数进行参数敏感性分析，定量研究了这四个细观参数对岩体宏观力学性质如杨氏模量、泊松比和峰值强度等的影响。结果表明，各细观参数对岩体宏观力学性质的影响程度排序为：摩擦系数>法向刚度>刚度比>切向刚度。不同加载速率条件下，峰值强度、弹性模量和泊松比随细观参数变化曲线相差不大，即光滑节理模型的细观参数对岩体宏观强度和变形性质的影响规律对加载速率并不敏感。

（2）在相同细观参数条件下，不同的加载速率下岩体的峰值强度、弹性模量和泊松比等宏观物理性质发生了明显的变化，表明加载速率对节理岩体的力学性质产生了显著的影响。随着加载速率从 0.00307m/s 增大到 0.921m/s，各组岩体试样的峰值强度和弹性模量均出现了不同程度的提高。节理倾角为 30°时峰值强度和弹性模量分别增长了 15.02% 和 9.76%；节理倾角为 45°时二者分别增长了 15.37% 和 11.22%；完整岩体试样时二者分别增长了 11.31% 和 3.9%。随着加载速率从 0.00307m/s 增大到 0.921m/s，节理倾角为 30° 和 45°时的岩体试样的泊松比分别减小 6.81% 和 7.23%，而完整岩体试样的泊松比仅减小 1.7%。

（3）不同加载速率对体积应变的影响因不同的倾角而异。完整岩体和节理倾角为 30°时，随着加载速率的增大，试样的体积应变随轴向应变的变化曲线出现了明显的上扬现象，岩体的体积膨胀程度随加载速率的增大而逐渐变小；而节理倾角为 45°时，不同加载速率下岩体试样的体积应变曲线则基本上是重合的。

（4）加载速率为 0.00307m/s 及 0.0307m/s 时，试样应力应变曲线基本上重合，岩体试样的相关物理力学性质也基本上是相同的。由表 6-1 可知，对于岩石物理压缩试验的准静态和准动态加载的应变率界限值，大多数研究者取值为 0.01s^{-1} 或 0.1s^{-1}。在本次数值模拟中，加载速率 0.00307m/s 和 0.0307m/s 对应的应变率分别为 0.05s^{-1} 和 0.5s^{-1}，其大小分别与 0.01s^{-1} 和 0.1s^{-1} 处于同一数量级，因此认为这两种加载速率下的数值模型试样基本上是准静态加载的。

（5）节理倾角为 30°时，加载速率为 0.00307m/s 及 0.0307m/s 时，岩体试样主要沿着节理面发生了剪切滑移破坏，岩体内均匀产生了少许拉裂纹和剪切裂纹；随着加载速率的继续增大，岩体上下端部出现了大量的微裂纹，除了沿着节理面发生剪切滑移破坏，同时试样两端还发生了锥形压裂破坏。节理倾角为 45°时，岩体试样主要沿着节理面发生了剪切滑移破坏。随着加载速率的增大，完整岩体试样内产生的微裂纹分布规律没有发生明显的变化，岩体试样主要发生了沿着轴向的锥形压裂破坏。随着加载速率的提高，各组岩体试样的微裂纹数目都出现了不同程度的增多，表明加载速率越大，岩体的损伤程度越严重。

（6）随着加载速率从 0.307m/s 增大到 0.921m/s，各组试样的各类能量数值相应都发生了不同程度的变化；各组岩体试样的边界能与动能增大幅度明显，应变速率越大，动能越大，说明破坏越剧烈；随着加载速率的增加，能量比逐渐降低，说明加载速率越大，岩体试样能量损失所占的份额也越大。

第7章 颗粒流程序与流体动力学的耦合方法

7.1 绪论

颗粒流程序（PFC）可以与各种不同流体力学模型进行耦合来模拟不同情况下的流体与颗粒组成的固体骨架，或颗粒散体的相互作用。由于 PFC 程序中镶嵌有 FISH 编程语言，通过 FISH 语言可以存取 PFC 颗粒几乎所有变量，控制和改变计算循环每个环节，所以用户几乎拥有与源程序开发者同等的开发权利。正因为如此，PFC 与流体动力学的耦合开发也沿着这两个方向发展。在位于美国明尼苏达州明尼阿波利斯（Minneapolis）市的 Itasca 软件研发部，过去 20 年开发了好几套流体力学模型。例如，Shimizu 在回日本东海大学任教之前，他在 Itasca 主要负责 PFC 开发。2004 年左右，Shimizu 在 PFC 源程序中开发了粗糙网格流体力学模块。2007 年前后，Furtney 成功地将 PFC 与日本 CRC Solutions 公司的 CCFD（Coupled Computational Fluid Dynamics）程序进行耦合。同一时期，Damjanac 用 FISH 在 PFC 中开发了流管网络模型（Pipe Network Flow）；韩彦辉在 PFC 源程序中开发了离散元格子-波兹曼模型（Lattice Boltzmann Method）耦合程序。

Itasca 几套核心软件，包括 FLAC/FLAC3D，UDEC/3DEC，PFC2D/PFC3D 等，都是 20 世纪 80～90 年代开发的，而计算机软硬件技术发展则一日千里，所以，尽管过去几十年开发团队在各个产品中不断开发新的物理力学模型，这些产品的软件构架和用户界面却慢慢开始显得过时。为了与时俱进，大约从 2005 年开始 Itasca 软件开发团队在 David Russell 带领下重新开发了一套软件构架，然后逐个把他们的核心程序移植到这个新构架。目前最新版的 FLAC3D，3DEC，PFC2D/3D 都是在新构架内发布的。一方面，这些新版软件的界面比较新潮现代，但另一方面，老版本的有些功能/模块可能就没有移植过来。比如，在 PFC 中，有些流体动力学模块在新版本里就没有提供。下面只介绍各种不同颗粒与流体耦合计算方法，具体哪个版本提供哪些耦合模块，读者则需要跟 Itasca 公司软件销售人员咨询。

Cundall 博士于 1999 年在 Itasca 公司写过一个研究简报（Technical Note），针对各种不同情况建议采用相应的耦合方法。在 2013 年第三届 FLAC/DEM 国际研讨会上，Furtney、张丰收和韩彦辉合作发表了一篇文章把 Cundall 院士的简报做了进一步展开。这一章先把 Cundall 院士的 1999 研究简报及 Furtney 等（2013）文章主要内容简单重述一下，然后重点介绍 Damjanac 开发的流管网络流（Pipe Network Flow）模型以及韩彦辉在 PFC 中开发的离散元格子-波兹曼方法（DEM-LBM）耦合模型。

Cundall 博士（1999）指出，在选择耦合计算模型方法时，主要考虑的因素包括颗粒相对于流体的集中度、流体压力梯度以及固相的变形程度。例如，当颗粒浸在静水场中，水压梯度的影响可以通过调节颗粒重力（减去浮力）来考虑。如果流体中是稀疏分布的颗粒群（集中度很低），流体施加在颗粒上的黏性力则可以根据颗粒与流体的相对速度，使用相关经验公式进行计算。另一种极端情况，若是大量颗粒群体积中只存在微量流体，流体的影响可以通过接触模型来间接考虑。若是湿密饱和颗粒群结构很稳定（孔隙结构演化缓慢）并且流体压力梯度很小，流体流动可以模拟为连续孔隙介质中的流动，所需孔隙度和渗透系数可以从局部颗粒群结构上算出，而颗粒上的流体拖拉力可以从局部流体梯度算出。若是流体梯度很高，则可以考虑使用流管网络模型。若是颗粒群的结构不稳定而流体压力梯度又很高，上述这些简化或近似方法就都不适用了。这种情况下，流体流动和压力梯度可能是推动整个系统反应和演化的根本原因，简单地模拟它们的"效果"就不够了。为了准确描述和预测这种系统的行为，必须在孔隙这个尺度模拟流体流动并显式地计算流体-颗粒交界处的相互作用。

7.2　流体中含有低集中度颗粒

当颗粒简单地沉浸在静止的流体中时，流体对固体的影响可通过颗粒浮重来考虑静水压力梯度的影响。颗粒所受浮力为：

$$\vec{f} = \frac{4}{3}\pi r^3 \rho_f \vec{g} \tag{7-1}$$

式中，r 是颗粒半径；ρ_f 是流体比重；$\vec{g}$ 是重力加速度。

若是颗粒在移动且彼此独立（颗粒间距离比较大），而且它们所占空间体积与流体体积相比很小，流体对颗粒的影响可以通过黏性拖曳力来考虑：

$$f = \frac{1}{2}C_d \rho_f \pi r^2 \,|\vec{u} - \vec{v}|\,(\vec{u} - \vec{v}) \tag{7-2}$$

式中，$\vec{u}$ 是颗粒速度；$\vec{v}$ 是流体运动速度；C_d 是无量纲拖曳系数。对于低雷诺数流动，$C_d = 64/Re_p$，Re_p 为颗粒雷诺数：

$$Re_p = 2\rho_f r\,|\vec{u} - \vec{v}|\,/\mu \tag{7-3}$$

式中，μ 是流体动力黏性系数。对于高雷诺数流动，拖曳系数无法从理论上确定。下面是一个较为常用的经验公式（Xu & Yu，1997）：

$$C_d = (0.63 + 4.8/\sqrt{Re_p})^2 \tag{7-4}$$

7.3　颗粒群中含有微量流体

当流体体积与颗粒体积相比很微小时，由于表面张拉机理，流体可能只存在于颗粒接触处。流体对颗粒群力学行为的影响可以通过有针对性的接触模型来考虑。该模型应该考虑流体存在给接触带来的黏滞性和黏结强度的影响。其中黏结强度取决于颗粒间的相对张开及接触点锁定的流体的体积。若流体为二相流，上面所介绍的方法与这个方法可以联合起来使用（例如，颗粒沉浸在油里，水存在于颗粒接触点）。这方面的模型和应用实例可参见 Katterfeld et al. (2011) & Donohue et al. (2011)。

7.4 低压力梯度流场中的颗粒群

对于饱和颗粒群，若压力梯度比较小（颗粒半径距离内压力变化不是很大），流体可以作为连续介质处理，计算中流体单元可选取比颗粒体积大。这种方法可称为粗糙网格方法，可以抓住表面侵蚀、管涌、沟流等物理力学机理。根据流体流动区域，可采用两种不同模拟方法。

7.4.1 低孔隙度低雷诺数流动中的饱和颗粒群

流体流动可用达西定律描述：

$$\vec{v} = \frac{K}{\mu\varepsilon}\vec{\nabla}p \tag{7-5}$$

式中，K 是渗透系数；μ 是流体的动态黏性系数；p 是流体压力；ε 是孔隙度。颗粒所受拖曳力可以根据流体梯度算出：

$$f = \frac{4}{3}\pi r^3 \vec{\nabla}p \tag{7-6}$$

根据颗粒当前位置更新孔隙度，可以实现双向耦合计算。比较常见的做法，是在网格单元（比单个颗粒大）的层次上确定和更新孔隙度和渗透性。Kozeny-Carman 关系式可能是最为常用的根据颗粒尺寸和孔隙度来估算孔隙介质的渗透性的公式：

$$K = B\frac{\varepsilon^3}{(1-\varepsilon)^2}d^2 \tag{7-7}$$

式中，d 是颗粒直径；B 是几何常数，通常取值 1/180。从流体压力梯度算出来的拖曳力作为外在作用力直接施加在颗粒上。因此，颗粒流程序把平均渗透性反馈给连续介质流体力学程序，而流体程序则根据流动速率更新压力梯度然后算出并反馈流体拖曳力给颗粒流程序（双向耦合）。这种方法的应用包括水压裂纹中支撑剂的稳定性分析和模拟（Asgian，1995），油井侵蚀，以及地下水流动。FLAC3D 中的地下水流动模块可以与 PFC3D 耦合进行这类计算。

下面是 PFC3D4.0 手册中的一个例子。例中将 PFC3D 中模型为含有 1000 颗粒的松散块体（模拟为连续孔隙介质），利用 FLAC3D 中的流体模块来为其计算流动和压力场并将流场与 PFC3D 力学计算耦合。如图 7-1 所示，FLAC3D 模型模拟一个装有均匀各向同性的材料的箱子，其尺寸与 PFC3D 模型相同。流体由箱子左下流入右上流出。两个程序同时启动运行，每一步计算后 FLAC3D 计算出来的压力梯度通过 FISH 中 socket I/O 函数传送给 PFC3D；收到 FLACD 传过来的流场数据后 PFC3D 模型则根据每个颗粒对应的压力梯度来计算出相应的拖力，然后作为体力施加到该颗粒上，最后进行一步计算，之后通过 FISH 中 socket I/O 函数通知 FLAC3D 进行下一步计算并等待 FLAC3D 算完后发来新的流场数据（若双向耦合，则向 FLAC3D 发送耦合所需数据）。如此重复逐步推进。图 7-2 显示计算几步后，颗粒在流体压力梯度驱动下开始移动。

7.4.2 非均匀孔隙度层流到湍流中的部分饱和颗粒群

前面的方法限于低孔隙度介质中的低雷诺数流动，并且颗粒移动速度比流体慢很多的

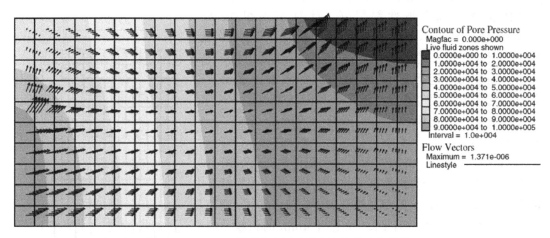

图 7-1　FLAC3D 模型中水压云图和流体流速矢量图

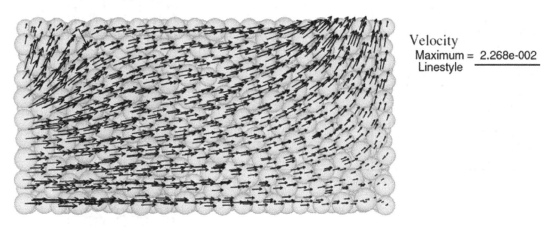

图 7-2　PFC3D 模型中由所施加压力场产生的颗粒流速矢量图

情况。这些条件若不成立，流体流动模型和耦合项则需要改进，例如用纳维-斯托克斯方程取代达西定律，在拖曳力计算中加入惯性项等。

对于不可压缩黏性流体，考虑颗粒固相影响的纳维-斯托克斯方程为：

$$\rho_{\mathrm{f}} \frac{\partial \overrightarrow{\varepsilon v}}{\partial t} + \rho_{\mathrm{f}} \vec{v} \cdot \nabla(\overrightarrow{\varepsilon v}) = -\varepsilon \nabla p + \mu \nabla^2 (\overrightarrow{\varepsilon v}) + \vec{f}_{\mathrm{b}} \tag{7-8}$$

式中，$\vec{f}_{\mathrm{b}}$ 是基于体积平均所得体力；ε 是颗粒群的孔隙度。根据体积守恒可得：

$$\frac{\partial \varepsilon}{\partial t} + \nabla \cdot (\overrightarrow{\varepsilon v}) = 0 \tag{7-9}$$

拖曳力公式（7-2）可以加一项来考虑周围颗粒的影响：

$$f_{\mathrm{b}} = \left(\frac{1}{2} C_{\mathrm{d}} \rho_{\mathrm{f}} \pi r^2 |\vec{u} - \vec{v}| (\vec{u} - \vec{v}) \right) \varepsilon^{-\chi} \tag{7-10}$$

式中，指数系数 $\chi = 3.7 - 0.65 \exp(-(1.50 \log_{10} Re_{\mathrm{p}})^2 / 2)$（Di Felice，1994），浮力项也可以加入这个公式之中。

在实际中碰到的孔隙度和雷诺数范围，这个拖曳力公式的精确性和平滑性都很好，计算结果很接近于Ergun公式（Ergun，1952）。根据其所在的流体单元，流场作用于颗粒上的力直接计算出来然后施加到每个颗粒上；相应的力也需要作为体积力施加到流体单元。这种方法的主要应用包括沙土液化、非固结颗粒体中注浆、油井出沙、流态化床、颗粒沉降等（Zhang，2012 & El Shamy，2006）。

Shimizu（2005）在 PFC 里开发粗糙网格流体（图 7-3）模型时，用下面这个算例测试他的新模型。图 7-4 为模型中的颗粒群和流体网格。模型宽为 0.15m，高 0.6m。侧面及底部为墙体。颗粒群共有 2400 个直径 4mm 的颗粒。颗粒群高度约为 0.22m。流体单元有 450 个，宽度方向 15 个，

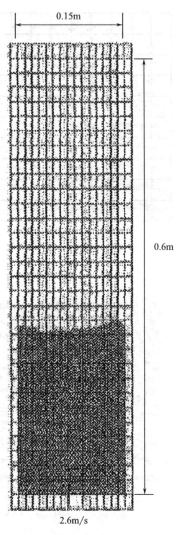

图 7-4 颗粒群及流体计算网格

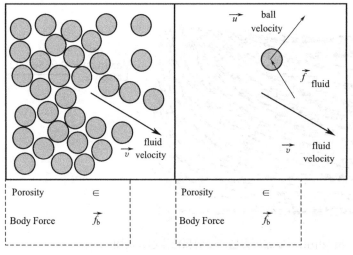

图 7-3 粗糙网格耦合方法示意图：每个流体单元存储对应空间的平均流体速度，孔隙度和体力。流体体力与作用于单个颗粒上的流体-颗粒相互作用的合力大小相等方向相反（Furtney et al.，2013）

高度方向 30 个，单个流体单元宽 10mm、高 20mm。流体在底部和侧墙为可滑动边界，顶部为零压力边界。在底部边界中央施加一个常速流入边界条件，温度为 1000℃。（该模型除了模拟流动，还模拟热传导和对流。侧面为绝缘边界。流体和颗粒初始温度均为零。）流体和热力计算时间步长均为 10μs。

模拟所用材料参数见表 7-1。模拟过程如下：首先，在正方形空间生产颗粒群，然后在重力作用下堆积到底部。等达到平衡状态后，在底部中心点注入速度为 2.6m/s 的空气，持续 5s。图 7-5 显示 5s 后颗粒上的温度云图及流体流速矢量。刚开始，注入空气将注射点附近的颗粒抬起。之后，颗粒在墙内迁移，其上温度由于对流作用而逐步升高。

材料参数　　　　　　　　　　　　　　　　　表 7-1

颗粒		气体	
数量	2400	密度	$1.2kg/m^3$
直径	4mm	黏度	$1.8xe^{-5}Pa \cdot s$
密度	$2650kg/m^3$	导热系数	$0.03W/m \cdot K$
法向刚度	$1.0 \times 10^6 N/m$	热容	$1.0kJ/kg \cdot K$
切向刚度	$1.0 \times 10^6 N/m$		
摩擦系数	0.5		
导热参数	$2.0W/m \cdot K$		
热容	$800J/kg \cdot K$		
线性热膨胀系数	$3.0 \times 10^{-6} K^{-1}$		
墙体			
法向刚度	$1.0 \times 10^6 N/m$		
切向刚度	$1.0 \times 10^6 N/m$		
摩擦系数	0.3		

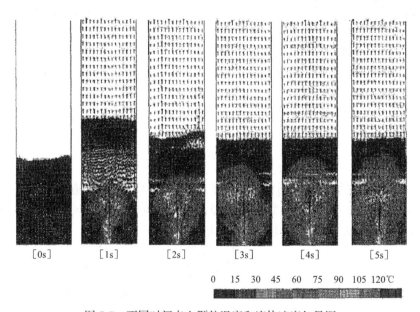

图 7-5　不同时间点上颗粒温度和流体速度矢量图

7.5　高压力梯度流场中的稳定颗粒群

在高压力梯度流场中，若颗粒群的结构相对很稳定（颗粒结构未必不变但是演化速度缓慢），这种系统中的流固耦合可用流管网络模型来模拟。该模型假定流体流动是通过位于接触点的服从平行板流动的管道组成的网络进行的。如图 7-6 所示，在颗粒群中，通过相互接触的颗粒形成闭合链可以定义一个个"水库"（reservoir），连接两个相邻的"水库"则可定义一个流管,所有流管连接起来则形成一个流管网络。在计算过程中,"水库"中的压力会不停更新,然后用于计算施加在周围的颗粒上的作用力。

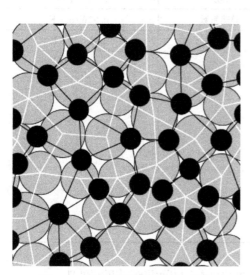

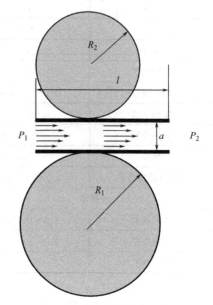

图 7-6 流管网络模型示意图:黑点
代表"水库(水源点)",黑线代表流
管网络,白线代表固体颗粒间的接触力

图 7-7 流管流动模型示意图

如图 7-7 所示,每个流管中的流动用平行板间的泊肃叶流(Poiseuille Channel Flow)来描述:

$$q = \frac{a^3}{12\mu} \frac{p_2 - p_1}{l} \qquad (7\text{-}11)$$

式中,l 是管长,为接触面两边颗粒直径的平均值;p_2 和 p_1 是管道两端"水库"的流体压力;μ 是流体的黏滞系数;a 是管道的口径,由局部颗粒的几何尺寸的变形确定的,随着颗粒尺寸增大而增大,但随着接触力的增大而减小:

$$a = \frac{a_0 F_0^n}{F^n + F_0^n} \qquad (7\text{-}12)$$

式中,a_0 是对应于正向接触力为零时的口径;F^n 是正向接触力;F_0^n 是对应于口径为 $a_0/2$ 时的正向接触力。这个公式虽然简单,却可以成功抓住口径从零接触力时的 a_0 平滑过渡到接触力极大时的零口径的过程。

流体压力与固相体变的耦合是通过"水库"来模拟的。围绕"水库"的颗粒变形和移动会改变"水库"的体积,其中的流体的压力随之改变;"水库"通过与其相连的流管与相邻的"水库"进行交换流体,也会导致其中的流体压力变化。上述两个机理可以用下面公式描述:

$$\Delta p = \frac{K_f}{V} \left(\sum_{i=1}^{N} q \Delta t - \Delta V \right) \qquad (7\text{-}13)$$

式中,Δp 为一个时间步长内"水库"中流体压力变化;K_f 是流体压缩模量;V 为"水库"

体积；ΔV 为一个时间步长内由于颗粒变形和移动产生的体积变化；Δt 是时间步长；q 为某个管道内流体流动速度；N 为与"水库"连接的管道数量。

流管网络模型可以抓住下面几个流固耦合机理：

（1）颗粒间接触力变化导致流管口径变化，可以模拟有效应力对孔隙介质渗透性的影响；

（2）"水库"体积变化导致其中的流体压力变化，可以模拟固相体变对孔隙压力的影响；

（3）"水库"中流体压力改变其对周边颗粒的作用力，可以模拟孔隙压力对有效应力的影响。

模型中有新裂纹（约束断裂）形成时，新的裂纹就会自动与已存在的裂纹形成流管网络。所以这个模型可以用来模拟和预测水压劈裂及油井注水产生的裂隙岩体（Han et al. 2012；Zhang 2012；Wang et al. 2014）。应用实例可参见本书的水力压裂章节（第 10 章和第 11 章）。

7.6　高梯度流体压力场中的非稳定颗粒群

如果颗粒群碎裂分崩，不再具有或形成不了稳定的结构，或其内所含空体几何结构急剧变化，上述各种建立在颗粒群结构上的模拟方法就不再适用。泥石流就是其中一个例子。在泥石流中颗粒的流动速度与流体的流动速度类似，单个颗粒或颗粒块体实际上被流体搬着走。别的例子如流体驱动的地质系统的缓慢演化，比如岩浆侵入不同性质的岩体。

在砂岩尤其弱砂岩中产油时经常碰到的油井出砂问题，已经困扰了石油行业数十年。该问题中，井壁或射孔壁的岩石颗粒从骨架上脱落随流体流入油井。这种情况下，固相的力学行为及其骨架的变化必须模拟为一个颗粒群的动态演变过程。该过程中流体-固体接触面上的物理力学相互作用对岩石骨架的演化起首要作用。为了准确模拟这个过程，需要对孔隙空间里的流体流动在比颗粒尺寸更小的尺度进行模拟，以期精确捕捉流体-颗粒接触面上的相互作用。

直观上，我们应该可以用传统的数值方法，如有限元、有限体积、有限差分和离散涡等方法通过求解纳维-斯托克斯（Navier-Stokes）方程来模拟孔隙里的流动，并将流体产生的力和力矩施加到颗粒上去，由此可以精确地抓住该过程中的流固相互作用从而完全彻底地理解该过程中的物理力学机理和行为。但是，由于颗粒骨架的动态性，模拟这个过程需要不断生成新的流体网格，且每次数据都需要从旧网格映射到新网格上，再加上需要不停将流体产生的力集成到每个固体颗粒上，所需计算量惊人（Hu et al.，1992；Johnson & Tezduyar 1997）。

另一方面，不同课题组在过去 20 多年提出并测试了几种比模拟孔隙尺度流体流动更为有效的方法。微观模拟方法有分子动力学方法（Molecular Dynamics，MD），介观模拟方法有格子-波兹曼方法（Lattice Boltzmann Method，LBM），宏观粒子方法有光滑粒子流体动力学方法（Smoothed Particle Hydrodynamics，SPH）等。光滑粒子流体动力学方法（SPH）和格子-波兹曼方法（LBM）是常见的两种孔隙尺度的流体动力学模型，其中光滑粒子法是一种宏观力学模型，而格子-波兹曼则是一种细观力学模型（Han &

Cundall, 2011）。SPH 是一种基于无网格和拉格朗日的粒子方法，构架很容易添加新的物理机理，但缺乏坚实的理论基础，另外计算过程容易产生拉张失稳的问题，边界条件处理也很困难（Li & Liu 2002；Liu & Liu 2003；Morris et al.，1997）。相比之下，严格的数学推导证明，对于轻微可压缩的流体，LBM 与纳维-斯托克斯方程等价。另外，LBM 还具有方程显式，易于编写程序及并行计算，容易加入新的物理机制，Dirichlet 和 Neumann 类型边界条件具有解析解等优势。下面主要介绍一下 LBM 以及其与 PFC 的耦合计算。

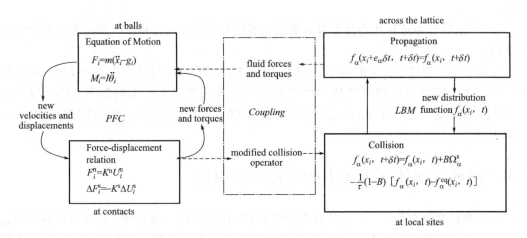

图 7-8   PFC-LBM 耦合计算循环示意图（Han & Cundall，2012）

如图 7-8 所示，PFC-LBM 耦合计算循环包含三个模块，即 DEM 颗粒离散元模块（固相骨架），LBM 流体动力学计算模块（孔隙空间流体流动），和耦合模块（流体-颗粒相互作用）。LBM 和 PFC 在二维和三维耦合都开发了。为简便起见，下面说明解释主要用二维的例子。PFC 的理论，程序实现及实际应用在前面章节都已经有详细展示。这里主要解释 LBM 及其与 PFC 耦合部分。

LBM 的模型控制方程如下：

$$f_\alpha(x_i,\ t+\delta t)-f_\alpha(x_i,\ t)=-\frac{1}{\tau}\left[f_\alpha(x_i,\ t)-f_\alpha^{eq}(x_i,\ t)\right] \tag{7-14}$$

$$f_\alpha^{eq}=w_\alpha\rho\left[1+3\frac{e_\alpha\cdot u}{c^2}+\frac{9}{2}\frac{(e_\alpha\cdot u)^2}{c^4}-\frac{3}{2}\frac{u\cdot u}{c^2}\right] \tag{7-15}$$

式中，x_i 是网格点位置；e_α 是流体粒子在网格上的速度；δt 是时间步长；τ 无量纲松弛因子（$\tau=\lambda/\delta t$，λ 为松弛时间，α 是离散方向）；f_α 是粒子分布函数；ρ 是流体密度，$\boldsymbol{u}$ 是速度矢量；c 是网格速度；f_α^{eq} 是平衡态分布函数：

$$f_\alpha^{eq}=w_\alpha\rho\left[1+3\frac{e_\alpha\cdot u}{c^2}+\frac{9}{2}\frac{(e_\alpha\cdot u)^2}{c^4}-\frac{3}{2}\frac{u\cdot u}{c^2}\right] \tag{7-16}$$

式中，w_α 是权重因子，在二维九速模型中（图 7-9a），$e_\alpha=(0,\ 0)$，$w_\alpha=4/9$ for $\alpha=0$，$e_\alpha=(\pm1,\ 0)\,c$，$(0,\pm1)\,c$，$w_\alpha=1/9$ for $\alpha=1\sim4$，$e_\alpha=(\pm1,\pm1)\,c$，$w_\alpha=1/36$ for $\alpha=5\sim8$。

流体密度 ρ，速度 u，粒子分布函数 f_α，及网格速度矢量 e_α 的关系为：

$$\rho=\sum f_\alpha \qquad \rho\boldsymbol{u}=\sum e_\alpha f_\alpha \tag{7-17}$$

理想气体的状态方程用来连结压力和密度：

$$p = \rho c_s^2 \tag{7-18}$$

式中，c_s 是声速，等于 $c/\sqrt{3}$ ，时间步长 δt 选择受黏性系数 ν 、声速 c_s 和松弛因子 τ 的限制：

$$\delta t = \frac{\nu}{c_s^2 (\tau - 1/2)} \tag{7-19}$$

LBM 控制公式（7-14）包括两个物理阶段，即流体颗粒传输阶段和碰撞阶段。令人难以置信的是，在微观和介观尺度如此简单的模型，在宏观尺度竟然可以把复杂的纳维-斯托克斯方程再现出来。

文献中有多种使用 LBM 计算流体与颗粒互动的耦合方法，比较具有通用性且经过验证测试的方法有 Ladd 于 1994 年提出的动量交换法（Momentum Exchange Method）和 Noble 等 1998 年提出的浸入边界法（Immersed Boundary Scheme）。韩彦辉和 Cundall 博士于 2011 年在 PFC 中使用这两种方法模拟了几个具有代表性的流体-颗粒相互作用的问题，通过比较发现浸入边界法更为精确和稳定。

使用浸入边界法时，固体颗粒对流体的影响是通过改变 LBM 的控制方程来实现的：

$$f_\alpha(x_i + e_\alpha \delta t,\ t + \delta t) - f_\alpha(x_i,\ t) = -\frac{1}{\tau}(1 - B)\left[f_\alpha(x_i,\ t) - f_\alpha^{eq}(x_i,\ t)\right] + B\Omega_\alpha^s \tag{7-20}$$

式中参数 B 定义为：

$$B = \frac{\varepsilon(\tau - 1/2)}{(1 - \varepsilon) + (\tau - 1/2)} \tag{7-21}$$

ε 是 LBM 网格点所属面积（比如，图 7-9b 中的深色正方形区域）与颗粒的重叠面积/体积（如图 7-9b 所示）。可见，当 $\varepsilon = 1$ 时，该格子节点就变成固体节点，计算中解碰撞方程时就把流体颗粒沿它们来的方向弹回；当 $\varepsilon = 0$ 时，碰撞方程就简化成 LBM 的原始方程式（7-14）。

当格子节点与固体颗粒有重叠时，新加入的碰撞参数 Ω_α^s 可由下面公式计算：

$$\Omega_\alpha^s = f_{-\alpha}(x_i,\ t) - f_\alpha(x_i,\ t) + f_\alpha^{eq}(\rho,\ u_S) - f_{-\alpha}^{eq}(\rho,\ u) \tag{7-22}$$

式中，u_S 固体颗粒的运动速度，下标 $-\alpha$ 指的是与 α 相反的方向。这个参数所起的作用是在解碰撞方程时将颗粒分布中不平衡部分弹回。

如图 7-8 中间部分所示，PFC-LBM 耦合是双向的，图 7-9（b）的卡通图可以形象解释这双向耦合机理。小球代表流体颗粒包，大球代表一个固体颗粒。当诸多小球冲击大球时会施加额外的力到大球上，从而影响大球后面的运动。同时，部分小球被弹回，有些则改变速度继续向前运动。PFC 模型中的固体颗粒通过改变 LBM 方程中的碰撞项来影响流体流动，另一方面，LBM 计算的流体会增加额外的力（F_f）和矩（M_f）到 PFC 方程来影响其计算：

$$F_f = \frac{(\delta x)^D}{\delta t} \sum_n B_n \sum_\alpha \Omega_\alpha^s e_\alpha \tag{7-23}$$

$$M_f = \frac{(\delta x)^D}{\delta t} \sum_n (x_i - x_S) \times \left(B_n \sum_\alpha \Omega_\alpha^s e_\alpha\right) \tag{7-24}$$

式中，D 是问题的空间维数（2—二维；3—三维）；x_S 是固体颗粒的中心点位置；B_n 是指格子节点 n 上的 B。需要指出的是，在计算中，需要对所有的格子节点，包括与固体颗粒完全重叠的节点，解公式（7-20）。

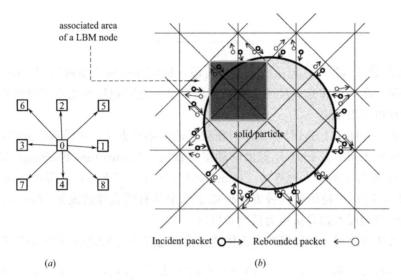

图 7-9　D2Q9 LBM 模型和 PFC-LBM 耦合计算中流体-颗粒相互作用示意图

在 LBM 模型中有四种边界条件，即周期边界、实墙边界、压力边界和速度边界。若在某方向设定周期边界，则在解流体传播方程时，该方向上流出边界的流体会被作为流入边界导入另一端。在实墙边界节点上，所有的流入流体颗粒都会沿着它们所来方向弹回去。压力和速度边界条件则有解析解（Zou & He，1997）。另外，重力项可以通过不同方式考虑，比如通过调节控制方程中的速度项（Buick & Greated，2000）。

用 LBM 模拟流体动力学的例子在文献中有很多，而模拟流体-颗粒相互作用的例子则相对比较少。下面从韩彦辉和 Cundall 博士的文章中拿出四个例子展现一下 LBM 作为流体动力学模型计算单纯的流体力学问题及 PFC-LBM 模拟流体-颗粒相互作用问题的准确性和实际应用。

7.6.1 例 1：圆管中的泊肃叶流

这个例子用来演示 LBM 模型计算流体力学问题。在层流条件下，圆管中的流量，压力梯度和管子的几何尺寸的关系如下：

$$Q = \frac{\pi r^4 \Delta p}{8 \mu L} \tag{7-25}$$

式中，μ 是流体的动力黏度；r 是圆管的半径；L 是管子的长度；Δp 是沿整个长度的压力降；Q 是体积流速。

现在用 LBM 程序来模拟如下圆管流动问题：管长 10m，LBM 网格节点间距为0.25m，流体的密度为 1，黏度为 1/6，计算时步为 0.0625（这样松弛因子为 1）。在 X-方向的压力差（通过调整管自入口和出口边界的密度来实现）为 4/15。一共模拟四种不同管径，1m、1.5m、2m 和 2.5m。一旦管径确定，LBM 网格上位于管子以外的节点就标为固态点，LBM 进行计算时，在"传播"（propagation）阶段，所有节点都参与；而在"碰撞"（collision）阶段，只有管子内部的点参与流体力学计算，固态点则只是简单地进行弹回（bounce back）操作。图 7-10 中（a）为稳态流动时管内流动矢量图，（b）比较不同管径下 LBM 模拟所得的体积流速与相应理论解的比较。四个模型的计算误差均低于 2%。

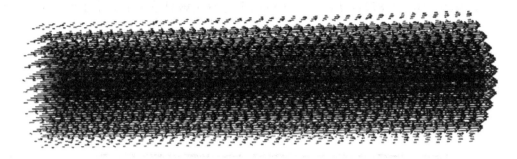

(a) 稳态流动状态时流体流动矢量图

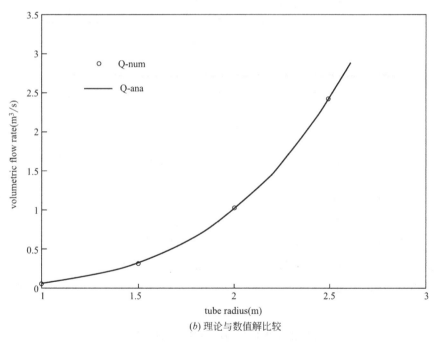

(b) 理论与数值解比较

图 7-10　柱状管中的泊肃叶流（Han，2014）

7.6.2　例 2：圆柱扰流问题

图 7-11 所示的圆柱绕流是流体动力学中一个经典问题。若圆柱固定在平行板中央且流动缓慢（蠕动流），Faxèn 通过求解斯托克斯方程理论推导出流体施加在圆柱上的拖曳力（参见 Ben Richou et al.，2004）：

$$F_x(k) = \frac{4\pi\nu U_{\max}}{f(k) + g(k)} \tag{7-26}$$

式中，k 是圆柱直径与平行板间距的比值（r/a）；$U_{\max}$ 是流入端最大流速。$f(k)$ 和 $g(k)$ 是两个中间变量：

$$f(k) = A_0 - (1 + 0.5k^2 + A_4 k^4 + A_8 k^8)$$
$$g(k) = B_2 k^2 + B_4 k^4 + B_6 k^6 + B_8 k^8$$

常数 $A_0 = -0.9157$，$A_4 = 0.0547$，$A_6 = -0.2646$，$A_8 = 0.7930$，$B_2 = 1.2666$，$B_4 = -0.9180$，$B_6 = 1.8771$，$B_8 = -4.6655$。注意这个解只适用于 k 小于或等于 0.5 的情况。

式中 $\nu U_{\max}$ 项的系数（λ）为拖曳力的墙距校正系数：

$$\lambda(k) = \frac{4\pi}{f(k) + g(k)} \tag{7-27}$$

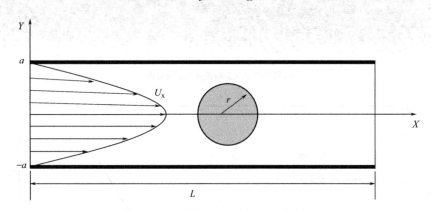

图 7-11　平行板流动中的圆柱绕流问题

在 PFC-LBM 耦合系统中设置这个模型很简单。这里把圆柱（PFC 圆盘颗粒）半径设为 0.5，平行板长度为 20（圆柱半径的 40 倍），LBM 格子节点间距为 0.005。调节平行板间距获得不同的 k 值。流体的密度为 1，黏性系数为 1/120。在每个模型中，在平行板的入口和出口的流动速度固定到很小的值以保证流动的雷诺数很小（例如 2×10^{-4}），以满足 Faxèn 理论解所要求的条件。当流动达到稳态时，PFC 圆盘颗粒的沿流向方向所受的力即为流体拖曳力，墙距校正系数也可以相应地算出来。表 7-2 比较了 $k = 0.1$、0.3 和 0.5 时 PFC-LBM 耦合模拟结果与 Faxèn 理论解。图 7-12 显示的是在流动达到稳态时圆柱周围的流场分布。

PFC-LBM 模拟结果与 Faxèn（1946）理论解比较　　　　　　　　　　　　表 7-2

K	PFC-LBM 耦合模拟	Faxèn 理论解
0.1	8.82	8.91
0.3	28.67	27.90
0.5	91.00	92.34

尽管这个模型看上去很简单，却可以再现非常复杂的物理现象。比如，如果用精细些（201×101）网格并不断增加出入口流速，当雷诺数接近 47 时，卡门涡街开始在圆柱后面形成，如图 7-13 所示。

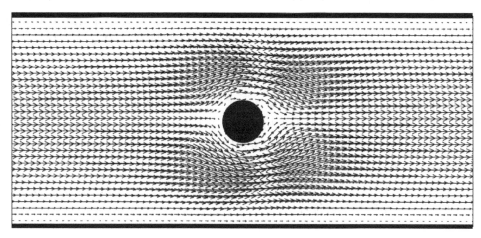

图 7-12 稳态情况下圆柱周围的流速矢量图

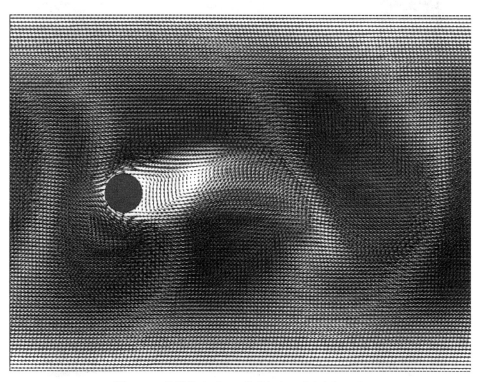

图 7-13 雷诺数达到 47 时圆柱后面形成卡门涡街

7.6.3 例 3：两个圆形颗粒在黏性流体中自由沉降过程的互动

1987 年美国三院院士明尼苏达大学 Joseph 教授在实验室观察多个颗粒在黏性流体中下沉过程如何互动时发现，颗粒间的互动重复着拖曳（追逐），亲和（亲吻）和翻滚三个阶段（所谓 DKT 现象，即 Drafting，Kissing，Tumbling 三个英文单词的首个字母）。在只有两个颗粒的情况下，如果两个颗粒间距在几个直径范围以内，上面（跟班）的颗粒先进入下面（领头）颗粒后面的低压区然后加速追逐领头的颗粒，追上后跟班颗粒亲吻领头颗粒，亲吻完后开始翻滚并很快拉开距离，翻滚后之前的跟班颗粒变成领头颗粒，领头颗粒变成跟班颗粒，然后新一轮的 DKT 重新开始。

现在把 PFC-LBM 耦合系统作为一个虚拟实验室来观察两个颗粒在黏性流体中沉降时的互动。这个模拟在二维和三维都可以做，二维模拟速度会快很多。这里装满黏性液体的管子高为 176，宽为 10；两个颗粒大小相同，半径为 1，起始中心距为 2.5；假定重力加速度为 2.77×10^{-2}；PFC 和 LBM 的时间步长均为 0.02。

模拟开始后，观察到在时间点 54 时（位于上面的）跟班颗粒开始追逐下面的领头颗粒（图 7-14a），时间点 114 时跟班颗粒亲吻领头颗粒（图 7-14b），时间点 132 时开始翻滚（图 7-14c），之后两个颗粒交换位置。

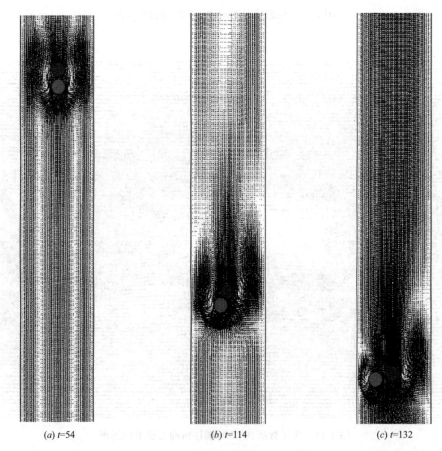

(a) t=54　　　　　(b) t=114　　　　　(c) t=132

图 7-14　两个圆形颗粒自由沉降过程中的互动：(a)；拖曳；(b) 亲和；(c) 翻滚

例 4：沙拱稳定性测试

建立沙拱稳定性测试模型可分为三个阶段。第一阶段：生成颗粒群，加入初始应力场。具体操作是先产生一个 30cm×30cm 的盒子。盒子的顶部和两个侧面都是一个整墙体；下部则有 10 个 3cm 的短墙体组成。然后生成 900 个固体颗粒（PFC 圆盘），颗粒半径服从平均概率分布，最大与最小半径（0.4cm）的比例为1.66。这些颗粒生成时候比预设的要小，生成后慢慢膨胀和计算和检测各方向的平均应力，直到达到初始应力水平。固体颗粒密度为3165kg/m³。重力加速度为9.81m/s²。接触摩擦系数为1.0。颗粒和墙体的刚度均为1.5MPa。重力及初始应力场（15kPa）作用达到平衡状态的颗粒群及接触力见图7-15，可见应力分布很均匀。需要指出的是，图中黑色线段的宽度与其所代表的接触力的大小成正比。

第二阶段，移除模型底部中心处的墙段并把模型运行到平衡状态。底部开孔流出的固体颗粒收集在沙盒下面的容器里。如图7-16所示，几个颗粒流出后，开孔周围的颗粒形成了沙拱，模型进入新的平衡状态。应该指出，这里沙腔的稳定完全由其周围沙拱支撑。由于接触面没有黏结或抗拉强度，沙拱的形成及承载力完全由接触处的摩擦力提供。清空下面容器中的颗粒。

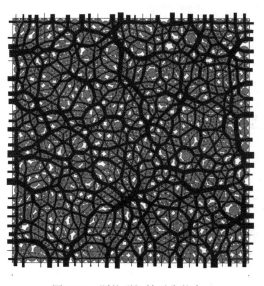

图 7-15　颗粒群初始平衡状态；
黑条为颗粒间的接触力（下同）

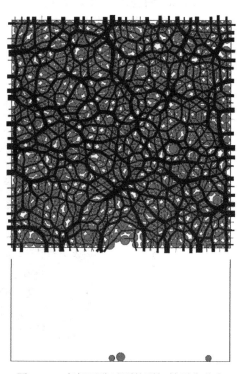

图 7-16　底部开孔后颗粒群初始平衡状态

第三阶段：生成286×292LBM流体计算网格。网格在x-方向跨度是从−14.9cm到14.9cm，在y-方向跨度是从−15.2cm到15.2cm。相应地，网格节点间距为（δx）0.1045cm。平均颗粒直径对应大概10个流体节点。流体密度设为1000kg/m³，黏性系数为0.01m²/s。网格速度（c）设为200m/s。颗粒的水力半径设为其几何半径的0.8。所有网格节点上的流速都初始化到零。粒子分布函数都根据速度初始化。网格上面边界假定可渗透，其上流体压力随时间变化。侧面边界假定为非渗透边界没有流动。底部中央对应沙腔部分假定可渗透而其余部分则为非渗透。如公式（7-18）所示，在LBM模型中，压力通过声速与密度相关。所以，压力边界条件是通过改变节点上流体密度来实现的。因为采用LBM模型只适用于轻微可压缩流体，所以需要确保流体密度在整个网格上只有很小变化（比如不要超过5%）。若需要更高的压力梯度，网格速度（声速）需要提高。在这个模型中，底部对应沙腔部分边界上的压力固定在13.33MPa（1000kg/m³）。顶部边界节点处流体压力则随时间变化。侧面边界节点标为固态节点。

在模拟中，LBM流体计算步长为$5.128×10^{-6}$s/step，PFC力学计算步长为$1.0×10^{-6}$s/step。为了使流体和固体力学计算同步，可将力学计算步长减到$8.547×10^{-7}$s/step，这样每进行一步流体计算就进行六步力学计算。首先，将顶部的压力设到比底部略高（密度1000.01kg/m³）再把耦合系统运行到平衡/稳态流动状态。模拟表明没有颗粒产生。下一步，将顶部流体节点的压力经过5000步缓慢增加到133.47MPa（密度1001kg/m³）然后锁定并计算100000步。颗粒所受流体荷载若用压力梯度描述更便于理解。这里压力梯度定义为顶部和底部边界压力差除以模型高度（0.3m），例如，若顶部边界压力为133.47MPa，对应的压力梯度则为44.44kPa/m。模拟显示由于压力梯度增加，有一些颗粒掉入下面的容器里，见图7-17。此后，直到模型进入平衡状态，没有更多颗粒落下来。图7-18为沙腔周围的接触力分布及流场放大图。

图7-17 在44.44kPa/m流体压力梯度作用下颗粒群初始平衡状态

重复上面模拟过程，依次将压力梯度经过5000步缓慢增加到53.33kPa/m，66.67kPa/m和88.89kPa/m并在每个压力水平将模型算100000步。模拟结果发现，在压力水平53.33kPa/m和66.67kPa/m，没有颗粒掉下来。在压力水平88.89kPa/m，发现

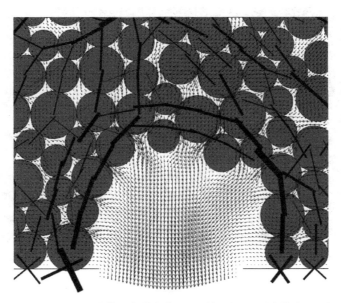

图 7-18　在 44.44kPa/m 流体压力梯度作用下颗粒群进入平衡状态（局部放大图）

有一些颗粒产生，然后新的沙拱似乎又形成了，但随后又被流体冲毁，反复多次后，新的沙拱最终又形成，如图 7-19 所示。当压力梯度增加到 133.33kPa/m 后，大量颗粒掉下来，沙腔上方再也无法形成稳定的沙拱结构（图 7-20）。PFC-LBM 模拟表明，在沙拱彻底塌垮之前，随着压力梯度增加到一个新高度，沙腔周围沙拱先坍塌后重建。这与试验室试验观察到的现象是一致的（Bratli & Risnes，1981）。

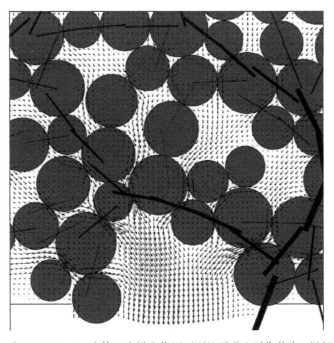

图 7-19　在 88.89kPa/m 流体压力梯度作用下颗粒群进入平衡状态（局部放大图）

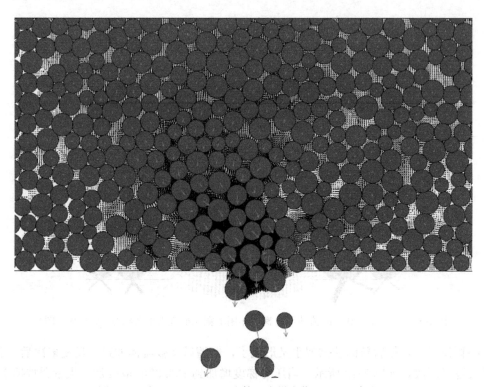

图 7-20　在 133.33kPa/m 流体压力梯度作用下开口坍塌；
红色箭头显示固体颗粒速度矢量

第8章 PFC在锦屏深埋隧洞工程中的应用

8.1 概述

8.1.1 引言

锦屏二级水电站为雅砻江干流卡拉至江口下游河段水电规划的自下而上的第四级，位于凉山彝族自治州木里、盐源、冕宁三县交界处的锦屏大河湾上，是雅砻江干流规划建设的 21 座梯级电站中装机规模最大的水电站。其上游紧接具有年调节水库的锦屏一级水电站，下游依次为官地、二滩和桐子林水电站。

锦屏二级水电站利用雅砻江 150km 长的大河湾，截弯取直，开挖隧洞引水发电。工程采用"4 洞 8 机"布置，枢纽主要由首部低闸、引水发电系统、尾部地下厂房三大部分组成，为一低闸、长隧洞、大容量引水式电站。主要建筑物中包括 7 条贯穿锦屏山的隧洞群，其中 4 条为引水发电隧洞，2 条以交通为主要功能的辅助洞，以及 1 条施工排水洞。引水隧洞平均长度 16.67km，开挖直径 12.40～13.00m，一般埋深 1500～2000m、最大埋深 2525m，具体布置如图 8-1 所示。

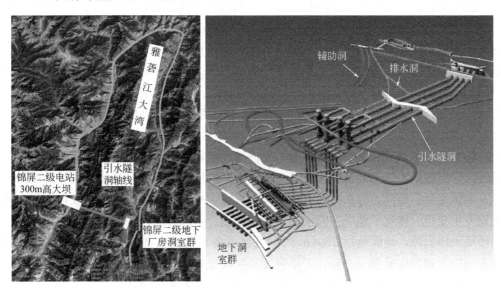

图 8-1　锦屏二级引水洞布置以及沿线主要地质构造

图 8-2 给出了锦屏二级水电站引水洞沿线的地层、构造分布特征，通过地层界线和断层线进行描述。引水洞从东到西分别穿越盐塘组大理岩（T_{2y}）、白山组大理岩（T_{2b}）、三叠系上统砂板岩（T_3）、杂谷脑组大理岩（T_{2z}）、三叠系下统绿泥石片岩和变质中细砂岩（T_1）等地层。沿线主要构造线与隧洞轴线基本垂直，多呈陡倾状。

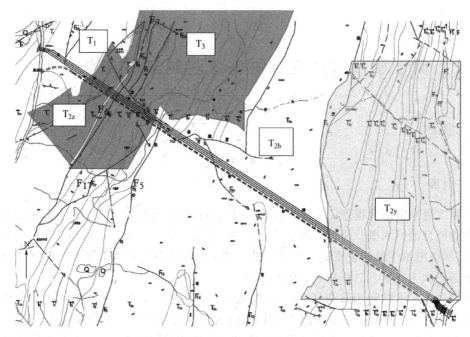

图 8-2　引水洞沿线地质条件概要图

T₁—绿泥石片岩和变质中细砂岩；T₂z—杂谷脑组大理岩；

T₃—三叠系上统砂板岩；T₂b—白山组大理岩；T₂y—盐塘组大理岩

　　7 条隧洞中的 2 条辅助洞隧洞断面形态为马蹄形，A、B 两条洞的跨度分别为 6m 和 8m。排水洞为单头掘进隧洞，采用 7.2m 直径的 TBM 从东端向西端掘进，到 2009 年 8 月已掘进到锦屏山核部地带的白山组地层中，2009 年 11 月 28 日遇到极强岩爆而停止掘进。引水隧洞洞径约为 13m，其中，1 号和 3 号隧洞东端采用 TBM 全断面方式，西端采用传统的钻爆法分上下台阶开挖，2 号和 4 号引水隧洞则分别从东端和西端相向掘进，这四个工作面均采用传统钻爆法方式分上下台阶开挖，上台阶开挖的高度一般在 9m 左右。

　　锦屏深埋隧洞沿线经过了不同的地质单元（褶皱、断层），且由于地质条件复杂、埋深大，辅助洞、排水洞和引水隧洞在施工掘进过程中客观上遇到了诸如大变形、岩爆等典型岩石力学问题，给施工设备和人员带来潜在安全隐患。隧洞围岩破坏方式和程度与包括岩性、岩体质量、地应力等在内的基本地质因素密切相关，总体上，围岩破坏程度随埋深增大而发生变化，体现了地应力因素的控制性作用，但两者间并不具有单调变化关系。在东端硬质大理岩段，埋深超过 1500m 的洞段都具备岩爆发生的应力条件，但实际不同洞段由于地应力和岩体质量的差异，岩爆强度和频次也具有较大的差别；而西端引水隧洞围岩稳定潜在风险则突出表现为由绿片岩可能导致的软岩大变形问题。

　　在锦屏二级水电站深埋隧洞开挖至 1900m 以下深度洞段时，随着现场测试和研究工作的深化，工程设计方对东端硬质大理岩内 TBM、钻爆法施工法引水洞 1900～2500m 埋深洞段的系统支护方案进行了优化调整，优化方案与原设计方案的区别主要是拟定的锚固深度存在明显差别。具体地，将 1900～2500m 埋深段永久性系统锚杆长度优化调整为：

　　● 1 号、3 号 TBM 施工洞段：Ⅱ/Ⅱb/Ⅲ类围岩采用统一锚杆设计方案，即在边顶拱

270°范围内布置 4.5/6m 长度交错式砂浆锚杆；

● 2 号、4 号 TMB 施工洞段：Ⅱ类围岩锚杆采用 4.5/6m 交错式布置；Ⅲ类围岩则统一采用 6m 支护方案。

本章研究的一个基本内容即是采用 PFC 方法作为工作手段来论证上述方案调整的合理性，直接回答锚杆长度是否可以满足现实需要。现实中锦屏围岩支护问题可能远比确定锚杆长度参数要复杂得多，回答上述问题可能只是解决了全部问题中的一个环节，甚至不是主要环节。为此，本章除论证锚杆长度合理性问题外，还纳入了对锦屏支护系统潜在的其他问题的相关论述，以期对其他类似工程实践起到借鉴意义。概括地讲，锦屏深埋隧洞围岩支护优化涉及如下几个方面的问题：

● 对支护要求起决定或主要作用的因素，即支护系统需要针对什么问题；

● 支护设计原则，特别是锚杆参数设计原则；

● 锦屏现实条件，如支护系统必须分为临时支护和永久支护的现实对永久支护优化工作的影响。

8.1.2　支护优化的基础和依据

锦屏深埋隧洞大理岩开挖以后围岩将出现不同的响应方式，如变形、破裂损伤、块体破坏、片帮、岩爆等，临时支护的目的在于控制其中一些现象如块体破坏和岩爆等对施工安全的影响，而永久支护的目的位于维持围岩安全性。由于临时支护和永久支护针对不同的问题和目的，因此二者一般应遵循不同的设计原则。不过，与浅埋地下工程不同的是，永久支护能否有效地起到维持围岩安全的作用，还与临时支护强度和永久支护安装时机密切相关，从而使得永久支护不单单是自身的支护参数问题，即论证上述锚杆长度只是其中一个环节的工作。

在锦屏深埋隧洞大理岩开挖以后的所有响应方式中以破裂损伤对永久支护的影响最大，所谓破裂是指隧洞开挖以后围岩出现的新鲜宏观裂纹，其发育深度一般在 30cm 以内（参见图 8-3）；损伤指破裂区以内围岩存在的肉眼难以观察到的细观裂纹，在现场可以通过一些监测和检测方法（如声波测试）得到反映。

围岩破裂损伤区的承载力出现不同程度降低，需要通过支护方式维持该区域的稳定和安全，永久锚杆长度大于破裂损伤区深度是一个基本要求。因此，本章则侧重研究围岩破裂损伤区深度，从这个角度论证上述锚杆长度设计的合理性。但是，采用上述参数以后的支护系统是否能有效地维持围岩的永久安全，则是一个更重要和相当复杂的问题。如图 8-3 所示，如果破裂区普遍存在，则永久支护设计中"发挥围岩承载作用"的理念与现实之中可能存在差距，即破裂区限制了围岩承载作用得到发挥。

从这个角度上讲，论证锚杆长度相对容易，而更重要的是要论证支护系统能否维持围岩的永久安全，后者涉及临时支护强度、永久支护时机、支护类型等多个复杂环节的问题。

8.1.3　锚杆参数设计原则

一般而言，系统锚杆并不要求针对特定问题，如断层破碎带等，布置上也更多地考虑了施工方便性的要求，呈放射状均匀分布，体现了对一般条件下普遍性问题的控制。几乎

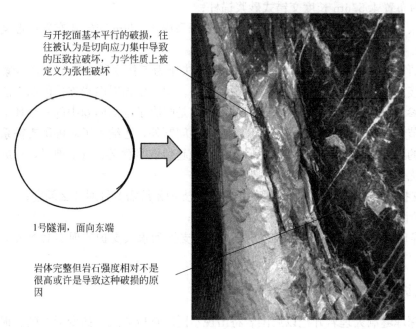

与开挖面基本平行的破损，往往被认为是切向应力集中导致的压致拉破坏，力学性质上被定义为张性破坏

1号隧洞，面向东端

岩体完整但岩石强度相对不是很高或许是导致这种破损的原因

图 8-3　大理岩浅层破裂状况

所有的围岩支护设计方法中关于系统锚杆间距的设计依据主要考虑了围岩的质量条件，因此要求Ⅱ类和Ⅲ类围岩采用不同的锚杆间距。而在所有围岩质量评价系统中，结构面占据了很大的比重，在岩性和地下水差别不大的条件下，岩体质量的差别主要体现在结构面特征的不同。从这个角度上，结构面发育程度影响了系统锚杆间距的设计。

岩体质量分级中关于对结构面的考虑实际上体现了"均化"处理的思想，这种均化的处理方式最适合于结构面不导致岩体出现显著的各向异性或者由大型结构面主导的局部破坏情形，这是与系统支护不针对特定问题的设计思想是一致的，在锦屏二级深埋隧洞的实践中，系统锚杆间距设计体现了系统支护基于围岩质量的一般性思想。

相对于系统锚杆间距的设计思想和方法而言，针对锚杆长度设计的一般性设计思想已经失去其普遍适用性，如基于 Barton 方法的设计准则主要考虑的情形是浅埋条件下结构面组合主导的潜在围岩破坏形式。锦屏围岩确实也存在应力松弛条件下的结构面控制性问题，但深埋的基本特点还是决定了高地应力问题更普遍和更重要，在现实中已经表现为围岩在高应力条件下的应力型破坏方式，甚至是结构面与高应力组合可以致使围岩破坏，在一定应力水平下，高应力剪断位于隧洞一侧的岩体与结构面组合形成破坏。

鉴于锦屏引水洞围岩所呈现出的特定破坏特性，在锚杆长度设计这一关键环节中以"拿来主义"的方式直接借鉴以往的设计准则存在某些因素上的不适应性，特别地，锦屏引水洞围岩所赋存的高地应力环境对锚杆长度设计理念提出了新的挑战。锦屏特殊的地质条件以及现实中表现出的围岩破坏方式都要求锚杆设计、优化工作环节需要建立一套适合于锦屏工程自身特点的支护设计原则。

概括地讲，锦屏隧洞锚杆长度设计原则取决于围岩需要加固的深度。与前期 TBM 洞段锚杆长度优化论证工作一致地，锦屏隧洞围岩需要加固的深度与围岩潜在破坏方式有关，主要考察如下几个环节：

- 围岩一般性高应力破坏的深度；
- 围岩破裂损伤深度；
- 结构与结构面、结构面与应力组合导致的一般性围岩破坏深度。

总体来说，隧洞开挖以后一般性高应力破坏深度、破裂损伤深度和块体破坏深度成为确定锦屏围岩锚杆长度设计的基本依据。

围岩高应力破坏深度或破坏破裂损伤深度的研究构成了在高应力作为主导控制形式的情形下隧洞围岩的一般性开挖响应机理，这两个环节实质体现了在开挖过程中或之后围岩响应方式随时间的演变过程，即围岩的高应力破坏必须以事先出现损伤作为前提，当损伤累积到一定程度并在围岩内部形成明显的变形边界时，围岩便以岩爆、片帮、剥落等应力型破坏方式呈现出来；结构面与围岩应力的组合是锦屏隧洞围岩的特殊破坏方式，需要在锚杆长度设计时综合考虑。

本研究首先建立在对锦屏围岩力学特征、损伤及其演变机理的深刻把握基础上，利用 PFC 非连续力学方法对东段钻爆、TBM 施工段 1900～2500m 埋深围岩损伤深度进行预测分析，作为锚杆长度设计、优化调整方案的论证依据。

8.2　围岩开挖响应分析

8.2.1　围岩破坏统计分析

围岩破坏统计分析的依据是施工地质素描结果，目的是了解上述锚杆参数是否满足限制围岩破坏的基本要求。在 1～4 号引水洞掘进过程中，勘察单位对沿线出现的围岩破坏按破坏类型逐一进行了统计和素描，这一基础性资料可以帮助可靠地了解围岩主要破坏方式及其特征，从而确定系统锚杆设计所需要针对的主要问题。

引 (1) ～引 (4) 洞围岩块体破坏统计表（深度单位：cm）　　表 8-1

洞别	统计长度（m）	应力型破坏			应力+结构面破坏			结构面型破坏		
		数量	最大深度	平均深度	数量	最大深度	平均深度	数量	最大深度	平均深度
1	1350	37	220	75	14	300	105	29	120	55
2	4338	43	150	44	16	120	62	21	200	92
3	1799	52	150	44	54	200	49	53	200	48
4	3764	85	200	34	15	150	63	12	300	77

表 8-1 给出了截止到 2009 年 11 月引（1）～引（4）洞现场可以观察到的围岩破坏的统计结果，其中将围岩破坏方式界定为应力型、应力+结构面型和结构面块体破坏三种类型。根据该表，东端 4 条引水洞开挖段出现这三种类型破坏的频次分别为 217、99 和 115，即应力型破坏占据重要地位。由于损伤属于典型的应力型破坏，且也可以与应力+结构面破坏乃至深埋条件下的结构面型破坏所共生，说明没有发展成宏观破坏的损伤问题非常普遍，因此，应力型损伤是系统支护需要针对的主要问题。

从已经发生的三种类型围岩破坏深度看，最大破坏深度均位于 3m 以内，平均深度也基本都在 1m 以内，显然，4.5m 长的系统锚杆可以满足控制围岩破坏的要求。特别地，深度较大的破坏往往都出现在新开挖面一带，属于临时支护需要控制的范畴。

当然，一个潜在的问题是随着埋深增大，围岩最大破坏深度和平均破坏深度都可能增加，但对于系统锚杆长度设计而言，如果以上述平均破坏深度为标准，4.5m 长的锚杆在控制围岩破坏方面还存在较大的安全储备。

8.2.2　围岩声波测试成果分析

系统锚杆长度大于围岩破坏是锚杆长度设计的基本要求，锦屏大理岩所具备的显著破裂特性不仅仅是导致围岩产生宏观破坏，而且还导致围岩产生肉眼不可见的损伤，系统锚杆长度需要穿过围岩损伤区，对损伤和损伤发展起到有效的控制作用，以维护围岩的承载力。

鉴别围岩是否发生损伤和损伤区深度的最好方式是进行开挖过程中的 AE 监测，但现场没有开展这项工作。针对这一现实，对围岩损伤区深度的判断将主要依据波速测试成果。现场采用了地震波和声波检测方式获得隧洞开挖以后的围岩波速特性变化，其中以横断面声波测试成果对可靠地判断损伤区深度最有针对性。

由于声波测试工作没有给出测孔对应的具体地质条件，特别是测孔内节理发育特征，这为应用测试成果合理判断损伤区深度造成了困难，这是因为损伤和结构面都可以导致围岩波速降低，因此，当采用低波速带深度判断围岩损伤区深度范围时，需要注意单一结构面对测试成果的影响。

简单来说，锦屏隧洞断面围岩低波速主要受到两个方面原因的直接影响，一是围岩屈服（破裂）程度，二是结构面的影响，而结构面的存在可以导致其附近更大深度范围内的围岩损伤，因此影响到断面上低波速带的分布。

在不受结构面影响的理想情况下，隧洞断面上低波速带的形态主要受到断面初始地应力状态的影响，即以北拱肩或南拱脚最深。这一推测结果并不与波速实测成果一致，说明结构面对低波速带测试成果产生了明显影响。

除层面以外，围岩中最发育的结构面分别为 NWW 向和 NE 向节理，其中以 NWW 向最发育。这三组结构面中也以 NWW 向节理和隧洞轴线夹角最小，与除顶拱以外其他部位声波孔的交角较大，因此相对更容易地影响到声波测试成果。根据此前的研究成果，NWW 向节理在顶拱一带出现时，对顶拱一带围岩破裂损伤基本不造成影响，陡倾的 NWW 向节理在顶拱一带也难于被铅直布置的测试孔所揭露。这两个方面的因素都对顶拱一带形成深的低波速带具有抑制作用，使得结构面对顶拱一带的波速变化影响最小。

表 8-2 将于 2009 年 9 月获得的截止到 2009 年 7 月的波速测试成果进行了汇总和统计，如果不考虑埋深、岩体质量等方面因素的影响，这些断面上所有测孔低波速带深度在断面上的平均值在 1.9~2.4m 之间。可以这样认为，在表 8-2 中列出的测试成果中，当相似条件下不同测试孔的测试结果相差较大时，低波速带深度较小者更好地代表了"一般情况下"的损伤区分布，低波速带显著增大时，则很可能与某些特定结构面有关，某种程度上缺乏一般性。

东端引（1）～引（4）断面声波测试成果统计表（单位：m，截至 2009 年 7 月）　表 8-2

检测桩号	埋深（m）	地层	围岩类别	北壁	北拱肩	拱顶	南拱肩	南壁	备注
引（1）15+700	1097	T_{2y}^5	Ⅲ	3.0	2.8	1.8	2.2	2.6	—
引（1）15+150	1427	T_{2y}^4	Ⅲ	2.6	2.8	2.2	1.2	1.4	—
引（1）14+955	1517	T_{2y}^5	Ⅲ	1.4	2.0	2.6	1.6	3.6	—
引（2）15+700	1079	T_{2y}^5	Ⅲ	2.8	2.8	3.6	4.2	3.0	—
引（2）15+505	1132	T_{2y}^5	Ⅱ	1.6	2.8	2.8	2.0	1.8	—
引（2）15+300	1267	T_{2y}^4	Ⅲ	1.2	1.6	2.8	1.4	3.2	—
引（2）14+500	1643	T_{2y}^5	Ⅲ		2.8	2.2	2.6		未落底
引（2）14+245	1756	T_{2y}^5	Ⅱ		0.8	1.2	1.6		未落底
引（2）13+880	1746	T_{2y}^6	Ⅲ		1.8	2.2	3.6		未落底
引（2）12+810	1750	T_{2y}^5	Ⅱb		2.6	1.2	1.6		未落底
引（2）12+655	1715	T_{2y}^5	Ⅲb		2.4	2.4	2.8		未落底
引（3）15+850	935	T_{2y}^6	Ⅱ	2.0	1.4	2.4	1.2	1.4	
引（3）15+740	1028	T_{2y}^5	Ⅱb	1.0	1.6	2.4	1.8	1.0	
引（3）15+250	1293	T_{2y}^5	Ⅲ	1.8	1.0	1.8	1.8	2.0	
引（3）15+200	1319	T_{2y}^5	Ⅲ	1.0	3.4	3.4	3.2	1.2	
引（4）16+255	588	T_{2y}^6	Ⅲ	2.0	2.2	3.6	3.6	3.0	
引（4）15+835	963	T_{2y}^5	Ⅱ	1.6	1.8	1.4	2.0	1.4	—
引（4）15+560	1019	T_{2y}^4	Ⅱb	1.6	1.4	0.8	1.4	1.2	—
引（4）15+235	1220	T_{2y}^5	Ⅲ	3.6	3.4	3.6	4.8	3.6	—
引（4）15+005	1317	T_{2y}^5	Ⅲ	2.0	3.6	2.4	1.6	2.4	—
引（4）14+939	1317	T_{2y}^6	Ⅱb	1.0	1.2	1.6	1.0	1.0	—
平均				1.9	2.2	2.4	2.2	2.1	

当采用数值方法预测围岩损伤区深度时，如果把围岩内的结构面进行均化处理，即体现在岩体质量指标上时，所对应的现实条件为"一般情况下"，这意味着"均化"模型计算结果应该与"一般情况下"的测试结果相一致。反过来，如果数值模型是研究某一特定结构面对围岩损伤的影响，则需要采用对应性的、反映了结构面影响的测试结果作依据。

在上述统计结果中如果按岩体质量进行分别统计，在断面上 5 个部位的低波速带在Ⅱ类围岩中分别为 1.7m、1.7m、1.9m、1.6m 和 1.5m，而在Ⅲ类围岩中分别为 2.1m、2.4m、2.5m、2.5m 和 2.6m，二者之间的差异明显。现实中Ⅱ类围岩测试成果受到结构面影响较小，而Ⅲ类围岩中结构面相对发育，结构面的影响相对突出一些。不过，Ⅲ类围岩断面上测试成果指示的低波速带深度平均值也相对均匀，同样显示了相对均匀的初始地应力场的作用结果。

在针对Ⅱ类围岩的统计结果中，总体上低波动带深度在断面上相对均匀分布，这与断面地应力状态相符。到目前的测试结果揭示的顶拱一带低波速带相对较大一些，除了和地应力有关以外，还反映了 2 号、4 号洞上台阶开挖断面形态的影响。

到目前为止的测试结果并没有揭示低波速带与埋深之间的明显相关性，但这不是否认同等条件下低波速带深度随埋深增大的基本特征，这是因为：1）地应力沿洞线的变化并不和埋深完全对应，褶皱部位存在局部地应力场异常段；2）岩体质量对低波速带深度的影响显著，沿线岩体质量的变化可能掩盖了与埋深的关系。

这里不对低波速带测试成果作进一步分析，如何合理利用已经获得的测试成果预测深埋段隧洞开挖以后的围岩损伤区深度将在后面叙述。

8.3 围岩开挖损伤研究

8.3.1 历史回顾与总结

8.3.1.1 损伤带的定义

众所周知，隧洞开挖以后围岩会出现损伤和应力重分布现象，但真正对于围岩损伤及其与应力重分布等因素之间关系的研究工作主要起源于 20 世纪 90 年代中期，特别是基于加拿大 URL 研究积累了较为丰富的方法论基础和机理认识。

根据在 URL 开展的一系列全面的室内和现场测试、原位试验和分析研究，围岩开挖损伤带（EDZ—Excavation-Damage Zone）被定义为由开挖作用导致的不可恢复损伤，包括开挖扰动（如爆破）释放的能量冲击、围岩应力重分布及其他方式如温度和湿度变化等导致裂纹扩展等形成的围岩损伤。总体而言，将围岩损伤定义为围岩力学和水力学特性出现的一些永久性变化，且这些变化总体都可以被定量测试，据此损伤带被进一步分为两个区，即内损伤区和外损伤区。内损伤区紧邻开挖面，其特点是围岩性质的变化可以被观察或测试，如可见裂纹和波速衰减等；外损伤带位于相对较深的部位，一般被定义为岩体特性（如波速和渗透指标）渐变到原岩状态的过渡地段，这些变化往往被认为是应力变化的结果。

内损伤区范围内可能会出现破坏和破裂，其中的破坏被定义为物质脱离开挖面围岩的情形，而破裂为宏观可见的裂缝。

以上的定义具有一般通用性，但同时也体现了行业要求决定的 URL 研究特点——核废料处理，即研究工作是把这些损伤区作为核辐射通道。在锦屏，我们关心的是损伤对岩体特性乃至围岩稳定和支护安全的影响，侧重于对稳定的评价和工程应对方法，体现了锦屏深埋隧洞研究开挖损伤在研究目的性方面的差别。此外，锦屏深埋隧洞岩体地应力水平和大理岩强度之间的矛盾总体来说比 URL 要显著地突出一些，相对于 URL 导致的围岩损伤程度而言，锦屏深埋隧洞应力导致的损伤程度也要相对严重得多。从这个角度讲，锦屏损伤带的研究需要侧重应力和岩体特性之间的关系，即应力损伤。

8.3.1.2 损伤带研究方法

URL 建设中针对脆性岩体的破裂损伤特征开展了一系列的基本理论和方法研究，在数值模拟方式，20 世纪 90 年代中期以前的几乎所有数值计算结果都与揭露的现场相去甚远，其中的原因包括两个方面，在当时的条件下，一是普遍应用的连续力学方法很难中对岩体的非线性行为进行准确描述，二是能模拟破裂问题的非连续力学岩石力学方法还没有诞生。

在总结了 URL 的相关研究成果以后，Fairhurst（2004）对脆性岩石的基本力学特性和相应的研究方法进行了概括。

图 8-4 表示了 Fairhurst 的总结，先注意右上角的三轴图，纵轴为荷载，两条横轴中的一条为变形，荷载-变形关系构成了传统的岩体本构关系。在三轴图中还存在一条轴线，即时间轴，它显示岩体的荷载-变形关系不是一成不变，而是随时间变化，即岩体特性随时间变化。Fairhurst 提出这一概念是基于核废料处理领域中与地质年代相当的时间跨度，但是，工程实践中也揭示了这一理念的工程适用性，即硬质围岩破裂损伤的发展存在显著的时间效应，由此引出了脆性岩体强度时间效应的概念。本阶段的工作中侧重于引出这一概念和工程意义，深入的研究工作在此处不作展开讨论。

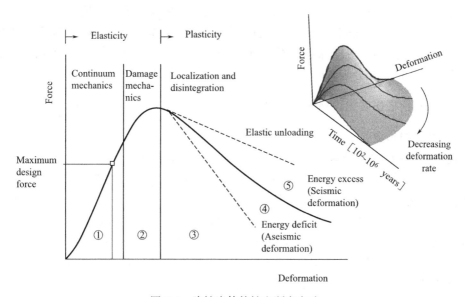

图 8-4　脆性岩体特性和研究方法

图 8-4 左是典型的荷载-变形关系曲线，它是图 8-4 右上图的一个切面。根据这一典型曲线，Fairhurst 将脆性岩体特性和相应的研究方法总结为：

1 区：线弹性响应，岩体力学行为在连续力学定义的范畴内，因此可以采用连续力学方法进行分析；

2 区：非线性阶段的开始，属于裂纹稳定增长的结果，属于损伤力学范畴。从 2 区到 3 区的划分标志是裂纹增长到裂纹的相互作用，即裂纹发展到一定密度以后的结果；

3 区：破坏阶段，局部化破坏和解体阶段。所谓局部化是指应力分布和损伤不均匀性，损伤出现相互作用并开始形成宏观破裂面时，影响了局部应力分布，使得破坏是在某些特定位置开始。这一阶段岩体的非连续力学特性得到充分展现，当需要深化研究围岩在这一阶段的力学行为和工程响应时，需要采用非连续力学手段。从 3 区的具体表现形式，如呈 4 区或 5 区的形式，反映了能量释放水平，也决定了现场表现形式，理解岩体在这一阶段的力学行为是目前阶段岩石力学研究的核心。

根据 Fairhurst 的总结，对锦屏而言可以起到的指导与借鉴意义在于：

1）如果埋深决定的围岩应力水平和围岩强度之间的矛盾相对不突出时（如一定埋深水平以内的 II 类围岩），围岩进入上述 3 区的范围相对较小，连续力学方法具有相对好的适应性，此时可以不采用非连续力学方法（破裂不严重）；

2）当埋深决定的围岩应力水平和围岩强度之间的矛盾相对突出时（如一定埋深以下的III类围岩），围岩破裂现象相对普遍，即开挖面一定范围内围岩进入上述的 3 区，此时有必要采用非连续力学方法；

3）从应用环节看，连续和非连续力学方法的差别主要体现在峰值强度以后；从这个角度讲，非连续方法可以替代连续力学方法。

由此可见，进行锦屏深埋隧洞围岩状态的数值分析时，采用的分析手段需要根据潜在问题严重程度而定。首先，只有当埋深达到一定程度时，非连续分析才显得必要；其次，在同等埋深条件下，质量相对差（如III类）一些的洞段更需要采取非连续分析方法，质量更差（如IV类）时若脆性破裂特征减弱可能更需要采用非连续力学分析；最后，对于给定质量的岩体（如II类），在埋深相对不大时可以采用连续力学分析方法，而埋深增大到一定程度破裂问题得到充分表现时，也需要采用非连续分析手段。

8.3.2 围岩开挖损伤演化和损伤区描述

8.3.2.1 开挖损伤演化

上述基于 URL 的围岩损伤带研究方法，应该说在思想上已经得到了普遍地接受，具体到应用环节，尽管连续性数值分析方法并没有失去现实应用的可能性，但必须建立在某些前提假设得到保证的前提下，如岩体进入非线性阶段的程度相对不高即岩体的非线性特征尚未得到充分体现时的情形。但就围岩损伤问题的复杂本质而言，连续性问题仍然摆脱不了其尝试以间接方式描述围岩力学特征的顽疾，归根结底在应用上具有无法解决的弊端，随着分析方法研究和相应开发工作的进一步深入，能够直观模拟破裂问题的岩石力学非连续方法必然成为围岩损伤问题研究的首选手段。

在损伤研究的方法选择上，以上内容旨在抛出本研究的指导性思想，即基于目前的认识，锦屏隧洞所呈现的应力性损伤特征已经为采用非连续性力学方法进行损伤研究提供了充要条件。在上一节利用 URL 中研究损伤的总结性认识，通过脆性岩体经典本构关系概括性地比较分析了连续性方法和非连续性方法的各自特征和适用条件。

在锦屏工程实践中，高应力致使的围岩损伤是不同应力条件下围岩状态的直接体现，旨在对隧洞围岩开挖损伤的整体把握，有必要洞悉在开挖作用下隧洞围岩不同位置处损伤演变规律，以及围岩结构性状的改变特征，应该说应力损伤是围岩结构性状改变的直接诱因，是围岩状态变化的普遍本质。

自 2007 年始至今，Itasca 一直从事于 MMT 采矿工程研究工程（Mass Mining Technology Project），其中对深埋矿山隧洞开挖过程中围岩损伤机理及其演变规律的研究认识对锦屏工程具有很好的借鉴意义，图 8-5 直观描述了隧洞围岩开挖损伤分区及损伤演变机理，红色线条表示肉眼可见或不可见的损伤裂纹。

围岩开挖损伤机理研究倾向于不考虑爆破等外部因素作用前提下，研究围岩应力重分布所致使的围岩状态改变及损伤特征。应该说，开挖损伤机理研究是一项极具挑战性的工作，必须建立在对岩体基本力学特征的深刻把握上。如图 8-5 所示，在高应力作用下，左图表示 MMT 工程根据围岩开挖响应状态将围岩划分为四个分区，右图则体现在不同分区内围岩在历史上曾经经历的应力路径以及将来可能存在的演化趋势。具体地：

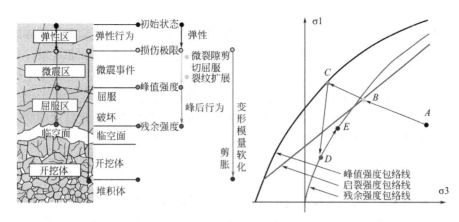

图 8-5　围岩开挖损伤演变机理

● 弹性区。线弹性响应区域，对应于围岩应力水平自应力集中向原岩状态的过渡阶段。围岩内部无应力型损伤扩展，在应力路径空间内，表现为应力水平尚未达到启裂强度包络线的 A-B 段。

● 微震区。应力集中区，伴随出现一系列微震事件，围岩内部损伤稳定性发展，属于非连续阶段的范畴，该区域的划分依据是应力水平超过启裂强度，达到原位裂隙屈服强度致使裂纹产生错动变形、岩块内部损伤积累、裂纹沿结构面尖端追踪扩展的结果，该阶段强调损伤的发展过程，对应于应力路径空间的 B～C 段。

● 屈服区。属于峰后非线性行为，是损伤裂纹扩展累积、应力水平达到强度极限并形成宏观破坏带的最终结果，按照破坏带是否已经构成潜在屈服区域的变形边界条件，该区域还可以细分为屈服区和破坏区，对于脆性岩体而言，两者在现实中体现出表现形式上的差别，如是否已经产生片帮、剥落等应力型破坏，如锦屏隧洞现实条件下进行的块体破坏深度统计工作，即是反映了破坏区特征。应该说，这是关于理解屈服和破坏的一般性认识；该区域对应于应力路径空间的 C～D 段。

● 开挖区：围岩中被人工挖除的部分。

除开挖区而言，弹性区、微震区和屈服区构成了围岩在损伤演化过程中随应力水平的变化所可能的表现形式，这里强调了围岩损伤演化的过程或者时间性特点，即围岩在损伤演化过程中，在应力驱动作用下，围岩具有从当前状态向下一状态演变的趋势，如弹性区-微震区-屈服区这一普遍性演变过程，此外，应力型损伤被定义为在应力对围岩弱化的不可逆过程，因此这一演变过程同样具有不可逆特征。概括地讲，这一过程构成了损伤对围岩状态的影响实质。

损伤对围岩状态的直接影响是裂纹扩展导致岩体性状的改变。概括地，损伤演变反映了围岩的弱化过程，体现在强度的丧失和内部构造特征改变前提下对围岩物理属性的影响，如变形模量的退化。如图 8-5 所示，损伤演化过程伴随着围岩变形模量的逐渐退化。应该说，围岩损伤对变形特征的影响程度取决于应力状态和围岩特性，应力水平越高损伤越严重即变形模量退化越严重是一般性共识，而围岩特性则从另一个侧面影响着变形模量的退化特征。简单来说，围岩特征很大程度上影响着裂纹类型，即损伤岩体中张拉裂纹和剪切裂纹的比例，一般来说，张拉裂纹对变形模量的弱化作用比剪切裂纹的作用要严重得多。

变形模量是围岩波动特征的一个重要参数，具体地，围岩弹性波动参数如体波速和剪切波速由变形模量和岩体密度这两个变量加以标定，与变形模量的变化相比较，岩体密度的改变对波动参数的作用要小得多，此外，损伤积累很大程度上体现在应力水平处于峰值强度之后的阶段，而峰后岩体力学行为除了受到残余强度控制外，一定程度上也受到变形特征所影响。在锦屏隧洞工程实践中，损伤对声波测试获得的波速变化特征的影响或许从一定程度上反映了岩体性状即变形模量的改变。总结地，损伤是应力水平与岩体强度突出矛盾的结果，而变形特征是其中的重要影响因素。

8.3.2.2 损伤区描述

损伤机理的深入认知是解决问题的一个方面，具体到应用环节，围岩损伤区的合理描述对具体采用的力学方法提出严格要求。损伤力学研究方法的现实合理性必须尽可能一致地反映围岩力学特征，重点体现以下几个因素：

- 围岩强度特征，即力学方法必能能够合理地描述岩体启裂强度、峰值强度和残余强度这三个重要力学指标；
- 围岩变形特征，反映损伤所导致的围岩变形模量弱化现象；
- 其他因素则体现在某些细节方面，如损伤局部化现象和损伤程度的体现。

岩体性状改变伴随着损伤累计的整个演变过程，体现为随损伤恶化岩体导致的变形模量的退化，并且退化现象可以出现在应力水平达到峰值强度之前和之后，但就退化程度而言，主要还是在峰后表现得更为剧烈一些。利用连续性方法进行损伤研究时，难于表达围岩性状变化环节中的变形模量退化特征，相对地，由于非连续性方法真实考虑了损伤积累过程，能够更为合理地描述这一物理特性。

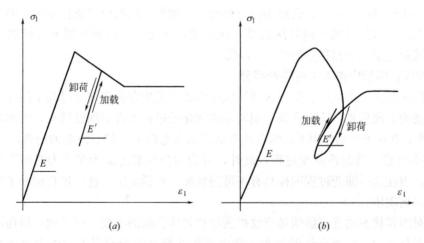

图 8-6 岩性对地应力状态影响的实测结果

图 8-6 比较反映了连续性方法和非连续方法在这一环节上的差别。连续性方法尝试在围岩整个损伤过程中采用常值变形模量，如图 8-6（a）所示，如果在岩体在峰后经历一个卸载/加载循环，再加载阶段采用与弹性阶段一致的变形模量，即 $E'=E$；与此相反的，非连续方法在同样应力路径的条件下，损伤导致的围岩变形模量弱化在再加载阶段自然得

到体现，即 $E'<E$，如图 8-6 （b）所示。

　　如前所述，损伤致使的岩体变形模量的退化取决于损伤类型即张拉/剪切类型损伤在整个损伤现象中所占的比率。一般地，张拉裂纹要比剪切裂纹的影响更为显著一些，而损伤类型主要由应力水平、岩体质量所主宰。在锦屏隧洞工程实践中，在同样的埋深及应力水平下，质量条件相对较好、脆性特征明显的Ⅱ类围岩与Ⅲ类围岩相比，张拉裂纹在整个损伤现象中所占有的比重显然要充分一些。从这个角度出发，锦屏Ⅱ类围岩段在损伤研究中，有必要考虑损伤演变过程中岩体变形特征的退化现实。

　　基于 URL 的认识，当围岩应力水平达到峰值强度并向残余强度演变过程中，其中伴随着损伤局部化现象。从研究围岩损伤角度，破裂乃至Ⅴ形片帮破坏都被认为是损伤演化的结果。大量的现场实践表明，围岩损伤并不是均匀的，即存在损伤局部化现象。也就是说，损伤范围内可能还包含看上去相对完整的岩块。

　　围岩损伤局部化现象是微破裂在某些开始形成宏观破裂影响到围岩应力局部调整的结果，对围岩损伤区的这种细部描述显然很难通过连续力学方法实现如图 8-7 所示，常用的连续力学方法获得的低应力区或屈服区在洞周均匀分布，即某个单元一旦屈服进入残余状态以后，连续方法中该单元的岩体力学特性不再发生变化。与连续力学方法不同的是，非连续力学方法可以通过统计性方法反映岩块大小和微裂隙强度分布以表达损伤局部化特征，图 8-7 （b）的放大图表示了顶拱部位损伤和荷载分布。显然地，损伤可以局部地分布在一定深度内，而其周边仍然相对完整和承载一定水平荷载。

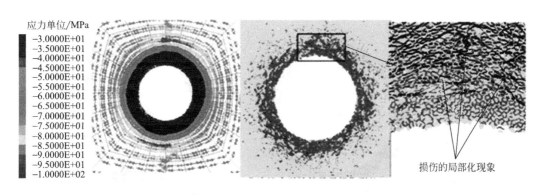

(a) 连续力学计算屈服区围岩呈均匀状态　　　　(b) 非连续力学计算显示损伤裂纹之间存在的局部非损伤区

图 8-7　连续和非连续力学方法对围岩损伤区描述方式的差别

　　图 8-7 （b）还揭示了一个重要特征，当裂纹发育到一定程度以后（如浅部数十厘米范围），围岩失去了承载力，在计算结果中显示出颗粒单元之间的接触力几乎为零，这与现场的破裂区相对应，其内部更深一些的部位则表现为损伤区。与锦屏现场破裂区观察、损伤区测试以及图 8-5 所示结果具有很好的一致性，证实了所采用的 PFC 非连续方法在基本原理和实际效果上的有效性。

　　从现实情况看，随着埋深的增大，围岩损伤总体上呈不断增强的趋势，损伤发展成宏观破裂的滞后时间也相应缩短。埋深增大对损伤的影响表现在两个方面，即损伤区深度的增大和损伤程度的增强。前者在连续和非连续力学方法中均可以得到体现，但连续力学方法对损伤程度的变化很难进行描述。具体地，应力路径是连续性方法研究损伤的普遍表达方式，假定围岩内部不同位置处经历了相似的损伤演化过程，但历史上经历过的、最终的应力状态均不同，通过解译的方法无法对不同位置处的损伤程度做出合理区分。特别地，如果围岩具有不同损伤演化分区，如分别位于图 8-5 所述的微震区和屈服区，考虑到岩体峰前损伤行为，同样难于合理判断损伤程度的差异。

图 8-8 表示了采用连续（a）和非连续（b）力学方法对隧洞开挖以后围岩损伤区的计算结果。连续力学方法分析获得的洞周围岩低应力区主要体现了围岩损伤屈服的结果，低应力区范围随深度增大而增大，但应力水平与围岩残余强度相同，因此不随埋深变化而变化，即不能反映损伤程度的差异。随埋设的增大，非连续力学计算结果不仅显示了损伤区深度的增大，更重要的，揭示了损伤区裂纹密度，即损伤程度的变化。

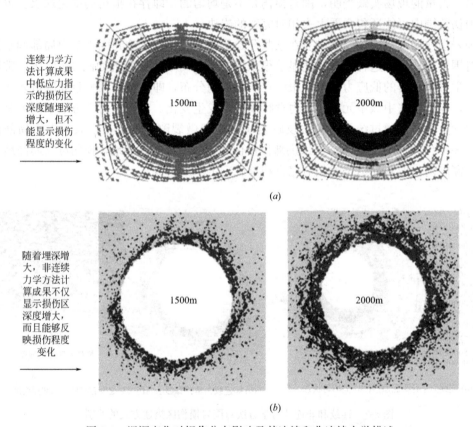

图 8-8　埋深变化对损伤分布影响及其连续和非连续力学描述

一些研究人员也试图采用连续力学方法来描述岩体非连续损伤破坏的上述这些特点，常见的思路是通过经验式反映损伤过程中变形能力的退化、将连续力学方法计算程序中的单元划分得很细，并在单元边界引入节理单元的概念以描述局部化特征或损伤程度。但从结果的表现形式看，为能获得裂纹和裂纹扩展效应，在这两种方法存在内在不同。

总结地，从损伤研究方法的合理性角度来讲，连续力学方法描述非连续力学问题时不得不采取一些间接方式处理破裂导致的一些复杂力学行为，并在描述岩土体一些机理性问题时存在不可避免的缺陷。

8.4　围岩破坏损伤深度的非连续方法预测

8.4.1　大理岩 PFC 模型参数设置

采用 PFC 方法开展岩石力学特性研究的首要步骤是实施大量的数值实验室测试，其根本意图在于获得能够再现所要模拟的材料的宏观尺度行为相对应的细观力学参数，以期为后续构建工程数值模型及相关论证工作提供输入参数。本研究选择平行接触模型（Parallel-Bonded Model）来描述大理岩特有的岩石力学性质即应力应变关系（Diego，2009；Potyondy，2004）：

颗粒接触性质：$\{E_c, (k_n/k_s), \mu\}$

颗粒胶结性质：$\{\overline{\lambda}, \overline{E}_c, (\overline{k^n}/\overline{k^s}), \overline{\sigma}_n, \overline{\tau}_c\}$

式中，E_c、$\overline{E}_c$ 分别为接触与胶结单元的变形模量；k_n/k_s、$\overline{k^n}/\overline{k^s}$ 分别表示接触与胶结单元法向刚度与剪切刚度的比值；$\overline{\lambda}$ 是用于描述胶结单元大小的几何尺度参数；μ 为颗粒间接触单元的摩擦系数；$\overline{\sigma}_n$、$\overline{\tau}_c$ 则分别表示胶结单元的抗拉与抗剪强度。

在进行了大量的数值试验后，表 8-3 汇总给出了不同岩体质量的锦屏大理石相应的 PFC 细观力学参数。

锦屏大理岩 PFC 数值模型细观参数　　　　　　　　　　　表 8-3

Ⅱ类围岩（单轴抗压强度 σ_c＝140MPa，GSI＝70）

Grains	Cement
ρ_{ball}＝3169kg/m³	λ＝1.0
D_{max}/D_{min}＝1.2；D_{min}＝0.08m	E_c＝23.0GPa
E_c＝23.0GPa	k_n/k_s＝2.2
k_n/k_s＝2.2	σ_c＝11MPa；std. dev＝2.24MPa
μ＝0.5	τ_c＝3.3MPa；std. dev＝6.67

Ⅲ类围岩（单轴抗压强度 σ_c＝110MPa，GSI＝55）

Grains	Cement
ρ_{ball}＝3169kg/m³	λ＝1.0
D_{max}/D_{min}＝1.2；D_{min}＝0.08m	E_c＝13.0GPa
E_c＝13.0GPa	k_n/k_s＝3.0
k_n/k_s＝3.0	σ_c＝7.2MPa；std. dev＝1.44MPa
μ＝0.5	τ_c＝15.84MPa；std. dev＝3.17MPa

表 8-3 中参数 D_{max} 和 D_{min} 是模型中颗粒的最大和最小半径，除颗粒外，PFC 模型中还引入了超单元（Clump）对象，以实现对大理岩相对较高摩擦强度的合理化描述（单纯由普通颗粒组成 PFC 模型的摩擦强度难以表征实际物理材料可能具有的高摩擦强度性质）。如图 8-9 所示，本研究采用两个颗粒构建超单元，且两个颗粒间具有 50% 的空间叠合度。在这种情况下，假如颗粒半径是 0.08m，那么两个颗粒圆心之间的距离也是 0.08m。

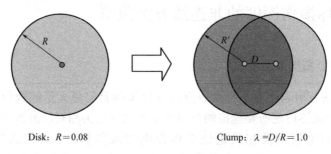

Disk: $R=0.08$ Clump: $\lambda=D/R=1.0$

图 8-9　大理岩 PFC 模型几何参数的定义

8.4.2　大理岩复杂力学特性的 PFC 模拟

采用非连续围岩损伤研究描述方式在确定大理岩的本构特性和强度准则环节所需要的参数与常规条件下一般岩石相比有着很大的差别，即相关力学参数远远超出了常规范畴，但确定这些参数的试验方法并没有特殊要求，不论采用哪种方式，所需要的都是常规室内试验成果作依据，从这一点上讲，它与连续性方法不存在本质性差别。

具体到锦屏隧洞工程，保证非连续方法 PFC 模型能够反映大理岩岩石的复杂的力学特征是工作过程中的首要环节。概括地，大理岩所具有的复杂力学特性表现在两个方面（张春生等，2010）：

●岩石的本构曲线类型随围压变化而变化，即出现所谓的脆-延-塑转化特性；

●岩石具有破裂特性，即受力满足一定条件时，岩石开始出现破裂和破裂发展现象。从本质上讲，破裂特性决定了脆-延-塑转化特征，即岩石本构关系的连续力学描述结果是非连续破裂特性的表现。

应用 PFC 方法描述Ⅱ类围岩力学特征时，在进行了数以百计的参数试验以后，其中一组细观力学参数构成的岩体的宏观力学特征如图 8-10 所示，其中图 8-10（a）为不同围压条件下的应力-应变关系曲线，图 8-10（b）为数值试验获得的不同围压条件下的峰值强度包络线及其 HB 准则拟合结果。

PFC 数值试验结果显示了在低围压条件下（如 1MPa）岩体的脆性特征，当围压水平上升到 5MPa 左右时岩体开始出现一定的延性特征，并在 10MPa 围岩水平下相对突出。当围压水平达到 15MPa 左右时，即开始出现比较明显的塑性特征，显然，岩体的脆-延-塑性特征得到了反映。

与Ⅱ类围岩 PFC 数值试验结果相对应地，图 8-11 给出了Ⅲ类围岩 PFC 数值试验结果，结果同样显示了在低围压水平下岩体的脆性特征，当围压水平至 4MPa 左右时开始表现出微量的延性特征，当围压水平达到 8MPa 左右时，已经开始出现比较明显的塑性特征。

综合Ⅱ、Ⅲ类围岩 PFC 数值试验结果，图 8-10（a）和图 8-11（b）表示了数值试验结果的峰值强度包络线及其 HB 准则拟合结果，显然介质的峰值强度符合 HB 强度准则的描述，Ⅱ、Ⅲ类围岩对应的 HB 强度参数 UCS、GSI 和 Mi 分别为 140MPa、70、9.1 和 110MPa、57、9.8，且Ⅱ、Ⅲ类围岩的脆-延-塑转换临界围压区间分别为［10，15］和

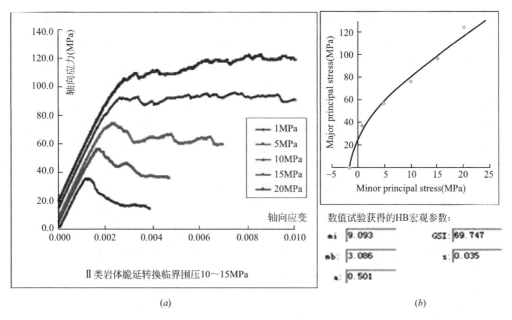

(a)　　　　　　　　　　　　　　　　　　　(b)

图 8-10　Ⅱ类大理岩力学特性的 PFC 试验结果

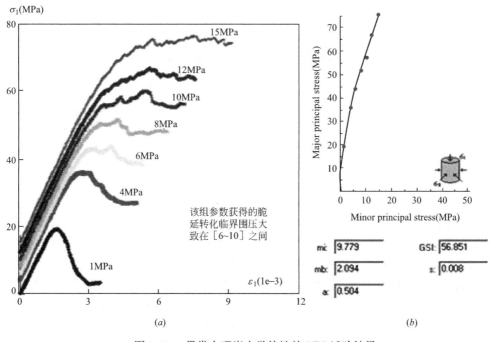

(a)　　　　　　　　　　　　　　　　　　　(b)

图 8-11　Ⅲ类大理岩力学特性的 PFC 试验结果

[6，10]，Ⅲ类围岩的临界围压明显低于Ⅱ类围岩，符合对大理岩的力学描述。

8.4.3　钻爆法隧洞围岩破坏损伤深度预测

8.4.3.1　PFC 材料特性的现场校核

上一节给出了Ⅱ类和Ⅲ类大理岩基本力学特性的 PFC 模拟结果，所模拟的材料是否与现实中的开挖岩开挖以后具有充分相近的现实响应，仍然是需要关注的一个问题。解决这一问题的简单、直观思路是对Ⅱ类和Ⅲ类大理岩已经开挖的洞段进行数值模拟，检查数值计算结果与实测结果之间的一致性。开展这项工作之前即需要选定实际测试断面和成果作为比较对象，选择新近开挖断面作为对象对预测结果的可靠性更有帮助。

"数值材料"的现实合理性验证工作采用了成果相对合理的声波测试断面，其中，Ⅱ类围岩采用了引（2）12＋810、引（2）14＋245两个典型断面，Ⅲ类围岩则采用了引（2）14＋500和引（2）12＋655断面，这些断面已经完成了上台阶开挖，目前尚且没有获得落底开挖声波测试资料。另外，从现实中存在的测试误差和考虑问题的一般性特征考虑，损伤深度目标值采用了声波测试成果中的算术平均值，体现工作的一般合理性。

图8-12是设计方获得的引（2）12＋810和引（2）14＋245两个断面的最新测试成果，其中给出了各断面埋深、测试孔布置特征和低波速带深度。测试结果表明，在埋深条件仅相差约100m的情况下，两测试断面内围岩损伤在断面内的相对强弱及其损伤深度呈现出较大的差异，引用其中任何一个断面测试成果作为参考对象似乎都缺乏足够的理由。取两个断面的平均值固然也可以商榷，但结果与Ⅱ类围岩损伤区应有的分布特征相符。不可否认，由于这两个断面上测试成果都可能体现了结构面影响，平均处理后的结果可能高估了"均化后的"Ⅱ类围岩的实际损伤深度，即Ⅱ类围岩的平均损伤深度。

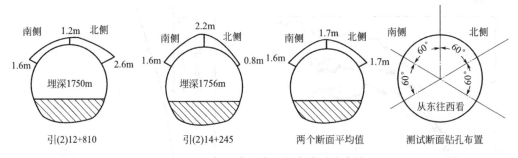

图8-12　现场Ⅱ类围岩洞段声波测试成果

在声波测试成果分析时，我们已经了解到隧洞开挖以后在断面上进行声波测试获得的波速变化主要取决于地质条件的不均匀性（如结构面的影响）、隧洞开挖导致的围岩状态变化，以及围岩二次应力分布不均匀性等因素的影响。其中隧洞开挖导致的围岩状态变化在深埋条件下非常普遍，如围岩损伤、破裂发展到一定程度的结果，钻爆法施工时，这种影响还可能来自于爆破损伤，这些因素均可作为这两个测试断面成果出现不符合来自既有地应力分布特征的认识。具体地，引（2）12＋810可能就是受到顶拱一定深度内未被地质所揭示的缓倾结构面所影响，在这些因素还不能得到现场证实之前，且在目前我们尚不能获得更为充分、确凿的现场资料这一前提下，引（2）12＋810断面测试成果仍然将获得尊重，考虑采用这两个断面获得的低波速带平均成果作为Ⅱ类围岩PFC参数的检验标准，即在1750m埋深条件下，2号引水洞波速降低带最大深度出现在拱顶及北侧拱肩之间，深度为1.7m。

图8-13表示了1750m埋深条件下Ⅱ类岩体隧洞上断面开挖以后围岩损伤区的PFC非连续计算结果，总体地，裂纹在北侧拱顶及拱肩一带相对发育，裂纹相对发育带的深度约为1.7m，南侧拱角处裂纹也呈现一定程度的发育，与在引（2）12＋810和引（2）14＋245两断面处获得的平均低波速带深度1.7m相当。

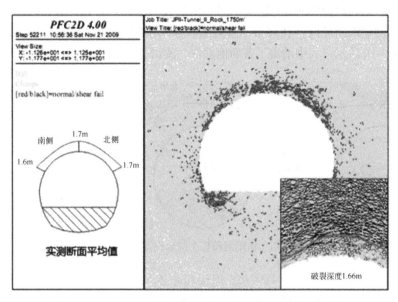

图 8-13　1750m 埋深条件下 II 类围岩上断面开挖损伤分布

如图 8-13 所示，除拱顶和北侧拱肩位置裂纹相对发育之外，受到应力集中和开挖断面几何突变特征的影响，南侧拱角处裂纹也有一定程度的发育，这与现实情形一致。结果表明，II 类非连续力学 PFC 模型参数已经获得了现实合理性验证依据。从方便计算的角度考虑，在进行 II 类围岩 1900～2500m 埋深段损伤预测时，没有采用先上台阶、再落底开挖的数值模拟方式，而是统一采用全断面开挖，而这种处理方式的合理性也从计算结果中得到了验证。图 8-14 为采用与验证断面一致的地质条件的全断面开挖 PFC 方法计算结果，可以看出落底开挖对拱肩和北侧拱肩损伤相对发育处影响不大，全断面开挖对应的损伤深度增大约不到 0.1m 的水平。

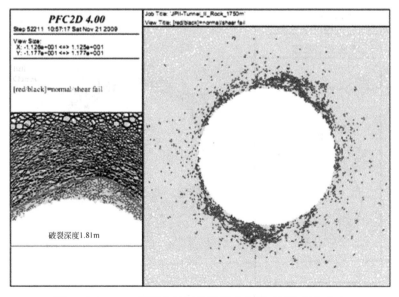

图 8-14　1750m 埋深条件下 II 类围岩全断面开挖损伤分布

　　与前述Ⅱ类围岩非连续 PFC 方法预测围岩损伤区深度时开展的参数校核工作类似，Ⅲ类围岩损伤区预测也需要经过校核环节。Ⅲ类围岩采用的测试断面引（2）14＋500 和引（2）12＋655 如图 8-15 所示，其中给出了各断面埋深、测试孔布置特征和低波速带深度。

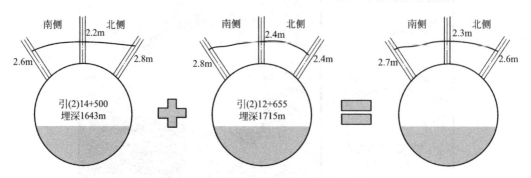

图 8-15　钻爆洞段Ⅲ类围岩声波测试成果

　　引（2）14＋500 和引（2）12＋655 埋深相差不大，分别为 1643m、1715m，但断面内控制位置处声波测试波速带分布特征有一定差异。引（2）14＋500 低波速带深度最大出现为北侧拱肩，而引（2）12＋655 发生在南侧拱肩，猜测这一现象是由于现实存在、未揭露的结构面所致。体现一般性控制思想，取两断面埋深、底波速带算术平均值作为数值模型验证目标参数，如图 8-15 右图所示，目标断面埋深约为 1680m，各控制位置处低波速带深度分别为：南侧拱肩 2.7m、北侧拱肩 2.6m、拱顶 2.3m。

　　图 8-16 给出了 1680m 埋深条件下Ⅲ类岩体隧洞上断面开挖以后围压损伤区的 PFC 非连续计算结果，本项目研究中采用了岩体相对均值假定，因此隧洞断面内裂纹分布特征与Ⅱ类岩体类似，即在北侧拱顶及拱肩一带位置裂纹相对发育，且最大深度达到 2.7m 左右水平，与目标断面北侧拱肩位置低波速带深度吻合良好，验证结果为Ⅲ类岩体 PFC 材料用于 1900～2500m 埋深段损伤区预测提供了合理性依据。

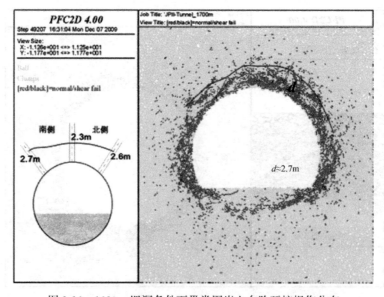

图 8-16　1680m 埋深条件下Ⅲ类围岩上台阶开挖损伤分布

为充分考虑开挖方式对损伤深度的影响，Ⅲ类围岩在 1900～2500m 埋深段损伤预测过程中没有遵循全断面开挖预测的思路，而是严格尊重开挖方式，采用先上断面、再落底开挖的数值模拟方式。图 8-17 为目标断面落底开挖后断面内损伤区分布特征，北侧拱肩损伤最发育，达到 2.8m。损伤区分布则体现了模拟方式（台阶法、全断面开挖）对结果影响的细微差别。

如图 8-17 所示，落底开挖对损伤最发育的北侧拱肩影响不显著，限于 0.1m 左右，但不能排除落底开挖的影响随埋深增加而增大的可能性。与Ⅱ类围岩采用的全断面预测方式不同的，由于受到历史过程中上台阶开挖作用的影响，两侧边墙位置处均表现出较为严重的损伤发育，不同开挖模拟方式所导致的差别还体现在南侧拱角处的损伤特征，从台阶法开挖对围岩保护及开挖冲击特征出发，拱角处损伤深度相对较小印证了结果的合理性。

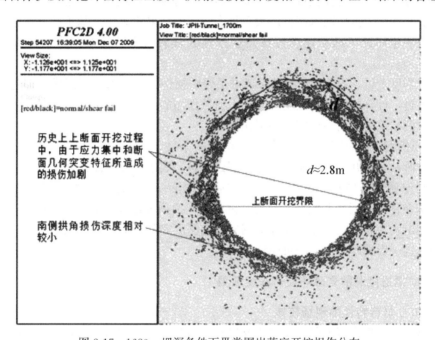

图 8-17 1680m 埋深条件下Ⅲ类围岩落底开挖损伤分布

8.4.3.2 钻爆法隧洞围岩损伤深度预测

上述现场校核和验证工作说明能体现大理岩脆-延-塑转换特性的 PFC 材料同时能与低波速带的现场测试成果相符，这为预测隧洞后期开挖围岩损伤区深度奠定了坚实基础。

钻爆法隧洞围岩损伤深度预测工作与上述现场校核、验证工作的数值计算过程基本上完全一致，唯一的差别是根据埋深变化调整计算初始地应力场大小，获得的钻爆法掘进 2 号和 4 号洞落底以后的围岩损伤深度如表 8-4 所示。

钻爆法施工洞段不同埋深条件下围岩损伤区深度汇总 表 8-4

埋深（m）	损伤区深度（m）	
	Ⅱ类围岩	Ⅲ类围岩
1900	2.0	3.1
2000	2.1	3.3

埋深（m）	损伤区深度（m）	
	Ⅱ类围岩	Ⅲ类围岩
2100	2.2	3.5
2200	2.4	3.7
2300	2.6	3.9
2400	2.7	4.1
2500	2.8	4.2

从预测结果可以看出，采用非连续性方法得到的同等埋深条件下的损伤区深度均以Ⅲ类围岩大于Ⅱ类围岩，目前获得的预测成果显然具有现实合理性。与前期 TBM 洞段 BDP 方法获得的Ⅱ类围岩损伤区深度普遍大于Ⅲ类围岩的结果相比较，基于既有非连续力学方法成果，进一步印证了从非连续方法角度描述大理岩力学特征及围岩损伤等环节上的优势。

从某种程度上讲，表 8-4 预测结果考虑了爆破损伤，这是因为测试成果都包括了爆破损伤区。不过，计算中的爆破损伤并非动力荷载作用的结果，而是降低了材料参数，从这一点看，预测结果可能高估现实中的损伤深度。

注意上述预测成果中进行现场复核所对应的条件，Ⅱ类围岩的现实依据是约 1800m 埋深时上台阶钻爆法开挖以后的低波速带测试资料，表中对应埋深条件下的预测成果是利用上台阶开挖测试资料推广到全断面开挖后的情形；相应地，Ⅲ类围岩的预测依据是 1680m 埋深条件下上断面开挖低波速带测试成果，预测过程考虑了开挖方式的影响。从开挖方式角度出发，Ⅱ类围岩倾向与高估围岩损伤深度实际情形，但影响不显著，但不排除随埋深增大这一影响趋于明显的可能性。

8.4.4 TBM 掘进隧洞围岩破坏损伤深度预测

8.4.4.1 PFC 材料特性的现场校核

与钻爆法围岩损伤深度研究及其研究思路一致地，本节将针对 TBM 施工围岩段展开一系列类似的研究工作，进行 1900～2500m 埋深段围岩损伤深度预测，为 TBM 围岩段支护系统提供设计或优化论证依据。

目前 TBM 施工段声波测试成果以Ⅲ类围岩居多，而Ⅱ类围岩成果则显得相对有限，从"数值模型"校核的角度出发，这就要求仅有的、为数不多可参考的Ⅱ类围岩声波测试成果应该尽可能贴切地反映现实条件，即便如此，通过分析Ⅱ类围岩声波测试成果，现实既有成果在损伤预测这一环节上的直接应用或许均存在某些具体问题，难以作为模型参数校核的依据，这些都可以从低波速带分布特征及其深度上得到体现。

图 8-18 给出了 TBM 施工段Ⅱ类围岩仅有的两个声波测试断面成果，其中引（3）15＋850 断面埋深 935m，断面内拱顶部位低波速带深 2.4m，两侧边墙损伤较为严重，且以北侧变量最为突出，达到 2.0m，而两侧拱肩位置损伤深度相对较小；引（3）15＋750 断面与引（3）15＋850 埋深差别很小，约为 100m，然而两个断面在损伤程度以及损伤在断面内的分布特征却呈现较大差异。具体地，引（3）15＋750 断面内损伤最弱位置位于两侧边墙，边顶拱一定范围内损伤较为严重。概括地，依据围岩损伤影响因素，TBM 施

工Ⅱ类围岩洞段声波测试断面成果从损伤程度、分布特征两个方面均呈现出潜在问题的复杂性，简单来说，围岩损伤是应力与结构面共同作用的结果。

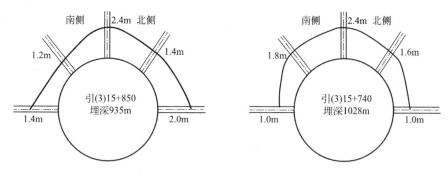

图8-18　TBM施工洞段Ⅱ类围岩声波测试断面

显然，现实中不宜直接引用上述测试成果作为校核PFC材料现实合理性的依据，而现实中缺乏更多可资利用的Ⅱ类围岩测试成果，校核依据还需要对测试成果进行更深入的分析和筛选。

TBM掘进条件下Ⅱ类围岩低波速带深度分析工作思路是设法利用钻爆法掘进隧洞相对丰富的Ⅱ类围岩声波测试成果，这可以先从了解钻爆法掘进条件下Ⅱ类和Ⅲ类围岩声波测试成果差别入手。根据这一思路，表8-5给出了按掘进方法、岩体质量划分的各断面声波测试成果。

为控制某些断面上单一结构面对声波测试成果可能造成的影响，在统计两种掘进方法隧洞Ⅲ类围岩声波测试成果时，都剔除了低波速带深度大于3.0m的测试成果（注意多对应于1400m以内的埋深段）。我们所需要的并不是剔除这些可能不合理信息以后的绝对值，而是两种掘进方式下Ⅲ类围岩波速带深度的差别，即了解掘进方法的影响程度。

如表8-5所示，钻爆施工段Ⅱ类围岩在隧洞断面内控制点处低波速带平均统计深度分别为：北壁1.2m、北侧拱肩1.8m、拱顶1.7m、南侧拱肩1.6m、南壁1.4m；相应地，Ⅲ类围岩段各对应结果为：北壁2.0m、北侧拱肩2.3m、拱顶2.4m、南侧拱肩2.1m、南壁2.4m，特别地，Ⅱ、Ⅲ类围岩测试断面平均埋深均在1300m的水平。而钻爆法掘进条件下Ⅱ、Ⅲ类围岩在上述几个部位的低波速带深度差别分别为：北壁0.8m、北侧拱肩0.5m、拱顶0.7m、南侧拱肩0.5m、南壁1.0m，平均值为0.7m。

东端引（1）～引（4）断面声波测试成果分类表（单位：m）　　　表8-5

					TBM法					
序号	检测桩号	埋深(m)	地层	围岩类别	北壁	北拱肩	拱顶	南拱肩	南壁	备注
1	引（1）15+700	1097	T_{2y}^5	Ⅲ	3.00	2.80	1.80	2.20	2.60	—
2	引（1）15+150	1427	T_{2y}^4	Ⅲ	2.60	2.80	2.20	1.20	1.40	—
3	引（1）14+955	1517	T_{2y}^5	Ⅲ	1.40	2.00	2.60	1.60	3.60	—

TBM 法

序号	检测桩号	埋深(m)	地层	围岩类别	北壁	北拱肩	拱顶	南拱肩	南壁	备注
4	引(1)14+750	1522	T_{2y}^5	Ⅲ	1.40	2.60	1.20	2.00	2.20	—
5	引(3)15+250	1293	T_{2y}^5	Ⅲ	1.80	1.00	1.80	1.80	2.00	—
6	引(3)15+200	1319	T_{2y}^5	Ⅲ	1.00	3.40	3.40	3.20	1.20	—
7	引(3)14+975	1418	T_{2y}^5	Ⅲb	2.00	3.20	2.60	3.80	2.80	—
8	引(3)14+920	1417	T_{2y}^5	Ⅲ	1.00	3.20	2.40	2.20	1.20	—
9	引(3)14+635	1560	T_{2y}^5	Ⅲ	1.40	2.60	2.60	3.00	3.40	—
平均		1263			1.7	2.3	2.1	1.9	2.1	

钻爆法

序号	检测桩号	埋深(m)	地层	围岩类别	北壁	北拱肩	拱顶	南拱肩	南壁	备注
1	引(4)16+255	588	T_{2y}^6	Ⅲ	2.0	2.2	3.6	3.6	3.0	—
2	引(4)15+005	1317	T_{2y}^5	Ⅲ	2.0	3.6	2.4	1.6	2.4	—
3	引(2)15+700	1079	T_{2y}^5	Ⅲ	2.8	2.8	3.6	4.2	3.0	—
4	引(2)15+300	1267	T_{2y}^4	Ⅲ	1.2	1.6	2.8	1.4	3.2	—
5	引(2)14+500	1643	T_{2y}^5	Ⅲ		2.8	2.2	2.6		—
6	引(2)13+880	1746	T_{2y}^6	Ⅲ		1.8	2.2	3.6		—
7	引(2)12+655	1715	T_{2y}^5	Ⅲb		2.4	2.4	2.8		—
平均		1336			2.0	2.3	2.4	2.1	2.4	
1	引(4)15+835	963	T_{2y}^5	Ⅱ	1.6	1.8	1.4	2.0	1.4	
2	引(4)15+560	1019	T_{2y}^4	Ⅱb	1.6	1.4	0.8	1.4	1.2	
3	引(4)14+939	1317	T_{2y}^6	Ⅱb	1.0	1.2	1.6	1.0	1.0	
4	引(2)12+810	1750	T_{2y}^5	Ⅱb		2.6	1.2	1.6		
5	引(2)14+245	1756	T_{2y}^5	Ⅱ		0.8	2.2	2.2		
6	引(2)15+505	1132	T_{2y}^5	Ⅱ	1.6	2.8	2.8	2.0	1.8	
平均		1323			1.2	1.8	1.7	1.6	1.4	

也就是说,对于约 1300m 埋深条件下的钻爆法而言,Ⅱ类围岩的低波速带深度较Ⅲ类围岩平均小 0.7m。如果假设这种差别完全来自于岩体质量不同形成的影响,则也可以认为 TBM 掘进条件下两类围岩中低波速带差别大致在 0.7m 左右。显然,这种"推测"属于缺乏 TBM 掘进隧洞Ⅱ类围岩的足够测试资料情况下不得已而为之的结果,并非是分析工作需要这种推测。

如表 8-5 所示,TBM 施工段Ⅲ类围岩测试断面内各控制点平均损伤深度分别为:北壁 1.7m、北侧拱肩 2.3m、拱顶 2.1m、南侧拱肩 1.9m、南壁 2.1m,这些断面的平均埋深也大致处于 1300m 埋深的水平。保守起见，如果取 TBM 掘进时Ⅱ类和Ⅲ类围岩低波速带差别为 0.6m（偏向于高估Ⅱ类围岩的低波速带深度），则 1300m 埋深条件下 TBM 掘进条件下Ⅱ类、Ⅲ类围岩断面的低波速带分布如表 8-6 所示。

Ⅱ类、Ⅲ类围岩断面的低波速带分布　　表 8-6

	北壁	北拱肩	拱顶	南拱肩	南壁
Ⅱ类围岩	1.1	1.7	1.5	1.3	1.5
Ⅲ类围岩	1.7	2.3	2.1	1.9	2.1

至此，上述分析过程建立了 TBM 施工洞段Ⅱ类围岩"数值材料"校核现实依据，与既有地应力分布特征一致地，将北侧拱肩损伤深度为 1.7m 作为校核目标参数。

图 8-19 给出了 1300m 埋深条件下Ⅱ类围岩隧洞断面内损伤分布特征，由此确定了 TBM 施工段 1900～2500m 埋深条件损伤预测依据。

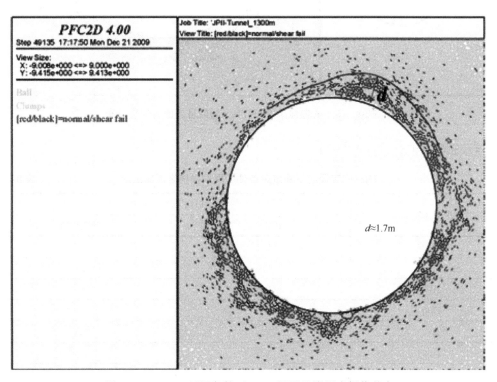

图 8-19　1300m 埋深条件下 TBM 洞段Ⅱ类围岩损伤分布

图 8-20 给出了 TBM 洞段Ⅲ类围岩损伤分布计算成果，北侧拱肩损伤最为严重，深度达到 2.2m，与 2.3m 目标值吻合良好。

至此，本节上述内容已经完成了 TBM 段围岩损伤预测"数值材料"参数校核工作环节，在此基础上，将"数值材料"推广到 1900～2500m 埋深段损伤深度预测。

8.4.4.2　TBM 掘进隧洞围岩损伤深度预测

与前述钻爆法隧洞围岩损伤预测计算工作类似地，TBM 施工段 1900～2500m 围岩损

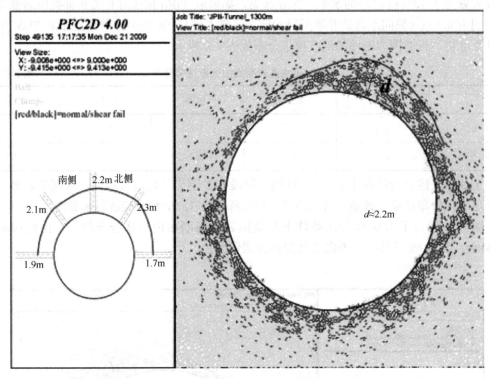

图 8-20　1300m 埋深条件下 TBM 洞段 Ⅲ 类围岩损伤分布

伤深度预测结果汇总如表 8-7 所示。

TBM 施工洞段不同埋深条件下围岩损伤区深度汇总　　　　　　表 8-7

埋深（m）	损伤区深度（m）	
	Ⅱ类围岩	Ⅲ类围岩
1900	2.2	2.7
2000	2.3	2.8
2100	2.4	2.9
2200	2.5	3.1
2300	2.6	3.2
2400	2.7	3.3
2500	2.9	3.4

8.4.5　小结和讨论

在锦屏隧洞工程实践中，隧洞开挖响应机理究其复杂性而言已经超过了常规认识，在具体工作环节上需要另辟蹊径以全新的角度看待并解决问题。本章以高应力条件下隧洞开挖损伤机理及损伤研究方法深入认知作为依据，采用非连续力学方法对钻爆、TBM 工法1900～2500m 埋深洞段围岩损伤深度进行了一系列预测分析，为系统支护、特别是锚杆长度设计和优化调整提供论证依据。表 8-8 对围岩损伤深度预测结果进行了汇总。

钻爆、TBM 掘进方法围岩损伤区深度汇总　　　　　　　表 8-8

埋深（m）	钻爆法		TBM 法	
	Ⅱ类	Ⅲ类	Ⅱ类	Ⅲ类
1900	2.0	3.1	2.2	2.7
2000	2.1	3.3	2.3	2.8
2100	2.2	3.5	2.4	2.9
2200	2.4	3.7	2.5	3.1
2300	2.6	3.9	2.6	3.2
2400	2.7	4.1	2.7	3.3
2500	2.8	4.2	2.9	3.4

　　以 TBM 掘进隧洞为例，围岩破裂损伤深度与埋深的关系还可以从图 8-21 得到体现，二者之间并非呈简单的线性关系。

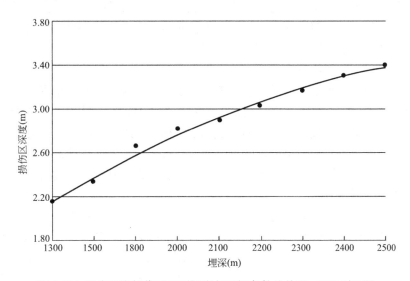

图 8-21　Ⅲ类围岩损伤区预测深度与埋深条件的关系（TBM 掘进）

　　具体地，依据本锦屏隧洞围岩损伤研究工作环节，在既有的分析成果的具体环节上，可以得到以下认识：

　　●非连续性方法得到的同等埋深条件下的损伤区深度均以Ⅲ类围岩大于Ⅱ类围岩，目前获得的预测成果显然具有现实合理性。与前期 TBM 洞段 BDP 方法获得的Ⅱ类围岩损伤区深度普遍大于Ⅲ类围岩的结果相比较，非连续力学方法成果印证了从非连续方法角度描述大理岩力学特征及围岩损伤等环节上的优势。

　　●围岩损伤程度主要取决于岩性特征、地质条件和应力水平等因素，从某种意义上来说，爆破损伤也可以归纳为围岩损伤的一个因素，在满足某些条件的前提下，该因素甚至可以成为损伤构成的重要组成部分，这一认识的现实依据来自于Ⅱ、Ⅲ类围岩典型声波测试成果，钻爆法掘进时围岩损伤深度预测成果在某种程度上考虑了爆破损伤的影响，但预测结果可能高估了爆破损伤的影响。

　　●钻爆掘进段采用了台阶法开挖方式，计算结果表明，落底开挖对损伤相对严重的边顶拱区域损伤程度影响效果不明显，在约 1700m 埋深条件下，这种影响仅处于 0.1m 的水平，但不排除埋深增大时该影响加剧的可能性。

● 围岩损伤是应力状态与强度之间矛盾的结果，围岩应力状态的变化决定了损伤特征。围岩由于埋深即地应力水平的增加，非线性力学特性更加特出，从这个角度来讲，损伤区深度与埋深之间必然不是一种简单的线性关系。图 8-21 给出了Ⅲ类 TBM 洞段围岩损伤区深度与埋深之间的关系。其中埋深变化在 1300～2500m 范围内，图中点表示各深度条件下损伤区深度，曲线为全部结果的拟合函数，其中拟合函数的斜率随埋深增加趋于平缓，反映了围岩损伤程度的演变规律。简单来说，围岩应力水平对损伤的影响体现在两个方面，首先是深度的变化，其次是损伤程度。

8.5 锚杆长度论证

表 8-8 列出的结果为锚杆长度论证提供了充足依据，显然，即便是基于传统的认识，6m 长度的锚杆满足支护损伤区的要求。但对于Ⅲ类围岩而言，深埋段存在 4.5m 长度锚杆是否满足要求的问题，回答该问题需要了解围岩损伤的一些特点。

围岩的损伤程度可以通过启裂强度和损伤强度等术语进行描述，所谓启裂强度是裂纹开始出现时对应的应力水平，而损伤强度则对应于裂纹相对密集时的情形，但此时围岩仍可近似按弹性处理。也就是说，出现损伤的围岩并非开始丧失承载力，只要围岩没有形成宏观破裂面（应力水平超过损伤强度），围岩仍然表现出弹性特征和良好的承载力。对于隧洞围岩开挖响应而言，浅表层损伤区域出现宏观破裂的范围属于承载力降低的范围，而深部尽管出现了明显的损伤现象，但围岩承载力可能没有受到影响，这是锚杆长度设计时可以考虑到的一个环节。

除了围岩损伤和围岩承载力之间的上述关系以外，对于上述损伤深度预测结果还需要注意的一个环节是计算所依赖的测试断面都滞后掌子面数百米乃至上千米的距离，而永久锚杆安装断面一般滞后掌子面 100m 左右。由于围岩破裂损伤深度具随时间扩展的特点，因此这两个部位的围岩损伤程度一般存在一定差别，即同等条件下测试断面部位的损伤深度大于锚杆安装部位的围岩损伤深度。

上述对于钻爆法掘进条件下围岩破裂损伤深度的预测结果倾向于高估了爆破震动的影响，这使得预测深度可能偏深。

考虑到以上几个环节的因素，在进行锚杆长度设计时，在选择了 6m 长锚杆的前期下，相对较短一些的锚杆或许可以要求只穿过损伤区、进入未出现损伤围岩较小深度即可，如果要求该长度为 0.5m，则 4.5m 长度锚杆基本能够满足与 6m 长锚杆搭配使用的要求。

需要特别指出的是，上述论证结果实际上基于已开挖洞段断面声波测试成果的基础上，而目前测试工作严重滞后的局面也显然地影响了预测可靠性，从而影响到对设计方案可靠性的把握。尽可能在距离掌子面不同距离的部位，包括永久锚杆安装部位进行断面声波测试，对于锚杆长度论证具有重要意义。

本章所述内容为笔者及所在工作团队按锦屏深埋隧洞工程 2009 年施工期工作要求取得的阶段性成果，在此对浙江中科 Itasca 岩石工程研发有限公司及 Itasca（武汉）咨询有限公司参与该项课题的团队成员表示感谢！

第9章 非连续与连续（PFC-FLAC）耦合计算方法

9.1 研究背景

细观离散元方法 PFC 借用块体离散元方法的原理，从细观层面上建立节理岩体的颗粒模型，实现了对岩体的细观力学特性进行数值模拟，克服了块体离散元难以模拟节理岩体渐进破坏过程的困难。离散元颗粒流 PFC 程序在处理具有复杂工程几何特征的模型时比较困难，计算时间和效率是另一个需要解决的问题，而有限差分法 FLAC3D 程序已经在该领域积累了充足的经验和成果，为了同时满足工程分析尺度需要和细观力学特性分析需求，基于 PFC-FLAC 的离散-连续耦合分析方法应运而生，即对工程重点关注部位或岩土体应力集中、产生大变形甚至破坏的部位采用离散元颗粒流模型进行模拟，而工程其他部位采用连续有限差分方法进行模拟。目前该技术已经被国内外学者应用到地下洞室、水力压裂、巷道稳定、地铁和动力等工程的细观力学特性分析中。Cai, et al. (2007) 研究了PFC-FLAC 耦合计算和声发射技术在日本神奈川水电站地下洞室开挖稳定分析中的应用；张丰收等（2017）采用离散-连续分析法研究了水力压裂纹扩展与天然裂缝相互作用机理（参见第 11 章）；李永兵等（2015）通过 FLAC-PFC 耦合计算方法分析了圆形巷道在不同围岩条件下进行开挖过程中的围岩变形与破坏机制；张铎等（2014）将 FLAC-PFC 耦合分析方法应用于尾矿库边坡的稳定性和破坏机理分析中；金炜枫等（2013）基于改进的FLAC-PFC 离散-连续耦合算法模拟了地铁站结构在地震作用下的坍塌破坏过程，以及列车振动下隧洞与土体联合响应机制；李明广等（2015）基于 FLAC-PFC 耦合计算方法的二次开发实现了离散-连续动力耦合分析方法。

9.2 耦合模拟方法

连续介质力学方法的基本特点是理论较为简单，便于使用，广泛适用于解决各类工程问题，与此不同的，非连续介质理解方法背景理论相对复杂得多，因此也更善于描述岩土体介质力学特征特别是破裂性质，是帮助考察岩土体力学变形与破坏机制的必要技术手段。不过，该方法计算效率对计算机技术特别是硬件配置提出较高要求。为求得理论技术水平与分析效率之间的平衡，连续-非连续介质力学耦合分析技术是近年来岩土力学计算领域的热点问题之一，同时也是 Itasca 软件平台整合方案的重点内容。

自发布 PFC 4.0 以来，Itasca 即致力于开发形成基于 FLAC-PFC 平台的耦合计算分析方法。不过，早期方法技术整合度不高（程序耦合程度较低），即分别在 FLAC 与 PFC 环境下各自对其负责的模型部分进行求解，然后利用程序的数据接口技术对两个程序模型的耦合部位实现数据的相互传输。早期耦合方法的基本特点是实现方法较为复杂，难以掌握，且某些功能通用程度不高，对使用者的二次开发能力要求也相对较高。自 PFC 6.0 以来，Itasca 实现了 FLAC 和 PFC 两个软件的平台整合，即各自可以插件方式运行于彼此的环境中。由此，连续-非连续耦合分析技术的易用性得以极大提升，且耦合功能的通用性也同时得到显著改善。

可见，近年来 FLAC-PFC 耦合分析技术的重点研发方向主要体现在提高软件耦合度和方法通用性两方面，连续-非连续介质力学耦合计算原理则大体沿袭了早期方法，如图 9-1 所示。

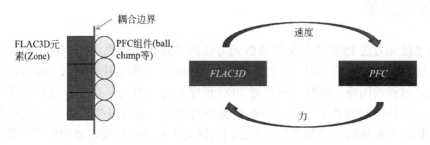

图 9-1　FLAC-PFC 耦合基本原理

连续-非连续介质力学耦合计算的基本特点在于：

● FLAC、PFC 各自运行其负责的模型部分（子模型）。其中，FLAC 模型部分主要由单元（Zone）构成，而 PFC 模型部分则通常含有颗粒（Ball）、颗粒团（Clump）等元素；

● 在 FLAC、PFC 模型运算过程中，连续-非连续介质力学响应同时在模型的耦合边界部位进行数据交换，实现岩石或岩土力学意义上的耦合作用。

● 在计算迭代过程中，速度与力是耦合分析采用的基本耦合变量。其中，由 FLAC 求解得到的速度通过耦合边界传递至 PFC 模型部分，由此 PFC 模型响应得以更新，其对耦合边界部位产生的作用力继而返回至 FLAC 模型，作为 FLAC 模型力学响应更新的边界条件。上述迭代过程反复进行，直至 FLAC、PFC 模型均满足平衡条件，耦合分析终止。

由此可见，耦合边界的定义与识别，耦合变量的解析与传输是连续-非连续耦合分析方法涉及的两个重点技术环节。

9.2.1　早期的耦合计算方法

PFC 4.0 以 FISH 功能包的方式提供了早期最为基础的连续-非连续介质力学耦合分析功能，由于其实现方法采用 FISH 明码开发，因此针对功能扩展支持高度灵活的自定义功能，但其明显不足则在于基础功能通用性不强，且其完全基于 FISH 编辑的操作方式在实际中应用较为复杂，不利于使用者快速掌握。另外，耦合方法的适用范围也仅限于二维分析情形。上述提及的基础功能主要指耦合边界的定义识别和耦合变量的解析与传输。

早期基于 FISH 方法的连续-非连续耦合分析方法可较为自动的用于简单耦合边界的识别与定义，如矩形、圆形等规则形态，如图 9-2 所示。

图 9-2 中，左侧为 FLAC 程序负责运行的模型部分，其中通过开挖操作形成的矩形孔洞用于容纳 PFC 模型部分。耦合分析功能包提供了用于耦合边界识别与定义的专用 FISH 函数，该函数用以识别 FLAC、PFC 子模型在空间上具有位置叠加（相交）关系的模型元素。据此，将耦合边界定义为 FLAC 子模型中孔洞边界处单元（Zone）的边（左图中的红

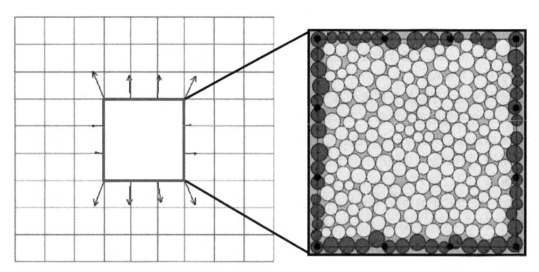

图 9-2　早期耦合计算方法的耦合边界识别的概念

色线条，为多段线），以及 PFC 子模型边界位置处的颗粒（右图中的红色颗粒），以下分别称"耦合线段"和"耦合颗粒"。

一旦完成耦合边界的识别与定义，在 FLAC、PFC 子模型迭代过程中即可通过耦合边界进行耦合变量的数据传输，具体通过程序提供的接口（Socket）来实现。其中，"耦合线段"和"耦合颗粒"分别接受由对方传递过来的力和速度，力以集中力的方式作用在"耦合线段"的端点部位（实际为 FLAC 单元 Zone 的节点），图 9-3 以力传输为例说明耦合变量在耦合迭代及数据传输过程中的解译原理。

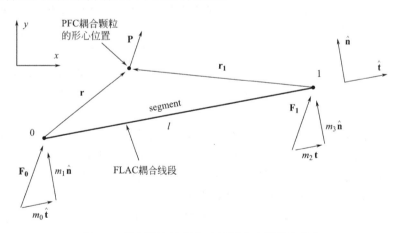

图 9-3　早期耦合计算方法的耦合变量传输技术

图 9-3 中，P 表示 PFC 子模型中某"耦合颗粒"承受的不平衡力，线段 0-1 表示对应于"耦合线段"的某 FLAC 单元的边。"耦合线段"的长度为 l，"耦合颗粒"与其端点 0、1 的距离分别为 r、r_1。相应的，"耦合颗粒"不平衡力 P 作用在"耦合线段"端点 0、1 上的集中力分量的矢量依次为 F_0、F_1。由力多边形关系及平衡条件可知：

$$P = F_0 + F_1 \qquad (9\text{-}1)$$

$$F_0 = P(1 - \xi)$$
$$F_1 = P\xi \tag{9-2}$$

式中，$\xi = r \cdot \hat{t}/l$。"耦合线段"端点速度响应至"耦合颗粒"的解译与传输原理与上述类似，此处不作说明。

总体来说，早期耦合技术为基于 Itasca 软件的连续-非连续耦合分析技术奠定了基础雏形，但在功能细节上存在如下主要不足：

● 耦合边界识别与定义功能仅适用于规则形态，对于复杂模型形态的情形，需采用用户自定义进行必要的功能扩展与干预；

● 对 FLAC 和 PFC 而言，可参与耦合分析的模型元素仅分别支持 FLAC 中的单元（Zone）和 PFC 中的颗粒（Ball），不支持其他常用模型元素，如 FLAC 中的结构单元技术，和 PFC 中颗粒团技术（Clump）等，功能相对单一。

显然，以上不足及其软件的整合度不高等架构设计特点均严重制约了早期耦合分析技术的推广和应用。

9.2.2　PFC 6.0 最新耦合计算方法

以早期耦合分析方法为基础，一系列具体技术环节在新版方法中得到优化升级，在强化问题解决能力与适用性的同时，功能操作实现过程的易用性也得到显著提升。

新版技术升级首先表现在对架构设计进行了改造。与早期耦合过程实现时 FLAC、PFC 需同时运行不同的是，新版 Itasca 软件将 FLAC3D（7.0）和 PFC（6.0）的计算和图形引擎设计为通用图形用户界面和计算循环系统的插件，实现彼此嵌入方式的平台整合，从而为连续-非连续耦合分析技术提供了统一化分析平台。具体地，在 FLAC3D 图形用户界面中，可以通过 Tools→Load PFC 菜单项加载 PFC。同样，FLAC3D 可以通过 PFC 图形用户界面中的 Tools→Load FLAC3D 菜单项加载。也可以使用程序加载命令 program load 来加载单独的模块。项目文件会记录已加载的模块。需要注意的是，耦合分析需要同时具备 PFC 和 FLAC3D 的有效许可密匙（软件狗），演示版本不提供分析功能。在没有提供所有相关许可权限的情况下加载耦合分析结果文件，程序会警告用户并且模型状态可能无法操作。

新版耦合技术的另一重要特点是耦合分析功能的适用性得以显著提升。具体体现在对耦合边界进一步丰富和具体化，除 FLAC 中的单元（Zone）和 PFC 中的颗粒（Ball）外，其他如结构单元、颗粒团等常用模型元素也可参与耦合计算。总体地，新版耦合技术为适应不同模型元素参与计算设计了如下三种耦合分析方案：

● 一维结构单元耦合（1D Structural Element Coupling）：支持 FLAC 中的梁（Beam）、桩（Pile）、锚杆/索（Cable）结构单元与 PFC 中的颗粒（Ball）、颗粒团（Clump）等 pebble 模型元素进行耦合。耦合变量通过结构单元中的 LINK 构件进行数据交换传输（Link 的概念可详见 FLAC3D 技术手册），如图 9-4 所示。

● 界面耦合（Interface Coupling 或 Wall-Zone Coupling）：包括 FLAC 单元（Zone）表面与二维结构单元（壳 Shell、衬砌 Liner、土工织物 Geogrid 等）与 PFC 中颗粒（Ball）、颗粒团（Clump）等 pebble 模型元素进行耦合。耦合变量通过在耦合边界部位设置的模型元素 Wall 来实现数据交换传输，参见图 9-5。图中，耦合边界 A、B 分别采用了

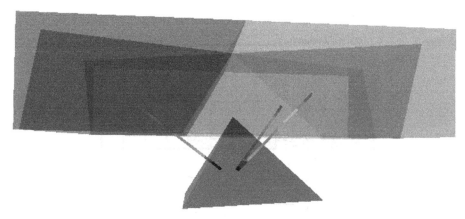

图 9-4 新版耦合分析技术：一维结构单元耦合

不同的界面耦合技术，前者为 FLAC 单元 Zone 表面与 PFC 耦合，而后者则采用了结构单元与 PFC 耦合的分析技术。

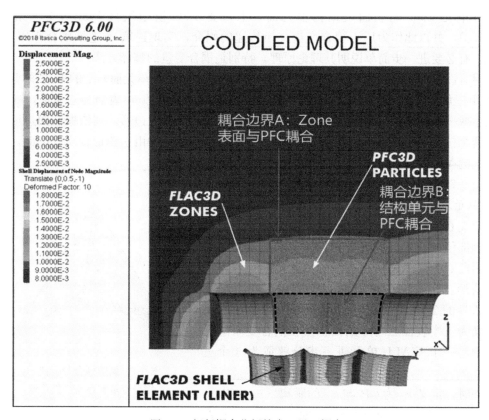

图 9-5 新版耦合分析技术：界面耦合

● 叠加耦合（Ball-Zone Coupling）：通过 FLAC 中单元 Zone 和 PFC 中颗粒 Ball 在空间上形成位置叠加关系来实现耦合，如图 9-6 所示。具体原理详见参考文献（Xiao et al.，2004；Frangin et al.，2007；Breugnot et al.，2016）。

在以上三种耦合方式中，其中的叠加耦合方法多用于动力分析，旨在通过增加模型元

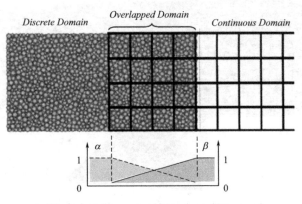

图 9-6　新版耦合分析技术：叠加耦合

素规模的方式提高动力分析精度，界面耦合分析方法在现实中应用的情形相对更为广泛。通过以上分析可见，界面耦合方法的基本原理是在可能发生耦合作用的 FLAC 模型元素的表面（单元 Zone 的表面或结构单元面）上设置 PFC 模型组件 Wall（参见第 2 章 2.4.1.3），并以此作为用于耦合变量交换传递的媒介，实现连续-非连续耦合作用过程。因此，有必要进一步简单说明其理论原理，特别是耦合变量的解译方法。

附着设置于 FLAC 模型元素表面（单元 Zone 表面或结构单元面）上的 PFC 模型组件 Wall 由三角形拼接形成。其中，在 Wall 生成过程中，若某 Zone 表面为三角形，则 PFC 自动生成一个与此形状相同三角形的 Wall，若 Zone 表面为四边形，则依据该四边形裂化生成两个三角形的 WALL。由于 FLAC3D 中面状结构单元均由三角形构成，因此，附着于其上的 WALL 是由与结构单元形态一致的三角形构成。

图 9-7 表示附着于 FLAC3D 模型元素上的一个 Wall 单元，CP 表示位于 PFC 模型组件上的接触点，同时定义 C 为位于 Wall 上对应于 CP 的接触点，由于接触部位的变形同时存在拉伸、剪切及其扭转作用，因此 CP 与 C 两点在空间的位置可能存在不一致的情形。此外，x_i 表示 Wall 角点及其附着部位 FLAC3D 的 Zone 节点或结构单元节点的坐标，A_i 则定义为三个表征三角形的面积（在耦合变量解译过程中，一个 WALL 单元进一步分解成为 3 个三角形）。

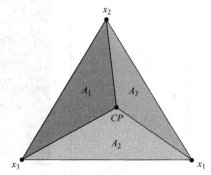

图 9-7　新版耦合分析技术：
耦合变量解译与交换传输

同时，定义 r_i 为 CP 与 x_i 的距离（$r_i = CP - x_i$），接触传递至 FLAC 模型元素的总接触力与总弯矩（PFC 中的接触可承受弯矩）分别为 F 和 M，其中 M 按下式定义：

$$M = M_b + (C - CP) \times F \tag{9-3}$$

式中，M_b、$(C - CP) \times F$ 分别为接触中的弯矩及其因接触位置错位产生的弯矩。

在迭代过程中，以上 F、M 均为已知量。由此，FLAC3D 模型元素在 WALL 附着部位即角点 x_i 处，承受的来自于接触耦合作用 CP 的集中力 F_i 和弯矩 M_i 采用加权法按下式计算得到：

$$F_i = A_i / \sum_{i=1}^{3} A_i \cdot F \tag{9-4}$$

$$M_i = r_i \cdot F_i \tag{9-5}$$

由于 ZONE 无法直接承受弯矩，当 FLAC3D 耦合模型元素为 Zone 时，程序仅解译传输集中力 F_i。与此不同的，对于 FLAC3D 耦合模型元素是面状结构单元的情形，集中力 F_i 和弯矩 M_i 均能有效传输。

表 9-1 给出了新版耦合计算方法涉及的 PFC 主要命令及说明。

新版耦合分析方法及主要命令　　　　　　　　　　　　　表 9-1

耦合分析方法		主要命令	
		命令	说明
一维结构单元耦合（1D Structural Element Coupling）		无	在 FLAC3D 中创建结构单元，并进行参数赋值即可
界面耦合（Interface Coupling 或 Wall-Zone Coupling）	单元 Zone 与 PFC 耦合	wall-zone create	在 FLAC3D 单元 Zone 可能出现耦合作用的表面部位创建 PFC 模型组件 Wall
	结构单元与 PFC 耦合	wall-structure create	在 FLAC3D 结构单元可能出现耦合作用的面上创建 PFC 模型组件 Wall
叠加耦合（Ball-Zone Coupling）		ball-zone create	在叠加部位自动形成耦合关系

9.3　黏结颗粒材料的冲头压痕

9.3.1　研究问题的陈述

本算例演示了用圆冲头压缩时，黏结颗粒模型（BPM）材料的压痕响应。如果仅使用 PFC 软件研究该模型会出现如下问题：

1）为规避边界范围对模型力学响应求解精度的影响，需要在受冲击作用部位的黏结颗粒和模型边界之间充填大量的 PFC 颗粒，显然这是利用 PFC 开展大尺度模拟分析其效率较低的根本原因。

2）如果采用 PFC 中的墙来模拟冲头的主体，则针对冲头边界形态的 PFC 精确模拟也需要采用大量的颗粒，且冲头自身强度较高、其力学响应特点本可不作为分析关注的重点，这种分析方法显然进一步增加了不必要的时间投入。此外，若基于简化考虑采用 PFC 中 Wall 对象等效描述冲头及其荷载作用，由于墙仅充当刚性边界，此时又存在模型不符合实际且冲头基本的变形和应力响应特点无法分析解译等客观问题。

图 9-8 显示了模型的几何形状。先在 FLAC3D 模型中通过 Model Null 命令挖除拟采用 PFC 颗粒模型模拟区域中的单元 Zone，并在该区域内部创建并赋予 BPM 材料模型，FLAC 与 PFC 耦合作用过程通过设置于 FLAC3D 挖除区域边界部位单元表面的 WALL 来实现。本示例旨在有效说明 PFC 和 FLAC3D 模型耦合的机制，因此在 BPM 模型区域中定义的颗粒尺度较大。图 9-9 显示了所有 PFC 模型组件都存在的 PFC 墙和模型域。PFC

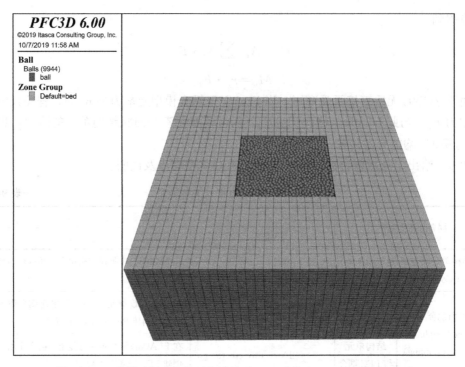

图 9-8　BPM 模型创建于单元空区域后 PFC 球体和 FLAC3D 单元模型

球和墙面之间存在接触，每个球面接触处的接触力和力矩用于确定等效力系统，以应用于相应的单元网格点。

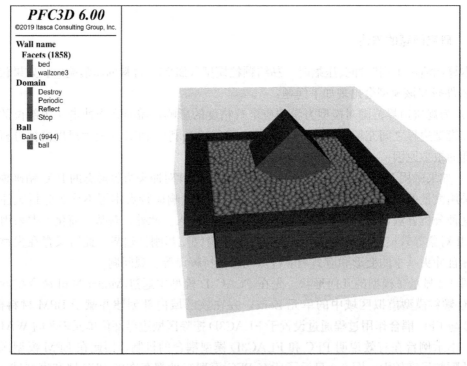

图 9-9　通过命令创建的 PFC 墙

9.3.2　PFC-FLAC3D 耦合模型

在 PFC 运行环境中创建 PFC-FLAC3D 耦合模型之前，必须先加载 FLAC3D 模块的动态链接库（DLL）插件，该 DLL 文件包含负责所有 FLAC3D 相关模型计算组件的代码，用于开展基于界面耦合（如前所述，包括 Wall-Zone 耦合和颗粒与结构单元直接耦合）或叠加耦合技术的连续-非连续耦合分析。默认情况下，打开 PFC3D 应用程序时不会加载这些模块插件。可以通过 Tools→Load FLAC3D 菜单项，或使用以下命令来加载这些模块：

```
program load module 'contact'
program load module 'pfc'
program load guimodule 'pfc'
program load module 'pfcthermal'
program load guimodule 'pfcthermal'
program load module 'ccfd'
program load guimodule 'ccfd'
program load module 'wallsel'
program load module 'wallzone'
```

一旦保存了项目并加载了 FLAC3D 模块插件，则后续再次打开该分析项目时，程序会自动加载这些模块插件。注意，一旦在 PFC 运行环境下加载了 FLAC3D 模块插件，其将始终保持加载状态，直到关闭 PFC3D 应用程序。

在 FLAC3D 模型中的挖除区域内创建 PFC 球。为了在每次运行数据文件时创建相同的初始球集合，模型随机命令用于将随机种子初始化为指定值。更改随机种子将会导致生成不同的球颗粒模型，尽管从统计学上讲是相同的。与计算网格和结构单元不同，所有 PFC 模型组件（即球、颗粒团、墙和接触）只能存在于用户指定的模型域中（参阅 model domain 命令），此限制允许简化和优化接触的检测和空间搜索。由于 PFC 始终以大应变模式运行，因此必须明确激活区域和结构元素的大应变模式（参阅 model largestrain 命令）。默认情况下，PFC 使用球和团块的实际惯性属性来求解运动的动态方程。在此模型中，PFC 使用了时间步长缩放（timestep scaling）功能（参见第 2 章 2.3.5），该方法类似于 FLAC3D 的默认选项。

```
zone create brick size 35 35 35 point 0-4-4-4.5 point 1 4-4-4.5 ...
                          point 2-4 4-4.5 point 3-4-4-1 group 'bed'
zone cmodel assign elastic
zone property young [materialMod] poisson 0.25
zone cmodel null ...
          range position-x-1.5 1.5 position-y-1.5 1.5 position-z-2-1
zone gridpoint fix velocity
wall-zone create name 'bed' starting-zone 30013
wall generate name 'top' plane position 0 0-1
ball distribute porosity 0.4 box-1.5 1.5-1.5 1.5-2-1 radius 0.04 0.06
```

```
ball attribute density 2600 damp 0.7
contact cmat default model linearpbond method deformability...
                    emod [materialMod] kratio 1.0
model cycle 1000 calm 100
ball delete range position-1.5-1.5-2   1.5 1.5-1 not
```

Zone create 命令用于创建满足本示例分析所需简单规则的 FLAC3D 模型，Zone cmodel null 命令则用于将 BPM 模型占据区域内的单元 Zone 挖除。由于将以任意重叠方式创建球，因此在重新排列球时，所有网格点速度都是固定的。Wall-zone create 命令用于在上述开挖区域边界处 FLAC3D 单元 Zone 的表面创建耦合作用媒介即 PFC 的 Wall 对象（见第 2 章 2.4.1.3）。如图 9-9 所示，Wall 没有超出模型域，接着使用 Wall generate 命令在开挖区域顶部创建另一 Wall 对象以形成一个封闭的 Wall 空间，该操作结果的意义在于为后续创建 PFC 颗粒模型提供空间或边界约束条件。

PFC 球和团块既可以不具有初始重叠，也可以具有任意初始重叠。在这种情况下，使用 ball distribute 命令来创建一个球云，该球云与平行六面体体积内的指定体积分数（volume fraction）具有任意重叠。然后分配球属性，并使用 contact cmat 命令指定接触模型的行为。通过采取这些步骤，可以使球重新排列。model cycle 命令中的 calm 关键词用于定期删除系统中的所有动能。最后，删除所有脱离 PFC 模型范围的球。一旦迭代达到平衡状态，颗粒体形成有效接触，颗粒间接触模型被转换为 BPM 模型。

```
contact method bond gap 2.0e-3
contact method pb_deform emod [materialMod] kratio 1.0
contact property lin_mode 1 pb_ten 2e4 pb_coh 2e5...
        range contact type 'ball-ball'
contact property lin_mode 1 pb_ten 1e100 pb_coh 1e100...
        range contact type 'ball-facet'
wall delete wall range name 'top'
contact cmat default model linear type ball-ball method deformability...
                    emod [materialMod] kratio 1.0 property fric 0.3
contact cmat default model linear type ball-facet method deformability...
                    emod [materialMod] kratio 1.0 property fric 0.3
model calm
ball fix velocity spin
ball attribute force-contact multiply 0.0
contact property lin_force 0 0 0
model cycle 2
ball free velocity spin
```

使用 contact method 命令安装平行黏结。此外，可以使用同一命令设置平行黏结属性。接触方法（contact method）是一组操作，用于对接触的多个细观属性参数进行批量转换与定义。采用 pb_deform 方法设置线性平行黏结接触模型的 pb_kn 和 pb_ks 属性，同时还指定了球-球接触和球-面接触的平行黏结强度。要注意将球面的平行黏结强度设置得足够大，以确保边界处的球可以黏结到其相邻区域。指定 lin_mode＝1 意味着，对于该 BPM 模型，接触力的各分量即法向力和剪切力均采用增量求解方法。在此命令之前，由于在球-球和球-面接触处绝对重叠而产生了力。这样一来，就可以快速产生 BPM 模型，而不会产生内部应力。为此，将球的速度和旋转设为零并进行固定，以便在几个循环周期内不会产生新的接触力，还必须将存储在接触模型中的接触力设置为 0。这样 BPM 模型就处于平衡状态且没有内部应力。

建模进行到这里，已经在 FLAC3D 模型中的型腔内创建了无应力的 BPM 模型，其中，一些 PFC 模型边界部位的球颗粒将会与作为耦合作用媒介的 Wall 对象单元形成接触。在这些接触点处产生的力/力矩会自动传递到关联的单元网格点，从而使 BPM 模型和连续介质模型实现耦合作用及耦合变量的解译和传递通讯。

9.3.3　计算结果与讨论

一旦开始计算，球颗粒便开始响应冲头施加的压力而产生位移。将冲头压进指定的距离，然后将模型求解为指定的平均比率。图 9-10 和图 9-11 分别显示了球颗粒和单元区域的表面和横截面位移，BPM 材料和 FLAC3D 单元之间位移的连续性很好。由于几乎没有黏结接触的断裂，BPM 材料的力学特性类似于连续体，因此位移场是对称的。图 9-12 则显示了模拟中到当前状态为止发生断裂的几个接触的位置。

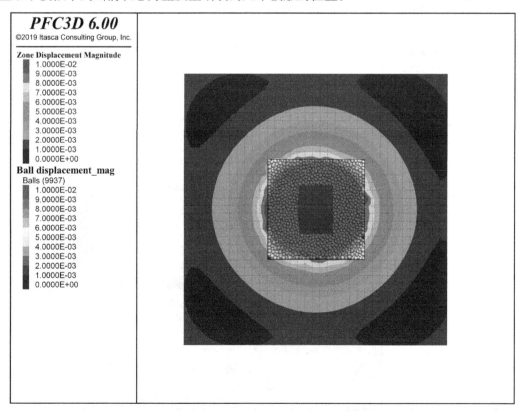

图 9-10　BPM 模型大规模破坏前球体和单元模型表面的位移分布

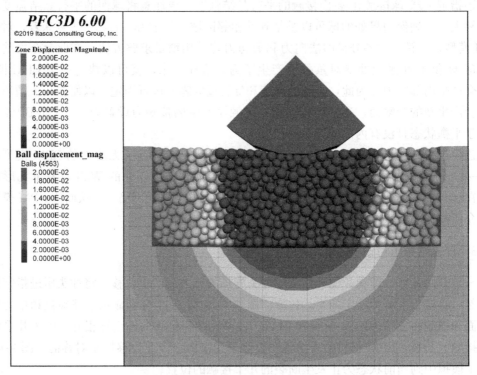

图 9-11 BPM 模型大规模破坏前横剖面上球体和单元位移分布

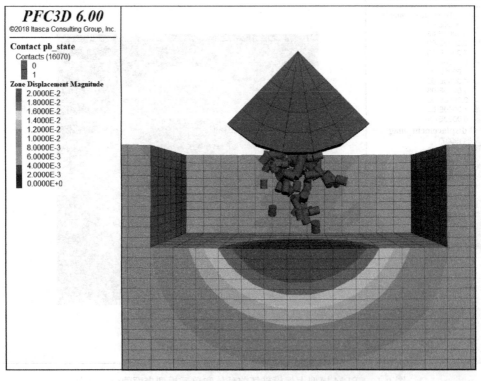

图 9-12 BPM 模型大规模破坏前已经破裂的黏结键

接着冲头在 BPM 模型中施压一段距离，图 9-13 和图 9-14 显示了冲头施加继续运动后产生的模型表面和横切面上的位移分布。与前面显示的位移图比较可以发现，连续的冲击后，FLAC3D 单元并没有产生显著的位移。图 9-15 显示了在增加的冲击后黏结接触破裂的位置。此时，局部平行黏结接触产生断裂，BPM 材料合理描述了其因冲压作用而引致的细观破裂行为。作为计算结果，在远离压痕点处球颗粒的位移发生重分布，位移出现了显著消失。

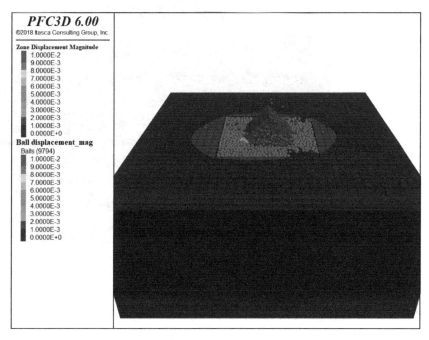

图 9-13　BPM 模型大规模破坏后产生的单元和球体颗粒表面位移

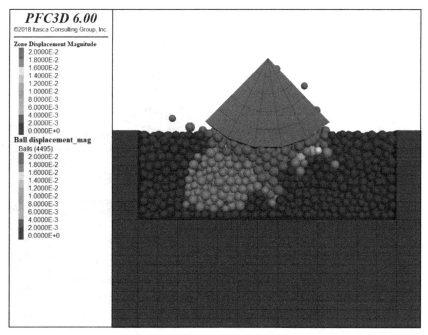

图 9-14　BPM 模型大规模破坏后横剖面上球体和单元位移分布

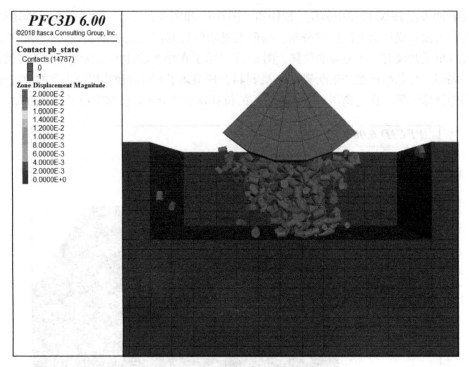

图 9-15　BPM 模型大规模破坏后破裂黏结键分布

　　不仅位移发生了显著变化，冲头中的应力也发生了显著的减小。图 9-16 和图 9-17 分别显示了材料破坏前后测试应力的变化。在压痕点上，BPM 材料对冲击作用已经失去了承载能力。

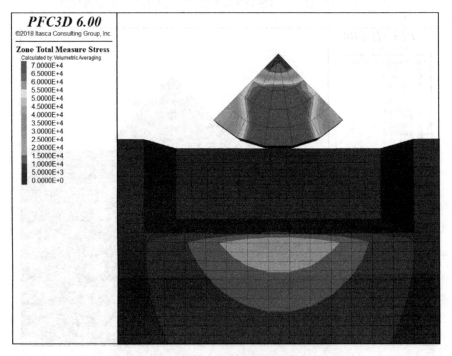

图 9-16　BPM 模型大规模破坏前的总应力分布

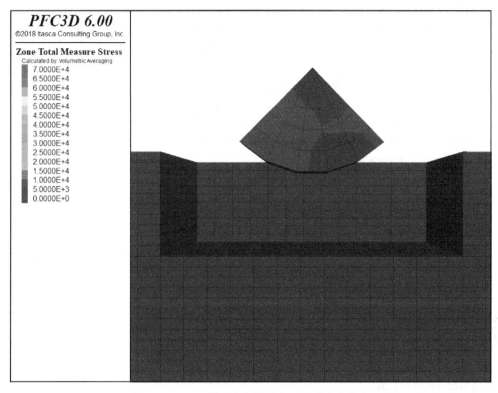

图 9-17 BPM 模型大规模破坏后的总应力分布

9.3.4 命令文件

```
model new
model title 'Punch Indentation of a Bonded Material'
; 通过设置随机数种子使球的生成可重复
model random 10001
; 设置 PFC 球和墙的模型域
model domain extent-2 2-2 2-2.5 0 condition destroy
; 对于耦合模拟，大应变模式必须始终打开
model largestrain on
; 应用时间步长缩放，PFC 时间步长将为 1
model mechanical timestep scale

; 定义 DEM 材料的有效模量
; 还将其用作单元组成的空腔材料的杨氏模量
[materialMod = 1.0e6]
; 定义冲头单元的杨氏模量
[punchYoung = 1.0e7]
```

```
; 创建一个空腔供球落入其中
zone create brick size 35 35 35 point 0 -4-4-4.5 point 1 4-4-4.5 ...
                                    point 2-4 4-4.5 point 3-4-4-1 group 'bed'
zone cmodel assign elastic
zone property young [materialMod] poisson 0.25
zone cmodel null ...
            range position-x-1.5 1.5 position-y-1.5 1.5 position-z-2-1
```

; 当球堆积到该区域中时，球沉降时固定单元网格点运动

```
zone gridpoint fix velocity
```

; 用墙包裹测试床

```
wall-zone create name 'bed' starting-zone 30013
```

; 在顶部创建墙

```
wall generate name 'top' plane position 0 0-1
```

; 创建任意重叠的球颗粒集合

```
ball distribute porosity 0.4 box-1.5 1.5-1.5 1.5-2-1 radius 0.04 0.06
```

; 设置球密度和局部阻尼系数

```
ball attribute density 2600 damp 0.7
```

; 设置默认的接触行为
; 变形方法用来设置接触模型线性部分的属性

```
contact cmat default model linearpbond method deformability ...
                        emod [materialMod] kratio 1.0
```

; 允许球重新排列，每 100 个周期使线速度和角速度清零

```
model cycle 1000 calm 100
```

; 删除任何飞出空腔的球

```
ball delete range position-1.5-1.5-2   1.5 1.5-1 not
```

; 在指定的间隙内将球集合黏结在一起

```
contact method bond gap 2.0e-3
```

; 通过 pb _ deform 方法设置平行黏结属性

```
contact method pb _ deform emod [materialMod] kratio 1.0
```

; 去除接触特性的线性部分并设置接触强度，这将是力学特性相对较弱的材料

```
contact property lin _ mode 1 pb _ ten 2e4 pb _ coh 2e5 ...
        range contact type 'ball-ball'
```

; 将球-面的接触强度设置得很高

```
contact property lin _ mode 1 pb _ ten 1e100 pb _ coh 1e100 ...
        range contact type 'ball-facet'
```

; 将盒子删掉

```
wall delete wall range name 'top'
```

; 为新的球-球和球-面接触设置默认属性

```
contact cmat default model linear type ball-ball method deformability ...
```

```
                    emod [materialMod] kratio 1.0 property fric 0.3
contact cmat default model linear type ball-facet method deformability ...
                    emod [materialMod] kratio 1.0 property fric 0.3
```

; 删除全部速度，固定球颗粒
; 循环 2 步去除简单压缩过程中存在的任何接触力

```
model calm
ball fix velocity spin
ball attribute force-contact multiply 0.0
contact property lin _ force 0 0 0
model cycle 2
ball free velocity spin
```

; 固定模型底部单元 z 方向速度

```
zone gridpoint free velocity
zone gridpoint fix velocity-z range position-z-5-4.4
```

; 重置球的位移

```
ball attribute displacement multiply 0.0
model save 'withoutPunch'
```

; 创建圆形冲头并为其分配属性

```
zone create cylinder point 0 0-0.5 0 ...
                    point 1 [-math.sqrt(2.0)/2.0]-0.5 [-math.sqrt(2.0)/2.0] ...
                    point 2 0 0.5 0 ...
                    point 3 [math.sqrt(2.0)/2.0]-0.5 [-math.sqrt(2.0)/2.0] ...
                    size 5 5 5 group 'punch'
zone cmodel assign elastic range group 'punch'
zone property young [punchYoung] poisson 0.25 range group 'punch'
```

; 用墙包裹冲头

```
wall-zone create range group 'punch'
```

; 在冲头顶部分配一组网格点并固定 z 速度

```
zone gridpoint group "fixed" range position-z-0.4 1
zone gridpoint fix velocity-z-.0001 range group "fixed"
model save 'withPunch'
```

; 将冲头初步压入球颗粒模型中，材料的破坏极小

```
model cycle 1000
zone gridpoint fix velocity-z 0.0 range group "fixed"
```

; 求解到平衡状态并显示当前位移

```
model solve ratio-average 1.0e-4
model save 'beforeFailure'
```

; 在发生破坏后将冲头进一步压入并观察单元位移的消失情况

```
zone gridpoint fix velocity-z-.0001 range group "fixed"
model cycle 1000
```

```
zone gridpoint fix velocity-z 0.0 range group "fixed"
```

; 破坏将继续，球颗粒将重新排列，位移在减少

```
model solve ratio-average 1.0e-3
model save 'afterFailure'
```

9.4　波在 PFC-FLAC3D 耦合模型中的传递

9.4.1　研究问题的陈述

该算例说明了使用一维柱状 PFC-FLAC3D 耦合模型模拟平面波在均质、半无限空间中的传播过程。柱状模型由左手侧黏结在一起的颗粒和右手侧的单元共同组成（图 9-18）。左端是吸收入射波动能量的"安静边界"。PFC 和 FLAC3D 区域在指定的长度上重叠，并使用 Ball-Zone 耦合方案将它们耦合在一起。输入脉冲也在左侧边界处输入。

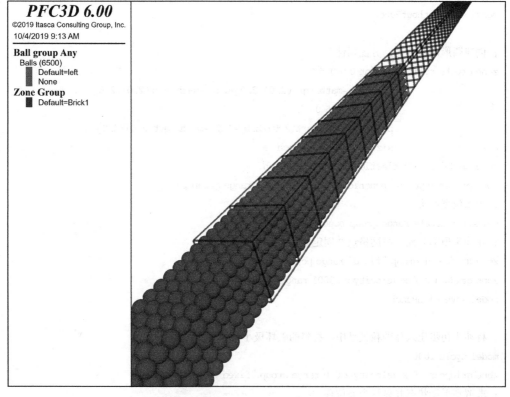

图 9-18　条形模型由颗粒和单元组成

9.4.2　数值模型

数据文件 Wave_Propagation. dat 用于模拟速度或应力波在柱状 PFC-FLAC3D 耦合模型中的传播过程。其中，定义输入的脉冲时间时程为：

$$\dot{U}(t) = \frac{A}{2}(1 - \cos(2\pi f t)) \tag{9-6}$$

式中，A 是脉冲的幅度，f 是频率。脉冲的持续时间为 $1/f$，并且在脉冲的持续时间结束之后将 $\dot{U}$（施加到 PFC 模型的速度）设置为零。参数 R，ρ，C，f 和 A 在"wave_propagation. dat"的初始部分中设置。当执行 PFC 数据文件时，将生成图 9-19 中的速度监测记录。

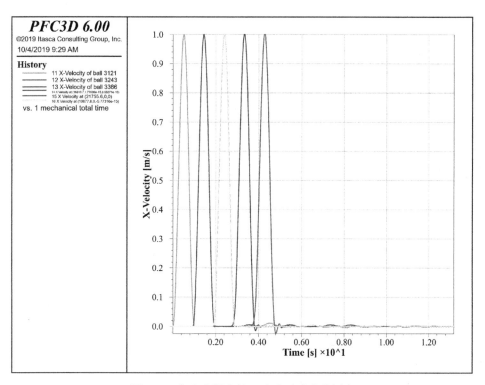

图 9-19 各个监测点的 X 方向速度变化历史

9.4.3 命令文件

```
model new
model configure dynamic
model largestrain on

[wfreq    = 1.0   ] ；脉冲频率 [1/s]
[wpeak    = 1.0   ] ；脉冲峰值加速度 [m/s]
[rho      = 2700.0 ]
[emod     = 75.0e9 ]
[nu       = 0.25 ]
[kappa    = 15.0 ]
[mmod     = emod * (1-nu)/((1 + nu) * (1-2.0 * nu))
```

```
[cp      = math. sqrt(mmod/rho)]              ; p 波速度 [m/s]
[cs = math. sqrt(emod/(2. 0 * rho * (1 + nu)))] ; s 波速度 [m/s]
[lambda = cp/(wfreq)]
[l5      = cs/(5. 0)]
[rad     = 0. 5 * (l5/kappa)]
[rhob    = [6. 0/math. pi * rho]]
;
[l    = 4. 0 * lambda]
[nb = 5]
[h    = nb * 2. 0 * rad]
[nz = 1]
[zc = h/nz]
[cl = 10. 0 * zc]
[nx = int((0. 5 * (l + cl))/zc)]
[b _ pfc = (int(0. 5 * l/(2. 0 * rad)) + 1) * 2. 0 * rad-rad]
[b _ f3d = b _ pfc-cl]
[l      = b _ f3d + nx * zc]
;
[epsilon = 1. 0e-3]
zone create brick size [nx * nz] @nz @nz point 0   [b _ f3d]   [-0. 5 * zc] [-0. 5 * zc] ...
                                         point 1       [l]    [-0. 5 * zc] [-0. 5 * zc] ...
                                         point 2   [b _ f3d]  [ 0. 5 * zc] [-0. 5 * zc] ...
                                         point 3   [b _ f3d]  [-0. 5 * zc] [ 0. 5 * zc]
zone cmodel assign elastic
zone property young @emod poisson @nu
zone initialize density @rho
model cycle 0 ; to initialize gp masses
model range create 'right' position-x [l-0. 1 * zc] [l + 0. 1 * zc]
zone face group 'right' range named-range 'right'
zone face apply quiet-normal range named-range 'right'
zone face apply quiet-dip range named-range 'right'
zone face apply quiet-strike range named-range 'right'
zone gridpoint fix velocity-y
zone gridpoint fix velocity-z
;
model domain extent [0. 0-5. 0 * rad] [l + 5. 0 * rad] [-nb * rad-5. 0 * rad] [nb * rad + 5. 0 * rad]
ball generate cubic radius [rad] box [0. 0] [b _ pfc] [-(nb-1) * rad] [(nb-1) * rad]
ball attribute density [rhob]
contact cmat default model linearpbond ...
                method pb _ deformability emod [4. 0/math. pi * mmod] kratio 1. 0 ...
                property pb _ ten 1e20 pb _ coh 1e20
model clean
contact method bond gap 0. 01
```

```
ball-zone create
fish define setMassFactors(eps)
  loop foreach local cb ball. zone. ball. list
    local b = ball. zone. ball. ball(cb)
    local bxpos = ball. pos. x(b)
    ball. extra(b, 1) = (1. 0-2. 0 * eps) * (b _ pfc-bxpos)/(b _ pfc-b _ f3d) + eps
    ball. zone. ball. mass. factor(cb) = ball. extra(b, 1)
endloop
  loop foreach local cgp ball. zone. gp. list
    local gp     = ball. zone. gp. gp(cgp)
    local gpxpos = gp. pos. x(gp)
    gp. extra(gp, 1) = (1. 0-2. 0 * eps) * (b _ f3d-gpxpos)/(b _ f3d-b _ pfc) + eps
    ball. zone. gp. mass. factor(cgp) = gp. extra(gp, 1)
endloop
end
@setMassFactors(@epsilon)
;
ball group 'left' range position-x [-0. 1 * rad] [0. 1 * rad]
[mleft = ball. groupmap('left')]
history interval 1
model history name  '1' mechanical time-total
ball   history name '11' velocity-x position 0. 0, 0. 0, 0. 0
ball   history name '12' velocity-x position [0. 25 * 1], 0. 0, 0. 0
ball   history name '13' velocity-x position [0. 5 * 1], 0. 0, 0. 0
zone   history name '14' velocity-x position [0. 75 * 1], 0, 0
zone   history name '15' velocity-x position [1], 0, 0
zone   history name '16' velocity-x position [0. 5 * 1], 0, 0
ball   history name '21' displacement-x position 0. 0, 0. 0, 0. 0
ball   history name '22' displacement-x position [0. 25 * 1], 0. 0, 0. 0
ball   history name '23' displacement-x position [0. 5 * 1], 0. 0, 0. 0
zone   history name '24' displacement-x position [0. 75 * 1], 0, 0
zone   history name '25' displacement-x position [1], 0, 0
zone   history name '26' displacement-x position [0. 5 * 1], 0, 0
;
fish define pulse
  local wave = 0. 0
  if mech. time. total < = 1. 0 / wfreq
    wave = 0. 5 * (1. 0-math. cos(2. 0 * math. pi * wfreq * mech. time. total)) * wpeak
endif
  loop foreach local bmleft
    ball. force. app(b, 1) =   4. 0 * rad^2 * cp * rho * wave
endloop
end
```

```
;
model save 'wave-cpl _ ini'
model solve time [3.5 * (l/cp)] fish-call 1.0 @pulse
model save 'wave-cpl _ final'
return
```

9.5 重力作用下 PFC-FLAC3D 耦合模型的沉降

9.5.1 研究问题的陈述

本算例说明了使用 PFC-FLAC3D 耦合技术开展垂直柱模型的重力沉降分析。垂直柱模型由在系统顶部黏合在一起的颗粒和在底部黏合区域组成，底端是固定边界。PFC 和 FLAC3D 区域在指定的长度上重叠，并使用 Ball-Zone 耦合方案将它们耦合在一起。

计算中重力被激活，系统求解到平衡状态。将耦合系统的行为与仅由球组成的类似系统（仅 PFC 模型）和仅由单元组成的系统（仅 FLAC3D 模型）进行比较，这三个模型系统在同一模型中同时运行（图 9-20）。

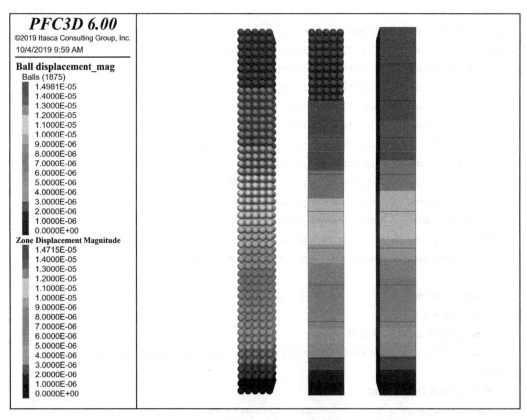

图 9-20 最终产生的位移等值云图

9.5.2　数值模型

数据文件"GravitySettlement. dat"在由耦合 PFC-FLAC3D 系统组成的柱模型中模拟重力沉降，系统顶部监测到的垂直位移如图 9-21 所示。

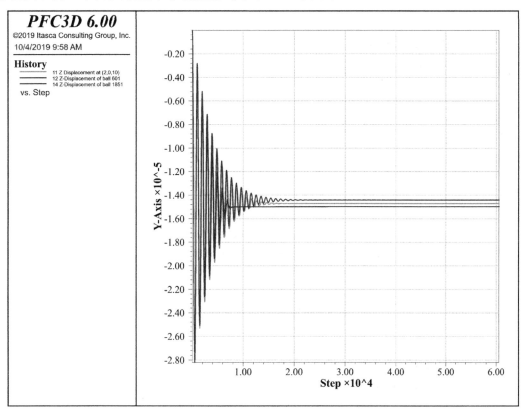

图 9-21　监测到的位移变化历史

9.5.3　命令文件

```
model new
model configure dynamic
model largestrain on
;
[rho     = 2700. 0 ]
[emod    = 75. 0e9 ]
[nu      = 0. 25]
[mmod    = emod * (1-nu)/((1 + nu) * (1-2. 0 * nu))]
[l   = 1. 0]
[nb = 5]

[rad   = 1/(2. 0 * nb)]
```

```
[rhob = 6. 0/math. pi * rho]
[nh    =    10]
[nw    =    1]
[npfc =    2]
[ncpl =    3]
[h     = nh * 1]
[nf3d =   nh-(npfc + ncpl)]
[lsub   = nzh * hz]
[hmin   = 0. ]
[hpfc = hmin +    nf3d       * 1]
[hf3d = hmin +  (nf3d + ncpl) * 1]
[nf = int(hf3d/1)]
[epsilon = 1. 0e-3]
;
zone create brick size    @nw @nw @nf point 0   0    0 @hmin ...
                                        point 1    @1   0 @hmin ...
                                        point 2   0 @1 @hmin ...
                                        point 3   0 0 @hf3d
zone create brick size    @nw @nw @nh point 0   [2. 0 * 1] 0. @hmin ...
                                        point 1    [3. 0 * 1] 0. @hmin ...
                                        point 2    [2. 0 * 1] @1@hmin ...
                                        point 3    [2. 0 * 1] 0. @h

;
zone cmodel assign elastic
zone property young @emod poisson @nu
zone initialize density @rho
model cycle 0 ; to initialize gp masses
model range create 'bottom' position-z [hmin-0. 01 * 1] [hmin + 0. 01 * 1]
zone face group 'bottom' range named-range 'bottom'
zone gridpoint fix velocity range named-range 'bottom'
zone gridpoint fix velocity-x
zone gridpoint fix velocity-y
;
model domain extent [-4. 0 * 1] [4. 0 * 1] [-2. 0 * 1] [2. 0 * 1] [hmin-5. 0 * rad] [h + 5. 0 * rad]
ball generate cubic radius [rad] box [rad] [1-rad] [rad] [1-rad]   [hpfc + rad] [h-rad]
ball generate cubic radius [rad] box [-2. 0 * 1 + rad] [-1-rad] [rad] [1-rad]   [hmin + rad] [h-rad]
ball fix velocity range position-z [hmin] [hmin + 2. 0 * rad]
ball fix velocity-x velocity-y
ball attribute density [rhob]
contact cmat default model linearpbond ...
                    method pb _ deformability emod [4. 0/math. pi * mmod] kratio 1. 0 ...
                    property pb _ ten 1e20 pb _ coh 1e20
model clean
```

```
contact method bond gap 0.01
;
model gravity (0, 0, -9.81)
zone dynamic damping local 0.1
zone mechanical damping local 0.1
ball attribute damp 0.1
ball-zone create
fish define setMassFactors(eps)
    loop foreach local cb ball.zone.ball.list
        local b = ball.zone.ball.ball(cb)
        local bzpos = ball.pos.z(b)
        ball.extra(b, 1) = (1.0-2.0 * eps) * (hpfc-bzpos)/(hpfc-hf3d) + eps
        ball.zone.ball.mass.factor(cb) = ball.extra(b, 1)
    endloop
    loop foreach localcgp ball.zone.gp.list
        local gp    = ball.zone.gp.gp(cgp)
        local gpzpos = gp.pos.z(gp)
        gp.extra(gp, 1) = (1.0-2.0 * eps) * (hf3d-gpzpos)/(hf3d-hpfc) + eps
        ball.zone.gp.mass.factor(cgp) = gp.extra(gp, 1)
    endloop
    end
@setMassFactors(@epsilon)
;
history interval 1
model history name '1' mechanical time-total
model history name '2' mechanical ratio-average
zone history name '11' displacement-z position ([2.0 * 1], 0.0, [h])
ball history name '12' displacement-z position (0.0, 0.0, [h])
ball history name '14' displacement-z position ([-2.0 * 1], 0.0, [h])
zone history name '21' displacement-z position ([2.0 * 1], 0.0, [hpfc])
ball history name '22' displacement-z position (0.0, 0.0, [hpfc])
zone history name '23' displacement-z position (0.0, 0.0, [hpfc])
ball history name '24' displacement-z position ([-2.0 * 1], 0.0, [hpfc])
zone history name '31' displacement-z position ([2.0 * 1], 0.0, [hf3d])
ball history name '32' displacement-z position (0.0, 0.0, [hf3d])
zone history name '33' displacement-z position (0.0, 0.0, [hf3d])
ball history name '34' displacement-z position ([-2.0 * 1], 0.0, [hf3d])
;
model save 'settle_cpl-ini'
model solve ratio-average 5e-3
model save 'settle_cpl-final'
return
```

9.6 黏结材料的套筒三轴压缩试验

9.6.1 问题的陈述

此算例展示了采用 FLAC3D 壳结构单元和 PFC 颗粒耦合技术实现套筒三轴压缩试验的数值模拟，其中，PFC 模型定义为 BPM 材料。显然地，三轴试验模拟研究也可以单独使用 PFC 实现，然而在该情况下，对于套筒壁弹性膜行为的模拟，将需要大量的 FISH 函数。在本算例中，依据导入的外部几何文件，采用 FLAC3D 结构单元命令创建壳单元来模拟试样套管，并在套管内部生成 BPM 模型（图 9-22）。为实现耦合分析意图，创建附着于壳单元表面的 PFC 模型元素即 Wall 对象，为壳单元和颗粒耦合作用提供媒介。每个球-墙面接触处的接触力和力矩用于确定等效力系统，以施加到相应的壳节点。在此模型中，为简单起见，创建的试件没有初始应力，并且压盘以恒定速度移动。使用此算例作为基础，可以轻松地定义出 BPM 的破坏包络线。

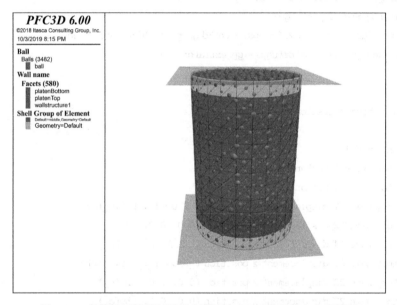

图 9-22 套筒式三轴测试的几何模型，BPM 模型建立在套筒里

9.6.2 PFC-FLAC3D 耦合模型

在创建耦合的 PFC-FLAC3D 模型之前，必须先加载 PFC 模块。这些 DLL 文件包含了建立所有 PFC 相关模型组件的代码。此外，还存在一组模块，用于将 PFC 墙与 FLAC3D 单元和基于壳的结构单元耦合。默认情况下，打开 FLAC3D 应用程序时不会加载这些模块。可以通过 Tools→Load PFC 菜单项或使用以下命令来加载这些模块：

```
program load module 'contact'
program load module 'pfc'
```

```
program load guimodule 'pfc'
program load module 'pfcthermal'
program load guimodule 'pfcthermal'
program load module 'ccfd'
program load guimodule 'ccfd'
program load module 'wallsel'
program load module 'wallzone'
```

　　一旦保存了项目并加载了 FLAC3D 模块插件，则后续再次打开该分析项目时，程序会自动加载这些模块插件。注意，一旦在 PFC 运行环境下加载了 FLAC3D 模块插件，其将始终保持加载状态，直到关闭 PFC3D 应用程序。PFC 球在由 FLAC3D 壳单元组成的圆柱形套筒内产生。为了在每次运行数据文件时创建相同的初始球颗粒集合，模型随机命令用于将随机种子初始化为指定值。更改随机种子将导致建立不同的球颗粒模型，尽管从统计学上讲，实现是相同的。与 FLAC 中的一般单元和结构单元不同，所有 PFC 模型组件（即球、颗粒团、墙和接触）只能存在于用户指定的模型域中（参见 2.3.5），此限制允许简化和优化接触检测和空间搜索。由于 PFC 始终以大应变模式运行，因此必须明确激活单元和结构单元的大应变模式（请参见 model largestrain 命令）。默认情况下，PFC 使用球和颗粒团的实际惯性属性来求解运动的动态方程。在此模型中，PFC 使用了时间步长缩放（参见 2.3.5）进行操作。

```
[rad = 1.0]
[height = 3.0]
[segments = 6]
[halfLen = height/2.0]
[freeRegion = height/2.0 * 0.8]
;
geometry edge create by-arc origin (0, 0, [-halfLen])...
  start ([rad * (-1)], 0, [-halfLen]) end (0, [rad * (-1)], [-halfLen])...
  segments [segments]
geometry edge create by-arc origin (0, 0, [-halfLen])...
  start (0, [rad * (-1)], [-halfLen]) end ([rad], 0, [-halfLen])...
  segments [segments]
geometry edge create by-arc origin (0, 0, [-halfLen])...
  start ([rad], 0, [-halfLen]) end (0, [rad], [-halfLen])...
  segments [segments]
geometry edge create by-arc origin (0, 0, [-halfLen])...
  start (0, [rad], [-halfLen]) end ([rad * (-1)], 0, [-halfLen])...
  segments [segments]
;
geometry generate from-edges extrude (0, 0, [height]) segments [segments * 2]
```

接着在几何逻辑（geometry logic）中创建圆柱套管，以将其作为壳体导入。圆弧被创建为几何形状的边缘，并垂直拉伸以形成圆柱形套筒。这里没有采用"@"符号，而采用了方括号符号（"[ ]"）来定义 FISH 变量，并在命令中使用了这些值。创建几何模型后，可以导入结构单元。

```
structure shell import from-geometry 'Default' element-type dkt-cst
structure node group 'middle' range position-z [-freeRegion] [freeRegion]
structure node group 'top' range position-z [freeRegion] [freeRegion + 1]
structure node group 'bot' range position-z [-freeRegion-1] [-freeRegion]
structure shell group 'middle' range position-z [-freeRegion] [freeRegion]
structure shell property isotropic (1e6, 0.0) thick 0.25 density 930.0
model cycle 0
fish define setLocalSystem
    loop foreach local s struct.node.list()
        local p = struct.node.pos(s)
        local nid = struct.node.id.component(s)
        local mvec = vector(0, 0, comp.z(p))
        zdir = math.unit(p-mvec)
        ydir = vector(0, 0, 1)
        command
                structure node system-local z [zdir] y [ydir] ...
                        range component-id [nid]
                        endcommand
    endloop
    command
        structure node fix system-local
    endcommand
end
@setLocalSystem
structure damp local
structure node fix velocity rotation
```

Structure shell import 命令用于导入外部几何图形（文件）并以此为依据自动创建 FLAC3D 壳类型结构单元，壳单元和节点编号由程序自动分配。上面这段代码还显示了 FISH 函数 setLocalSystem，该函数用于将每个节点的局部坐标系设置为指向圆柱体的中心，以便可以使用 structure shell apply 命令在模型中间的壳单元上施加压力。z 方向直接指向圆柱体的中心，y 方向向上。节点的速度和旋转被固定，以便球可以在套筒内快速达到平衡，接着为套管和压板创建墙。

```
wall-structure create
[rad2 = rad * 1.3]
```

```
wall generate name 'platenTop' polygon ([-rad2], [-rad2], [halfLen])...
                                        ([rad2], [-rad2], [halfLen]) ...
                                        ([rad2], [rad2], [halfLen]) ...
                                        ([-rad2], [rad2], [halfLen])
wall generate name 'platenBottom' polygon ([-rad2], [-rad2], [-halfLen])...
                                          ([rad2], [-rad2], [-halfLen]) ...
                                          ([rad2], [rad2], [-halfLen]) ...
                                          ([-rad2], [rad2], [-halfLen])
wall resolution full
wall attribute cutoff-angle 20
```

Wall-structure create 命令用于创建 FLAC3D 壳单元与 PFC 颗粒模型的耦合作用媒介（套管），且同时作为 PFC 模型创建的约束条件。通过执行该命令，将为每个壳单元表面创建三角化的 Wall 单元，并且 Wall 单元的顶点速度和位置将从属于相应的壳节点 Node，即 Wall 单元运动响应指标与壳单元完全一致。顶部和底部压板通过 wall generate 生成命令创建，并且 Wall 的分辨率模式通过墙 wall resolution 设置为完全（full）。通常，PFC 球与 WALL 单元的分面（facet）之间存在接触。如果将分辨率模式（resolution mode）设置为无，则将会标出 Wall 单元和球之间的所有接触，然后进行球的力-位移响应计算。但是，当 Wall 单元的大小接近于球的大小时，如果将 Wall 理想化为无分割面的理想完整表面的话，这可能会产生更多的接触。完全（full）方案用于解决这种情况，而截断角（cutoff-angle）用于控制墙的"光滑度"，接着 BPM 模型就可以建立在套筒里面。

```
[ballemod = 1.0e8]
ball distribute box [-rad] [rad] [-rad] [rad] [-halfLen] [halfLen]...
                porosity 0.3 radius 0.05 0.1...
                range cylinder end-1 (0, 0, [-halfLen])end-2 (0, 0, [height])...
                    radius [rad * 0.95]


ball attribute density 2600 damp 0.8
contact cmat default model linearpbond method deformability...
                    emod [ballemod] kratio 1.0
model cycle 1000 calm 100
contact cmat default model linearpbond method deformability...
                    emod [ballemod] kratio 1.0 property fric 0.3
contact cmat apply
model solve ratio-average 1e-8


contact method bond gap 1.0e-2 range contact type 'ball-ball'
contact property lin _ mode 1 lin _ force 0 0 0 pb _ ten 2e5 pb _ coh 2e6
contact method pb _ deformability emod [ballemod] kratio 1.0...
        range contact type 'ball-ball'
model calm
```

```
ball fix velocity spin
model cycle 2
ball free velocity spin
structure node free velocity rotation range group 'middle'
```

PFC 球和颗粒团既可以不具有初始重叠，也可以具有任意初始重叠。在这种情况下，使用球分配 ball distribute 命令来创建一个球云，该球云与平行六面体体积内的指定体积分数具有任意重叠。然后指定球属性，并使用 contact cmat 命令指定接触模型行为。通过采取这些步骤，可以使球重新排列。模型循环 model cycle 命令中的 calm 关键词用于定期删除系统中的所有动能。随后，发出 contact cmat 命令来修改接触模型分配表，并且此更改将应用于所有接触。提供一些球间摩擦以通过将球系统循环至较小的平均比率，而除去额外的能量。通过在间隙小于或等于指定值的所有球形触点上安装平行黏结接触，可以使用 contact method bond 命令来创建 BPM。

安装完黏结接触后，指定平行黏结强度，并通过指定 lin_mode＝1 来将线性平行键接触模型的线性部分的法向力计算设置为增量模型。这使得用户快速产生无内部应力的 BPM 模型。另外，设置平行黏结部件的刚度。通过取消所有速度并固定球的速度和旋转，在几个循环后所有接触力都将消失。最后 BPM 会处于平衡状态，没有内部应力。最后，释放套筒中间的壳节点，以准备进行三轴测试。图 9-23 图显示了无应力的 BPM 模型的初始接触。

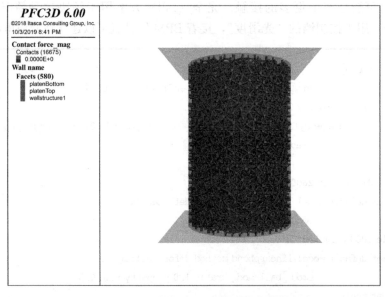

图 9-23 无应力条件下 BPM 模型的初始接触力

创建无应力的 BPM 后，需要一些辅助的准备工作来构建测试环境以执行三轴测试。首先构建一个 FISH 函数 stress，用于基于压板来计算应力和应变。

```
fish define stress
    local topForce = math.abs(comp.z(wall.force.contact(platenTop)))
    local botForce = math.abs(comp.z(wall.force.contact(platenBottom)))
```

```
    currentStress = 0. 5 * (topForce + botForce)/area
    stress = currentStress
    strain = (height-(comp. z(wall. pos(platenTop))-...
            comp. z(wall. pos(platenBottom))))/height * 100
    if failureStress < = currentStress
        failureStress = currentStress
        failureStrain = strain
    endif
end
```

FISH 函数中沿 z 方向作用在压板上的力用于计算压板上的平均应力，应变则根据试件的高度计算。FISH 参数 failureStress 和 failureStrain 用于记录峰值应力和应变。这样，参数 failureStress 在下面的 FISH 函数（halt）中可以用作终止循环的一种方式。

```
fish define halt
    halt = 0
    if currentStress < failureStress * 0.85
        halt = 1
    endif
end
```

一旦当前压力水平小于最大压力的 85%，循环将停止。可以在 FISH 函数中使用 model solve fish-halt 命令来终止循环。一旦函数暂停的返回值是 1，循环将终止。最后编写 FISH 函数（rampUp）用于逐渐增加试样上的围压：

```
fish define rampUp(beginIn, ending, increment)
  command
        ball attribute displacement (0, 0, 0)
        structure node initialize displacement (0, 0, 0)
  endcommand
  begin = beginIn
  loop while (math. abs(begin)< math. abs(ending))
    begin = begin + increment
    command
            structure shell apply [begin] range group 'middle'
            wall servo force (0, 0, [begin * area])activate true ...
                range name 'platenTop'
            wall servo force (0, 0, [-begin * area])activate true ...
                range name 'platenBottom'
            model cycle 200
            model calm
    endcommand
```

```
    endloop
    command
            model cycle 1000
            wall servo activate false
            wall attribute velocity (0, 0, 0)range name 'platenTop'
            wall attribute velocity (0, 0, 0)range name 'platenBottom'
    endcommand
end
```

此函数的核心功能是逐渐增加压板和套筒上的限制应力。由于我们已经为壳指定了局部坐标系统，因此使用 structure shell apply 命令提供约束应力很简单。同样，采用内置的墙面伺服机制，并带有墙面伺服命令，以在压板上施加压力。

现在用户就可以开始模拟压缩综合岩体模型（SRM），进行一系列测试了。

9.6.3 模拟及计算结果的讨论

首先，通过拆下套筒并固定压板的速度来执行无侧限压缩（UCS）测试。该测试的结果如图 9-24 所示。断裂的接触显示了破坏时 BPM 模型的损坏特征。请注意，屈服前的应力应变响应是线性的，并且测试会在峰后轴向应力达到峰值应力的 85％处自动停止。在 1.13％应变下，此时 BPM 的 UCS 峰值测试值为 2.20×10^6 Pa。

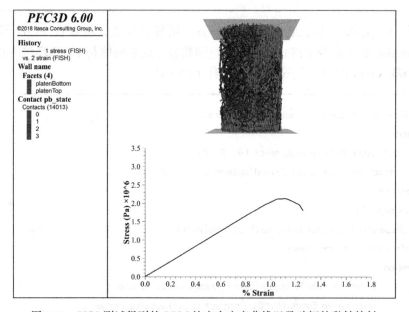

图 9-24　UCS 测试得到的 BPM 的应力应变曲线以及破坏的黏结接触

为了进行第一个三轴测试，首先加载原始 BPM 模型，围压以 1×10^3 Pa 为增量逐渐从 0 增加到 1×10^4 Pa。初步添加围压后的接触力分布如图 9-25 所示。请注意，这时的应力是各向同性的，因为接触几乎保持其原始配置。用户可以看出接触是沿力矢量方向绘制的，而不是沿着所研究球颗粒的连接方向。

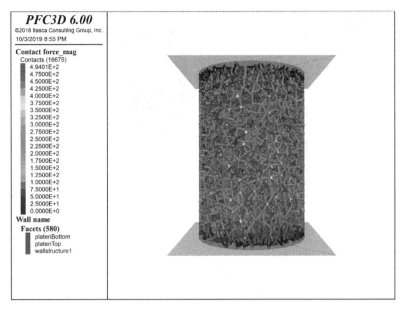

图 9-25　应力施加以后接触力力链朝着力的方向显示

　　围压为 1×10^4 Pa 的测试结果如图 9-26 所示。试样在 1.15％应变下发生了破坏，峰值应力为 2.16×10^6 Pa。图 9-27 和图 9-28 显示了围压为 5×10^4 Pa 和 1×10^5 Pa 时，应力应变响应曲线和断开的黏结接触分布情况。表 9-2 显示了每个围压级别下 BPM 模型破坏的峰值应力。与真实材料一样，峰值强度会随围压的增加而增加。另外，在峰值强度到达前应力-应变曲线保持线性，并且斜率也基本保持一致。应力在较低围压条件下的轻微下降可归因于使用墙进行应力测量形成的误差以及球的数量相对较少的原因。

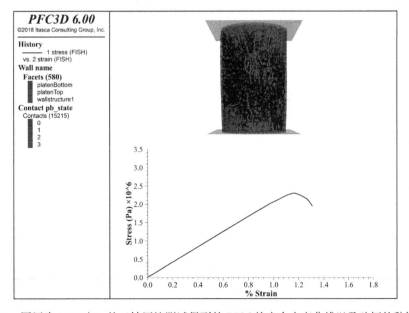

图 9-26　围压为 1×10^4 Pa 的三轴压缩测试得到的 BPM 的应力应变曲线以及破坏的黏结接触

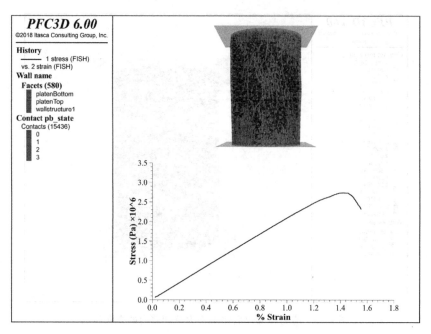

图 9-27　围压为 5×10^4 Pa 的三轴压缩测试得到的 BPM 的应力应变曲线以及破坏的黏结接触

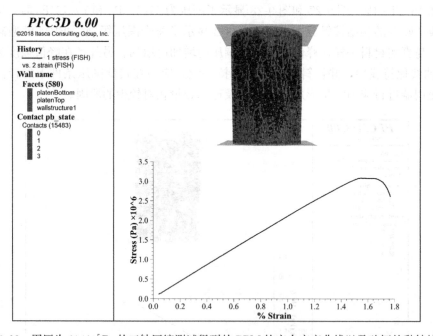

图 9-28　围压为 1×10^5 Pa 的三轴压缩测试得到的 BPM 的应力应变曲线以及破坏的黏结接触

不同围压条件下 BPM 试样的峰值强度　　　　　　　　　表 9-2

围压（Pa）	峰值强度（Pa）	应变（%）
0	2.20e+06	1.13
1e4	2.16e+06	1.15

续表

围压（Pa）	峰值强度（Pa）	应变（%）
5e4	2.60e+06	1.37
1e5	2.96e+06	1.54

以这个例子为起点，经过一系列模拟，读者可以有效地计算出实际三轴条件下 BPM 模型的强度包络线。

9.6.4　命令文件

```
model new
model title 'Sleeved Triaxial Test of a Bonded Material'
; 通过设置随机数种子使球的生成可重复
model random 10001
; 设置 PFC 球和墙的模型域
model domain extent-2 2 condition destroy
; 在耦合计算中，始终打开大变形模式
model largestrain on
; 应用时间步长缩放，PFC 时间步长将为 1
model mechanical timestep scale
; 定义圆柱形套筒的相关参数
[rad = 1.0]
[height = 3.0]
[segments = 6]
[halfLen = height/2.0]
[freeRegion = height/2.0 * 0.8]
; 用几何逻辑创建圆柱体
; 首先创建圆弧，形成圆形边界
geometry edge create by-arc origin (0, 0, [-halfLen])...
    start ([rad * (-1)], 0, [-halfLen]) end (0, [rad * (-1)], [-halfLen])...
    segments [segments]
geometry edge create by-arc origin (0, 0, [-halfLen])...
    start (0, [rad * (-1)], [-halfLen]) end ([rad], 0, [-halfLen])...
    segments [segments]
geometry edge create by-arc origin (0, 0, [-halfLen])...
    start ([rad], 0, [-halfLen]) end (0, [rad], [-halfLen])...
    segments [segments]
geometry edge create by-arc origin (0, 0, [-halfLen])...
    start (0, [rad], [-halfLen]) end ([rad * (-1)], 0, [-halfLen])...
    segments [segments]
; 拉伸边界形成圆柱体
geometry generate from-edges extrude (0, 0, [height]) segments [segments * 2]
; 从几何逻辑中将结构元素作为外壳导入，并分配组和属性
```

391

```
structure shell import from-geometry 'Default' element-type dkt-cst
structure node group 'middle' range position-z [-freeRegion] [freeRegion]
structure node group 'top' range position-z [freeRegion] [freeRegion + 1]
structure node group 'bot' range position-z [-freeRegion-1] [-freeRegion]
structure shell group 'middle' range position-z [-freeRegion] [freeRegion]
structure shell property isotropic (1e6, 0.0) thick 0.25 density 930.0
; initialize the structural element related data structures
; 初始化与结构单元相关的数据结构
model cycle 0
; 为了使用 STRUCTURE SHELL APPLY 命令
; 将每个结构单元的局部坐标系统设置为指向三轴试验模型的中心
fish define setLocalSystem
    loop foreach local s struct.node.list()
        local p = struct.node.pos(s)
        local nid = struct.node.id.component(s)
        local mvec = vector(0, 0, comp.z(p))
        zdir = math.unit(p-mvec)
        ydir = vector(0, 0, 1)
        command
            structure node system-local z [zdir] y [ydir] ...
                        range component-id [nid]
        endcommand
    endloop
command
    structure node fix system-local
endcommand
end
@setLocalSystem
; 确保结构单元的局部阻尼有效
structure damp local
; 固定用于创建试件的结构单元节点
structure node fix velocity rotation

; 创建采用结构单元的模拟的墙
wall-structure create
; parameter to set the platen width relative to the cylinder radius
[rad2 = rad * 1.3]
; 创建压力盘
wall generate name 'platenTop' polygon ([-rad2], [-rad2], [halfLen]) ...
                                    ([rad2], [-rad2], [halfLen]) ...
                                    ([rad2], [rad2], [halfLen]) ...
                                    ([-rad2], [rad2], [halfLen])
wall generate name 'platenBottom' polygon ([-rad2], [-rad2], [-halfLen]) ...
```

```
                          ([rad2], [-rad2], [-halfLen])  ...
                          ([rad2], [rad2], [-halfLen])   ...
                          ([-rad2], [rad2], [-halfLen])
; set the wall resolution strategy to full and set the cutoff angle for
; proximity contacts
wall resolution full
wall attribute cutoff-angle 20

; set the ball modulus and generate a cloud of balls with arbitrary overlap
[ballemod = 1. 0e8]
ball distribute box [-rad] [rad] [-rad] [rad] [-halfLen] [halfLen] ...
                    porosity 0. 3 radius 0. 05 0. 1 ...
                    range cylinder end-1 (0, 0, [-halfLen])end-2 (0, 0, [height])...
                        radius [rad * 0. 95]

; set the ball attributes
ball attribute density 2600 damp 0. 8
; set the default contact behavior-
; the deformability method sets properties of the
; linear portion of the contact model
contact cmat default model linearpbond method deformability ...
                    emod [ballemod] kratio 1. 0
; allow the balls to rearrange,
; nulling the linear and angular velocities every 100 cycles
model cycle 1000 calm 100

; provide some friction to kill additional energy
; and apply this to all of the contacts
contact cmat default model linearpbond method deformability ...
                    emod [ballemod] kratio 1. 0 property fric 0. 3
contact cmat apply
; solve to a small average ratio
model solve ratio-average 1e-8

; bond the ball-ball contacts
contact method bond gap 1. 0e-2 range contact type 'ball-ball'
; change the existing contact properties
; so that the linear force is incremental and
; supply strength
contact property lin _ mode 1 lin _ force 0 0 0 pb _ ten 2e5 pb _ coh 2e6
; set the stiffness of the parallel-bond portion of the contact model
contact method pb _ deformabilityemod [ballemod] kratio 1. 0 ...
        range contact type 'ball-ball'
```

```
; this set of operations removes all ball velocities
; and all contact forces in the model
; so that the specimen is completely stress free and bonded
model calm
ball fix velocity spin
model cycle 2
ball free velocity spin

; free the nodes in the middle section of the sleeve
; while keeping the top and bottom edges fixed
structure node free velocity rotation range group 'middle'

; function for calculating stress and strain as the platens are displaced
; these values will be recorded as a history
; first find the top and bottom platens
[platenTop = wall. find('platenTop')]
[platenBottom = wall. find('platenBottom')]
; define some variables for the calculation
[failureStress = 0]
[currentStress = 0]
[failureStrain = 0]
[area = math. pi() * rad^2. 0]
; 定义应力 FISH 函数以测量应力和应变
fish define stress
    local topForce = math. abs(comp. z(wall. force. contact(platenTop)))
    local botForce = math. abs(comp. z(wall. force. contact(platenBottom)))
    currentStress = 0. 5 * (topForce + botForce)/area
    stress  = currentStress
    strain = (height-(comp. z(wall. pos(platenTop))-...
                comp. z(wall. pos(platenBottom))))/height * 100
    if failureStress < = currentStress
        failureStress = currentStress
        failureStrain = strain
    endif
end

; 定义 halt FISH 函数用来当压板发生移位且材料破坏时停止循环
fish define halt
    halt = 0
    if currentStress < failureStress * 0. 85
        halt = 1
    endif
```

```
end


; 定义 FISH 函数以逐渐增加各向同性围压，以使黏结材料在加载过程中不会破裂
fish definerampUp(beginIn, ending, increment)
    command
        ball attribute displacement (0, 0, 0)
        structure node initialize displacement (0, 0, 0)
    endcommand
    begin = beginIn
    loop while (math.abs(begin)< math.abs(ending))
        begin = begin + increment
        command
            ; apply the confining stress
            structure shell apply [begin] range group 'middle'
            ; apply the same confining stress on the platens
            wall servo force (0, 0, [begin * area])activate true ...
                range name 'platenTop'
            wall servo force (0, 0, [-begin * area])activate true ...
                range name 'platenBottom'
            model cycle 200
            model calm
        endcommand
    endloop
    command
        ; once the stress state has been installed cycle and turn off the servo
        ; mechanism on the walls
        model cycle 1000
        wall servo activate false
        wall attribute velocity (0, 0, 0)range name 'platenTop'
        wall attribute velocity (0, 0, 0)range name 'platenBottom'
    endcommand
end
; set the platen velocity
[platenVel = 0.000003]


; save the model for future use, including these FISH utility function, before
; any confinement has been applied
model save 'beforeApplication'
; ---------------------------------------------------------------------
; test 1: perform a UCS test on the specimen
structure shell delete
wall attribute velocity-z [-platenVel] range name 'platenTop'
wall attribute velocity-z [platenVel] range name 'platenBottom'
```

```
ball attribute displacement (0, 0, 0)
fish history @stress
fish history @strain
model solve fish-halt halt
model save 'ucs'
[io. out(string(failureStress) + 'Pa ')]
[io. out('at' + string(failureStrain) + '% strain')]


; --------------------------------------------------------------
; test 2: perform a triaxial test with isotropic confining stress 1e4
model restore 'beforeApplication'
@rampUp(0, -1e4, -1e3)
model save 'to1e4'
wall attribute velocity-z [-platenVel] range name 'platenTop'
wall attribute velocity-z [platenVel] range name 'platenBottom'
ball attribute displacement (0, 0, 0)
structure node initialize displacement (0, 0, 0)
fish history @stress
fish history @strain
model solve fish-halt halt
model save 'triaxial1e4'
[io. out(string(failureStress) + 'Pa ')]
[io. out('at' + string(failureStrain) + '% strain')]


; --------------------------------------------------------------
; test 3: perform a triaxial test with isotropic confining stress 5e4
model restore 'to1e4'
@rampUp(-1e4, -5e4, -1e3)
model save 'to5e4'
wall attribute velocity-z [-platenVel] range name 'platenTop'
wall attribute velocity-z [platenVel] range name 'platenBottom'
ball attribute displacement (0, 0, 0)
structure node initialize displacement (0, 0, 0)
fish history @stress
fish history @strain
model solve fish-halt halt
model save 'triaxial5e4'
[io. out(string(failureStress) + 'Pa ')]
[io. out('at' + string(failureStrain) + '% strain')]


; --------------------------------------------------------------
; test 4: perform a triaxial test with isotropic confining stress 1e5
model restore 'to5e4'
```

```
@rampUp(-5e4，-1e5，-1e3)
model save 'to1e5'
wall attribute velocity-z [-platenVel] range name 'platenTop'
wall attribute velocity-z [platenVel] range name 'platenBottom'
ball attribute displacement (0，0，0)
structure node initialize displacement (0，0，0)
fish history @stress
fish history @strain
model solve fish-halt halt
model save 'triaxial1e5'
[io. out(string(failureStress) + 'Pa ')]
[io. out('at' + string(failureStrain) + '% strain')]
```

9.7 结论

为求得最新理论水平和分析效率之间的平衡，连续-非连续介质力学耦合分析技术是近年来岩土工程计算领域的热点方向之一。本章总结了基于 FLAC-PFC 方法的耦合分析技术的发展历程，讨论了早期方法的基本原理和不足，以及最新方法在关键技术环节的优化升级，并通过四个算例说明了最新连续-非连续耦合技术的实现方法。

● PFC 4.0 程序于 2005 年提供的 FISH 功能包形成了 FLAC-FPC 耦合计算方法的理论雏形。不过，该方法在架构设计、易用性及解决问题的通用性等环节尚存在较大缺陷。

● PFC 6.0 采用了代表技术前沿的架构设计，实现了基于 FLAC-PFC 开展连续-非连续介质力学耦合分析的整合平台；同时对可参与耦合分析的 FLAC 或 PFC 模型要素类型进行了丰富和拓展，极大提升了该耦合分析方法对实际应用问题的解决能力，将在大型岩土工程的局部的细观复杂力学特性描述及变形稳定性机制等高端前沿研究中发挥其强大技术优势。

第 10 章 PFC 模拟水力压裂在煤层中的应用

10.1 水力压裂的研究背景

　　水力压裂是因水压力的抬高而在岩体或土体中引起裂缝产生与扩展的一种物理现象，是高压水流或其他液体将岩体内已有的裂纹、孔隙等驱动、扩展、贯通等物理现象的统称（黄文熙，1982）。水力压裂这一名词最初起源于石油、天然气的开采实践中，水力压裂技术最早于 1947 年在美国堪萨斯州获得试验成功，其作为一种破裂岩体的有效技术在石油、页岩气、煤层气等资源的开采方面发挥着重要的作用，且经过半个多世纪的发展，目前已广泛应用于低渗透资源的开发利用中（图 10-1）。因岩体中往往存在大量的例如节理、裂隙、断层等宏观非连续结构面，这些结构面为地下水提供了广泛的赋存及运移空间，因此岩体工程很可能会遇到水力压裂问题。

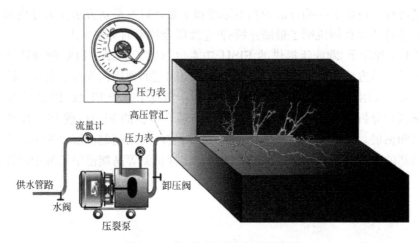

图 10-1　井下压裂系统布置示意图

　　水力压裂同时也是应用于地应力测量的一种非常成熟的技术，Hubbert & Willis（1957）在岩体工程实践中发现了破裂压力与地应力之间的关系，Haimson & Fairhurst（1967）利用这一发现进行了地应力的测量。1980 年 10 月我国地质勘测人员在河北易县首次采用水压致裂方法进行了地应力的测量工作（石森，1981），长江科学研究院提出了在三个不同方向的钻孔中进行水压致裂以测量地应力的方法（刘允芳，2003）。目前，水力压裂技术已被广泛应用于地基加固（陈进杰和王祥琴，1995）、核废料地下处置（Souley 等，2001）、地下注浆（Morgenstern & Vaughan，1963；Wong & Farmer，1973）、环境保护（Murdoch & Slack，2002）等众多行业领域。

　　20 世纪 60 年代，苏联将水力压裂技术作为一种煤层卸压增透手段引入煤矿，开始进行煤矿井下水力压裂试验研究。1965 年煤炭科学研究总院沈阳研究院（原煤炭科学研究总院抚顺分院）在全国首次将水力压裂技术应用在煤层强化抽放瓦斯领域，通过地面钻孔对煤层实施压裂，并进行了现场试验，取得了显著效果。随后，水力压裂技术逐渐发展成为煤层气（瓦斯）开发所采用的一种主要技术方法。由于我国煤储层的渗透率较低，水力压裂的质量直接关系到煤层气的产量，所以研究水力压裂的压裂过程有着十分重大的意义。随着常规油气资源的日益减少，作为清洁能源之一的煤层气，其勘探开发越来越受到世界各国的重视。利用水力压裂技术进行煤层气资源开发，一方面可以消除矿井瓦斯灾害隐患，另一方面将抽放的瓦斯加以利用可以变废为宝（伊向艺等，2012）。

但是，水力压裂作用也会给岩体工程带来非常严重的灾害，在水利工程中水力压裂往往是造成大坝漏水甚至失事的一个重要原因，例如美国的 Teton 坝（Sherard，1987）、法国的 Malpasset 拱坝（Londe，1987）、英国的 Balderhead 坝（Vaughan et al.，1970）、挪威的 Hyttejuvet 坝（Kjaernsli & Torblaa，1968）等多起大坝失事，以及许多深埋地下隧道、洞室的开挖而导致的大量涌水等均是由于高压水的渗透作用造成的。在矿山地下开采中往往会遇到高压含水层，当开采工作面靠近高压含水层时，高压水可能压裂岩体突入工作空间而造成重大事故。

在过去的几十年中，研究者付出了极大努力来通过数值方法了解水力压裂问题的机理。有限元法（FEM）和边界元法（BEM）已被用于模拟复杂地层中的水力压裂（Papanastasiou，1997；Vychytil & Horii，1998）。刘伟（2005）在考虑导流能力沿裂缝方向变化的条件下，在 Laplace 空间对有限导流垂直裂缝压力动态分布进行了详细讨论，同时应用边界元方法进行了数值求解。连志龙（2007&2009）& Zhang et al.（2010）利用有限元软件 ABAQUS 构建了三维非线性有限元水力耦合模型，并使用此模型对大庆油田一个水平井的分段压裂过程进行了数值模拟研究。结合有限元和无网格方法的耦合算法，Wang et al.（2010）模拟了考虑外力和液压作用下的压裂裂纹的动态传播。Aghighi & Rahman（2010）采用有限元数值模型模拟了完全的气液耦合并研究了重复压裂的致密气储层的应力变化。Zhang et al.，（2010）利用二维边界元模型模拟了近井筒的裂缝迂曲问题。盛茂 & 李根生（2014）基于扩展有限元，利用积分法来数值求解裂缝尖端的应力强度因子，利用最大能量释放率准则判定裂缝的扩展及方向，从而构建了水力劈裂模型，该模型无须预设裂缝的扩展方向，作者采用该模型进行了数值模拟并与室内试验结果进行了对比分析。王小龙（2017）研发了二维扩展有限元水力压裂程序 Matlab-XFEM，可以模拟各向同性岩石和正交各向异性岩石中裂缝的起裂和扩展，多条裂缝同时扩展，水力裂缝与天然裂缝相互作用以及复杂缝网的形成过程。

Fairhurst et al.（2007）指出完整岩石与不连续面之间裂缝形成过程是非常复杂的，很难用连续介质的观点去考虑。非连续变形数值方法能够抓住完整岩石破裂以及不连续面滑动的本质，可以提高我们对岩体各种力学行为的理解。离散元方法作为其中的一个典型代表是研究岩体水力压裂的有效方法。Harper & Last（1990）利用离散元法研究了常速注入流体形成的裂隙，并基于此研究了天然裂缝性油藏的地质力学性质。Al-Busaidi et al.（2005）通过微震监测描绘了 Lac du Bonnet 花岗岩水力压裂的效果和性质，证实了水力压裂效果与通常连续介质力学数值模型预测的结果并不一致，而基于不连续介质力学的离散元法（DEM）的计算结果与实际效果更加接近。Souley et al.（2001）通过 DEM 提出了基于组合有限离散元技术获得的初步结果来研究流体驱动裂缝与天然岩体结构面之间的相互作用。Han et al.（2012）基于 DEM 提出了一个微观数值计算系统来模拟水力压裂和天然破裂之间的相互作用。Damjanac & Cundall（2016）基于 DEM 开发了 HF Simulator，并用来模拟节理岩体中的水力压裂。PFC2D 可以用来分析裂缝半径、累积裂缝数量和孔隙率与注入时间的增长率的变化规律，研究天然存在的裂缝对流体驱动水力压裂的影响（Wang et al.，2014 & 周炜波，2015）。

10.2 水力压裂原理及颗粒离散元模拟方法

10.2.1 水力压裂计算原理

10.2.1.1 水力压裂的破裂准则

根据不同的力学理论许多学者提出了关于岩体水力压裂的破裂准则，其中大部分是基于破裂压力而提出的。如果将岩体视为各向同性材料，采用弹性力学的基本理论可以初步获得水力压裂的判定准则，Hubbert & Willis（1957）提出了经典的水力压裂破裂压力模型［如图 10-2 及式（10-1）所示］，该理论的基本依据是当切向应力超过岩石的抗拉强度后，那么裂缝将会产生，此时圆孔内的水压力达到最大。

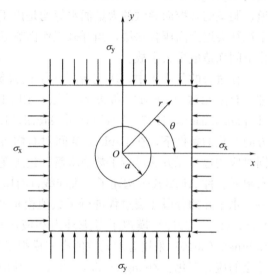

图 10-2 水力压裂模型及初始应力分布

$$p_b = \sigma_t - \sigma_1 + 3\sigma_2 - p_0 \qquad (10\text{-}1)$$

式中，σ_1 及 σ_2 分别为应力场中的最小与最大主应力；σ_t 为岩石的抗拉强度；p_0 为初始孔压。Haimson & Fairhurst（1967）在上述模型的基础上，根据比奥多孔弹性介质理论，认为当切向有效应力超过岩石的抗拉强度后将产生裂缝，由此提出了破裂压力计算的另一个模型，如式（10-2）所示，

$$p_b = \frac{\sigma_t - \sigma_1 + 3\sigma_2 - \alpha \dfrac{1-2\nu}{1-\nu} p_0}{2 - \alpha \dfrac{1-2\nu}{1-\nu}} \qquad (10\text{-}2)$$

式中，α 为比奥系数；ν 为泊松比。上述两个理论模型均是基于最大拉应力准则而提出，这些模型只考虑了圆孔孔壁处的切应力作用而忽略了铅直向及径向应力的作用。实际上当所有三向主应力均处于压缩状态时，圆孔孔壁周边是极有可能发生剪切破坏的，所以，人们开始重视基于剪切破坏的理论模型研究，阳友奎和肖长富（1993）等在常用的摩尔-库仑破坏准则的基础上，根据铅直向主应力和径向主应力大小的不同提出了两种可能发生剪切破坏的破裂压力：

$$p_{bA} = \beta + \lambda(3\sigma_h - \sigma_H)/1 + \lambda$$
$$p_{bB} = \beta + \lambda(3\sigma_h - \sigma_H)/1 - \sigma_v/\lambda$$

$$(10\text{-}3)$$

其中，
$$\beta = 2c\cos\varphi/1 - \sin\varphi$$
$$\lambda = 1 + \sin\varphi/1 - \sin\varphi$$

式中，σ_h、σ_H、σ_v 分别为最小、最大水平主应力以及铅直向主应力；c 为岩石材料的黏聚力；φ 为内摩擦角。

岩石断裂力学的发展为水力压裂问题的研究开辟了一个崭新的视角，在断裂力学理论中岩体不再被视为连续的介质体，而是由裂隙、节理等构造组合而成的介质体，国内外许多学者运用岩石断裂理论对此进行了广泛而深入的研究。Rummel（1987）以裂缝尖端的应力强度因子与材料断裂韧度参数相等来作为裂缝开裂及扩展延伸的判据，并由此提出了破裂压力的计算公式如下：

$$P_b = \frac{1}{h_0(L,r_w) + h_a(L,r_w)}\left[\frac{K_{Ic}}{\sqrt{r_w}} + \sigma_{hmax}f(L,r_w) + \sigma_{hmin}g(L,r_w)\right] \quad (10\text{-}4)$$

式中，L 为裂缝长度；r_w 为圆孔半径；K_{Ic} 为断裂韧度；h_0、h_a、g 和 f 是与裂缝长度以及圆孔半径相关的函数。卢国胜等（1998）利用线弹性断裂力学，将水力压裂问题视为 I 型裂纹断裂问题，推导了水力压裂破裂压力的表达式。袁鹏等（2013）基于断裂力学基本原理分析了深埋洞室围岩水力压裂现象，引入广义临界水压力，研究了当出现拉剪及压剪裂缝时广义临界水压力与裂缝延伸方向的关系。然而，断裂力学理论研究水力压裂还存在一定的局限性，研究一般局限于数条线形或椭圆形裂缝，而实际上岩体存在非常显著的不连续性及各向异性，其内部往往存在许多的复杂形态的裂隙，裂缝的起裂以及延伸扩展会出现分叉和贯通等现象。

损伤力学是近半个世纪以来发展起来的一门新兴学科。刘建军等（2004）通过将 Gurson 损伤模型引入到水力压裂的研究中，建立了水力压裂的损伤力学模型，并采用该模型研究了水力压裂对多孔介质的影响。Valkó & Economides（1994）利用 Kachanov 损伤模型推导了水力压裂裂缝扩展方程，并使之应用于岩石水力压裂的损伤开裂效果分析。Lyakhovsky & Hamiel（2007）在比奥孔隙弹性模型和唯象流变损伤模型的基础上提出了一个新的理论方程，分析了裂隙岩体裂缝扩展与渗流之间的耦合作用。卞康 & 肖明（2010）在 Mazars 损伤模型以及断裂力学理论的基础上构建了能够模拟衬砌开裂过程的渗流-损伤-应力耦合模型。

10.2.1.2　水力压裂中的压降方程

在水力压裂过程中，压裂液有两个作用：使用水力尖劈作用形成裂缝并使之延伸，以及在裂缝沿程输送及铺设压裂支撑剂。缝内流体的流动特性对裂缝的延伸和形态具有很大的影响，压裂液的流体性质强有力地控制着裂缝延伸的特点和支撑剂的分布与铺设。

压裂液在裂缝平面内做二维流动，裂缝则在水平和垂直两个方向上扩展，压裂液也在这两个方向上流动。由于裂缝的宽度 w 与裂缝体内另外两个方向的尺寸相比很小，即有 $w \ll (L, H)$，因此假设水力压裂的缝内流动属于多孔的两块平行板之间的层流流动，对流体按牛顿体进行研究。

根据水力压裂缝内二维流体的流动特点，缝内流体在实际的压裂流动时，由于裂缝宽度很小，流体沿裂缝宽度方向的流体速度 u_y 可近似为 0。基于这样的假设，根据 Navier-

Stokes 方程可列出压裂液在 3 个方向上的流动方程：

$$u_x \frac{\partial u_x}{\partial x} + u_y \frac{\partial u_x}{\partial y} + u_z \frac{\partial u_x}{\partial z} = -\frac{1}{\rho}\frac{\partial p}{\partial x} + \frac{\mu}{\rho}\left(\frac{\partial^2 u_x}{\partial x^2} + \frac{\partial^2 u_x}{\partial y^2} + \frac{\partial^2 u_x}{\partial z^2}\right)$$

$$u_x \frac{\partial u_y}{\partial x} + u_y \frac{\partial u_y}{\partial y} + u_z \frac{\partial u_y}{\partial z} = -\frac{1}{\rho}\frac{\partial p}{\partial y} + \frac{\mu}{\rho}\left(\frac{\partial^2 u_y}{\partial x^2} + \frac{\partial^2 u_y}{\partial y^2} + \frac{\partial^2 u_y}{\partial z^2}\right) \tag{10-5}$$

$$u_x \frac{\partial u_z}{\partial x} + u_y \frac{\partial u_z}{\partial y} + u_z \frac{\partial u_z}{\partial z} = -\frac{1}{\rho}\frac{\partial p}{\partial z} + \frac{\mu}{\rho}\left(\frac{\partial^2 u_z}{\partial x^2} + \frac{\partial^2 u_z}{\partial y^2} + \frac{\partial^2 u_z}{\partial z^2}\right)$$

式中，μ 和 ρ 分别是压裂液的黏度和密度。

由于不考虑裂缝宽度方向的流体流动，故：$u_y = 0$ $u_y = 0$。但是缝长和缝高方向的流体速度在宽度方向的速度梯度 $\frac{\partial u_x}{\partial y}$，$\frac{\partial u_x}{\partial y}$，$\frac{\partial u_z}{\partial y}$ 却很大，而 $\frac{\partial u_x}{\partial x}$，$\frac{\partial u_x}{\partial z}$ 和 $\frac{\partial u_z}{\partial x}$，$\frac{\partial u_z}{\partial z}$ 与前者相比，通常认为很小，所以上述方程可简化为：

$$\frac{\partial^2 u_x}{\partial y^2} = \frac{1}{\mu}\frac{\partial p}{\partial x}$$

$$\frac{\partial p}{\partial y} = 0 \tag{10-6}$$

$$\frac{\partial^2 u_z}{\partial y^2} = \frac{1}{\mu}\frac{\partial p}{\partial z}$$

由流体速度及边界条件可得沿 x 方向的压降方程为：

$$\frac{\partial p}{\partial x} = -\frac{12\mu q_x}{w^3} \tag{10-7}$$

沿 y 方向的压降方程为：

$$\frac{\partial p}{\partial y} = -\frac{12\mu q_y}{w^3} \tag{10-8}$$

设任意时刻压裂液注入率为 q_i，则单翼流量 $q = q_i/2$，裂缝最宽处宽度为 w_0，压力为 p_0，裂缝高度恒等于煤层厚度 h，则压降梯度可用下式表示：

$$\frac{\partial p}{\partial y} = -\frac{12\mu q}{w^3} \tag{10-9}$$

以裂缝最宽处的中心 O 为原点，沿裂纹扩展方向建立 X 轴，则与原点距离为 x 处的裂缝宽度为：

$$w = w_0 \sqrt{1 - x^2/L^2} \tag{10-10}$$

由上述两式求解，积分得：

$$p = -\frac{12\nu q L x}{h w_0^3 \sqrt{L^2 - x^2}} + c_0 \tag{10-11}$$

将边界条件 $p\Big|_{x=0} = p_0$ 代入上式，得到 $c_0 = p_0$，从而得到裂缝面上的压力分布表达式为：

$$p = -\frac{12\nu q L x}{h w_0^3 \sqrt{L^2 - x^2}} + p_0 \tag{10-12}$$

将式（10-10）代入上式得：

$$p = -\frac{12\nu qx}{hw_0^2 w} + p_0 \tag{10-13}$$

由上式可知，当节点位置接近裂尖时，缝宽 w 趋近于 0，此时压力裂缝面上的 p 将趋近于 $-\infty$，这与实际情况不符合。故一般认为裂尖附近位置裂缝面上的水压力不小于裂缝面所承受的闭合应力 σ，所以有：

$$\begin{cases} p = -\dfrac{12\nu qx}{hw_0^2 w} + p_0; & (p > \sigma) \\ p = \sigma; & (p < \sigma) \end{cases} \tag{10-14}$$

10.2.2　水力压裂数学模型

在 20 世纪 80 年代以前，大多数水力压裂裂缝扩展的模拟都是基于单裂缝延伸的情况，通常情况下因不能获得应力分布而无法准确模拟裂缝的延伸。近年来压裂水平的提高突出地表现在数学模型的发展和应用上，研究者发展和应用了水力压裂的二维模型、拟三维数值模型和全三维数值模型。简单的二维模型，事先假定了裂缝的高度，并认为裂缝的高度在压裂过程中保持不变。裂缝几何尺寸是按线弹性二维计算，流体在裂缝中的流动按一维计算。典型的二维模型有：适应裂缝长而窄，要求缝长远大于缝高的 PKN 模型；适应裂缝较短较宽，要求缝高大于缝长的 KGD 模型。在实际的压裂过程中，缝高和缝长在同时增加，不可能保证缝高保持不变，所以，人们开始了拟三维模型的实验研究，它是利用简化的三维裂缝模型的概念发展起来的，可以计算出裂缝在 X-Y-Z 方向的三维扩展。在计算方法上采用了二维的线弹性扩展或二维的流体流动，有的采用了一维的流体流动。这些模型多采用了 PKN 模型作为缝长的延伸，KGD 模型作为缝高的延伸，就是利用两个二维模型计算出三维的扩展，可以近似地预测出裂缝的几何形状。总的来说，水力压裂模拟的关键就是模拟裂缝延伸过程、计算动态裂缝几何尺寸。裂缝延伸受到了储层参数、岩石力学性质、压裂液性能和施工参数影响。压裂裂缝扩展数值模型经历了一个由简单到复杂，由二维向三维的逐步完善过程。

（1）二维模型

1）卡特面积公式

Carter（1957）假设裂缝为定缝高、等缝宽的长方体，并假设：

● 压裂液沿裂缝面垂直、线性向地层滤失；

● 滤失速度取决于该点暴露于压裂液的时间；

● 忽略流体压缩性；

● 裂缝中各点压力相同，等于井底注入压力。

取单翼裂缝为研究对象，根据物质平衡原理，注入裂缝的液量等于裂缝体积增量与滤失量之和。流量平衡方程的形式为：

$$Q = Q_l + Q_t + Q_s \tag{10-15}$$

式中，Q 为压裂液注入排量（$\mathrm{m^3/min}$）；Q_l 为在 t 时刻压裂液滤失流量（$\mathrm{m^3/min}$）；Q_t 为在 t 时刻压裂液裂缝体积增量变化（$\mathrm{m^3/min}$）；Q_s 为在 t 时刻压裂液初滤失流量（$\mathrm{m^3/min}$）。

根据 Carter 模型的几何假设，上式改写为：

$$Q = 2\int_0^t v(t-\tau)\frac{\mathrm{d}A(t)}{\mathrm{d}\tau}\mathrm{d}\tau + w\frac{\mathrm{d}A(t)}{\mathrm{d}t} + 2S_p\frac{\mathrm{d}A(t)}{\mathrm{d}t} \tag{10-16}$$

式中，$A(t)$ 为 t 时刻的裂缝面积；$v(t-\tau)$ 为压裂液的滤失速度；w 裂缝宽度；t 为压裂施工时间；τ 为某点暴露于压裂液的时间；S_p 为压裂液初滤失系数。

对于垂直对称双翼裂缝，如已知缝高为 H_f，则单翼缝长为：

$$L_1 = A(t)/2H_f \tag{10-17}$$

对于水平裂缝，裂缝半径为

$$R = [A(t)/\pi]^{1/2} \tag{10-18}$$

2）PKN 模型

PKN 模型是由 Perkins & Kern (1961) 提出的，Nordgren (1972) 加以完善。其几何模型如图 10-3（右）所示，其基本假设条件是：

- 裂缝高度为常数，垂直于缝长方向横截面为椭圆；
- 压裂液沿缝长作稳定的一维层流流动，且沿裂缝壁面线性滤失；
- 沿缝长方向的压降完全由流体的流动阻力引起，在裂缝延伸的前缘，流体压力等于地层最小水平主应力；
- t 时刻 x 断面上裂缝最大宽度与缝中净压力成正比；
- 注液排量保持恒定。

从而基于物质平衡原理，可得到流体流动连续性方程

$$\frac{\alpha q}{\alpha x} + q_l + \frac{\alpha A}{\alpha t} = 0 \tag{10-19}$$

基于弹性力学理论，可得到裂缝张开宽度方程

$$w(x,t) = \frac{2(1-\nu^2)pH_f}{E} \tag{10-20}$$

式中，q 为 x 断面的流量（$\mathrm{m^3/min}$）；A 为 x 断面裂缝横截面积（$\mathrm{m^2}$）；q_l 为 x 断面处单位长度缝长上的滤失速度 $[\mathrm{m^3/(min \cdot m)}]$；$H_f$ 为裂缝高度（m）；w 为 x 断面处裂缝中心宽度（m）；p 为 x 断面处流体净压力（MPa）。

3）KGD 模型

KGD 模型（Khristianovich, Geertsma, Daneshy）的几何假设如图 10-3（左）所示，基本假设为：

- 地层为各向同性均质地层，岩石线弹性应变主要发生于水平方向上；
- 牛顿型压裂液在裂缝中作稳定层流流动，垂直剖面上流体压力为常数，排量恒定；
- 裂缝高度为常数（储层有效厚度）；
- 地层为非渗透性地层。

根据泊肃叶（Poiseuille）理论，牛顿压裂液在裂缝中流动时的压降方程为：

$$\frac{\alpha P}{\alpha x} = -\frac{12\nu q}{H_f w^3} \tag{10-21}$$

式中，P 为应力分布函数；ν 为压裂液黏度（$\mathrm{mPa \cdot s}$）；q 为压裂液注入量（$\mathrm{m^3 min}$）；H_f 为裂缝高度（m）；w 为裂缝宽度（m）。

（2）拟三维模型

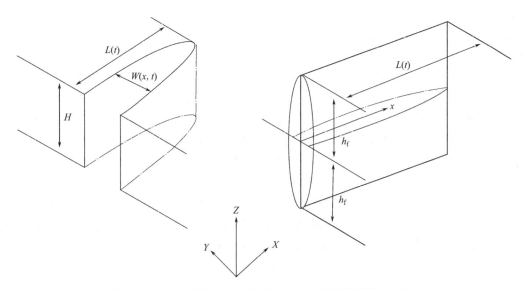

图 10-3　KGD 模型（左）和 PKN（右）模型裂缝形态示意图

　　与二维模型相比，拟三维模型能反映裂缝的三维状态，比二维模型更接近实际，同时与全三维模型相比其计算速度更快，所用时间也更短。不足之处是拟三维模型仍采用二维弹性理论推导裂缝宽度和长度方程，不能真实反映岩石的三维变形情况。

　　二维模型的一个共同点是假设裂缝的高度在裂缝扩展过程中保持恒定，因而只有当上下隔层与目标储层之间的应力差足够大，大到能够使裂缝仅在目标产层内扩展的情况下，二维模型才会与实际相符合。但是现实中的人工裂缝往往存在穿层的情况，为了考虑穿入或穿透隔层的情况，Van Eekelen（1982）用 KGD 模型解决垂向扩展问题，而用 PKN 模型解决横向扩展问题，求解过程中用分开的垂向剖面计算出裂缝的垂向高度增长，然后把求得的高度增长用于广义模型来解决裂缝的横向扩展问题，从而得到一个近似于三维的模型，称为拟三维模型。Cleary（1980）基于 PKN 模型建立了一个拟三维模型，他和 Settari（1986）用有限元差分法求解由上述模型建立的边界耦合积分方程和液体水平流动。Yew & Koelsch（1985）假设裂缝具有椭圆形水平剖面和垂直剖面的矩形几何形态，还假设缝内流体为一维流动，并认为压裂液没有占据整个裂缝体积，被压裂液填充的缝长定义为"湿长度"。Lu & Yew（1985）还提出了层状岩层中应力强度因子的计算方法。拟三维模型的优点在于它能够反映裂缝的三维状态，且比二维状态模型更接近实际，与全三维模型相比其计算速度快，所用时间少，不足之处是大都采用二维弹性理论推导裂缝的宽度方程，未能真实地反映岩石的三维变形，并且假设裂缝内的流体为一维流动，这样在裂缝垂向延伸较大的情况下是不适用的。

　　（3）全三维模型

　　全（真）三维模型是根据平衡裂缝的线弹性方程和裂缝平面内的三维流体流动发展起来的。大多使用应力强度因子和裂缝前缘的几何形状，伴之以三维流体流动来模拟裂缝的延伸过程。全（真）三维模型模拟了裂缝的垂向延伸和水平延伸，真实地反映了裂缝的几何形态，真实地反映了岩石的三维变形和缝内流体的二维流动。

　　目前，几乎所有的全三维模型都从无限大、均匀、各向同性的三维岩石变形和二维流体流动出发建立裂缝控制方程。由于裂缝宽度相对于裂缝的面积很小，因此可以假设穿过裂缝宽度的流体压力和密度变化很小，故假设裂缝在宽度方向上的流速为零，同时认为流体在裂缝中的流动为定常层流流动。假设平面椭圆裂缝的裂缝面位于一个无限大均匀各向同性介质上，Kassir & Sih（1966）从三维弹性方程出发引入位移函数，推导出在该面上作用任意载荷时裂缝附近的应力分布。Cruse（1969）利用平衡方程、Kelvin 解和 Betti 互等定理，推导出裂缝宽度和缝内压力之间的奇异积分方程。Bui（1977）和 Weaver（1977）用类似的方法得出同样的结果并给出了相应的数值解法。Clifton（1981）等按位错理论和变分原理推导出了裂缝宽度和缝内压力之间的缝宽控制方程。由于裂缝的长和高与裂缝的宽度相比很大，因此压裂液的流动在缝内也被简化成沿多孔平板的层流流动。

总之，各种数学模型在裂缝的展布形态模拟中各具特点：当裂缝长度大于裂缝高度（$H/L < 1$）时，PKN 模型和全三维模型所计算得到的井底压力和井底缝宽基本一致，但是 PKN 模型计算的裂缝长度却远远大于三维模型计算得到的结果。

与此对应，KGD 模型计算得到的弹性刚度虽然与全三维模型相差甚远，但是该模型计算得到的缝长却与三维模型的计算结果非常接近。在 $H/L < 1$ 时，拟三维模型可以取代全三维模型，其特点是计算速度快、所需时间少，现已为现场广泛采用。全三维模型的优点在于它能够详细全面地考虑流体特性和地层特性对水力压裂裂缝形态和经济产能的影响，缺点是计算程序大，程序运行时间长，所以一般用来对拟三维模型的校正和检验。

10.2.3 颗粒离散元的水力压裂模拟机理

颗粒离散元擅长从细观或微观角度进行材料断裂损伤等方面的研究与分析，尤其在岩体的破裂及裂缝扩展延伸过程的模拟方面有着独到的优势。材料的宏观力学行为受到其细观或微观结构特性的影响，例如颗粒与颗粒之间的排列方式、黏结特性、初始裂缝、颗粒的尺寸与级配分布等（Warpinski & Teufel，1987）。在运用颗粒离散元进行数值模拟研究时需要指定颗粒与颗粒之间的接触模型及其相关的细观力学特性参数，并设定一系列细观参数进行数值试验获得材料的宏观力学特性响应，同时结合断裂力学及接触力学的基本理论综合分析是研究宏观与细观问题的一种有效方法。

10.2.3.1 PFC 中的水力耦合原理

如图 10-4 所示，在 PFC2D 中通过引入"域"和"管道"来进行流固耦合的计算（Itasca，2010）。流体"域"相当于用于储水的"水库"，是由接触颗粒的接触连接线（图中绿色直线所示）所围成的多边形封闭区域，"管道"是模型中流体的运移通道，用于把各个流体"域"连接起来，通过平行板模型来表征（Shimizu et al.，2011）。

（1）流量方程

如图 10-4 所示，每一个流体"管道"实际上是一个具有一定长度及开度的平行板，流体在平行板中的流动满足立方定律，流过

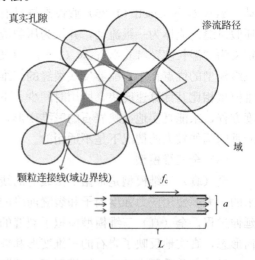

图 10-4　域与管道示意图

平行板的流量为：

$$q = \frac{a^3}{12\mu} \frac{(p_2 - p_1)}{L} \tag{10-22}$$

式中，μ 为流体的黏度系数；$(p_2 - p_1)$ 为"域"和"域"之间的流体压力差；L 为"管道"长度，其大小为"管道"两侧的颗粒半径之和。a 为"管道"孔径，通常情况下认为是裂缝的张开度，计算之前需假定一个很小的初始孔径 a_0，该孔径两侧颗粒保持黏结，之后孔径的大小按照下面的公式进行计算：

$$a = \frac{a_0 F_0}{F + F_0} \tag{10-23}$$

式中，F 为"管道"处的法向压力；F_0 为当"管道"孔径减少至初始孔径一半时的法向压力。当"管道"两侧的作用力为零或拉力时，"管道"的孔径与初始孔径 a_0 及"管道"两侧颗粒的法向位移关系为：

$$a = a_0 + mg \tag{10-24}$$

式中，g 为"管道"两侧颗粒的法向位移；m 为无量纲的位移比例乘子。

（2）压力方程

每个"域"从附近"管道"获得流量，"域"中的流体压力在计算时不断进行更新并以体积力的形式作用在"域"中的所有颗粒上。在 Δt 时间内产生的流体压力增量 Δp 为：

$$\Delta p = \frac{K_f}{V_d} \left(\sum q \Delta t - \Delta V_d \right) \tag{10-25}$$

式中，K_f 为流体的体积模量；V_d 为"域"的表观体积；ΔV_d 为"域"的体积增量；$\sum q$ 为从周围"管道"获得的流量总和。

（3）求解方法

在每一个计算步内，力学计算决定了"域"几何形状的变化，"域"的变化导致了"管道"的开度变化，进而影响到"管道"内的流量，而后"域"内压力得到更新，从而实现耦合计算。为了求出耦合计算时所需的临界时间步长，假定存在扰动压力 Δp_p，由式（10-22）可以求出由于扰动而产生的流量：

$$q = \frac{Na^3 \Delta p_p}{24\mu R} \tag{10-26}$$

式中，R 为"域"周围颗粒的平均半径；N 为连接"域"的所有"管道"的数量。利用压力方程可以得到由于流体流入而带来的响应压力变化：

$$\Delta p_r = \frac{K_f q \Delta t}{V_d} \tag{10-27}$$

当响应压力变化等于扰动压力时（即 $\Delta p_r = \Delta p_p$）可以求出流固耦合计算所需的临界时间步长：

$$\Delta t = \frac{24\mu R V_d}{N K_f a^3} \tag{10-28}$$

10.2.3.2　PFC 中裂缝扩展理论

在 BPM 模型中平行黏结用来表征完整岩石块体的黏结物，接触颗粒在发生相对运动或转动时，作用在平行黏结截面上的最大正应力与剪应力可通过式（10-28）计算获得，

由于在设置平行黏结时指定了材料强度，所以，当最大正应力超过平行黏结法向黏结强度（$\sigma_{\max} \geqslant \bar{\sigma}_c$）或最大剪应力超过平行黏结切向黏结强度（$\tau_{\max} \geqslant \bar{\tau}_c$）时，平行黏结就会发生破坏，那么在相应位置就会产生裂缝。对于有设置节理黏结强度的 SJM 模型，如果节理面上的作用力沿法向方向的分量满足 $F_n \leqslant -\sigma_c A$，则意味着黏结在受拉方向发生破坏，即在节理面裂缝张开；否则，黏结依然存在，保持不变。如果节理力沿切向方向的分量满足 $|F'_s| \geqslant \tau_c A$，则黏结在剪切方向发生断裂；否则，黏结保持不变。

$$\sigma_{\max} = \frac{-F^n}{A} + \frac{|M^s|}{I}\bar{R}$$

$$\tau_{\max} = \frac{|F^s|}{A}$$

(10-29)

煤岩存在大量的细观裂纹，这使煤岩成为一种脆性各向异性材料，并表现出明显非弹性变形。这些细观裂隙在载荷增加情况下发展成宏观裂纹，或直至破裂。而通常分析这种裂隙岩体的非线性变形可采用直接和间接方法来分析其破坏过程。间接模型运用本构关系来分析其破坏过程。大多数间接方法把裂隙岩体假设成理想均匀材料，通过一定的本构关系来反映裂隙岩体的整体强度的弱化，以这种方式来表现岩体中微结构的破坏过程。

直接方法是一种细观模拟方法，假设裂隙岩体材料是各种微结构（如弹簧、简化梁等）的集合体，或者由在接触点连接而成的颗粒组合而成，通过微结构和颗粒的破裂来代替裂隙岩体的破坏过程。直接模型通过跟踪研究微裂隙的产生和扩展来分析裂隙岩体的这种变形破坏过程。直接法开始由于计算量大，难于运用到大型的复杂变形的情况当中。这种局限性使得通过建立本构关系来解决问题的间接法一度得到了很大的发展。随着近代计算机技术的发展，使得运用直接法来模拟复杂的变形问题变得可行。这样就可以直接模拟物理微结构，从细观上研究裂隙岩体，而不用通过复杂的本构模型来模拟。

PFC 数值计算软件就是一种以颗粒流理论为基础从细观上直接模拟材料破坏的软件，将材料微细观结构与宏观力学反应联系起来。它尤其适用于那些难以通过以均匀介质为基础的本构关系来准确描述其特性的材料，如裂隙岩体这类介质材料。颗粒的黏结参数决定着初始微裂纹的位置和数量，所以微裂纹只有在连接接触模型中才能形成。两个颗粒的位置和大小决定着为裂纹产生的位置和几何尺寸。微裂纹可简化为由中心点位置、法向方向、厚度及半径参数表示的圆柱面。

主要参数如图 10-5 所示，两个颗粒 A、B 之间产生的裂纹。则裂纹厚度可表示为：

$$t_c = d - (R^{[A]} - R^{[B]}) \qquad (10\text{-}30)$$

式中，d 为两颗粒之间的距离；$R^{[A]}$ 为颗粒 A 的半径；$R^{[B]}$ 为颗粒 B 的半径。

圆柱面的中心可表示为：

$$x_i = x_i^{[A]} + (R^{[A]} + t_c/2)n_i \qquad (10\text{-}31)$$

式中，n_i 为从 $x_i^{[A]}$ 指向 $x_i^{[B]}$ 的法线方向。

圆柱面半径为：

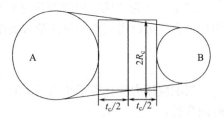

图 10-5　裂纹表示情况

$$R_c = R^{[A]} + (R^{[B]} - R^{[A]})\left(\frac{R^{[A]} + t_c/2}{d}\right) \qquad (10\text{-}32)$$

在颗粒离散元中，当接触黏结发生破坏时，则对应的颗粒间将产生裂缝。以初始裂缝尖端处产生新裂缝作为水力劈裂发生的标志。

10.3　不同节理岩体的水力压裂数值模拟

岩体是由结构体和结构面共同组合而成的复杂地质体，自然情况下的岩体由于经历反复的地质构造作用往往会形成大量的结构面，结构面的存在影响并制约着岩体的性质。如图 10-6 所示，在岩体工程实践中人们通常根据结构面的切割程度将岩体主要分为完整结构岩体、板裂结构岩体、碎裂结构岩体等。所以，本节将主要从结构面的分布形式出发，构建了包含完整岩体、水平层状、铅直柱状、正交节理以及综合岩体（RSM）在内的五类典型模型进行了水力压裂数值模拟，着重研究结构面的分布对水力压裂裂缝萌生、扩展、交叉和贯穿的影响。

(a) 板裂结构岩体

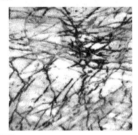

(b) 碎裂结构岩体

图 10-6　常见的岩体结构面形式

10.3.1　水力压裂数值模拟结果

按照前面所讲述的水力压裂计算流程，下面构建了能够反映自然界常见的五种典型岩体的计算模型进行数值计算。计算过程中记录不同时间裂缝分布情况、裂缝累计数目过程，并统计水力压裂过程中裂缝扩展半径的大小，裂缝扩展半径通过在注水孔附近设置一椭圆尽可能包含较多裂缝，而后量测椭圆的半轴长度来获得（图 10-7），从而可以尽可能从时间与空间上来说明裂缝的萌生、扩展规律。在裂缝扩展、延伸、张开的过程中颗粒集合体的孔隙度势必会发生一定的变化，所以采用测量圆功能（MEASURE）

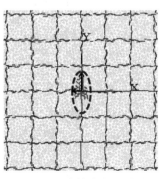

图 10-7　岩体水力压裂裂缝半径测量示意图

计算注水孔周边一定范围内的颗粒集合体孔隙度增长率随时间的变化情况，从而可以在一定程度上间接表征岩体水力压裂过程中渗透率的改变。

10.3.2 完整岩体模拟结果

首先构建了完整岩体模型进行水力压裂数值模拟，完整岩体水力压裂裂缝的空间位置分布以及裂缝的倾角与数目统计情况如图 10-8 及图 10-9 所示，可以看出，对均质、无节理的完整岩体进行水力压裂模拟，最终会获得一条较为完整、连续且几乎没有分叉的裂缝。

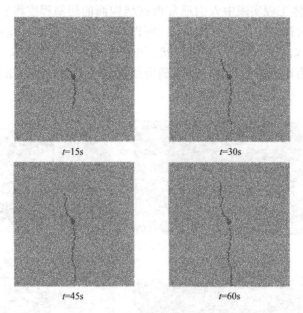

图 10-8 完整岩体裂缝扩展及分布

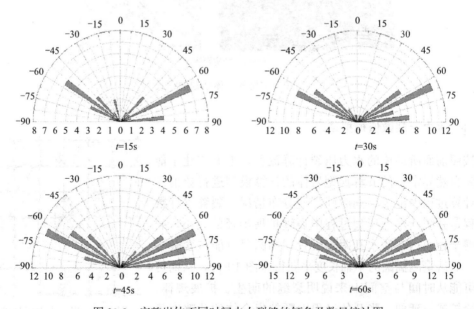

图 10-9 完整岩体不同时间水力裂缝的倾角及数目统计图

（倾角从水平面向下顺时针转动为"正"）

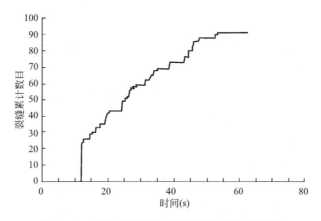

图 10-10　完整岩体裂缝累计数目时间过程曲线

从图 10-10 所示的完整岩体裂缝累计数目时间过程曲线可以看出，在水力压裂初始阶段由于水压力较低裂缝并没有很快形成，大约在 $t=12s$，裂缝在中央注水孔附近逐渐开始萌生、聚集，随后裂缝沿纵向方向均匀扩展，在 $t=30s$ 时已经形成一条扩展方向明确的连续裂缝，与此同时裂缝累计数目也基本上呈现出线性变化规律，裂缝的倾角主要在 $60°\sim90°$ 之间（图 10-9），即裂缝基本上沿着平行于竖直向主应力的方向扩展，$t=60s$ 时整个计算模型已基本裂穿。完整岩体水力压裂数值模拟结果与大多数水力压裂物理试验结果以及经典的弹性力学理论所反映的规律是一致的。由于完整岩体中裂缝均匀且无分叉地向两端扩展，因而裂缝半径以及注水孔附近的孔隙度变化率也几乎随时间呈现出均匀线性递增的变化规律（图 10-11 及图 10-12）。

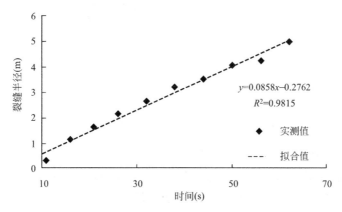

图 10-11　完整岩体裂缝半径-时间过程曲线

10.3.3　层状节理岩体模拟结果

层状节理岩体是在漫长的地质作用过程中逐渐形成的具有层状结构的岩体，这类岩体具有典型的强度和变形各向异性的特征。所以，本章构建了简单的层状岩体模型，水平节理贯通整个模型，节理间距为 1m。图 10-13 及图 10-14 所示为层状节理岩体水力裂缝的扩

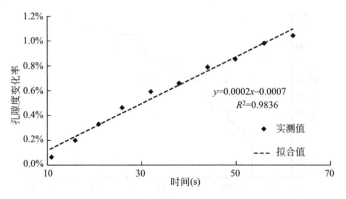

图 10-12　完整岩体孔隙度变化率-时间过程曲线

展分布以及裂缝的倾角与数目统计图。

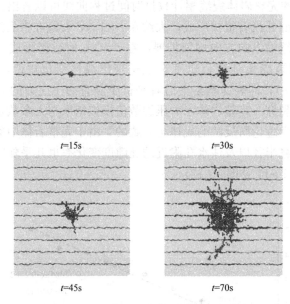

图 10-13　层状节理岩体裂缝扩展及分布

可以看出，在初始阶段裂缝主要分布在注水孔附近且裂缝向四周不断萌生、扩展，没有出现与完整岩石相类似的一整条连续裂缝。其主要原因是注水孔附近存在水平向的贯穿节理面，该节理面的存在构成一个完整的裂隙通道。其作用相当于"支流"，将注水孔附近的水流分散开来，所以在沿着竖直向应力的方向上流量急剧减少，孔压也相应降低，因而在此方向上难以较快形成较为完整且扩展方向明确的裂缝。所以，在注水初期裂缝主要在水平节理面上以及注水孔周边延伸和扩展。

随着流体的不断补充注入，裂缝的扩展逐步开始发生一定变化，裂缝除了沿横向及注水孔附近径向扩展，同时开始向着平行于竖直向主应力的方向不断发展，如图 10-15 所示的局部放大图，$t=30s$ 时纵向裂缝已基本上连通最靠近注水孔的上下两个节理面，并逐渐形成与实际页岩及煤层水力压裂较为类似的"Ⅰ"形或"T"形裂缝。被连通的节理面在流体压力的作用下不断张开、横向裂缝不断向外扩展，同时纵向裂缝也缓慢向外延伸。但

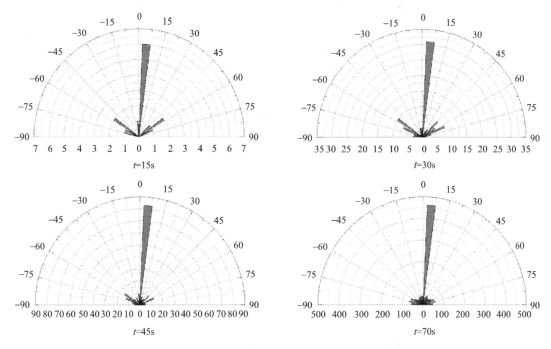

图 10-14　层状节理岩体不同时间水力裂缝的倾角及数目统计图

是绝大多数的裂缝为横向裂缝（图 10-15），在 $t = 70\,\text{s}$ 时基本上所有节理面上都形成了横向裂缝，且最长的横向裂缝已基本贯穿整个模型，同时注水孔附近的岩体被充分压碎、裂缝密集。

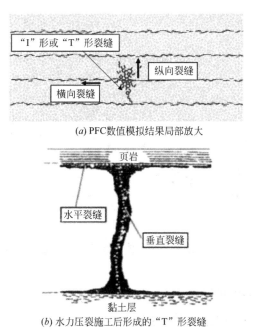

图 10-15　"Ⅰ"形或"T"形裂缝局部放大图

如图 10-16 所示，裂缝数目在初期基本上线性增长，随后由于多个节理面被连通横向裂缝快速扩展，裂缝数目随之快速增加，尤其在 $t=60s$ 后裂缝数目开始陡增，显然该时刻岩体模型已基本破坏。图 10-17 所示为裂缝半径随时间的变化曲线，可以看出，纵向与横向裂缝的半径基本上随时间呈现出二次函数式的增加，并且横向裂缝的扩展速度快于纵向裂缝，主要是由于水平方向上分层界面明显，界面处胶结力弱，很容易撑开交界面，使裂缝沿水平向扩展，而裂缝突破界面两侧岩体向外延伸能力则相对较弱。随着裂缝的大量出现，注水孔周边的孔隙度较之完整岩体也有了较大幅度的提高（图 10-18），呈现出与裂缝累计数目相一致的变化规律。所以，对于具有明显分层特性的岩体来说，地应力与结构面对其裂缝的发展及空间分布均有影响，但结构面特性可能起着决定性的作用。

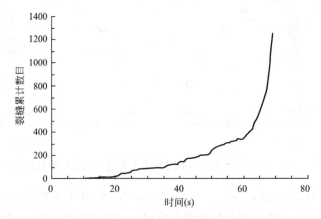

图 10-16　层状节理岩体裂缝累计数目-时间过程曲线

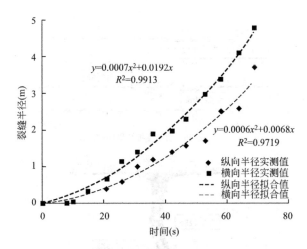

图 10-17　层状节理岩体裂缝半径-时间过程曲线

10.3.4　柱状节理岩体模拟结果

柱状节理岩体是由完整坚硬的岩石块体和呈现出规则或者不规则铅直节理面所组成的介质体，柱状玄武岩、流纹岩、安山岩等都是柱状节理岩体的典型代表，例如位于我国西南的金沙江白鹤滩水电站坝址区就是典型的柱状玄武岩地质构造（图 10-19）。所以，本节

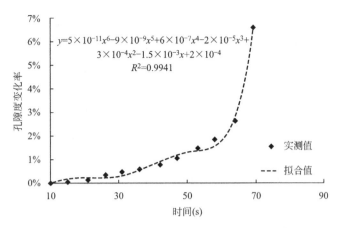

图 10-18　层状节理岩体孔隙度变化率-时间过程曲线

构建了简化的二维柱状节理岩体模型进行水力压裂计算，模拟的裂缝分布形态以及裂缝的倾角与数目统计如图 10-20 及图 10-21 所示。

图 10-19　柱状节理的野外分布特征

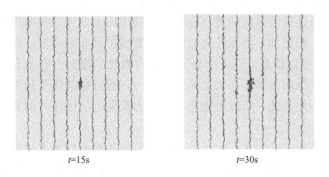

图 10-20　柱状节理岩体裂缝扩展及分布（一）

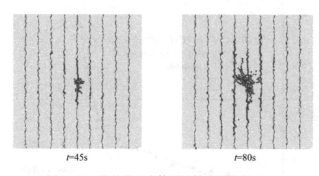

$t=45s$ $t=80s$

图 10-20　柱状节理岩体裂缝扩展及分布（二）

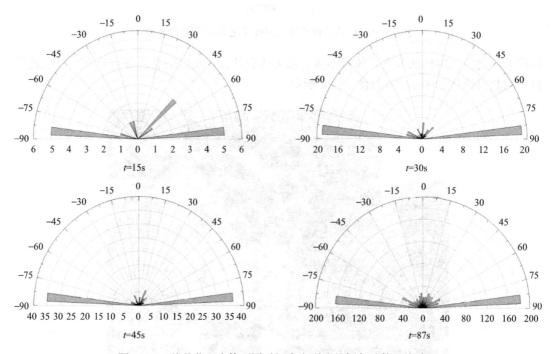

图 10-21　柱状节理岩体不同时间水力裂缝的倾角及数目统计图

从图 10-21 所示的裂缝累计数目-时间过程曲线可以看出，在大约 $t=10s$ 时模型开始起裂，裂缝开始产生并缓慢扩展。如图 10-20 所示，当 $t=15s$ 时可以看出在模型中部沿着节理面已经形成一条连续的纵向裂缝，在水压力的作用下该裂缝将节理面不断张开，裂缝从中心向上下两侧不断延伸，注水孔周边沿横向裂缝扩展非常缓慢，但是从 $t=30s$ 及 $t=45s$ 的裂缝分布图中可以看出，靠近中心节理面两侧的节理面上亦分布有零星的裂缝，其主要原因是模型沿着纵向方向施加的是最大主应力，而且黏结强度较低的节理面沿着纵向分布，其又靠近中心注水孔，所以可能会在地应力及附近流体压力的共同作用下发生张拉破坏而产生裂缝。

随着流体的不断注入，注水孔附近的岩体不断被压碎而聚集大量的裂缝，当注水孔附近的横向裂缝延伸至最靠近中心处两侧的纵向节理面时，节理面会引导其沿面上扩展，从而产生的横向裂缝会转移到相邻纵向节理面继续扩展（图 10-22）。从图 10-21 所示的裂缝倾角与数目的统计图中可以看出，在计算过程中绝大多数的裂缝为纵向裂缝，其约占裂缝总数目的 70%以上。计算结束后水力压裂形成的裂缝大致呈现出一个类似矩形的窄带状分布（图 10-22），所以，对于柱状节理岩体来说水力压裂裂缝的形成及分布主要由结构面决定。

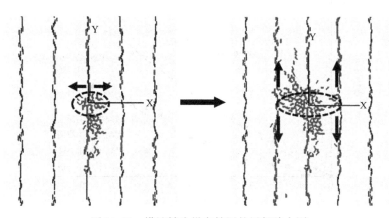

图 10-22　横缝转为纵向扩展的局部放大图

如图 10-23 所示，在水力压裂裂缝的扩展过程中，裂缝累计数目在 $t=55s$ 前基本上呈线性递增规律，在 $t=55\sim80s$ 期间快速增长，主要是由于中心附近横向裂缝转为纵向扩展，纵向节理面被连通后裂缝迅速张开并向两端扩展，尤其是临近纵向裂缝贯穿模型前，裂缝累计数目骤增。

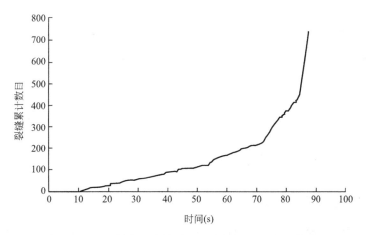

图 10-23　柱状节理岩体裂缝累计数目-时间过程曲线

根据计算过程中统计的裂缝半径随时间的变化曲线，对所获数据进行曲线拟合可以大致获得裂缝扩展随时间的演化规律，如图 10-24 所示，纵向裂缝的扩展速度明显高于横向裂缝，纵向裂缝基本上符合三次函数式的递增规律，而横向裂缝近似符合二次函数或是线性的变化规律，裂缝在水力压裂模拟的后期（约 20s）裂缝长度的增加量基本接近前期 60s 的增加量，这些特点与裂缝分布及裂缝累计数目所反映出来的规律是相一致的。柱状节理岩体在水力压裂过程中孔隙度增加率与层状节理岩体的变化是类似的：在模拟前期基本上为零，中期逐渐增加，后期破坏前开始急剧上升，最终的孔隙度增长率均有 6% 左右（图 10-25）。

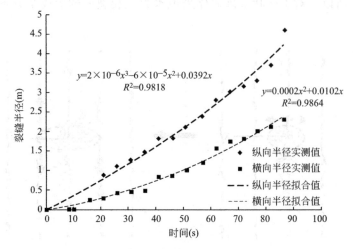

图 10-24　柱状节理岩体裂缝半径-时间过程曲线

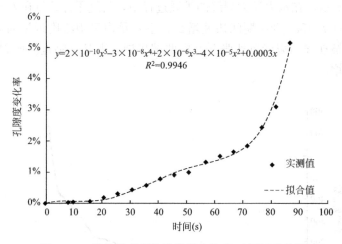

图 10-25　柱状节理岩体孔隙度变化率-时间过程曲线

10.3.5　正交节理岩体模拟结果

在实际工程中会经常遇到呈现出块状碎裂结构的岩体，其特点是切割岩体的结构面是非常规则的，结构面组数多并且许多都呈现出镶嵌状结构，大多分布在具有强烈地质构造的硬脆性岩体中。所以，这里采用一系列简化的正交节理来切割岩体形成碎裂状的岩体结构，即在已经构建的完整岩体模型的基础上设置一系列相互正交的 SJM 模型可以形成如图 10-26 所示的模型。

从水力压裂计算的裂缝分布结果可以看出，与之前的两个节理岩体模型类似，在初始阶段裂缝主要沿着注水孔处的横向与纵向节理面上萌生、扩展（如图 10-26 中 $t=15s$ 所示），在 $t=30s$ 时注水孔附近的横向与纵向节理面上已经形成"十字形"的完整连续裂

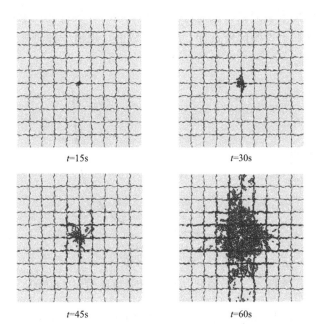

图 10-26　正交节理岩体裂缝扩展及分布

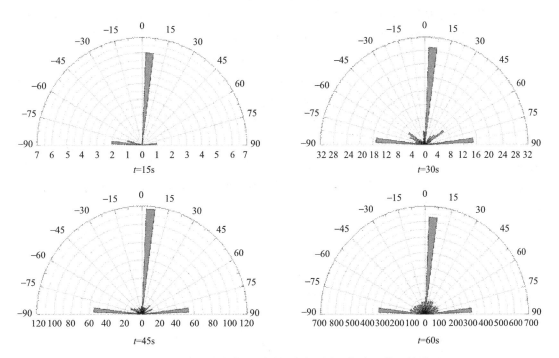

图 10-27　正交节理岩体不同时间水力裂缝的倾角及数目统计图

缝，随着流体的不断注入，裂缝数目不断增加，节理的存在对水力压裂裂缝的形成不断发挥着"引导"作用。与此同时，在水压力的作用下节理面上的裂缝向节理面两侧发展，节理面两侧的完整岩石块体逐渐开始发生破裂，当注水时间 $t=45\text{s}$ 时，注水孔附近的完整岩体已经产生大量的裂缝，且沿着横、纵两个方向节理面上已各自形成 3 条连续裂缝，此时在水压力的持续作用下裂缝数目快速增长（图10-28），裂缝在注水孔附近不断地径向扩展，同时在附近节理面上不断向外延伸，裂缝大致上呈现出一种对称式的发展。

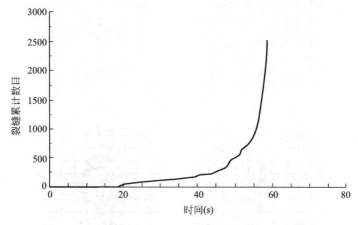

图 10-28　正交节理岩体裂缝累计数目-时间过程曲线

当注水时间 $t=60s$ 时，可以看出在整个模型的中心区域形成了一个相对对称而完整的压裂区，裂缝沿注水孔周边、横向与纵向节理面上连续分布。中心附近的节理面裂缝贯穿整个模型，且裂缝长度由中心向两端递减，大体上呈现出一种菱形式的分布。从图10-27 所示的裂缝倾角与数目的统计图中可以看出，在水力压裂过程中绝大多数的裂缝为横向裂缝及纵向裂缝，且横缝与纵缝的数目相当，二者的总和约占裂缝总数目的 70％以上。

从图10-29 所示的裂缝半径时间过程曲线可以看出，整个模型纵向与横向压裂区的裂缝半径基本上符合二次函数式的增长规律，横向裂缝基本上与纵向裂缝保持相同的增长速度，主要是因为裂缝在空间上沿横向与纵向呈现出一种对称式的扩展。压裂过程中随着裂缝的不断张开及向外延伸，注水孔周边的孔隙度有了一定的提高，并且基本上随时间呈三次函数式的增长（图10-30），其最终的孔隙度增长率约为 16％，其较之于前述的三种模型孔隙度有了很大的提高，主要是因为该模型增加了更多的规则节理面，从而使得裂缝均匀对称且更利于其延伸、扩展。

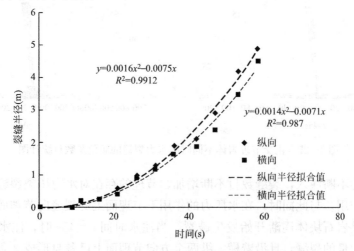

图 10-29　正交节理岩体裂缝半径-时间过程曲线

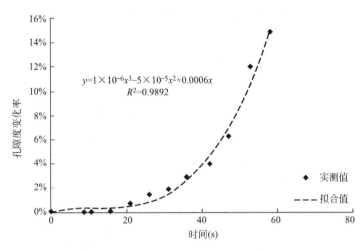

图 10-30　正交节理岩体孔隙度变化率-时间过程曲线

10.3.6　综合岩体模拟结果

前面内容所述的节理岩体模型的结构面都是比较简单、有规律的，都具有明显的成层结构特性。但是，众所周知，岩体是一个经历长久地质作用而形成的复杂介质体，岩体内往往存在着大量随机分布的不连续结构面并且往往大小不一，产状存在一定随机性，这使得岩体具有十分明显的结构特性。不连续结构面在空间的相互切割会形成一系列复杂的裂隙网络，从而使岩体变为非均匀、非连续的结构体，其变形及强度特性变得更加复杂。近年来，采用离散化裂隙网络（DFN）已成为一种研究裂隙岩体特性的有效手段（参考第 1章 1.2.3.3）。所以，本节将采用 DFN 技术生成裂隙网络，其中裂缝的长度服从二次幂函数分布规律，最小长度为 0.5m，最大长度为 10m，裂缝的倾角在 $-90°\sim90°$ 之间均匀分布，裂缝的中心位置亦服从均匀分布，从而可生成 150 条随机裂缝。完整岩块采用 BPM模型，随机裂缝采用 SJM 模型，将这些随机裂缝加入到完整岩体中以后就可以构建出能够反映裂隙岩体特性的具有统计规律的综合岩体模型（SRM）。

将上述综合岩体模型进行水力压裂模拟，最终可以得到如图 10-31 所示的裂缝分布图。在水力压裂初始时，注水孔周边岩体相对完整，不存在贯通注水孔的裂隙，因而裂缝主要是由于完整岩石块体破裂所产生的，且裂缝主要沿着纵向扩展，在 $t=15s$ 时纵向裂缝上端已基本连通距其最近的一条天然裂隙，当水力裂缝与天然裂缝连通后，裂缝基本上全部沿天然裂缝面延伸扩展，当 $t=30s$ 时，最靠近注水孔的多条裂隙已被连通且已形成多条连续分布的裂缝（图 10-31）。与此同时，注水孔附近的完整岩块在注入流体的持续作用下不断发生破裂，继而越来越多的天然裂缝被连通，流体沿着各个裂隙面流动，在水楔作用下裂缝不断张开并向远处不断扩展。最终在 $t=60s$ 时可以看到在模型中心分布有一大片压裂区，压裂区以外形成了复杂的水力压裂裂隙网络，裂缝交织、分叉随处可见。从图 10-32 所示的裂缝倾角与数目的统计图中可以看出，与之前的几种模型不同，该模型在水力压裂过程中沿各个倾角方向裂缝的数量分布并没有那么集中，而是相对均匀，但是在有些倾角情况下其裂缝数目相对较多，主要是由于该模型中存在数条连通性较高、长度较长的优势节理，从而使得裂缝更趋向于在这些倾角范围内扩展。

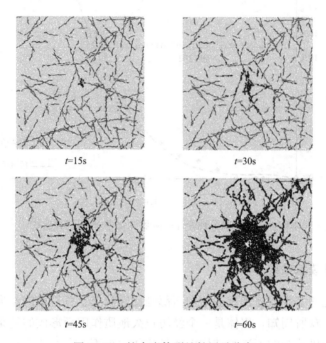

图 10-31　综合岩体裂缝扩展及分布

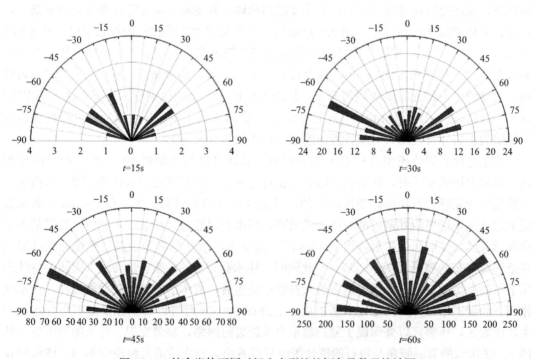

图 10-32　综合岩体不同时间水力裂缝的倾角及数目统计图

　　根据如图 10-33 所示的裂缝累计数目曲线可以看出，其变化规律与之前的模型类似，裂缝的增长速度随时间不断加快，临近破坏时裂缝数目陡升。在水力压裂过程中横向与纵向裂缝半径-时间过程曲线都大致呈现出一种先快后慢的特点，主要是因为在前期水力裂缝与天然裂隙大量相交，裂缝前端不断扩展，裂缝半径增长很快，而到后期水力裂缝主要在注水孔附近形成，因而裂缝半径的增长变慢（图 10-34）。与正交节理岩体模型一样，综合岩体模型在水力压裂结束后孔隙度增长率有了很大的提高，约为 17％（图 10-35）。所以，从这些计算结果可以看出，岩体天然结构面的存在将有助于复杂裂隙网络的生成，同时也将在一定程度上增加压裂区域的孔隙度，从而间接提高了岩体的渗透特性。

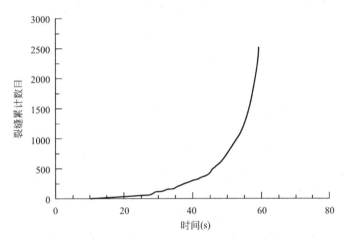

图 10-33　综合岩体裂缝累计数目-时间过程曲线

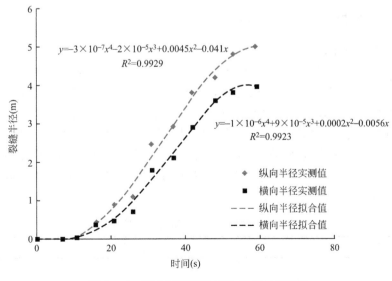

$$y=-3\times10^{-7}x^4-2\times10^{-5}x^3+0.0045x^2-0.041x$$
$$R^2=0.9929$$

$$y=-1\times10^{-6}x^4+9\times10^{-5}x^3+0.0002x^2-0.0056x$$
$$R^2=0.9923$$

纵向半径实测值
横向半径实测值
纵向半径拟合值
横向半径拟合值

图 10-34　综合岩体裂缝半径-时间过程曲线

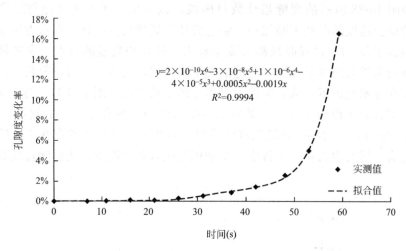

$$y=2\times10^{-10}x^6-3\times10^{-8}x^5+1\times10^{-6}x^4-$$
$$4\times10^{-5}x^3+0.0005x^2-0.0019x$$
$$R^2=0.9994$$

图 10-35　综合岩体孔隙度变化率-时间过程曲线

10.4　岩体水力压裂的影响因素研究

岩体水力压裂是高压流体不断破裂岩体、张开结构面的现象，水力裂缝的出现影响了岩体的渗透性能，作用于岩体的渗透力也随之改变，进而又会影响岩体的应力场，是一个非常复杂的水力耦合过程。因而，岩体水力压裂裂缝的起裂、扩展延伸必然会受到诸如岩体力学特性、地应力条件、流体特性、岩体结构面等一系列复杂因素的影响。上一节主要研究了岩体结构面对水力压裂裂缝扩展的影响，本节将构建几种不同的水力压裂计算模型进行数值模拟，着重从岩体所处地应力条件、岩体力学特性以及流体性质等几个方面对岩体水力裂缝的延伸扩展及分布规律进行探索及研究。

10.4.1　地应力条件对水力压裂的影响

地应力是指赋存于地层中未受扰动的天然应力，也被称为原岩应力或初始应力，地应力的特性对水力压裂裂缝的起裂、延伸方向、扩展长度等起着非常重要的作用。所以，本节将采用前一节中具有典型代表性的完整岩体模型、正交节理岩体模型和综合岩体模型进行水力压裂数值模拟，以研究应力比、应力大小等对水力裂缝的延伸、分布的影响。模型的尺寸、接触模型细观力学特性参数和水力压裂注水条件参数等如表 10-1 及表 10-2 所示。计算过程中模型上下两道墙施加竖直向主应力 σ_y，左右两道墙施加水平向主应力 σ_x，二者之间的关系为：$\sigma_y=k\sigma_x$。具体的计算方案如表 10-1 所示，其中方案 1~5 主要研究应力比的影响，方案 6~8 及方案 2 主要研究地应力大小的影响。

应力比及地应力大小影响分析计算方案　　　　　　　　　表 10-1

方案编号	σ_y (MPa)	σ_x (MPa)	k
1	6	6	1
2	12	6	2
3	18	6	3

续表

方案编号	σ_y （MPa）	σ_x （MPa）	k
4	7	14	0.5
5	9.8	14	0.7
6	10	5	2
7	16	8	2
8	20	10	2

10.4.1.1 应力比的影响

1. 完整岩体模型

图 10-36 所示为时间 $t=30$s 时完整岩体在不同应力比条件下进行水力压裂数值模拟后的裂缝分布图，可以看出：当应力比 $k>1$ 时，裂缝基本上沿着竖直方向不断延伸扩展；当 $k=1$ 时，裂缝扩展没有固定方向，基本上沿着注水孔周边向外径向辐射扩展；当 $k<1$ 时，裂缝的扩展方向发生了改变，基本上沿着水平方向延伸。所以，对于完整岩体而言，水力压裂裂缝会沿着平行于最大主应力的方向萌生、扩展。只有当两个方向的主应力非常接近（$k=1$）时，裂缝才会沿着径向进行延伸。同时，从图中可以看出，随着应力比 k 的增大，裂缝半径也基本上随之不断增大，可见地应力 σ_1、σ_2 相差较大的岩体越容易发生水力破裂，裂缝的延伸性越强。

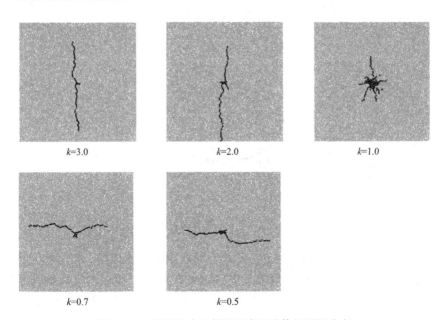

图 10-36 不同应力比情况下完整岩体的裂缝分布

根据弹性力学理论可以知道，一个处于无限体中的钻孔受到无穷远处二维应力场的作用时，其周边应力应该是：

$$\sigma_\theta = \sigma_1 + \sigma_2 - 2(\sigma_1 - \sigma_2)\cos 2\theta - p_0$$
$$\sigma_r = 0$$

（10-33）

式中，σ_1 及 σ_2 分别为应力场中最大与最小主应力；σ_θ 及 σ_r 分别为钻孔周边的切向应力与径向应力；p_0 为初始孔隙压力；θ 为周边一点与最大主应力 σ_1 的夹角。由式（10-32）可知，当 $\theta = 0°$ 时，σ_θ 取得极小值，根据最大拉应力准则，当切向应力超过岩石的抗拉强度后岩石将会被拉裂，在钻孔孔壁会出现裂缝。所以，水力压裂裂缝会沿着平行于最大主应力的方向萌生、扩展。而当 $k = 1$ 时，即 $\sigma_1 = \sigma_2 = \sigma$ 时，$\sigma_\theta = 2\sigma - p_0$，其与 θ 无关，此时在钻孔孔壁上任何位置都可能出现裂缝，因而裂缝的扩展就失去了方向性。可见，完整岩体的水力压裂数值模拟所获得的规律与理论分析是一致的。

2. 正交节理岩体模型

图 10-37 所示为时间 $t = 60\text{s}$ 时正交节理岩体在不同应力比条件下进行水力压裂数值模拟后的裂缝分布图，图中椭圆虚线为各个方案压裂区的一个大致范围（即裂缝长度），可以看出：当应力比 $k > 1$ 时，裂缝区大致为一种"竖直方向宽而水平方向窄"的椭圆形分布规律；当 $k = 1$ 时，裂缝区基本上沿着模型中心向外径向扩展，近似呈圆形式分布规律；当 $k < 1$ 时，裂缝区大致呈现为一种"竖直方向窄而水平方向宽"的椭圆形分布规律。

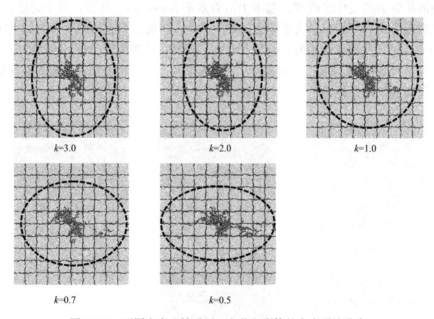

图 10-37　不同应力比情况下正交节理岩体的水力裂缝分布

对于节理岩体来说，结构面对裂缝分布形态起着决定性的作用，但是应力比对其也有着非常重要影响，主要是因为该模型节理面分布非常规律，节理面之间的间距也是相同的，所以一定程度上可以认为该模型具有各向同性的性质。因而，随着应力比的增大其裂缝的延伸扩展呈现出与完整岩体相类似的特性。同时，从图中可以大致看出，随着竖直方向与水平方向主应力差的增加，裂缝区最大裂缝半径也随之有一定程度的增加，但增加的量值很小。

3. 综合岩体模型

图 10-38 所示为时间 $t = 60\text{s}$ 时综合岩体在不同应力比条件下进行水力压裂数值计算后的裂缝分布图。同样的，通过一个椭圆将模型中的主要裂缝包含在内，可以看出：之前计算的完整岩体及正交节理岩体模型的裂缝区椭圆长轴方向平行于最大主应力，而该模型裂

缝区椭圆的方位出现了一定的偏转。当应力比 $k>1$ 时，其方向大约向左偏转约 20°左右；当 $k<1$ 时，椭圆大约向下偏转 20°；当 $k=1$ 时，裂缝区基本上为一圆形。造成这种现象的原因是该模型中存在一系列随机节理面，其大小不一、产状不定、连通率也有较大区别，这些随机节理面对水力裂缝的形成及延伸具有非常显著的作用，尤其是注水孔周边分布有四条连通率很高的优势节理（如图 10-38 中右下图所示），这些优势节理在高压流体的作用下很容易被张开进而沿节理面不断扩展延伸。所以，当 $k>1$ 时，即大主应力为竖直方向时，初始水力裂缝更容易沿节理 1 及节理 4 方向扩展；类似的，当 $k<1$ 时，大主应力为水平方向，裂缝更趋向于沿节理 2 及节理 3 方向延伸。与之前的两个模型相同，当两个方向的主应力相差越大时（即应力比 k 越大时），水力裂缝越容易扩展，相同条件下裂缝的半径也越大。

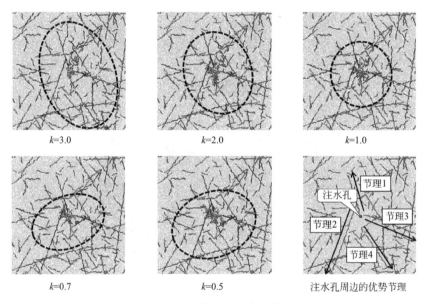

图 10-38　不同应力比情况下综合岩体的裂缝分布

综合以上几个典型模型关于地应力差异对水力裂缝的影响研究结果，基本上可以得到以下两条主要规律：①岩体所处地应力条件相差较大时，水力压裂的主裂缝主要会沿着平行于最大主应力的方向扩展，但是岩体中的结构面（尤其是优势节理或软弱结构面等）会对裂缝的起裂及走向产生很大的影响，会使裂缝区的方向发生一定的偏转；当地应力大小相差很小时，水力裂缝更趋向于沿着径向向外扩展。②相同条件下，地应力大小相差越大的岩体越容易发生水力压裂，水力裂缝的长度一般会随应力差异的增大而增大。

10.4.1.2　地应力大小的影响

为了研究岩体不同埋深条件下的水力裂缝扩展特性，这里设置了四种地应力组合方案如图 10-39 所示，其中应力比 k 取为 2，水平向主应力为 5~10MPa。图 10-39 所示为时间 $t=30s$ 时完整岩体在不同地应力条件下进行水力压裂数值模拟后的裂缝分布图，可以看出：随着水平向主应力的逐步递增，水力裂缝的长度开始逐渐减少。

图 10-40 及图 10-41 所示的正交节理及综合岩体模型也存在同样的规律，由此可见对于地应力越高的岩体来说越难出现水力压裂现象，产生的水力裂缝延伸性也会越差。这主

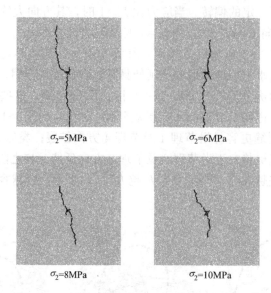

σ_2=5MPa σ_2=6MPa

σ_2=8MPa σ_2=10MPa

图 10-39 不同地应力情况下完整岩体的裂缝分布

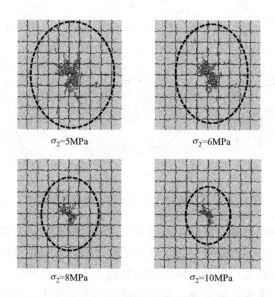

σ_2=5MPa σ_2=6MPa

σ_2=8MPa σ_2=10MPa

图 10-40 不同地应力情况下正交节理岩体的裂缝分布

要是因为地应力越高意味着岩体埋藏越深，岩体的初始裂隙越趋向于闭合，岩体的渗透率也越低。根据 Hubbert & Willis（1957）提出的均匀各向同性的完整岩体水力压裂破裂压力公式可知，地应力越高岩体破裂所需的破裂压力也会越高，因而在同等条件下，地应力越小则岩体越容易发生破裂，裂缝延伸的速度也会越快，相应的扩展半径也会越大。可见数值模拟结果所呈现的规律比较符合水力压裂的传统理论的。

10.4.2 岩体力学参数对水力压裂的影响

节理岩体力学特性与完整岩体存在显著的差别，主要表现在其强度及变形参数随结构

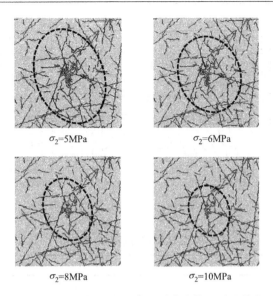

图 10-41　不同地应力情况下综合岩体的裂缝分布

面的变化表现出明显的各向异性。根据弹性力学及断裂力学理论可知，岩体的力学特性参数对岩体水力压裂影响显著，具体表现在强度参数决定着裂缝何种条件下能够起裂，变形参数控制着岩体破裂后裂缝如何扩展及其几何形态。所以，本节将在前面研究内容的基础上探讨岩体弹性模量及抗压强度对水力压裂裂缝的形成、延伸发展、位置分布等的影响。

10.4.2.1　计算方案及参数选取

1. 计算方案

在早期的研究中我们进行了单轴压缩数值试验，分析了节理面倾角及间距对岩体抗压强度及弹性模量的影响，并发现了强度参数与节理倾角及节理层间距之间的关系。由于随着节理倾角的变化，岩体的抗压强度会随之变化（周炜波，2015）。本节将采用不同倾角的层状节理岩体模型进行水力压裂的数值模拟，以研究岩体力学特性参数对水力压裂裂缝的开裂与扩展的影响。同样的，完整岩块采用 BPM 模型进行计算，节理面采用 SJM 模型进行计算，两种模型计算时所选用的细观力学参数如表 10-2 所示。岩体节理面的倾角分别取为 0°、30°、50°、70° 及 90°，节理面的层间距取为 1m，节理贯穿整个岩体模型，不同计算方案的岩体模型节理分布及模型尺寸，边界条件如图 10-42 所示。

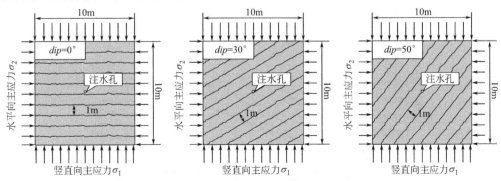

图 10-42　具有不同倾角的岩体水力压裂模型（一）

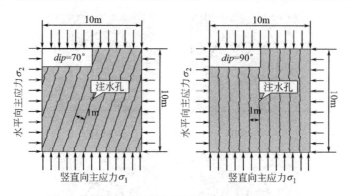

图 10-42　具有不同倾角的岩体水力压裂模型（二）

	BPM 及 SJM 接触模型力学参数		表 10-2
BPM 模型		SJM 模型	
R_{min} （m）	0.05	$\bar{k}_n$ （GPa/m）	150
R_{max}/R_{min}	1.66	$\bar{k}_s$ （GPa/m）	150
ρ （kg/m³）	2600	$\bar{\lambda}$	1.0
μ	0.7	μ	0.5
$E_c/$ （GPa）	20.0	ψ （°）	10
k_n/k_s	2.5	M	3
$\bar{\lambda}_{pb}$	1.0	σ_c （MPa）	12.0
$\bar{E}_c$ （GPa）	20.0	c_b （MPa）	12.0
$\bar{\sigma}_c$ （MPa）	35	φ_b （°）	0
$\bar{\tau}_c$ （MPa）	35		
$\bar{k}^n/\bar{k}^s$	2.5		

2. 强度及变形参数

为了得到上述五种节理倾角情况下的岩体强度及变形参数，首先将各个方案的岩体试件进行单轴压缩数值试验，其应力-应变关系曲线如图 10-43 所示，测得各个节理岩体模型的强度参数及变形参数（如表 10-3 所示）。其抗压强度值在 23.33～43.50MPa 之间变化，弹性模量值在4.66～22.05GPa 之间变化。抗压强度及弹性模量在倾角为 50°及 0°取得最小及最大值。

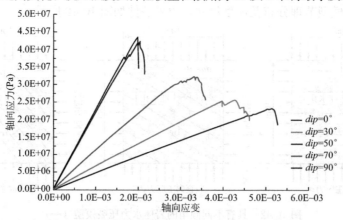

图 10-43　不同倾角的岩体试件应力-应变关系曲线

不同倾角层状节理岩体模型力学特性参数　表 10-3

模型编号	节理倾角	抗压强度（MPa）	弹性模量（GPa）
1 号	0°	43.50	22.05
2 号	30°	25.70	6.10
3 号	50°	23.33	4.66
4 号	70°	32.37	11.27
5 号	90°	42.00	21.92

10.4.2.2　强度及变形参数的影响

接着，对上述五种不同倾角的岩体模型进行水力压裂数值计算。计算结束后统计出各个岩体模型的裂缝半径如表 10-4 所示，需要说明的是为了方便结果的分析，在此对模型编号的顺序进行了调整，并根据抗压强度及弹性模量的数值按照由小到大的顺序进行排列。各个模型的水力裂缝分布情况如图 10-44 所示，从图中可以看出，各个模型水力裂缝主要局限在靠近注水孔周边的几层岩石范围内破裂、扩展，且绝大部分的裂缝沿着节理面延伸、扩展，注水孔周边的完整岩体也有一定程度上的破裂。

不同力学特性参数情况下岩体水力裂缝半径　表 10-4

模型编号	节理倾角	抗压强度（MPa）	弹性模量（GPa）	裂缝长半径（m）	裂缝短半径（m）
3 号	50°	23.33	4.66	5.69	2.94
2 号	30°	25.70	6.10	5.21	2.38
4 号	70°	32.37	11.27	4.28	1.73
5 号	90°	42.00	21.92	3.65	1.46
1 号	0°	43.50	22.05	2.61	1.25

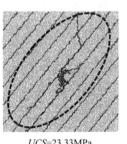
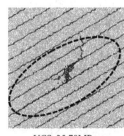
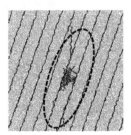

UCS=23.33MPa　　UCS=25.70MPa　　UCS=32.37MPa
E=4.66GPa　　　　E=6.10GPa　　　　E=11.27GPa

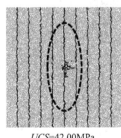
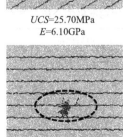

UCS=42.00MPa　　UCS=43.50MPa
E=21.92GPa　　　E=22.05GPa

图 10-44　不同强度及变形模量条件下的裂缝分布

从表10-4及图10-44可以发现：随着岩体抗压强度及弹性模量的逐步增大，裂缝的长半径从5.69m开始逐渐减小至2.61m，裂缝短半径从2.94m逐渐减小至1.25m。所以，岩体的强度及变形模量越高，同等条件下其相应的裂缝扩展半径会越小。根据岩体水力压裂的破裂准则，流体需要提供足够的能量以克服材料强度的抵抗作用方能"压裂"岩体，而岩体的强度越高意味着所需的能量越大，对流体压力的要求也会越高。所以，在相同的流量和时间条件下，强度越高的岩体其越不易发生破裂，相应的裂缝半径也会越小。岩体的弹性模量决定着岩体变形特性，弹性模量越高意味着相同荷载作用下其相应的变形或位移会越小，那么其发生破裂的可能性会越小。对于硬岩来说，其强度及变形模量往往较大，因而破裂所需的条件也会越高；相反，软岩力学参数较低，岩体容易开裂且扩展延伸的范围会较大。

10.4.3　流体性质对水力压裂的影响

在岩体水力压裂过程中，流体的特性对水力裂缝的形成及延伸具有非常重要的作用，尤其在页岩、油田和煤层等水力压裂过程中流体特性直接影响着压裂施工的成败与经济效益。流体在水力压裂过程中负责传递能量、用于张开裂缝以使岩体中形成多条导流通道，在裂缝尖端形成足够的孔压以克服地应力的作用而压裂岩体。国内外有许多学者都曾做过有关流体特性对水力压裂裂缝扩展影响方面的研究（Wang et al.，2017 & 连志龙，2009），本节将基于颗粒离散元方法，从流体的黏度特性以及初始孔压的研究角度出发，探讨分析流体特性对岩体水力压裂裂缝延伸的影响。

10.4.3.1　流体黏度的影响

流体黏度是流体性质中的一个重要方面，根据流体的一般特性其黏度值范围一般在0.001~1.0Pa·s之间，根据其黏度的大小分为低黏度、中等黏度及高黏度流体。所以，本节设计了如表10-5所示的水力压裂计算方案以研究不同流体黏度情况下的水力压裂裂缝扩展特性，水力压裂模型采用正交节理岩体模型及综合岩体模型，模拟结束后量测各个方案的裂缝扩展半径如表10-5所示。图10-45及图10-46所示分别为不同黏度条件下的正交节理岩体及综合岩体水力裂缝的分布情况，可以看出，虽然这两个模型结构面及力学特性相差较大，但是它们随黏度基本上呈现出相似的变化规律：随着流体黏度的不断增加，纵向与横向裂缝半径都随之不断减小。

流体黏度影响分析计算方案　　　　　　　　　　　　　　表 10-5

流体黏度 （Pa·s）	正交节理岩体纵 向裂缝半径（m）	正交节理岩体横 向裂缝半径（m）	综合岩体纵向 裂缝半径（m）	综合岩体横向 裂缝半径（m）
0.001	3.23	2.38	4.75	3.12
0.01	2.71	1.90	3.47	2.48
0.1	1.78	1.46	2.38	2.00
1.0	1.15	1.15	1.82	1.78

Schmitt & Zoback（1993）等认为当高压流体从注水孔不断注入时，注水孔附近由于流体的渗透浸润作用会在孔壁附近产生一定的孔压梯度。岩体本身就是包含许多孔隙及裂隙面的介质体，随着孔内的流体压力不断增大，流体会进入到岩体孔壁周边的空隙中，当

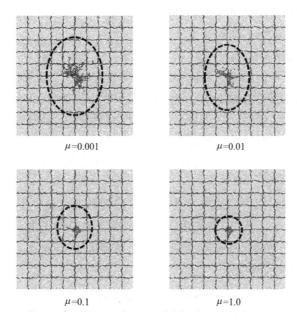

图 10-45　不同流体黏度情况下正交节理岩体的裂缝分布

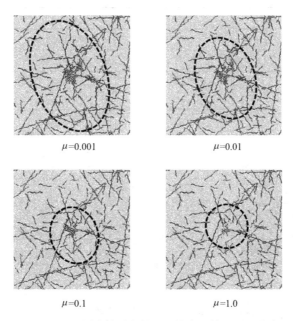

图 10-46　不同流体黏度情况下综合岩体的裂缝分布

流体黏度越小时，流体所受黏滞阻力越小，流动性越好，因而越容易向岩体孔壁外面的孔隙或弱面处流动，孔隙压力增大造成有效应力的降低，岩体所需破裂压力也会相应降低，裂缝就越容易产生。所以，在同等条件下低黏度流体产生的裂缝扩展半径也会相应越大。

Shimizu et al.（2011）曾进行了完整岩石在低黏度与高黏度流体条件下的水力压裂效果研究，研究发现当使用低黏度流体进行水力压裂数值模拟时，裂缝较快形成而且流体也会很快渗透到裂缝中；相反的，当使用高黏度流体时，流体缓慢渗透到裂缝中，流体主要聚集在孔壁附近，流体流动的范围也偏小。可见，本节采用颗粒离散元进行数值模拟所获规律与理论分析以及前人已有研究成果一致。

10.4.3.2 初始孔压的影响

在绝大多数岩体工程问题中，岩体不仅承受着自重应力、地质构造应力的作用，而且岩体赋存的环境中可能还存在地下水，诸如煤层、页岩等储油、储气层等岩体还要承受地下水压力、储层压力等。所以，在进行岩体水力压裂研究的过程中除了要正确施加自重应力场外，还需要充分考虑到这些因素的影响。许多学者都曾对在水力压裂数值模拟过程中如何正确计算初始有效应力场，以及初始孔压、注水压力等对水力裂缝扩展长度的影响等问题开展过一些研究。

为了分析初始孔隙水压力对岩体水力裂缝扩展的影响，设计了如表 10-6 所示的研究方案，初始孔压从 1.0～6.0MPa 均匀递增，岩体模型仍采用正交节理岩体模型及综合岩体模型，模拟结束后各个模型各种方案的裂缝长度如表 10-6 所示，裂缝的分布位置及形态如图 10-47 及图 10-48 所示。

初始孔压影响研究方案及模拟结果　　　　　　　　　　　　表 10-6

初始孔压（MPa）	正交节理岩体纵向裂缝半径（m）	正交节理岩体横向裂缝半径（m）	综合岩体纵向裂缝半径（m）	综合岩体横向裂缝半径（m）
1.0	1.88	0.98	2.32	1.86
2.0	2.93	1.78	2.87	2.21
3.0	3.13	2.08	4.77	2.93
4.0	4.79	1.98	4.77	3.59
5.0	4.79	2.61	4.77	4.59
6.0	4.90	3.86	4.96	4.88

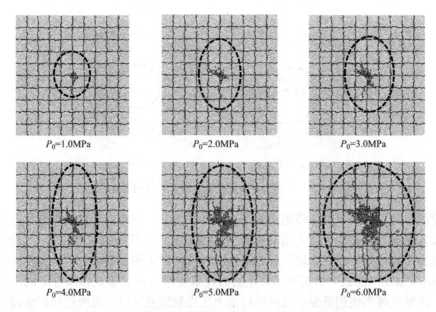

P_0=1.0MPa　　　　　　P_0=2.0MPa　　　　　　P_0=3.0MPa

P_0=4.0MPa　　　　　　P_0=5.0MPa　　　　　　P_0=6.0MPa

图 10-47　不同初始孔压情况下正交节理岩体的裂缝分布

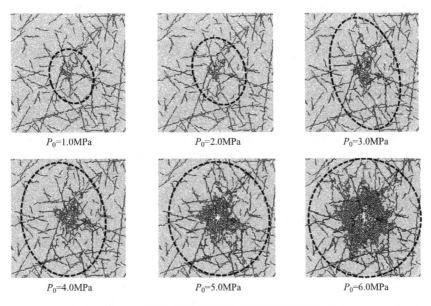

图 10-48　不同初始孔压情况下综合岩体的裂缝分布

可以看出，由于模型竖直方向施加的是最大主应力，因而裂缝区椭圆长轴方向都偏向竖直方向，同时可以看出，随着初始孔压的逐步增加，两类模型的纵向及横向裂缝半径都在不断增加，且纵向增长的速度快于横向，基本上当初始孔压超过 3.0MPa 以后纵向裂缝都会贯穿整个模型，横向裂缝继续不断扩展，接近 6.0MPa 时横向与纵向裂缝都基本上裂穿整个模型。所以，随着初始孔压的逐渐递增，水力裂缝的延伸范围会不断加大。这主要是由于初始孔压的存在降低了岩体的有效应力，因而初始孔压越大，岩体水力压裂所需的流体压力也会越低，破裂准则也越容易得到满足，相应的裂缝延伸范围也会越大。

10.5　结论

岩体水力压裂是岩体工程中经常会遇到的一种普遍物理现象，在工程中存在利害两面性，一直以来都是工程界、学术界所关注的热点问题。本章首先对现有岩体水力压裂的基本理论、研究进展进行了归纳总结。然后，利用 PFC 构建了多种水力压裂数值模型，重点研究了岩体天然结构面的形式对水力压裂裂缝的延伸扩展及分布规律的影响。最后，进行了多因素多参数的水力裂缝影响研究，从岩体所处地应力特性、节理岩体的力学性质以及流体性质等几个方面对岩体水力裂缝的分布特点以及延伸扩展规律进行了探索及研究。通过本章的数值研究工作，得到了如下研究成果及主要结论：

（1）通过对完整岩体、水平层状、铅直柱状、正交节理以及综合岩体在内的五类典型模型进行了水力压裂数值模拟，研究发现：①对均质、无节理的完整岩体进行水力压裂模拟，最终会获得一条较为完整、连续且没有分叉的裂缝，且裂缝的扩展方向平行于最大主应力方向；②节理的存在会对裂缝的扩展产生诱导作用，在水力裂缝的延伸扩展过程中，裂缝尖端附近会产生很大的诱导应力（可能是张应力也可能是剪应力），在这种应力的作用下结构面上的天然裂隙尖端很可能无法承受而发生张性或剪切破坏，原本闭合的裂隙被张开，后续高压液体的持续注入会使裂缝沿着节理面持续不断的延伸。

（2）各种岩体水力压裂模型的裂缝半径、裂缝累计数目、孔隙度变化率基本上都随时间呈现出线性或多项式函数形式的增长规律；岩体天然结构面的存在将有助于复杂裂隙网络的生成，相应地在一定程度上增加了压裂区域岩体的孔隙度。

（3）天然节理对岩体水力裂缝扩展的影响主要可以分为以下三种模式：①水力裂缝不断逼近天然节理面，随后节理面发生了剪切滑移或是捕获该水力裂缝并阻止其向前继续扩展，此时水力裂缝尖端的流体进入节理面，节理面被张开从而成为水力裂缝的一部分，水力裂缝改变了原有的路径，开始沿着节理面不断延伸扩展；②水力裂缝逼近天然节理面时直接穿透节理面并继续沿着原来的路径延伸扩展，天然节理面仍然保持闭合；③水力裂缝穿透节理面继续向前延伸，同时流体进入节理面水力裂缝沿着节理面也开始延伸扩展。

（4）对处在不同地应力条件下的不同节理岩体进行水力压裂数值模拟，研究发现：①岩体所处地应力条件相差较大时，水力压裂的主裂缝主要会沿着平行于最大主应力的方向扩展，但是岩体中的结构面（尤其是优势结构面等）会对裂缝的起裂及走向产生非常大的影响，会使裂缝的分布方位与最大主应力方向发生一定程度的偏转。当地应力大小相差很小时，水力裂缝更趋向于沿着径向向外扩展；②相同条件下，地应力大小相差越大的岩体越容易发生水力压裂，水力裂缝的长度随应力差异的增大而增大；③地应力越高的岩体越难发生水力压裂，裂缝的延伸性越差，所形成的水力裂缝长度越小。

（5）对具有不同弹性模量及抗压强度的岩体进行水力压裂数值模拟发现：岩体的强度及变形参数越高，其所需要的岩体破裂及延伸的流体压力越大，同等条件下其越难以被压裂，相应的裂缝扩展半径也会越小。

（6）对使用不同流体黏度，以及处在不同初始孔压条件下的节理岩体模型进行水力压裂数值模拟发现：①随着流体黏度的不断增加，纵向与横向裂缝半径都随之不断减小。使用低黏度流体进行水力压裂时，裂缝较快形成而且流体也会很快渗透到裂缝中；而使用高黏度流体时，流体缓慢渗透到裂缝中，流体主要聚集在孔壁附近，流体流动的范围较小；②初始孔压的存在降低了岩体的有效应力，初始孔压越大岩体水力压裂所需的流体压力也会越低，所需的破裂准则也越容易得到满足，相应的裂缝延伸范围也会越大。

第 11 章　PFC 模拟水力压裂在石油工程中的应用

11.1　石油工程中水力压裂研究背景

近年来随着科技的进步，人类活动逐渐往地球深部推进。"向地球深部进军"已经成为我国乃至全世界的一个科技战略问题，大量的深地工程已经在全世界范围开展（图 11-1）。我国国土资源部 2016 年 9 月发布的《国土资源"十三五"科技创新发展规划》（国土资源部，2016）提出"十三五"期间我国将全面实施向地球深部进军计划，明确提出了未来深地探测的目标：在 2020 年形成深至 2000m 的矿产资源开采、3000m 的矿产资源勘探成套技术体系，储备一批 5000m 以下的资源勘查前沿技术，显著提升 6500～10000m 深的油气勘查技术能力，争取 2030 年成为地球深部探测领域的"领跑者"。拓展非常规油气理论与勘探技术是我国深地探测战略中至关重要的一环。

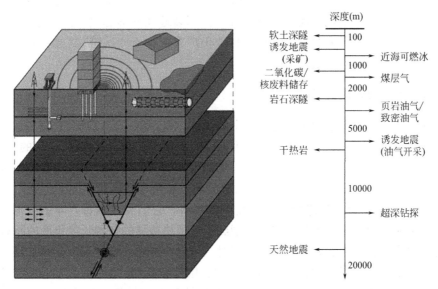

图 11-1　代表性深地工程及其埋藏深度示意图

11.1.1　石油工程水力压裂问题

水力压裂是指流体在固体中驱动裂缝的扩展过程。水力压裂最常见的工程应用之一是通过向岩层中注入含有支撑剂颗粒的高压流体来改造油气储层，以形成高渗透的油气采集通道（Economides & Nolte，2000）。在过去的几十年中，大量学者研究了水力压裂的基本力学机理（Khristianovic & Zheltov，1955；Barenblatt，1962；Hubbert & Willis，1957；Geertsma & Haafkens，1979）。水力裂缝的扩展过程是在不同时间和不同长度尺度上发生的，这些过程是由几个物理过程相互作用而产生的，包括裂缝中的黏性流体流动、裂缝尖端的扩展、裂缝尖端的流体滞后、流体滤失以及岩石基质的弹性变形（Detournay，2016）。这些过程的相互作用导致裂缝扩展的复杂性，在非均质岩性中尤其显著。

自 20 世纪中期以来，水平钻井和多段水力压裂一直是致密气、页岩气和其他非常规油气资源成功开发的两个关键因素。多段压裂技术使低渗透储层的有效增产成为可能，促进了非常规油气资源的开发。水平钻井水力压裂作业数量的大幅增加，引发了始于北美的"页岩气革命"，并在全球广泛蔓延（King et al.，2010）。

随着水力压裂技术的蓬勃发展，适用于非常规油气资源开采的水力压裂理论的研究也日益迫切。传统的水力压裂模型和解决方案是基于简单的平面几何假设（Adachi et al.，2007），水平井多级压裂的水力裂缝网络包括了复杂的天然裂缝网络（Warpinski & Cipolla，2013；Maxwell et al.，2011）。因此，这些基本的传统模型就会显得过于简化，无法应用于有复杂几何形态的天然裂隙储层。近年来，对非常规水力压裂领域中的关键物理过程和数值方法的研究也取得了较大的进展。但是，目前对水力压裂的认识仍存在较大局限性，比如（Bažant et al.，2014）评论道："尽管水力压裂取得了令人瞩目的进展，到目前为止，许多方面都已经得到了很好的解释，但是裂缝系统的拓扑结构、几何结构和发展演化仍然是一个谜，工程学家们想知道：水力压裂为什么能有效运作？"

上述评论反映了一个事实：尽管在理解天然裂隙岩体水力压裂机理方面取得了惊人的进展，但其中的一些基本机制尚不明确，准确预测裂缝几何形态仍然是一个巨大的挑战。目前，非常规油气资源开采时的水力压裂作业仍严重依赖于"试错"（经验）方法，这表明需要进一步缩小理论与实践之间的差距。

11.1.2 压裂复杂度形成的原因

即使在均匀介质中，水力压裂也是一个非线性、多尺度的流固耦合过程。水力压裂过程存在多个空间尺度和时间尺度，它们决定了裂缝在空间和时间上的演化过程（Detournay，2004 & 2016）。因此，天然裂隙储层的地质复杂性、不确定性和空间变异性会使水力压裂过程更加复杂。Fairhurst（2013）对岩石材料特性作出如下评论：

"原位岩石可以说是任何工程学中最复杂的材料。它们经过数百万年的变形、断裂以及不同的构造应力状态，其中包含了从微观到构造板块边界的各种长度尺度的断裂。"

因此，水力裂缝在天然裂隙岩体中扩展时，可以与不同的长度尺度的地质不连续面相互作用。这些地质不连续性包括微裂缝、节理、层理和断层（图 11-2），其尺寸从毫米到千米不等。同时，水力裂缝的时间特征也可以跨越几个数量级，从毫秒（如裂缝起裂），到秒（如裂缝近井筒扩展），分钟（如裂缝高度增长），小时（如一般的压裂作业持续时间），天（如各压裂段之间的相互作用），周（如压裂井之间的相互作用），并延伸到年（如生产过程中的裂缝闭合）。这些水力压裂的多尺度特征都增加了压裂的复杂程度。

由于探测相对较深的天然裂隙储层的途径有限，一些关键的控制性储层的性质表征存在不确定性，成为水力压裂预测困难的另一个原因。由于现场岩体破裂的复杂性，离散裂隙网络（DFN）的表征只能在统计学上完成（Davy et al.，2010）。在许多情况下，获得的数据不足以对储层 DFN 进行准确的统计学上的表征。地应力的测量通常仅仅依赖于很少的测井资料。然而，水平应力不仅仅是沿着垂直方向具有较大的非均匀性（Wileveau et

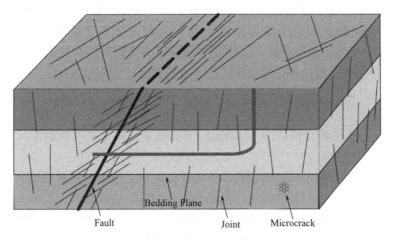

图 11-2 岩体中多尺度地质不连续性示意图

al.，2007)，同一水平井的最小水平应力在不同阶段可能有显著差异（Ma & Zoback，2017)。目标储层的现场条件信息有限，这使得采用任何建模方法进行模型预测都会产生很大的不确定性。

11.1.3 水力压裂数值模拟最新进展

数值模拟是研究水力压裂的重要工具。早期的模型大多基于简单平面几何的线弹性断裂力学 (Clifton & Abou-Sayed，1981；Advani et al.，1987；Carter et al.，2000；Siebrits et al.，2002)，这些模型极大地提高了人们对水力压裂的认识，促进了水力压裂在油气工程中的应用。近年来，国内外大力发展更适合非常规储层水力压裂的复杂裂缝模型。在这些复杂的压裂模型中，通常会考虑以下重要过程：

- 水力裂缝与地质不连续面的相互作用；
- 具有 DFN 存在的复杂水力压裂；
- 多条水力裂缝相互干扰；
- 三维非平面压裂裂缝扩展；
- 近井筒裂缝的起裂和扩展。

这些模型可以根据采用的数值方法进行分类：有限元法（FEM），包括黏性区法和扩展有限元法（XFEM）；颗粒离散元法；格子点法；块体离散元法；边界元法；结合有限元和离散元的混合方法，即 FDEM。还有一些应用于水力压裂的新的数值方法，如材料点法、围动力法和相场法。有关非常规水力压裂建模的最新综述，可以参照（Weng，2015；Li et al.，2015；Dahi Taleghani et al.，2016；Lecampion et al.，2018）等人的文章。

11.2 平面应变状态下水力压裂理论模型

11.2.1 裂缝扩展控制区域

平面应变 KGD 水力压裂裂缝模型首次由 Khristianovic & Zheltov (1955) 提出。Hu

& Garagash（2010）给出了渗透性岩石平面应变水力压裂裂缝在整个参数空间的数值解。随后，通过假设裂缝扩展行为主要由近尖端行为和流体整体体积平衡决定，Dontsov（2017）给出了一个考虑断裂韧性、流体黏度和流体滤失的平面应变水力压裂裂缝的快速近似解。为了便于描述理论解，可以使用以下材料参数：

$$\mu' = 12\mu, \ E' = \frac{E}{1-\nu^2}, \ K' = 4\left(\frac{2}{\pi}\right)^{1/2} K_{IC}, \ C' = 2C_L \tag{11-1}$$

式中，E 是岩石的弹性模量；ν 是泊松比；K_{IC} 是岩石的 I 型断裂韧性；C_L 是卡特滤失系数。

水力压裂过程中，能量耗散机制和流体储存机制相互作用控制着裂缝的扩展情况。其中流体能量耗散机制主要与黏性流体的流动和打开裂缝时克服岩石韧性相关，而流体储存机制与流体在裂缝中的滤失程度相关。对于平面应变水力压裂裂缝，可以在矩形相态图（图 11-3）（Dontsov，2017）上看到不同的裂缝扩展状态。x 和 y 轴分别代表无量纲时间 τ 和断裂韧性参数 K_m，可表示为：

$$\tau = \frac{t}{\dfrac{\mu' Q_0^3}{E' C'^6}}, \ K_m = \left(\frac{K'^4}{\mu' E'^3 Q_0}\right)^{1/4} \tag{11-2}$$

式中，t 是流体注入时间；Q_0 是流体注入速率。图 11-3 中的 K 和 M 分别代表断裂韧性控制区域和流体黏性控制区域（无滤失）；$\widetilde{K}$ 和 $\widetilde{M}$ 分别代表滤失-断裂韧性控制区域和滤失-流体黏性控制区域（滤失较大）。断裂韧性控制区域对应于岩石断裂韧性是控制裂缝扩展行为的主要因素。流体黏度控制区域正好相反，即岩石断裂韧性影响相对较小，且裂缝扩展行为对流体黏度较敏感。

11.2.2 无滤失情况下KGD 模型数值解

图 11-3 中的 MK 边是指水力裂缝在不透水岩石中扩展的情况（无滤失）。如果仅关注 MK 边缘，水力裂缝在流体黏性控制区域扩展时 $K_m \leqslant 0.70$，在断裂韧性控制区域扩展时 $K_m \geqslant 4.80$。在流体黏性控制区域，与打开新裂缝所需的能量相比，裂缝中的黏性流动消耗的能量占主导地位，而断裂韧性控制区域的情况恰恰相反。平面应变或 KGD 裂缝的流体黏性控制区域的近似解可写为（Zhang & Dontsov，2018）：

$$w_m(\xi, t) = 1.1265\left(\frac{\mu' Q_0^3 t^2}{E'}\right)^{1/6} (1+\xi)^{0.588} (1-\xi)^{2/3} \tag{11-3}$$

$$l_m(t) = 0.6159\left(\frac{Q_0^3 E' t^4}{\mu'}\right)^{1/6} \tag{11-4}$$

式中，w 为裂缝宽度；ξ（$\xi = x/l$）为沿裂缝方向正则化坐标（x 是与注入孔之间的距离）；l 是裂缝长度的一半，下标 m 表示流体黏性控制区域。

断裂韧性控制区域的近似解可写为（Dontsov，2017 & Bunger et al.，2005）：

$$w_k(\xi, t) = 0.6828\left(\frac{K'^2 Q_0 t}{E'^2}\right)^{1/3} (1-\xi^2)^{1/2} \tag{11-5}$$

$$l_k(t) = 0.9324\left(\frac{E' Q_0 t}{K'}\right)^{2/3} \tag{11-6}$$

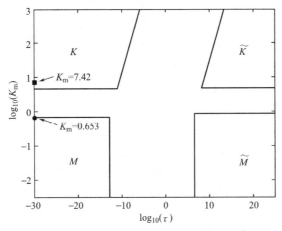

图 11-3　裂缝扩展区域相对于无量纲时间 τ 和断裂
韧性参数 K_{m} 的相态图（Dontsov，2017）；MK 边缘的圆点和方点代表了
两种注入参数的流体黏性控制区域和断裂韧性控制区域的裂缝扩展状态

式中，下标 k 表示断裂韧性控制区域。

M 和 K 区域之间的过渡区域的近似解也可以通过计算得出，但不能写出简单的显式
形式，更多详情请参见 Dontsov（2017）。

11.3　水力裂缝与天然裂缝相互作用数值模拟

研究水力裂缝穿越天然裂缝的行为对理解页岩气、致密气、煤层气等非常规资源开发
中水力压裂的复杂性具有重要意义。具体来说，影响水力裂缝穿越行为的关键参数有很
多，包括地应力条件、岩石力学性质、天然裂缝特征、压裂液性质和注入参数等。这些参
数和由此产生的裂缝间相互作用对裂缝内压力响应、裂缝系统的导流能力、支撑剂输送和
微震响应等行为有很大影响。本节采用二维离散-连续体混合建模方案，探究水力裂缝与
天然裂缝间的相互作用机理。

11.3.1　离散-连续混合数值方法

11.3.1.1　模型描述

本节利用两个 Itasca 的软件程序：颗粒流程序（PFC）和连续快速拉格朗日分析程序
（FLAC），分别进行离散元建模和连续体建模，模拟完全耦合的流体力学性质。PFC 是基
于离散单元法（DEM）的建模软件（Cundall & Strack，1979）。离散单元法是一种用颗
粒和连接键的集合表示岩石的建模方法。采用 DEM 方法模拟岩石的微观行为，以键的断
裂表示岩石微观的破坏和破裂，当它们连通时将会表现为岩石的真实宏观行为。离散单元
法在颗粒尺度模拟岩石的行为方面具有独特的优势，但是其计算效率不如连续介质计算方
法（如有限差分法和有限单元法）。FLAC 是基于显式有限差分方法的连续介质建模软件。
为了获得更高的计算效率，本节采用离散-连续混合方法，即在相对较小的核心区域中采
用 PFC 模拟，在其余的部分采用 FLAC 模拟。

模型设置如图 11-4 所示。图 11-4（a）中整个模型域是由 8m×10m 的矩形 FLAC 计算域和嵌入其中的 1m×0.5m 的 PFC 计算域组成。实线表示 FLAC 网格，矩形区域表示 PFC 计算域。水力裂缝从左边界的中间开始（图 11-4a 中的红点表示注入点），裂缝在 FLAC 计算域中沿着预设的裂缝路径进行水平向的扩展，然后进入 PFC 中的计算区域。在 PFC 计算域中预设了一条（或者多条）天然裂缝，如图 11-4（b）所示。在 FLAC 计算域的左边界设置滚轴边界条件，在其他三个边界上设置速度为零的边界条件。由于对称性，该模型仅仅展示出水力裂缝的右翼扩展。本模型原点设置在 PFC 计算域的中心，其距离左边界上的注射点 3m、距离右边界 5m，最大水平应力沿 x 方向。PFC 中并不需要预设裂缝扩展的方向，颗粒间的胶结键的断裂引起水力裂缝的扩展。因此，模型在 PFC 中裂缝轨迹是由应力和与天然裂缝之间的相互作用决定的。

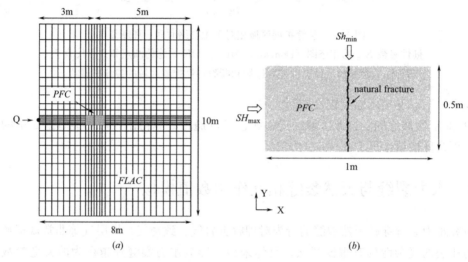

图 11-4　模型设置

（a）离散-连续体混合模型的模拟计算域，其中矩形表示 PFC 中的颗粒集合，
实线表示 FLAC 中的网格；（b）具有贯穿竖向天然裂缝的 PFC 计算域

11.3.1.2　模型验证

为了检验混合模型的准确性，首先在完整岩石（即在 PFC 域中没有设置天然裂缝）中进行了水力压裂模拟。表 11-1 中给出了 PFC 模型的力学性质。最大、最小的水平应力（SH_{max} 和 Sh_{min}）分别设置为 22MPa、20MPa。设置初始孔压 10MPa，注入速率为 $Q = 0.0015\text{m}^2/\text{s}$（2D），流体的黏度系数为 $\eta = 10\text{cp}$。本节中的其他情况也采用相同的注入速率和流体黏度系数。

PFC 中岩石材料的力学性能　　　　　　　　　　　　　　表 11-1

力学性能	取值
E(GPa)	19.4
ν	0.24
σ_t(MPa)	5.3
σ_c(MPa)	19.0
K_{IC}(MPa·m$^{0.5}$)	1.20

图 11-5 显示了在时刻 $t_0 = 1.7566s$ 时，水力裂缝贯穿整个 PFC 域时的几何形态。圆点表示流体压力的大小，这些点也展示了水力裂缝的路径。尽管在裂缝路径上存在一定的局部误差，但是裂缝主要沿着 SH_{max} 方向扩展。

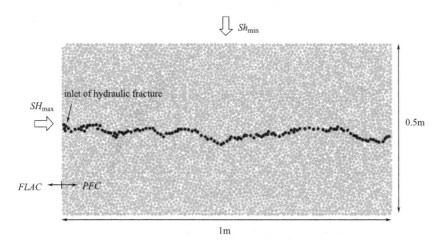

图 11-5　无天然裂缝情况下 PFC 域中水力裂缝的几何形态

为了验证混合模型的准确性，将模拟所得的计算结果与 KGD 模型的参考解进行比较。首先必须确定裂缝扩展特性，从（Hu et al.，2010 & Dontsov，2017）中可得，在没有流体滤失的情况下，确定平面应变裂缝扩展区域的参数为：

$$K_m = \sqrt{\frac{32}{\pi}} \left(\frac{K_{IC}^4 (1-\nu^2)^3}{24\eta E^3 Q} \right)^{1/4} = 0.51 \tag{11-7}$$

由于 $K_m < 0.70$，所以裂缝将会在黏性控制区域下扩展（误差小于 1%）（Dontsov，2017）。图 11-6 中的实线展示了在时刻 $t_0 = 1.7566s$ 时的 KGD 解。值得注意的是，图 11-6 中的坐标原点与 PFC 域的中心重合。在注入点处的裂缝宽度和裂缝长度分别为：

$$w(0, t_0) = 1.00\text{mm}, \quad L(t_0) = 3.66\text{m} \tag{11-8}$$

运用 FLAC-PFC 混合数值模型计算所得的注入点处的裂缝宽度和裂缝长度分别是 1.13mm 和 3.5m。与 KGD 模型参考解相比，裂缝宽度偏大 13%，裂缝长度偏小 4.6%。尽管数值差异相对较小，但是很显然，裂缝的形状并不完全与参考解匹配。在早期解中，整个裂缝都在 FLAC 区域内，与之相比可以发现裂缝断裂韧度的表观值大于规定值。结果表明，在进入 PFC 域之前，裂缝在断裂韧性区域扩展，导致裂缝宽度偏大，裂缝长度偏小。因此，在进入 PFC 域之后，裂缝将会改变其形态以适应断裂韧度的不匹配。于是，FLAC-PFC 耦合解和 KGD 解存在差异的原因可能是在裂缝穿过 FLAC 和 PFC 之间的边界时没有完全过渡，因此在取样时还没有完全转变为黏性解。

为了进一步检验混合方法获得的解，图 11-6 中的虚线表示了裂缝在黏性控制区域以某一恒定速度扩展的裂缝解，称为尖端渐进解（Dontsov et al.，2015 & Garagash et al.，2011），其计算公式为：

$$w(s) = \beta_m \left(\frac{12\eta V(1-\nu^2)}{E} \right)^{\frac{1}{3}} s^{2/3}, \quad \beta_m = 2^{1/3} 3^{5/6} \tag{11-9}$$

式中，s 是距裂缝尖端的距离；$V = 1.39\text{m/s}$ 是裂缝尖端的速度，裂缝尖端速度是通过

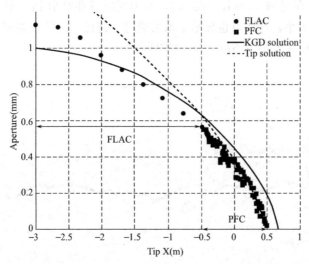

图 11-6　在无天然裂缝的情况下，裂缝在穿越 PFC 域后沿裂缝的宽度分布
（FLAC 中裂缝用圆形标记表示，PFC 中的裂缝用方形标记表示）

对裂缝长度 $L(t)$ 求微分得到的。FLAC-PFC 耦合的计算结果在尖端区域明显地符合该尖端解。这一现象表明，混合方法能够求出逼近黏性尖端渐进线的结果，并且可以得到裂缝主要在黏性主导区域扩展的结论。另外，由于裂缝穿越主要受裂缝尖端的影响，鉴于图 11-6 中结果显示裂缝在尖端有较好的一致性，混合数值解和黏性控制区域下的 KGD 解的微小差异就显得没那么重要了。

11.3.2　水力裂缝与天然裂缝正交穿越

11.3.2.1　应力比和天然裂缝摩擦性质的影响

正交穿越是指天然裂缝垂直于 SH_{max} 方向并且贯穿了整个 PFC 域的情况，如图 11-4 所示。水力压裂裂缝与天然裂缝所形成的交角可以达到 $90°$。为了研究应力比和天然裂缝摩擦性质的影响，本小节选取了 4 个应力比（SH_{max}/Sh_{min}＝20/20MPa、22/20MPa、26/20MPa、30/20MPa）以及天然裂缝的 5 个摩擦系数（μ＝0.2、0.4、0.5、0.6、0.8）。通过改变这两个参数，总共进行了 4×5＝20 组模拟试验。当孔压为 10MPa 时，两个有效主应力之比相对应地变成 1.0、1.2、1.6 以及 2.0。

图 11-7 展示了从 20 个模拟试验中总结出的三种水力裂缝正交穿越天然裂缝的类型。第一种穿越形式称为"不穿越"，如图 11-7（a）所示。圆点表示沿着裂缝孔隙压力增大的区域，实线表示初始不渗透的天然裂缝。可以看出，在这种情况下水力裂缝不会穿过天然裂缝，但是会形成 T 形交叉。由张拉微裂缝形成的水力裂缝在与天然裂缝相交后被阻断。由于和水力裂缝的相互作用，天然裂缝滑动并形成了以剪切为主的微裂缝。可以注意到，尽管表征完整岩石的颗粒接触和表征天然裂缝的光滑节理接触都能够发生张拉破坏和剪切破坏，但是每一种接触类型只有一种主要的破坏模式。第二种穿越形式称为"偏移穿越"，如图 11-7（b）所示。初始阶段水力裂缝形成 T 形交叉，但是最终会穿过天然裂缝，并且前后两条裂缝有一定偏移。破坏图中清楚地显示出水力裂缝的新起点与原裂缝相比沿天然裂缝有一个偏移距离。天然裂缝只有一部分以剪切形式破坏。第三种穿越形式称为"直接

穿越",如图 11-7（c）所示。水力裂缝穿过天然裂缝,并不沿天然裂缝转向。由于与天然裂缝的弹性相互作用,水力裂缝发生变形,并且不会产生微裂缝。值得注意的是,在连续区和离散区之间的边界产生了微少的拉裂缝,这是由交界面处的数值噪声引起的,由于这些裂缝的尺寸很小,这些数值噪声不会影响数值模拟的主要结论。

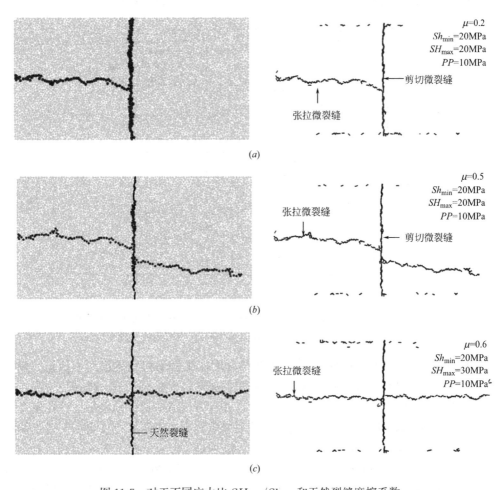

图 11-7　对于不同应力比 SH_{max}/Sh_{min} 和天然裂缝摩擦系数、
水力裂缝和正交天然裂缝之间的三种作用

（a）不穿越,即 T 形交叉;（b）偏移穿越,即穿越存在一定的偏移;
（c）直接穿越。（圆点表示沿着裂缝孔压增大的区域,实线表示天然裂缝）

图 11-8 总结了不同应力比和天然裂缝摩擦系数下的 20 个正交穿越情况的结果,每一种情况都可以归为上述三种穿越情况之一。图中这 20 种情况形成了一个 4×5 的矩阵。随着摩擦系数或者应力比的增大,穿越模式经历了从不穿越到偏移穿越再到直接穿越的渐变过程。

Renshaw & Pollard（1995）提出裂缝穿越形式受到外加应力、岩石的抗拉强度以及天然裂缝摩擦系数的控制,将模拟结果与其提出的穿越形式进行了比较,可以用下式表达,并且在图 11-8 中用实线绘制:

$$\frac{-\sigma_1}{T_0 - \sigma_3} > \frac{0.35 + \dfrac{0.35}{\mu}}{1.06} \tag{11-10}$$

式中，σ_1 和 σ_3 分别表示最大主应力和最小主应力；T_0 是岩石的抗拉强度；μ 是天然裂缝摩擦系数。模拟得到的结果与图 11-8 中预测的穿越准则很好地吻合。

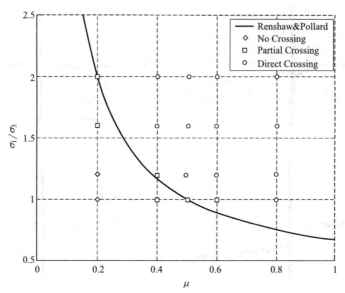

图 11-8　不同应力比和天然裂缝摩擦系数条件下，20 个正交穿越的结果，
其中实线为文献（Renshaw & Pollard，1995）中提到的穿越临界线

　　图 11-9 显示了图 11-7 中所示的三种典型情况下，在 PFC 域中的净压力历史与裂缝尖端位置之间关系。尽管模拟结果显示孔压有一定的振荡，但是对于每一种穿越情况，当水力裂缝到达天然裂缝之后孔压都有不同的演变，并且可以清楚地区别出每一种孔压变化的模式。对于无穿越的情况，当水力裂缝被天然裂缝阻挡后，净压力持续增加。对于偏移穿越的情况，净压力先增大后减小，这是由于水力裂缝最终还是穿过了天然裂缝。对于直接穿越的情况，天然裂缝对净压力的影响最小，并且净压力在穿过前后基本相等（约为1.5MPa）。这种压力的变化对解释现场注入压力有一定的帮助：净压力的急剧增加表明水力裂缝可能被天然裂缝阻挡，并且没有发生穿越。此外，如果净压力突然下降有可能表示水力裂缝突破了一条天然裂缝。

　　图 11-10 描绘了 PFC 域中三个典型情况下水力裂缝尖端位置随时间的关系。对于没有穿越的情况，水力裂缝尖端在遇到天然裂缝之前连续增长，但在遇到天然裂缝后停止增长。对于偏移穿越的情况，水力裂缝偏移穿过天然裂缝之后，水力裂缝尖端恢复增长。对于直接穿越的情况，水力裂缝尖端在整个穿越过程中基本呈连续增长。

　　水力裂缝扩展过程中的剪切变形会影响水力裂缝的宽度，从而也会对支撑剂的运输路径产生影响。图 11-11 展示了图 11-7（b）所示的偏移穿越情况下水力裂缝和天然裂缝的宽度，比色刻度尺和线条的粗细都表示了裂缝宽度。图中显示破坏的天然裂缝宽度要小于与天然裂缝相交处的水力裂缝的宽度。如此一来，天然裂缝可能会成为支撑剂运输路径上的"颈缩点"。支撑剂被迫进入这些"颈缩点"将会导致局部筛分和流体压力的进一步增

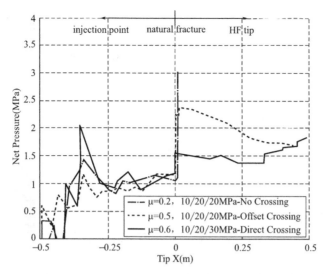

图 11-9　三种典型情况下，PFC 域入口处的净压力随水力裂缝尖端位置的变化关系

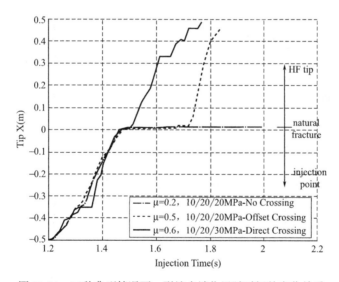

图 11-10　三种典型情况下，裂缝尖端位置随时间的变化关系

加。但是，在实际情况中，由于在三维空间中流体和支撑剂的运输有其他路径，这种颈缩作用的影响可能会比较小。

11.3.2.2　强度比的影响

　　如图 11-12 所示，为了研究水力裂缝穿越两种不同强度材料之间界面的行为，我们进行了三组模拟试验。天然裂缝左右强度比从 2 逐渐降低到 0.5，其中，左侧材料的强度是固定的，如表 11-1 中所列，即 $\sigma_t = \sigma_1$，而右侧材料的强度 $\sigma_t = \sigma_2$ 是变化的。应当注意，根据公式（11-11），拉伸强度比与断裂韧性比直接相关。两侧材料的弹性模量、泊松比等弹性性质保持不变。如图 11-12 所示，增加右侧材料的强度会增加天然裂缝的阻挡性，水力裂缝发生偏移穿越；而降低右侧材料的强度有利于水力裂缝直接穿越天然裂缝。随着右

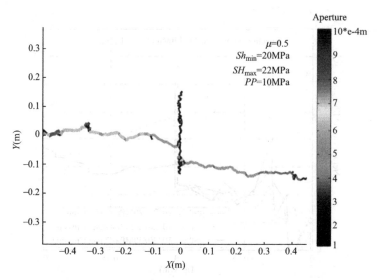

图 11-11　偏移穿越情况下水力裂缝和天然裂缝的宽度。比色刻度尺和线宽都表示裂缝的宽度

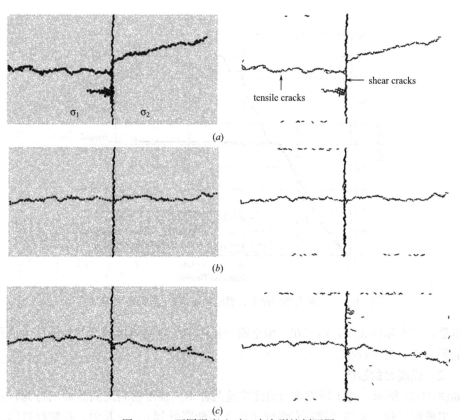

图 11-12　不同强度比时，水力裂缝剖面图

(a) $\sigma_1/\sigma_2 = 1:2$；(b) $\sigma_1/\sigma_2 = 1:1$；(c) $\sigma_1/\sigma_2 = 1:0.5$。其中 $\mu = 0.5$ 和 $SH_{max}/Sh_{min} = 22/20$MPa

侧材料强度的增加，穿越情况从直接穿越变为偏移穿越。这一结果是在预期之中的，因为右侧强度的增加导致天然裂缝右侧的裂缝尖端有了额外的阻力。这里有另一个有趣的现象：在穿越之后，裂缝并没有沿 SH_{max} 方向扩展。这可能是由于沿界面的剪切破坏引起了

显著的应力变化，这个变化与最大主应力和最小主应力之差相当。

$$K_1 \sim \sigma_t \sqrt{\pi R} \tag{11-11}$$

图 11-13 描绘了在三种不同强度比的情况下，PFC 域中的净压力与水力裂缝尖端位置的关系。对于从低强度到高强度的穿越情况，随着水力裂缝进入高强度材料，净压力增加到 3.5MPa 以上（是 1∶1 强度比时净压力的两倍多）。如图 11-12 (a) 所示，高净压力也会导致裂缝回侵到低强度材料中。对于从高强度到低强度的穿越情况，净压力略小于强度比为 1∶1 的情况，表明穿越界面的断裂阻力较低。图 11-14 描绘了三种不同强度比的情况下，PFC 域中的水力裂缝尖端位置与注入时间的关系。增加右侧材料的强度显著增加了水力裂缝的穿越时间，而降低右侧材料的强度仅会略微缩短水力裂缝的扩展时间。

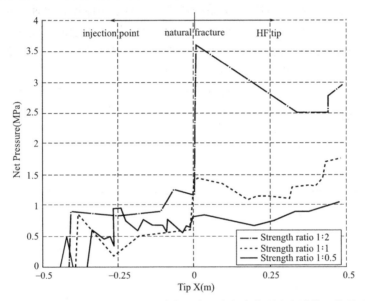

图 11-13　不同强度比时，PFC 域中的净压力与水力裂缝尖端位置的关系

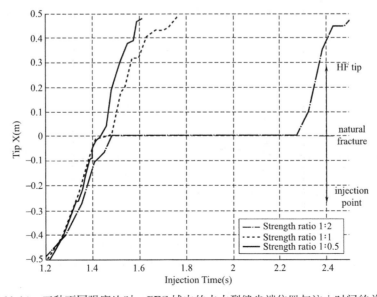

图 11-14　三种不同强度比时，PFC 域中的水力裂缝尖端位置与注入时间的关系

11.3.2.3 刚度比的影响

如图 11-15 所示，为了研究水力裂缝穿越两种不同刚度的材料之间界面的行为，我们进行了三组模拟实验。左侧材料的刚度是固定的，弹性性质（杨氏模量和泊松比）为表 11-1 中的值，即 $E = E_1$，而右侧材料的刚度 $E = E_2$ 有所变化，左右刚度比从 2 逐渐降低到 0.5，左右两侧的材料强度保持不变。

图 11-15 所示，无论刚度比如何变化，所有情况下都是水力裂缝直接穿越天然裂缝。对于高刚度向低刚度的穿越情况，从图 11-16 中的净压力与水力裂缝尖端位置的关系图可以看出，水力裂缝到达天然裂缝之前，净压力逐渐增大，进入低刚度材料后，净压力逐渐减小。对于低刚度向高刚度的穿越情况，净压力特征与刚度比为 1 的情况相似。图 11-17 中的水力裂缝尖端位置与注入时间的关系图还表明，对于高刚度向低刚度的穿越情况，水力裂缝的扩展会出现明显的停滞。这可能是因为对于被阻断的裂缝（断裂韧性控制区域），近尖端裂缝宽度与断裂韧性和弹性模量之比成正比。一旦裂缝扩展到较软的材料，上述比例就会增加，这相当于在相同的弹性模量下增加断裂韧性。于是，水力裂缝被阻断，直到裂缝宽度足够大以适应这种变化，裂缝进一步扩展。上述论点仅适用于无天然裂缝和裂缝穿越较软材料之前的情况。

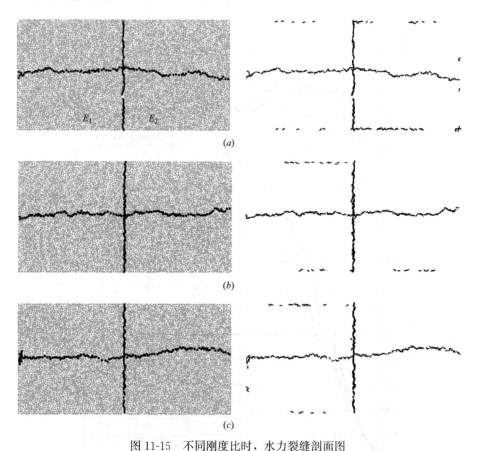

图 11-15　不同刚度比时，水力裂缝剖面图

(a) $E_1/E_2 = 1:2$；(b) $E_1/E_2 = 1:1$；(c) $E_1/E_2 = 1:0.5$。其中 $\mu = 0.5$ 和 $SH_{max}/Sh_{min} = 22/20MPa$

结果表明，虽然刚度比（高达 4 倍的差异）可能不会影响水力裂缝的整体穿越行为，

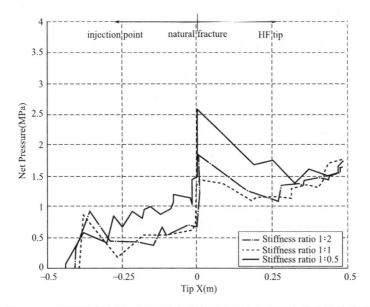

图 11-16　不同刚度比时，PFC 域中的净压力与水力裂缝尖端位置的关系

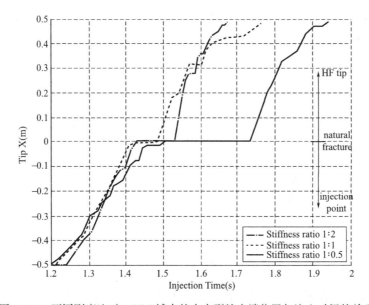

图 11-17　不同刚度比时，PFC 域中的水力裂缝尖端位置与注入时间的关系

但会导致压力分布出现显著差异。例如，对于水力裂缝从较高刚度层进入较低刚度层的情况，净压力会在裂缝继续扩展之前累积。然而，净压力的增加并没有在天然裂缝上形成 T 形交叉，这表明在天然裂缝上几乎没有滑动或剪切破坏发生。

　　裂缝初始在黏性控制区域中传播，同时，图 11-10、图 11-14 和图 11-17 表明，裂缝的扩展可以被天然裂缝阻止，在这种情况下，尖端行为可以被认为是断裂韧性控制。为避免混淆，应注意的是，裂缝扩展控制区域的定义仅适用于裂缝在完整材料中扩展的情况（图 11-10、图 11-14 和图 11-17 并非如此）。因此，黏性控制区域裂缝扩展的结论只适用于穿越前的水力裂缝扩展，而不能应用于与天然裂缝相互作用的裂缝扩展阶段。

11.3.3 水力裂缝与天然裂缝非正交穿越

本节考虑一条天然裂缝与 SH_{max} 方向夹角小于 $90°$ 的情况（即非正交穿越）。从图 11-8 中选择两个直接穿越的例子来探究交叉角度的影响。第一个例子：$\mu=0.5$，$SH_{max}/Sh_{min}=22/20\text{MPa}$，对应于图 11-8 中的穿越临界线附近；第二个例子：$\mu=0.8$，$SH_{max}/Sh_{min}=22/20\text{MPa}$，对应于图 11-8 中的远离穿越临界线处。这两个例子中的交叉角 β 从 $90°$ 每隔 $15°$ 逐渐下降，直到水力裂缝无法穿越天然裂缝。

图 11-18 展示了第一个例子中交叉角为 $90°$ 和 $75°$ 时的水力裂缝穿越行为。当交叉角从 $90°$ 下降到 $75°$ 时，水力裂缝从直接穿越天然裂缝到无法穿越，并且水力裂缝沿天然裂缝向下扩展。由于在天然裂缝上方受到更大的压应力，所以水力裂缝并没有沿天然裂缝向上扩展。由于天然裂缝上下两侧阻力的不同，很难在非正交天然裂缝中观察到 T 形交叉，因此，如果水力裂缝沿天然裂缝扩展时，它将沿最小的阻力路径形成钝角扩展形式。

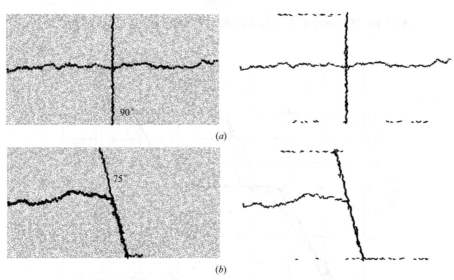

图 11-18　两个交叉角下水力裂缝剖面图
(a) $\beta=90°$；(b) $\beta=75°$，其中 $\mu=0.5$ 和 $SH_{max}/Sh_{min}=22/20\text{MPa}$

图 11-19 显示了在第二个例子中五个不同交叉角下水力裂缝穿越行为。可以看出，随着交叉角的减小，水力裂缝穿越行为由 $\beta=90°$ 和 $75°$ 时的直接穿越转变为 $\beta=60°$ 和 $45°$ 时的偏移穿越，再到 $\beta=30°$ 时的不穿越。

结果表明，在其他条件不变的情况下，减小交叉角不利于水力裂缝的直接穿越。此外，非正交情况下更容易发生沿天然裂缝的滑移，在水力裂缝扩展到天然裂缝对面之前发生天然裂缝破坏。值得一提的是，如果进行足够多组别的数值模拟，则可以获得任何特定角度的非正交穿越准则。正如文献（Gu et al.，2012）所示，与具有正交天然裂缝的水力裂缝的穿越图相比，非正交穿越准则只是将图 11-8 中的穿越/阻止边界向外移动。

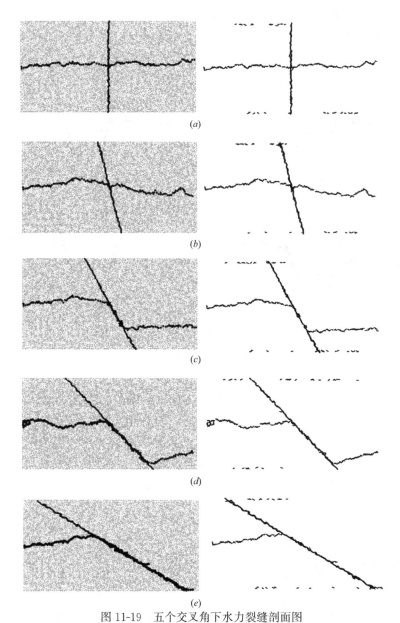

图 11-19　五个交叉角下水力裂缝剖面图

(a) $\beta = 90°$；(b) $\beta=75°$；(c) $\beta=60°$；(d) $\beta = 45°$；(e) $\beta=30°$，其中 $\mu=0.8$ 和 $SH_{max}/Sh_{min}=22/20$MPa

11.3.4　水力裂缝与多条天然裂缝相互作用

　　天然裂缝网络可能会引起许多复杂的相互作用。本小节开展的数值模拟研究了两条或两条以上相邻天然裂缝对水力裂缝穿越行为的影响。图 11-20 显示了水力裂缝以不同的交叉角度穿越两条天然裂缝时的行为：第一条天然裂缝与 SH_{max} 方向夹角 75°，第二条天然裂缝与 SH_{max} 方向夹角 105°。水力裂缝偏移穿越第一条天然裂缝并沿天然裂缝向下偏移，之后偏移穿越第二条天然裂缝并沿天然裂缝向上偏移。这是阻力最小的路径，所以裂缝的扩展总是遵循钝角扩展路径。该实例为水力压裂处理简单裂缝网络提供了参考。正如水力压裂理论通常认为的那样，水力裂缝可能不是严格的平面裂缝。此外，由于在交叉点处的狭小部分会导致支撑剂的积聚和筛分，所以这对于支撑剂的运输也很重要。

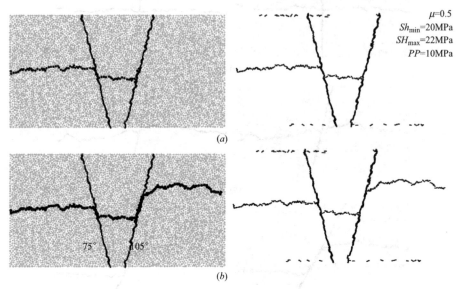

图 11-20　水力裂缝以与 SH_{max} 方向夹角 75°和 105°穿越两条
天然裂缝的行为，注入时间分别为：（a）1.52s；（b）1.83s

　　图 11-21 显示了水力裂缝穿越三条天然裂缝时的行为，三条天然裂缝与 SH_{max} 方向夹角分别为 90°、110°和 85°。水力裂缝直接穿过第一条天然裂缝，之后裂缝向上扩展，到达第二条天然裂缝边缘，然后向下扩展，最终水力裂缝从第二条天然裂缝的上缘分支出来，水平扩展至第三条天然裂缝，并向下延伸，直至最终穿过。模拟结果表明，水力裂缝的轨迹复杂程度随天然裂缝的数量和复杂程度的增加而增加。

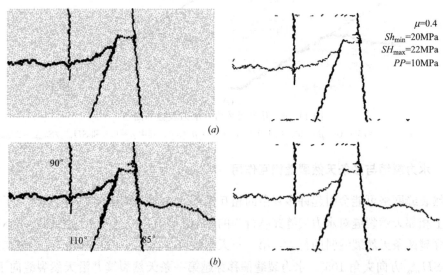

图 11-21　水力裂缝以与 SH_{max} 方向夹角 90°、110°和 85°穿越三条
天然裂缝时的行为，注入时间分别为：（a）1.59s；（b）2.13s

图 11-20 和图 11-21 中的结果与穿越裂隙井挖采矿隧道或所谓的回采试验的现场水力压裂系统的观测结果一致（Warpinski & Teufel，1987）。如果添加更多的天然裂缝，预计会出现多级裂缝穿越和更复杂的裂缝扩展路径。由此可见，复杂离散裂隙网络对水力裂缝的几何形态有显著的影响。

11.4　超临界二氧化碳压裂离散元模拟

11.4.1　无水压裂研究背景

在页岩气的开发过程中，水力压裂是决定其是否成功的核心技术之一。然而，页岩气开采依赖大量钻井压裂实现增产和稳产，水资源耗费较大，钻井液与压裂液使用对土地与地下水资源造成污染，而我国页岩气资源分布区水资源相对匮乏，成为页岩气勘探开发的瓶颈之一（邹才能等，2016 & 王玉满等，2012）。另外，页岩气储层孔隙类型丰富，富含有机质和黏土矿物，而有机质和黏土矿物遇水容易发生膨胀最终导致堵塞气体渗流通道伤害储层（Lu et al.，2016 & Annevelink et al.，2016）。这些复杂的因素给我国页岩气的开采增加了难度，提高了开采成本，并对开采技术提出了更高的要求。

近年来，传统水力压裂应用的诸多限制因素促进了以超临界二氧化碳（SC-CO$_2$）压裂为代表的无水压裂技术的兴起（Middleton et al.，2015）。当温度高于 31.1℃、压强高于 7.38MPa 时，CO$_2$ 进入超临界状态，此时的 CO$_2$ 的密度接近于液体状态，黏性接近于气体状态，扩散系数为液体状态时的 100 倍，具有很好的流动和传输性。此外，页岩对 CO$_2$ 的吸附能力是页岩气的 4～20 倍，SC-CO$_2$ 能够更好地置换出页岩气藏，并且同时实现 CO$_2$ 的封存。因此，SC-CO$_2$ 优良的物理性质可以避免水基压裂的一些缺点，具有广泛的应用前景。然而，目前国内外对于 SC-CO$_2$ 压裂的相关研究还比较少，SC-CO$_2$ 压裂裂缝的扩展规律尚不明确，复杂缝网的有效模拟方法比较欠缺，导致深部裂隙岩体 SC-CO$_2$ 压裂还暂时无法应用到页岩气开发生产中。本节基于 SC-CO$_2$ 压裂的特点，建立起计算效率相对较高的简化算法，探究 SC-CO$_2$ 压裂裂缝扩展机理。

11.4.2　基于离散元的超临界二氧化碳压裂算法

11.4.2.1　断裂韧性控制区域压裂简化算法

断裂韧性控制机制下水力压裂的新算法如图 11-22 所示。在断裂韧性控制机制中，能量主要用于产生裂缝，流体流动过程中由于黏性耗散的能量可以忽略不计，裂缝中压力梯度几乎为零。因此，本算法假定整个裂缝中的流体压力是均匀的。裂缝内部的流体可以看作是一个整体，其目的是将当前打开裂缝体积 V_f 与注入流体体积 V_c 相匹配。如公式（11-12）所示，流体压力的变化与体积差成正比。随着作用在周围颗粒上流体压力的增大，缝宽和裂缝体积也随之增大。当流体体积和裂缝体积平衡，或者计算十个机械时间步长，就会进入下一个流体时间步。

$$\Delta P = \alpha (V_f - V_c)/V_t \tag{11-12}$$

$$V_c = \sum l_p(w - w_0) \tag{11-13}$$

$$V_t = \sum l_p w \tag{11-14}$$

式中，ΔP 是每个机械时间步长的压力增量；α 是与岩石刚度相关的系数；V_t 是裂缝总体积；w 是缝宽；w_0 是假定的剩余孔径；l_p 是相邻两个封闭中心间的距离，也即流体流动通道长度。

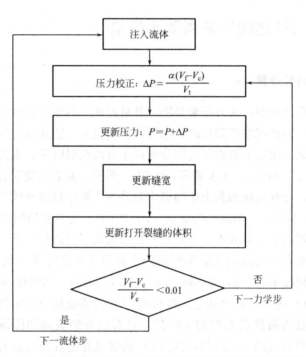

图 11-22　基于颗粒离散元方法建立断裂韧性控制压裂简化算法

11.4.2.2　与传统压裂算法比较

对于传统的水力压裂算法，在每个流体时间步长 d_t 后都会计算裂缝内的流体流动，其中每个封闭域对应一个流体压力，计算公式如下：

$$\Delta P = K_f (\sum Q d_t - dV_d)/V_d \tag{11-15}$$

式中，K_f 是流体的体积模量；V_d 是封闭域的体积；$\sum Q$ 是封闭域中一个流体时间步的总流量。流体流量 Q 与缝宽 w、流体黏度 μ、两个域之间的压力差 ΔP 和流体流动通道长度 l_p 相关：

$$Q = \frac{w^3}{12\mu} \frac{\Delta P}{l_p} \tag{11-16}$$

在传统压裂算法中，流体时间步长与缝宽和流体黏度相关（$dt \propto \mu/K_f w^2$），因此对于 SC-CO_2 等低黏度流体，流体时间步长会很小。相比之下，断裂韧性控制压裂算法的流体时间步长与缝宽和流体黏度无关，可以比传统压裂算法大两个数量级。因此，运用断裂韧性控制机制的水力压裂新算法可以大大提高计算效率。

11.4.2.3　简化算法验证

为了验证断裂韧性控制压裂新算法，首先采用立方体排列的颗粒试样（图 11-23）进行 SC-CO_2 压裂模拟。颗粒半径为 5mm，杨氏模量为 35.1GPa。x 方向压力为 10MPa，y

方向压力为 15MPa，其他输入参数如表 11-2 所示。

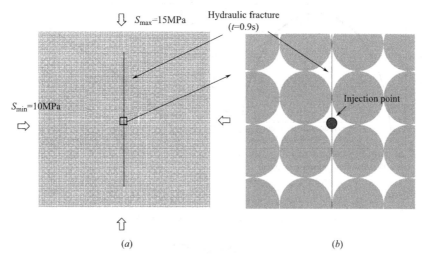

图 11-23　立方体排列的颗粒试样进行 SC-CO$_2$ 压裂模拟

（a）t＝0.9s 时水力压裂验证模型的示意图；（b）规则排列的颗粒试样局部图

数值模型的输入参数　　　　　　　　　　　　　表 11-2

参数	取值
尺寸（m）	1.0 × 1.0
岩石体积模量，K（GPa）	8.3
比例系数，α（MPa）	0.2
假定的剩余孔径，w_0（m）	6e-6
假定的节理的剩余孔径，w_{0j}（m）	1e-4
流体注入速率，Q（m^2/s）	0.5e-4
流体黏性（cp）	0.06，100

图 11-24 比较了数值模型和 KGD 模型在 t＝0.9s 时裂缝宽度和裂缝长度的演变。在 KGD 模型中，为了匹配数值解，正则模型的 I 型断裂韧度输入值为 1.88Pa·m$^{1/2}$。立方体排列颗粒试样的裂缝长度是 y 方向上两个裂缝尖端的距离。KGD 模型中裂缝长度和注入点处的裂缝宽度分别为：l（0.9）＝0.763m 和 w（0，0.9）＝（7.52e－5）m，而数值模型中相应的值分别为 0.770m 和（7.24e－5）m。相比 KGD 解，模拟结果的裂缝宽度偏低 3.9%，裂缝长度偏高 1.1%。在 DEM 模型中，裂缝的张开导致岩石模量逐渐增大，造成了这种微小的差异。所以，图 11-24 中的结果表明断裂韧性控制压裂新算法是相对准确的。

11.4.3　超临界二氧化碳压裂结果

本节描述并比较了断裂韧性控制区域的 SC-CO$_2$ 压裂和接近黏性控制区域的 100cp 流体压裂的裂缝扩展情况。所有的计算情况（表 11-3）都使用随机试样来更好地模拟岩石材料，颗粒半径为 3～5mm。对于 SC-CO$_2$（黏度 0.06cp）压裂采用断裂韧性控制压裂算法，对于断裂韧度为 100cp 的高黏度流体压裂采用传统压裂算法。

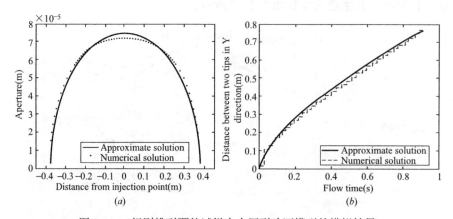

图 11-24　规则排列颗粒试样水力压裂验证模型的模拟结果

（a）裂缝宽度的近似解与数值解的比较；（b）裂缝长度的近似解和数值解的比较

水力压裂案例汇总

表 11-3

案例	压裂流体	S_{min}	S_{max}	是否有天然裂缝
1-S1	100 cp	10	12	否
1-S2	100 cp	10	15	否
2-S1	SC-CO$_2$	10	12	否
2-S2	SC-CO$_2$	10	15	否
N1-S1	100 cp	10	12	是
N1-S2	100 cp	10	15	是
N2-S1	SC-CO$_2$	10	12	是
N2-S2	SC-CO$_2$	10	15	是

11.4.3.1　完整岩样压裂模拟结果

在完整岩样中，两种压裂诱导的裂缝均沿着最大主应力方向扩展，如图 11-25 所示。水力压裂裂缝是曲折的，因此可以用曲折度来评价裂缝的扩展路径（Chen et al.，2015）。在参考区域内，将裂缝总长度（L_0）与两端的直线距离（L）的比值定义为曲折度。其中，裂缝总长度为模型中产生的微裂缝的长度总和。当应力差为 2MPa 时，SC-CO$_2$ 和 100cp 流体的压裂裂缝的曲折度分别为 1.63 和 1.19，趋势与采用花岗岩和页岩的室内实验相同，但数值上有所差别（Chen et al.，2015 & Ishida et al.，2016）。在使用花岗岩的压裂实验中，SC-CO$_2$ 压裂裂缝的曲折度为 1.109，而黏性油（～320 cp）压裂裂缝的曲折度为 1.062。在使用页岩的压裂实验中（Bennour et al.，2018），测量的总裂缝长度包含分支裂缝，L-CO$_2$（液态二氧化碳）压裂裂缝的曲折度为 5.602，黏性油（～270 cp）压裂裂缝的曲折度为 1.090。应力差为 5MPa 的案例也有类似的结果。因此，SC-CO$_2$ 有可能诱导形成更复杂的裂缝网络，这有利于提高现场作业的油气产量。

图 11-26 和图 11-27 表示了沿水力裂缝的净压力和缝宽。在流体注入量相同的情况下，相比于 SC-CO$_2$，高黏性流体更容易诱导出短而宽的裂缝。裂缝形态的差异可以通过图 11-26（a）和图 11-27（a）所示裂缝中的流体压力的分布情况解释。在 SC-CO$_2$ 压裂中，均匀的流体压力作用在裂缝表面；而在高黏性流体压裂中，裂缝中存在较大的压力梯度，并

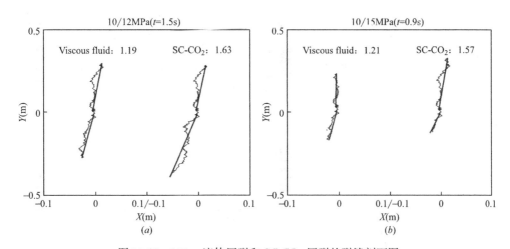

图 11-25　100cp 流体压裂和 SC-CO$_2$ 压裂的裂缝剖面图

（a）$t=1.5$s 时，案例 1-S1 和 2-S1；（b）$t=0.9$s 时，案例 1-S2 和 2-S2。黑线表示水力裂缝，
红线表示两端点之间的连线。图中的数字给出了裂缝在两个方向的平均曲折度

且越靠近尖端，压力梯度越大。

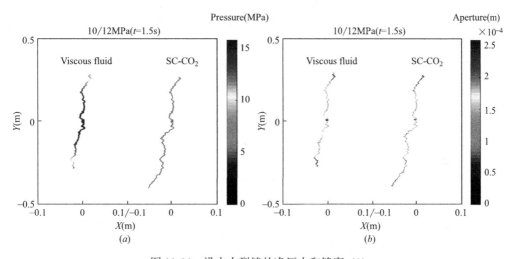

图 11-26　沿水力裂缝的净压力和缝宽（1）

（a）$t=1.5$s 时，1-S1 和 2-S1 中的水力裂缝中的净压力；（b）$t=1.5$s 时，1-S1 和 2-S1 中的水力裂缝的宽度。
比色刻度尺和线宽在（a）中均表示了净压力大小，在（b）中均表示了裂缝宽度大小

图 11-28 和图 11-29 中比较了两种压裂流体的注入压力和 y 轴上的尖端位置的演化。
在使用 SC-CO$_2$ 进行压裂时，可以观察到裂缝的跳跃性扩展，在初始阶段，裂缝的跳跃性
扩展导致了流体注入压力的立即下降。此外，如图 11-28（b）和图 11-29（b）所示，由
SC-CO$_2$ 压裂产生的裂缝的不对称性更明显。裂缝长度增长的"平台"表明，由于试样局
部固有的非均质性，一侧的裂缝增长可能会暂时停止，这可能会导致最大裂缝宽度位置偏
移注入点（图 11-29b）。相比而言，100cp 流体压裂裂缝随着注入时间的扩展更为平稳、
连续、对称。在压裂过程中，随着裂缝的扩展，颗粒尺寸与裂缝长度的比值越来越小，导
致流体注入压力逐渐稳定。此外，SC-CO$_2$ 压裂的扩展压力远低于高黏度流体，前者略大

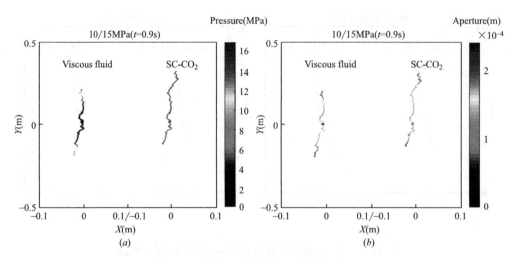

图 11-27　沿水力裂缝的净压力和缝宽（2）

（a）$t=0.9s$ 时，1-S2 和 2-S2 中的水力裂缝的净压力；（b）$t=0.9s$ 时，1-S2 和 2-S2 中的水力裂缝的宽度。

比色刻度尺和线宽在（a）中均表示了净压力大小，在（b）中均表示了裂缝宽度大小

于最小主应力（10MPa）。研究还发现，SC-CO$_2$ 压裂的破裂压力（2-S1 中为 22.3MPa，2-S2 中为 22.1MPa）低于高黏性流体压裂（1-S1 中为 24.1MPa，1-S2 中为 23.7MPa）。然而，两者破裂压力的差异比以往实验研究中得到的要小得多（Ishida et al.，2012 & 2016）。造成这种差异的原因可能有两点：一是本模型中没有圆形注入孔，二是本模型中没有考虑试样的渗透性。

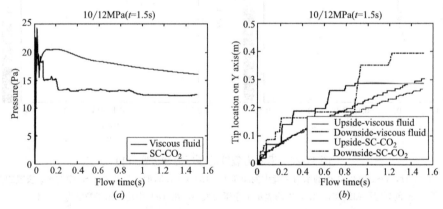

图 11-28　两种压裂流体的注入压力和 y 轴上的尖端位置的演化（1）

（a）$t=1.5s$ 时，1-S1 和 2-S1 中注入流体压力历史；（b）$t=1.5s$ 时，1-S1 和 2-S1 中注入点两侧的裂缝演化

图 11-30 展示了注入时间 $t=1.5s$ 时 2-S1 的数值结果和 KGD 模型的近似解。在 KGD 解中，注入点处缝宽为 w（0，1.5）＝（10.40e-5）m，y 方向裂缝两尖端间距为 l（1.5）＝0.919m，而数值模拟计算得到的结果分别为（10.64e-5）m 和 0.683m。数值解在注入点处的缝宽偏高 2.3%，而两尖端在 y 方向上的距离偏低 25.7%。虽然尝试输入的 Ⅰ 型断裂韧度（2.66Pa·m$^{1/2}$）已经尽可能地与数值解相匹配，但数值解和 KGD 理论解仍存在较大的差异。Case 2-S1 的 Ⅰ 型断裂韧度大于规则模型（1.88Pa·m$^{1/2}$）。这可能

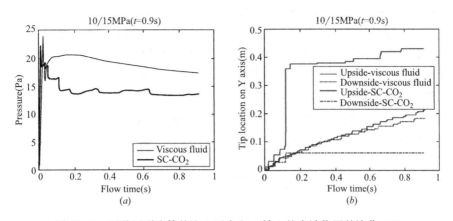

图 11-29　两种压裂流体的注入压力和 y 轴上的尖端位置的演化（2）

（a）$t=0.9s$ 时，1-S2 和 2-S2 中注入流体压力历史；（b）$t=0.9s$ 时，1-S2 和 2-S2 中注入点两侧的裂缝演化

是因为断裂韧性控制区域的裂缝扩展对试样固有的局部非均质性更敏感，从而导致了裂缝扩展更为不平滑、不对称和曲折。在实际岩样中，颗粒间的接触可能与最大或最小主应力的方向不一致，最大水平应力会对沿裂缝路径上的接触力有所贡献。因此，随机试样的裂缝扩展更为困难，裂缝扩展路径更为曲折。随机试样的有效韧性增加，裂缝的直线长度减小（Huang et al.，2019）。如果考虑曲折度，Case 2-S1 的裂缝总长度为 1.099m。因此，数值解中的裂缝比 KGD 理论解预测的裂缝更长、更细、更曲折。

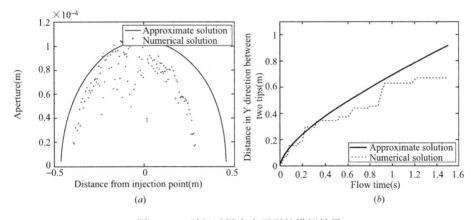

图 11-30　随机试样水力压裂的模拟结果

（a）水力裂缝宽度的近似解和数值模拟解的比较；（b）y 方向上裂缝尖端的距离的近似解和数值模拟解的比较

11.4.3.2　裂隙岩样压裂模拟结果

人们普遍认为岩体中存在天然裂缝，其对水力压裂裂缝的扩展有很大影响（Zhang et al.，2019 & Hou et al.，2019）。当压裂裂缝接近预先存在的裂缝时，裂缝尖端周围的应力状态会受到干扰，并可能导致裂缝间复杂的相互作用行为（Renshaw et al.，1995；Zhang，et al.，2019；Tang et al.，2019）。在本节中，我们进行了四个水力压裂模拟来探究裂隙岩体中的压裂裂缝扩展行为。

图 11-31 表示了在不同水平应力差下使用不同压裂液时流体注入压力的演变。与高黏

性流体压裂相比，SC-CO$_2$ 压裂中的破裂压力和扩展压力更低，这与完整岩样中的压裂结果一致。然而，与完整岩样压裂结果相比，天然裂缝的存在导致破裂压力的增大。图 11-32 和图 11-33 显示了注入体积相同的两种压裂液时压裂裂缝形态。由于存在与天然裂缝的相互作用，当应力差较低时，裂缝扩展偏离最大主应力方向（参见图 11-32）。当应力差较大时，一旦裂缝抵达天然裂缝，高黏性流体压裂裂缝倾向于沿天然裂缝扩展（图 11-33a），而 SC-CO$_2$ 压裂裂缝首先沿着天然裂缝扩展，然后分叉并转向最大主应力方向（图 11-33b），并且裂缝扩展具有明显不对称性。

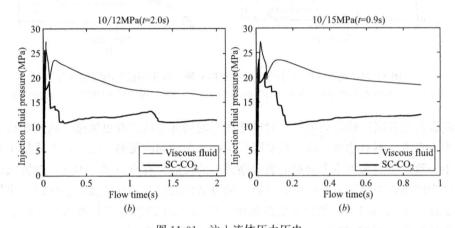

图 11-31　注入流体压力历史

（a）N1-S1 和 N2-S1；（b）N1-S2 和 N2-S2

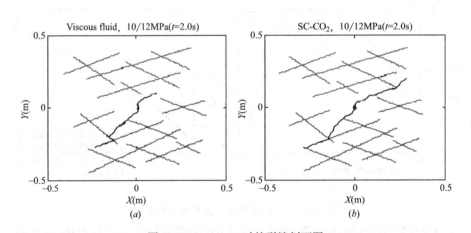

图 11-32　$t = 2.0$s 时的裂缝剖面图

（a）N1-S1；（b）N2-S1。黑线和绿线分别表示水力裂缝和天然裂缝。蓝线和红线分别表示与水力裂缝连接和未连接的微裂缝（即激活的天然裂缝）（彩色效果见 Li et al.，2019）

相比于高黏性流体压裂，SC-CO$_2$ 压裂裂缝明显更长。为了评估激活天然裂缝的能力，表 11-4 中列出了累积的微裂缝数量。与高黏性流体相比，SC-CO$_2$ 在低应力差和高应力差下均产生更多的与 PB 键断裂相对应的微裂纹。当应力差较高时，SC-CO$_2$ 压裂在天然裂缝中产生 168 个微裂缝，其中 117 个与水力压裂主裂缝相连；而高黏性流体压裂在天然裂缝中产生 109 个微裂纹，其中 57 个与水力压裂主裂缝相连。结果表明，相比高黏性流体

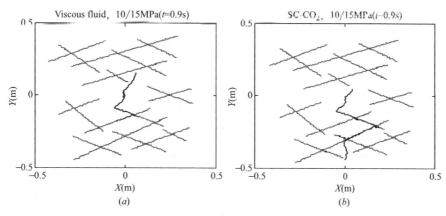

图 11-33　在 $t = 0.9s$ 时的裂缝剖面图

(a) N1-S2；(b) N2-S2（彩色效果见 Li et al.，2019）

压裂，SC-CO$_2$ 压裂倾向于产生更复杂高产的裂缝网络，这与实验结果一致（Zhang et al.，2011 & Zou et al.，2018）。

在裂隙岩体中的累计微裂缝数　表 11-4

微裂缝数	10/12MPa ($t = 2.0s$)		10/15MPa ($t = 0.9s$)	
	N1-S1	N2-S1	N1-S2	N2-S2
断裂的 PB 键	104	154	62	87
与主裂缝相连的断裂的 SJ 键	41	32	57	117
未与主裂缝相连的断裂的 SJ 键	51	55	52	51
断裂的 SJ 键	92	87	109	168
总和	196	241	171	255

11.5　总结

在页岩气等非常规油气资源的开发过程中，水力压裂是决定其是否成功的核心技术之一。本章首先介绍了石油工程中的水力压裂研究问题和研究进展，总结了常用的平面应变状态下水力裂缝理论解，并以此作为其余两节研究的参考解。然后，构建 FLAC-PFC 耦合模型，对水力裂缝和天然裂缝的相互作用机制及其影响因素进行探索和研究。最后，提出断裂韧性控制区域压裂简化算法，提高了 SC-CO$_2$ 压裂等低黏性流体压裂计算效率，研究了超临界二氧化碳压裂裂缝扩展的微观行为。通过本章的数值研究工作，得到如下成果和主要结论：

（1）水力裂缝与天然裂缝网络相互作用的潜在机制对于指导优化非常规资源的开采至关重要，本章数值模拟发现：①通过正交穿越的模拟，可以确定三种基本的水力裂缝穿越天然裂缝的行为：a. 不穿越，即水力裂缝被天然裂缝阻断，形成 T 形交叉；b. 偏移穿越，即水力裂缝偏移一段距离后穿越天然裂缝；c. 直接穿越，即水力裂缝直接穿越天然裂缝，不转入天然裂缝。②水力裂缝与天然裂缝的交叉角、应力比和材料的不均匀性（强度比和刚度比）均会极大地影响裂缝穿越行为。③随着天然裂缝数量和范围的增加，裂缝穿越行为会更为复杂，这表明在天然裂缝性储层系统中会产生复杂的水力裂缝扩展模式。

（2）SC-CO$_2$ 压裂等无水压裂可以避免水基压裂的很多缺点，在非常规油气资源的开采中有广泛的应用前景。本章通过断裂韧性控制区域压裂简化算法模拟了 SC-CO$_2$ 压裂，研究发现：①在完整岩体中，与高黏性流体压裂相比，SC-CO$_2$ 压裂裂缝扩展更为不光滑，更为不连续，更为不对称，更为曲折。②在裂隙岩体中，SC-CO$_2$ 压裂更容易产生复杂的裂缝网络，包括岩石基质中更长的主裂缝和已有的天然裂缝中更多激活微裂缝。这些表明 SC-CO$_2$ 压裂在油气储层中的造缝能力更强，并且产生较为复杂的裂缝网络，提高现场作业的油气产量。

水力压裂是一个非线性、多尺度的流固耦合过程，页岩气等非常规油气储层的地质复杂性、不确定性和空间变异性使得水力压裂过程更加复杂。基于有限单元法、离散单元法等数值方法的数值模型极大地提高了人们对水力压裂的认识，促进了水力压裂在油气工程中的应用。离散单元法可以模拟岩石的微观行为，以键的断裂表示岩石微观的破坏和破裂，当它们连通时将会表现为岩石的真实宏观行为。因此，离散单元法在颗粒尺度模拟岩石的行为方面具有独特的优势。需要注意的是，离散单元法在空间上将岩土体分解为一系列的颗粒，在时间上进行迭代计算，其计算量巨大，计算多场耦合效率不如连续介质计算方法（如有限差分法和有限单元法），建模尺度严重受限，极大地限制了其在石油工程等领域的应用，目前还主要应用于学术研究。但是随着将来超级计算能力的提升，离散元方法模拟水力压裂将会有广阔的前景。

参 考 文 献

[1] Advani, S. H. , Torok, J. S. , Lee, J. K. , Choudhry, S. (1987). Explicit time-dependent solutions and numerical evaluations for penny-shaped hydraulic fracture models. Journal of Geophysical Research, 92(B8), 8049.

[2] Aghighi, M. A. , Rahman, S. S. (2010). Horizontal permeability anisotropy: Effect upon the evaluation and design of primary and secondary hydraulic fracture treatments in tight gas reservoirs. Journal of Petroleum Science and Engineering. 74(1): 4-13.

[3] Al-Busaidi, A. , Hazzard, J. F. , Young, R. P. , (2005). Distinct element modeling of hydraulically fractured Lac du Bonnet granite. J. Geophys. Res. B Solid Earth. 110: 1-14.

[4] Annevelink, M. P. J. A. , Meesters, J. A. J. , Hendriks, A. J. (2016). Environmental contamination due to shale gas development. Sci. Total Environ. 550: 431-438.

[5] Asgian, M. I. , Cundall, P. A. Brady, B. H. G. (1995). The Mechanical Stability of Propped Hydraulic Fractures: A Numerical Study, in Proceedings of the SPE 69th Annual Technical Conference and Exhibition (New Orleans, Louisiana, September 1994). 1: 475-489. Richardson, Texas: Society of Petroleum Engineers.

[6] Barenblatt, G. I. (1962). The mathematical theory of equilibrium cracks in brittle fracture. Adv. Appl. Mech. 7: 55-129.

[7] Barton, N. R. (1971). A model study of the behaviour of steep excavated rock slopes. (Ph. D.), University of London, Imperial College of Science and Technology.

[8] Bažant, Z. P. , Salviato, M. , Chau, V. T. , Visnawathan, H. , Zubelewicz, A. (2014). Why fracking works. J. Appl. Mech. 81: 101010.

[9] Ben Richou, A. Ambari, J. K. Naciri, (2004). Drag force on a circular cylinder midway between parallel plates at very low Reynolds numbers e part I: Poisuille flow (numerical), Chem. Eng. Sci. 59: 3215-3222.

[10] Bennour, Z. , Watanabe, S. , Chen, Y. , Ishida, T. , Akai, T. (2018). Evaluation of stimulated reservoir volume in laboratory hydraulic fracturing with oil, water and liquid carbon dioxide under microscopy using the fluorescence method. Geomech. Geophys. Geo-Energy Geo-Resources. 4: 39-50. doi: 10. 1007/s40948-017-0073-3.

[11] Blanton T L. (1981). Effects of strain rates from 10-2 to 10/s in triaxial compression tests on three rocks. International Journal of Rock Mechanics and Mining Sciences, 18: 47-62.

[12] Bobet, A. , Einstein, H. H. (1998). Fracture coalescence in rock-type materials under uniaxial and biaxial compression. International Journal of Rock Mechanics and Mining Sciences. 35(7): 863-888.

[13] Bratli, R. K. Risnes, R. (1981). Stability and failure of sand arches. Society of Petroleum Engineers Journal. 4: 236-248.

[14] Breugnot, A. , Lambert, S. , Villard, P. , Gotteland, P. , (2016). A discrete/continuous coupled approach for modeling impacts on cellular geostructures . Rock Mechanics and Rock

Engineering. 49: 1831-1848.

[15] Bui, H. D. (1977). An integral equations method for solving the problem of a plane crack of arbitrary shape. Journal of the Mechanics & Physics of Solids. 25(1): 29-39.

[16] Bunger, A. P. , Detournay, E. , Garagash, D. I. (2005). Toughness-dominated Hydraulic Fracture with Leak-off. International Journal of Fracture. 134(2): 175-190.

[17] Cai M, Kaiser P K, Morioka H, et al. (2007). FLAC/PFC coupled numerical simulation of AE in large-scale underground excavations. International Journal of Rock Mechanics and Mining Sciences. 44 (4): 550-564.

[18] Carter, B. J. , Desroches, J. , Ingraffea, A. R. (2000). Wawrzynek, P. A. (2000). Simulating fully 3D hydraulic fracturing. Wiley Publishers, New York.

[19] Carter, R. D. (1957). Derivation of the general equation for estimating the extent of the fractured area. Appendix I of "Optimum Fluid Characteristics for Fracture Extension," Drilling and Production Practice, GC Howard and CR Fast, New York, New York, USA, American Petroleum Institute. 261-269.

[20] Chen, Y. , Nagaya, Y. , Ishida, T. (2015). Observations of Fractures Induced by Hydraulic Fracturing in Anisotropic Granite. Rock Mech. Rock Eng. 48: 1455-1461.

[21] Cleary, M. P. (1980). Comprehensive Design Formulae for Hydraulic Fracturing. Society of Petroleum Engineers.

[22] Clifton, R. J. , Abou-Sayed, A. S. (1981). A variational approach to the prediction of the three-dimensional geometry of hydraulic fractures. In: SPE/DOE Low Permeability Gas Reservoirs Symposium.

[23] Cruse, T. A. (1969). Numerical solutions in three dimensional elastostatics. International Journal of Solids and Structures. 5(12): 1259-1274.

[24] Cundall P A. (1971). A Computer Model for Simulating Progressive, Large-Scale Movements in Block Rock Systems. Proc. int. symp. on Rock Fracture. 1(ii-b): 11-8.

[25] Cundall P. A. (1971). The measurement and analysis of acceleration on rock slopes. London: University of London, Imperial College of Science and Technology.

[26] Cundall, P. A. , R. Hart. (1992). Numerical Modeling of Discontinua, J. Engr. Comp. 9: 101-113.

[27] Cundall, P. , Strack, O. (1979). A discrete numerical model for granular assembles. Geotechnique. 29(01): 47-65.

[28] Cundall, P. A. (1999). Technical Note: The incorporation of fluid coupling into PFC. Itasca Consulting Group, Inc. Minneapolis, Minnesota.

[29] Dahi Taleghani, A. , Gonzalez, M. , Shojaei, A. (2016). Overview of numerical models for interactions between hydraulic fractures and natural fractures: Challenges and limitations. Comput. Geotech. 71: 361-368.

[30] Damjanac, B. , Cundall, P. (2016). Application of distinct element methods to simulation of hydraulic fracturing in naturally fractured reservoirs. Comput. Geotech. 71: 283-294. https://doi. org/10. 1016/j. compgeo. 2015. 06. 007.

[31] David, C. T. et al. Powder Flow Testing with 2D and 3D Biaxial and Triaxial Simulations, Particle & Particle Systems Characterization, 24(1): 29-33 (2007).

[32] Davy, P. , Le Goc, R. , Darcel, C. , Bour, O. , De Dreuzy, J. R. , Munier, R. (2010). A likely universal model of fracture scaling and its consequence for crustal hydromechanics. J. Geophys. Res. Solid Earth. 115: B10411.

［33］ Detournay, E. (2016). Mechanics of Hydraulic Fractures. Annu. Rev. Fluid Mech. 48: 311-339.

［34］ Detournay, E. (2004). Propagation regimes of fluid-driven fractures in impermeable rocks. Int. J. Geomech. 4: 35-45.

［35］ Di Felice, R. D. (1994). The voidage function for fluid-particle interaction systems. Int. J. Multiphase Flow. 20(1): 153-159.

［36］ Diego Mas Ivars. (2009). bonded particle model for jointed rock masses. PhD thesis, KTH-Engineering Geology and Geophysics Research Group. STOCKHOLM, Sweden, 2004.

［37］ Donohue, T. J., Robinson, P. Wheeler, C. A. (2011). DEM study of a scale model bucket wheel reclaimer. In Sainsbury, et al., (eds.) Proceedings of the 2nd Int'l FLAC/DEM Symposium on Continuum and Distinct Element Numerical Modeling in Geomechanics, Melbourne, February 2011. 15-04. Minneapolis: Itasca.

［38］ Dontsov, E. V., Peirce, A. P. (2015). A non-singular integral equation formulation to analyse multiscale behaviour in semi-infinite hydraulic fractures. J. Fluid Mech.

［39］ Dontsov, E. V. (2017) An approximate solution for a plane strain hydraulic fracture that accounts for fracture toughness, fluid viscosity, and leak-off. Int. J. Fract. 205: 221-237.

［40］ Economides, M., Nolte, K. (2000). Reservoir Stimulation. Wiley.

［41］ El Shamy, U. Zeghal, M. (2006). Response of Liquefiable Granular Deposits to Multi-Direction Shaking. In D. J. DeGroot, J. T. DeJong, J. D. Frost, L. G. Baise (Eds.), Geotechnical Engineering in the Information Technology Age (Geocongress 2006, Atlanta, February-March 2006).

［42］ Ergun, S. (1952). Fluid Flow through Packed Columns, Chemical Engineering Progress, 48(2): 89-94.

［43］ Fairhurst C, Damjanac B, Brandshaug T. (2007). Rock mass strength and numerical experiments// Proceedings of 35th Geomechanics Colloquium, Technical University Freiberg, Germany.

［44］ Fairhurst, C. (2004). Nuclear waste disposal and rock mechanics: contributions of the Underground Research Laboratory (URL), Pinawa, Manitoba, Canada. International Journal of Rock Mechanics and Mining Sciences. 41(8): 1221-1227.

［45］ Fairhurst, C. (2013). Fractures and fracturing: hydraulic fracturing in jointed rock. In: Effective and Sustainable Hydraulic Fracturing. 47-79. International Society for Rock Mechanics and Rock Engineering, Brisbane, Australia.

［46］ Frangin, E., Marin, P., Daudeville, L. (2007). Approche couplée éléments discrets/finis pour la simulation d'un impact sur ouvrage. European Journal of Computational Mechanics/Revue Européenne de Mécanique Numérique. 16: 989-1009.

［47］ Furtney, J., F. Zhang Y. Han. (2013). Review of Methods and Applications for Incorporating Fluid Flow in the Discrete Element Method. Presented at the 3rd International FLAC/DEM Symposium held in Hangzhou, China 22-24 October, 2013.

［48］ Garagash, D. I., Detournay, E., Adachi, J. I. (2011). Multiscale tip asymptotics in hydraulic fracture with leak-off. J. Fluid Mech.

［49］ Geertsma, J., Haafkens, R. (1979). A Comparison of the theories for predicting width and extent of vertical hydraulically induced fractures. J. Energy Resour. Technol. 101: 8-19.

［50］ Gu, H., Weng, X., Lund, J. B., Mack, M. G., Ganguly, U., Suarez-Rivera, R. (2012). Hydraulic Fracture Crossing Natural Fracture at Nonorthogonal Angles: A Criterion and Its Validation.

［51］ Haimson B., Fairhurst C. (1967). Initiation and extension of hydraulic fractures in rocks. Society of

Petroleum Engineers Journal. 7(03): 310-318.

[52] Han, Y. (2012). Construction of a LBM-DEM Coupling System and its Applications in Modeling Fluid Particle Interaction in Porous Media Flow. (Ph. D.), University of Minnesota.

[53] Han, Y. (2014). An Integrative Numerical Modeling Framework for Attacking Sand Production Problem. ARMA 14-7486. Presented at the 48th US Rock Mechanics/Geomechanics Symposium held in Minneapolis, MN, USA, 1-4 June 2014.

[54] Han, Y., Cundall, P. (2017). Verification of two-dimensional LBM-DEM coupling approach and its application in modeling episodic sand production in borehole. Petroleum. 3(2): 179-189.

[55] Han, Y., Cundall, P. A. (2011). Lattice Boltzmann modeling of pore-scale fluid flow through idealized porous media. International Journal for Numerical Methods in Fluids. 67(11): 1720-1734.

[56] Han, Y., Cundall, P. A. (2011). Resolution sensitivity of momentum-exchange and immersed boundary methods for solid-fluid interaction in the lattice Boltzmann method. International Journal for Numerical Methods in Fluids. 67(3): 314-327.

[57] Han, Y., Cundall, P. A. (2013). LBM-DEM modeling of fluid-solid interaction in porous media. International Journal for Numerical and Analytical Methods in Geomechanics. 37(10): 1391-1407. doi: 10.1002/nag.2096.

[58] Han, Y., P. A. Cundall. (2011). Coupling the Lattice Boltzmann Method with PFC. Part 1: Verification of LBM as a Hydrodynamic Code. Presented at the 2nd International FLAC/DEM Symposium, Melbourne February 2011.

[59] Han, Y., P. A. Cundall. (2011). Coupling the Lattice Boltzmann Method with PFC. Part 2: Verification and Simple applications of PFC-LBM Coupling. Presented at the 2nd International FLAC/DEM Symposium, Melbourne February 2011.

[60] Han, Y., Damjanac, B., Nagel, N., (2012). A microscopic numerical system for modeling interaction between natural fractures and hydraulic fracturing, in: Proceedings of the 46th US Rock Mechanics/Geomechanics Symposium. Chicago, IL. ARMA-2012-238.

[61] Harper, T R, Last, N C. (1990). Response of fractured rock subject to fluid injection part II: Characteristic behavior. Tectonophysics. 172(1-2): 33-51.

[62] Hazzard, J. F., K. Maier. (2003). The importance of the third dimension in granular shear, Geophysical Research Letters. 30(13)1708.

[63] Hou, B., Chang, Z., Fu, W., Muhadasi, Y., Chen, M. (2019). Fracture Initiation and Propagation in a Deep Shale Gas Reservoir Subject to an Alternating-Fluid-Injection Hydraulic-Fracturing Treatment. SPE J. 1-17.

[64] Hu H, Joseph, D, Cochet M. (1992). Direct simulation of fluid particle motions. Theoret. Comput. Fluid Dynamics. 3: 285-306.

[65] Hu, J., Garagash, D. I. (2010). Plane-Strain Propagation of a Fluid-Driven Crack in a Permeable Rock with Fracture Toughness. J. Eng. Mech. 136, 1152-1166.

[66] Huang, L., Liu, J., Zhang, F., Dontsov, E., Damjanac, B. (2019). Exploring the influence of rock inherent heterogeneity and grain size on hydraulic fracturing using discrete element modeling. Int. J. Solids Struct.

[67] Hubbert, M. K., Willis, D. G. (1957). Mechanics of hydraulic fracturing. Trans. Soc. Pet. Eng. AIME. 210: 153-168.

[68] Ishida, T., Aoyagi, K., Niwa, T., Chen, Y., Murata, S., Chen, Q., Nakayama, Y. (2012). Acoustic emission monitoring of hydraulic fracturing laboratory experiment with supercritical

and liquid CO 2. Geophys. Res. Lett. 39: L16309.

[69] Ishida, T., Chen, Y., Bennour, Z., Yamashita, H., Inui, S., Nagaya, Y., Naoi, M., Chen, Q., Nakayama, Y., Nagano, Y. (2016). Features of CO_2 fracturing deduced from acoustic emission and microscopy in laboratory experiments. J. Geophys. Res. Solid Earth. 121: 8080-8098.

[70] Itasca Consulting Group Inc. PFC Version 5. 0 Documentation, 2018.

[71] Itasca Consulting Group Inc. PFC Version 6. 0 Documentation, 2019.

[72] Itasca Consulting Group Inc. PFC2D-Particle Flow Code two dimension. Ver. 4. 0 User's Manual. USA: Minneapolis, 2010.

[73] Itasca Consulting Group Inc. PFC3D-Particle Flow Code 3 dimension. Ver. 4. 0 User's Manual. USA: Minneapolis, 2010.

[74] Ivars D M. (2010). Bonded Particle Model for Jointed Rock Mass. (Ph. D.), Royal Institute of Technology (KTH).

[75] Ivars, D. M., Pierce, M. E., Darcel, C., Reyes-Montes, J., Potyondy, D. O., Young, R. P., Cundall, P. A. (2011). The synthetic rock mass approach for jointed rock mass modelling. International Journal of Rock Mechanics and Mining Sciences, 48(2): 219-244.

[76] J. M. Buick, C. A. Greated. (2000). Gravity in a lattice Boltzmann model. Phys. Rev. E. 61(5)5307-5320.

[77] Jiang, M. J., Leroueil, S. Konrad, J. M., (2004). Insight into shear strength functions of unsaturated granulates by DEM analyses. Computers and Geotechnics. 31(6): 473-489.

[78] Johnson A Tezduyar. (1997). 3D simulation of fluid-particle interactions with the number of particles reaching 100. Computer Methods in Applied Mechanics and Engineering. 145(3-4): 301-321.

[79] Joseph, D. D. et al. (1987). Nonlinear mechanics of fluidization of beds of spheres, cylinders, and discs in water. In Papanicolau G (ed.), Advances in Muhiphase Flow and Related Problems, SIAM.

[80] Journal of Petroleum Technology. (1977). The SI Metric System of Units and SPE's Tentative Metric Standard. 1575-1616.

[81] Kassir, M. K., Sih, G. C. (1966). Three-Dimensional Stress Distribution Around an Elliptical Crack Under Arbitrary Loadings. ASME. Journal of Applied Mechanics. 33(3): 601-611.

[82] Katterfeld, A., Kunze, G. Grüning, T. (2011). Coupled discrete element and multibody simulation for analysis of the operation of construction machines. Sainsbury et al., (eds.)Proceedings of the 2nd Int'l FLAC/DEM Symposium on Continuum and Distinct Element Numerical Modeling in Geomechanics, Melbourne, February 2011. 15-05. Minneapolis: Itasca.

[83] Kawaguchi, T. (1992). Numerical Simulation of Fluidized Bed Using the Discrete Element Method (the Case of Spouting Bed), in JSME (B). 58(551): 79-85.

[84] Khristianovic, S. A., Zheltov, Y. P. (1955). Formation of vertical fractures by means of highly viscous liquid.

[85] King, G. E. (2010). Thirty years of gas shale fracturing: what have we learned?

[86] Kjaernsli B, Torblaa I. Leakage through horizontal cracks in the core of Hyttejuvet Dam. Norwegian Geotechnical Institute, Publication, 80: 39-47.

[87] Kozicki, J., Donzé, F. V. (2009). Yade-open dem: an open-source software. using a discrete element method to simulate granular material. Engineering Computations. 26(7): 786-805.

[88] Ladd, A. J. C. (1994a). Numerical simulations of particulate suspensions via a discretized Boltzmann equation. Part 1. Theoretical foundation. J. Fluid Mech, 271: 209-285.

[89] Ladd, A. J. C. (1994b). Numerical simulations of particulate suspensions via a discretized Boltzmann

equation. Part 2. Numerical results. J. Fluid Mech，271：286-339.

[90] Lecampion，B.，Bunger，A.，Zhang，X.（2018）. Numerical methods for hydraulic fracture propagation: a review of recent trends. J. Nat. Gas Sci. Eng.，49，66-83.

[91] Li，Q.，Xing，H.，Liu，J.，Liu，X.（2015）. A review on hydraulic fracturing of unconventional reservoir. Petroleum. 1：8-15.

[92] Li，S. Liu，W. K.（2002）. Meshfree and particle methods and their application. Appl Mech Rev 55(1).

[93] Li，W.，Han，Y.，Wang，T.，Ma，J.（2017）. DEM micromechanical modeling and laboratory experiment on creep behavior of salt rock. Journal of Natural Gas Science and Engineering，46，38-46. doi：10.1016/j. jngse. 2017. 07. 013.

[94] Liu，G. G. & Liu，M. B.（2003）. Smoothed Particle Hydrodynamics: A Meshfree Particle Method. World Scientific Publishing Co.

[95] Liu，J.，Nicot，F. and Zhou，W.（2018）. Sustainability of internal structures during shear band forming in 2D granular materials. Powder Technology，338：458-470.

[96] Logan J M，Handin J. Triaxial compression testing at intermediate strain rates[C]//The 12th US Symposium on Rock Mechanics (USRMS). American Rock Mechanics Association，1970：167-194.

[97] Londe P.（1987）. The Malpasset dam failure. Engineering Geology，24(1)：295-329.

[98] Lu C. K. Yew C. H.（1985）. On bonded half-planes containing two arbitrarily oriented cracks study of containment of the hydraulically induced fractures.

[99] Lu，Y.，Ao，X.，Tang，J.，Jia，Y.，Zhang，X.，Chen，Y.（2016）. Swelling of shale in supercritical carbon dioxide. J. Nat. Gas Sci. Eng. 30：268-275.

[100] Luding，S.，Manetsberger，K. and Müllers，J.（2005）. A discrete model for long time sintering. Journal of the Mechanics and Physics of Solids. 53(2)：455-491.

[101] Lyakhovsky V，Hamiel Y.（2007）. Damage evolution and fluid flow in poroelastic rock. Izvestiya，Physics of the Solid Earth. 43(1)：13-23.

[102] Ma，X.，Zoback，M. D.（2017）. Lithology-controlled stress variations and pad-scale faults: A case study of hydraulic fracturing in the Woodford Shale，Oklahoma. Geophysics. 82：35-44.

[103] Maxwell，S.，Cipolla，C.（2011）. What does microseismicity tell us about hydraulic fracturing?

[104] Middleton，R. S.，Carey，J. W.，Currier，R. P.，Hyman，J. D.，Kang，Q.，Karra，S.，Jiménez-Martínez，J.，Porter，M. L.，Viswanathan，H. S.（2015）. Shale gas and non-aqueous fracturing fluids: Opportunities and challenges for supercritical CO_2. Appl. Energy. 147：500-509.

[105] Mindlin R D，Deresiewicz H.（1953）. Elastic Spheres in Contact Under Varying Oblique Forces. 20 (3)：327-344.

[106] Morgenstern N T，Vaughan P R.（1963）. Some observations on allowable grouting pressures[C]// Proceeding of Conference Grouts and drill. Muds，Institute of Civil Engineering，London：Muds，Institue of Civil Engineering. 36-42.

[107] Morris，J.，Fox，P. & Zhu，Y.（1997）. Modeling Low Reynolds Number Incompressible Flows Using SPH. Journal of Computational Physics. 136：214-226.

[108] Murdoch L C，Slack W W.（2002）. Forms of hydraulic fractures in shallow fine-grained formations. Journal of Geotechnical and Geo-environmental Engineering. 128(6)：479-487.

[109] Nordgren R P.（1972）. Propagation of a vertical fracture. SPE Journal. 12(8)：306-314.

[110] Papanastasiou，P. C.，（1997）. A coupled elastoplastic hydraulic fracturing model. Int. J. rock Mech. Min. Sci. Geomech. Abstr. 34：431.

[111] Peng, J. , Wong, L. N. Y. , Teh, C. I. , Li, Z. (2017). Modeling Micro-cracking Behavior of Bukit Timah Granite Using Grain Based Model. Rock Mechanics and Rock Engineering. 51(1): 135-154.

[112] Perkins, T. K. , Kern, L. R. (1961). Widths of Hydraulic Fractures. Journal of Petroleum Technology. 13(09): 937-949.

[113] Pierce, M. (2017). An Introduction to Random Disk Discrete Fracture Network (DFN)for Civil and Mining Engineering Applications. ARMA e-Newslatter. 20: 3-8.

[114] Pierce, M. E. (2010). A model for gravity flow of fragmented rock in block caving mines. (Ph. D.), The University of Queensland.

[115] Pierce, M. E. , C. Fairhurst. Synthetic Rock Mass Applications in Mass Mining. Harmonising Rock Engineering and the Environment (Proc. 12th ISRM Int. Congress, Beijing, China, October 2011). 109-14. Q. Qian, Y. Zhou, eds. , ISBN 978-0-415-80444-8, London: Taylor & Francis Group (2012).

[116] Potyondy, D. (2018). Material-Modeling Support in PFC [fistPkg6. 5], Itasca Consulting Group, Inc. , Technical Memorandum ICG7766-L (April 5, 2019), Minneapolis, Minnesota.

[117] Potyondy, D. O. (2010). A grain-based model for rock: approaching the true microstructure. Proceedings of rock mechanics in the Nordic Countries. 9-12.

[118] Potyondy, D. O. (2015). The bonded-particle model as a tool for rock mechanics research and application: current trends and future directions. Geosystem Engineering, 18(1): 1-28.

[119] Potyondy, D. O. , Cundall, P. A. (2004). A bonded-particle model for rock. International Journal of Rock Mechanics and Mining Sciences. 41(8): 1329-1364.

[120] Potyondy, D. O. , (2007). Simulating stress corrosion with a bonded-particle model for rock. International Journal of Rock Mechanics and Mining Sciences. 44(5): 677-691.

[121] Prudencio, M. , Van Sint Jan, M. (2007). Strength and failure modes of rock mass models with non-persistent joints. International Journal of Rock Mechanics and Mining Sciences. 44(6): 890-902.

[122] Renshaw, C. E. , & Pollard, D. D. (1995). An experimentally verified criterion for propagation across unbounded frictional interfaces in brittle, linear elastic materials. International Journal of Rock Mechanics and Mining Sciences & Geomechanics Abstracts. 32(3): 237-249.

[123] Rummel F. (1987). Fracture mechanics approach to hydraulic fracturing stress measurements. Fracture mechanics of rock. Academic Press London. 217-239.

[124] Schmitt D R, Zoback M D. (1993). Infiltration effects in the tensile rupture of thin walled cylinders of glass and granite: Implications for the hydraulic fracturing breakdown equation//International journal of rock mechanics and mining sciences & geomechanics abstracts. Pergamon. 30(3): 289-303.

[125] Schöpfer, M. P. J. , Childs, C. , Walsh, J. J. (2007). Two-dimensional distinct element modeling of the structure and growth of normal faults in multilayer sequences: 2. Impact of confining pressure and strength contrast on fault zone geometry and growth. Journal of Geophysical Research. 112(B10).

[126] Settari, A. (1985). A New General Model of Fluid Loss in Hydraulic Fracturing. Society of Petroleum Engineers. SPE Journal. 25(4): 491-501.

[127] Shen B, Stephansson O, Einstein H H, et al. (1995). Coalescence of fractures under shear stresses in experiments. Journal of Geophysics Research. 100(B4): 5975-5990.

[128] Sherard J L. (1987). Lessons from the Teton Dam failure. Engineering Geology. 24(1): 239-256.

[129] Shimizu H, Murata S, Ishida T. (2011). The distinct element analysis for hydraulic fracturing in hard rock considering fluid viscosity and particle size distribution. International Journal of Rock Mechanics and Mining Sciences. 48(5): 712-727.

[130] Shimizu, Y. (2005). A Fixed Coarse-Grid Thermal-Fluid Scheme and a Heat Conduction Scheme in the Distinct Element Method. in Computational Methods in Multiphase Flow Ⅲ——Multiphase Flow 2005 (Portland, Maine, October-November 2005). 241-250. A. A. Mammoli and C. A. Brebbia, Eds. Boston: WIT Press.

[131] Siebrits, E., Peirce, A. P. (2002). An efficient multi-layer planar 3D fracture growth algorithm using a fixed mesh approach. Int. J. Numer. Methods Eng. 53: 691-717.

[132] Sierakowski R L. (1984). Dynamic effects in concrete materials//SHAH S P ed. Proceedings of Application of Fracture Mechanics to Cementitious Composites. [S. l.]: [s. n.]. 535-557.

[133] Souley, M., Homand, F., Pepa, S., & Hoxha, D. (2001). Damage-induced permeability changes in granite: a case example at the URL in Canada. International Journal of Rock Mechanics and Mining Sciences. 38(2): 297-310.

[134] Stevens, A. (2000). Teach Yourself C++, 6th Ed. Foster City, CA : IDG Books Worldwide.

[135] Tang, J., Wu, K., Zuo, L., Xiao, L., Sun, S., Ehlig-Economides, C. (2019). Investigation of rupture and slip mechanisms of hydraulic fracture in multiple-layered formations. Soc. Pet. Eng. J.

[136] Tarasov B G. (1990). Simplified method for determining the extent to which strain rate affects the strength and energy capacity of rock fracture. Soviet Mining. 26(4): 315-320.

[137] Tien, Y. M., Tsao, P. F. (2000). Preparation and mechanical properties of artificial transversely isotropic rock. International Journal of Rock Mechanics and Mining Sciences. 6(37): 1001-1012.

[138] Timoshenko, S., J. N. Goodier. (1951). Theory of Elasticity. New York: McGraw-Hill Book Company, Inc. 372.

[139] Tsuji, Y., T. Kawaguchi, Tanata, T. (1993). Discrete Particle Simulation of Two-Dimensional Fluidized Bed, Powder Tech. 77: 79-87.

[140] Valkó P, Economides M J. (1994). Propagation of hydraulically induced fractures—a continuum damage mechanics approach//International journal of rock mechanics and mining sciences & geomechanics abstracts. Pergamon. 31(3): 221-229.

[141] Van Eekelen H A M. (1982). Hydraulic fracture geometry: Fracture containment in layered formations. Society of Petroleum Engineers. 22(3): 341-349.

[142] Vaughan P R, Kluth D J, Leonard M W, et al. (1970). Cracking and erosion of the rolled clay core of Balderhead dam and the remedial works adopted for its repair//Transactions of the Tenth International Congress on Large Dams. 1: 73-93.

[143] Vychytil, J., Horii, H., (1998). Micromechanics-based continuum model for hydraulic fracturing of jointed rock masses during HDR stimulation. Mech. Mater. 28: 123-135.

[144] Wang, C., Elsworth, D. and Fang, Y., (2019). Ensemble Shear Strength, Stability, and Permeability of Mixed Mineralogy Fault Gouge Recovered From 3D Granular Models. Journal of Geophysical Research: Solid Earth. 124(1): 425-441.

[145] Wang, J. G., Zhang, Y., Liu, J. S., Zhang, B. Y., (2010). Numerical simulation of geofluid focusing and penetration due to hydraulic fracture. J. Geochemical Explor. 106, 211-218.

[146] Wang, T., Hu, W., Elsworth, D., Zhou, W., Zhou, W., Zhao, X., Zhao, L., (2017).

The effect of natural fractures on hydraulic fracturing propagation in coal seams. J. Pet. Sci. Eng.

[147] Wang, T., Xu, D., Elsworth, D., Zhou, W. (2016). Distinct element modeling of strength variation in jointed rock masses under uniaxial compression. Geomechanics and Geophysics for Geo-Energy and Geo-Resources. 2(1): 11-24.

[148] Wang, T., Zhou, W., Chen, J., Xiao, X., Li, Y. and Zhao, X. (2014). Simulation of hydraulic fracturing using particle flow method and application in a coal mine. International Journal of Coal Geology. 121: 1-13.

[149] Warpinski, N. R., Mayerhofer, M., Agarwal, K., Du, J. (2013). Hydraulic-fracture geomechanics and microseismic-source mechanisms. SPE J. 18.

[150] Warpinski, N. R., Teufel, L. W., (1987). Influence of Geologic Discontinuities on Hydraulic Fracture Propagation (includes associated papers 17011 and 17074). J. Pet. Technol. 39: 209-220.

[151] Weaver J. (1977). Three-dimensional crack analysis. International Journal of Solids & Structures, 13(4): 321-330.

[152] Weng, X. (2015). Modeling of complex hydraulic fractures in naturally fractured formation. J. Unconv. Oil Gas Resour. 9: 114-135.

[153] Wileveau, Y., Cornet, F. H., Desroches, J., Blumling, P. (2007). Complete in situ stress determination in an argillite sedimentary formation. Phys. Chem. Earth. 32: 866-878.

[154] Wong H Y, Farmer I W. (1973). Hydrofracture mechanisms in rock during pressure grouting. Rock mechanics. 5(1): 21-41.

[155] Wong, R. H. C., Chau, K. T. (1998). Crack coalescence in a rock-like material containing two cracks. International Journal of Rock Mechanics and Mining Sciences. 35(2): 147-164.

[156] Xiao, S., Belytschko, T., (2004). A bridging domain method for coupling continua with molecular dynamics. Computer methods in applied mechanics and engineering. 193: 1645-1669.

[157] Xu, B. H. Yu, A. B. (1997). Numerical simulation of the gas-solid flow in a fluidized bed by combining discrete particle method with computational fluid dynamics. Chemical Engineering Science. 52(16): 2785-2809.

[158] Yang, Z. Juanes, R. (2018). Two sides of a fault: Grain-scale analysis of pore pressure control on fault slip. Phys Rev E. 97(2-1): 022906.

[159] Yew C. H. (1985). Study on the mechanics of hydraulic fracturing. EXXON Production Research Company Special Report. EPR. 15PR. 80.

[160] Zhang, F. (2012). Pattern formation of fluid injection into dense granular media. PhD thesis, Georgia Institute of Technology.

[161] Zhang, F., Damjanac, B., Maxwell, S. (2019). Investigating Hydraulic Fracturing Complexity in Naturally Fractured Rock Masses Using Fully Coupled Multiscale Numerical Modeling. Rock Mech. Rock Eng.

[162] Zhang, F., Dontsov, E., Mack, M.: Fully coupled simulation of a hydraulic fracture interacting with natural fractures with a hybrid discrete-continuum method. Int. J. Numer. Anal. Methods Geomech. 41: 1430-1452 (2017).

[163] Zhang, F., Dontsov, E. (2018). Modeling hydraulic fracture propagation and proppant transport in a two-layer formation with stress drop. Eng. Fract. Mech. 199: 705-720.

[164] Zhang, G. M., Liu, H., Zhang, J., Wu, H. A., Wang, X. X., (2010). Three-dimensional finite element simulation and parametric study for horizontal well hydraulic fracture. J. Pet. Sci. Eng. 72: 310-317.

[165] Zhang，X.，Jeffrey，R. G.，Bunger，A. P.，Thiercelin，M. (2011). Initiation and growth of a hydraulic fracture from a circular wellbore. International Journal of Rock Mechanics and Mining Sciences，48(6)：984-995.

[166] Zhang，X.，Lu，Y.，Tang，J.，Zhou，Z.，Liao，Y. (2017). Experimental study on fracture initiation and propagation in shale using supercritical carbon dioxide fracturing. Fuel. 190：370-378.

[167] Zhao，X.，Wang，T.，Elsworth，D.，He，Y.，Zhou，W.，Zhuang，L.，Wang，S. (2018). Controls of natural fractures on the texture of hydraulic fractures in rock. Journal of Petroleum Science and Engineering. 165：616-626.

[168] Zou，Q. He，X. (1997). On pressure and velocity boundary conditions for the lattice Boltzmann BGK model. Phys Fluids. 9：1591-1598.

[169] Zou，Y.，Li，N.，Ma，X.，Zhang，S.，Li，S. (2018). Experimental study on the growth behavior of supercritical CO_2-induced fractures in a layered tight sandstone formation. J. Nat. Gas Sci. Eng. 49：145-156.

[170] Li M，Zhang F，Zhuang L，Zhang X，Ranjith P. (2019). Micromechanical analysis of hydraulic fracturing in the toughness-dominated regime：implications to supercritical carbon dioxide fracturing. Comput. Geosci.

[171] Amadei，B. (1982). The Influence of Rock Anisotropy on Measurement of Stresses In-situ[D]. Ph. D. Thesis，University of California，Berkeley.

[172] Jaeger J C，Cook N G W，Zimmerman R. (2007). Fundamentals of Rock Mechanics，4th Edition. Wiley-Blackwell.

[173] Hu W，Kwok C Y，Duan K and Tao Wang. (2018). Parametric study of the smooth-joint contact model on the mechanical behavior of jointed rock. International Journal for Numerical and Analytical Methods in Geomechanics. 42(2)：358-376.

[174] Adachi，J.，Siebrits，E.，Peirce，A.，Desroches，J. (2007). Computer simulation of hydraulic fractures. Int. J. Rock Mech. Min. Sci. 44：739-757. (2007).

[175] Bažant，Z. P.，Salviato，M.，Chau，V. T.，Visnawathan，H.，Zubelewicz，A. (2014). Why fracking works. J. Appl. Mech. 81：101010 (2014).

[176] Buick JM，Greated CA. (2000). Gravity in a lattice Boltzmann model. Physical Review E. 61(5)：5307-5320.

[177] Faxèn，H. (1946). Forces exerted on a rigid cylinder in a viscous fluid between two parallel 6xed planes. Proceedings of the Royal Swedish Academy of Engineering Sciences. 187，1.

[178] 卞康，肖明. 水工隧洞衬砌水压致裂过程的渗流-损伤-应力耦合分析[J]. 岩石力学与工程学报，2010，29(A02)：3769-3776.

[179] 陈进杰，王祥琴. 劈裂灌浆及其效果分析[J]. 石家庄铁道学院学报，1995，8(02)：124-129.

[180] 陈文胜，王桂尧，刘辉. 岩石力学离散单元计算方法中的若干问题探讨[J]. 岩石力学与工程学报，2005，24(10)：1639-1644.

[181] 陈新，廖志红，李德建. 节理倾角及连通率对岩体强度、变形影响的单轴压缩试验研究[J]. 岩石力学与工程学报，2011，30(4)：781-789.

[182] 杜金声. 岩石在不同围压、温度、应变速率下的力学效应[J]. 力学情报，1979，02：31-39.

[183] 国土资源部：国土资源"十三五"科技创新发展规划. (2016).

[184] 胡万瑞. 基于光滑节理模型的节理岩体力学特性研究 [D]. 武汉：武汉大学，2018.

[185] 黄达，岑夺丰，黄润秋. 单裂隙砂岩单轴压缩的中等应变率效应颗粒流模拟[J]. 岩土力学，2013，02：535-545.

[186] 黄达，黄润秋，张永兴.粗晶大理岩单轴压缩力学特性的静态加载速率效应及能量机制试验研究[J].岩石力学与工程学报，2012，31(2)：245-255.
[187] 黄理兴.岩石动力学研究现状与展望[R].武汉：中国科学院武汉岩土力学研究所，2010.
[188] 黄文熙.对土石坝科研工作的几点看法[J].水利水电技术，1982，04：23-28.
[189] 焦玉勇，张秀丽，刘泉声.用非连续变形方法模拟岩石裂纹扩展[J].岩石力学与工程学报，2007，26(4)：682-690.
[190] 焦玉勇.三维离散单元法及其应用[D].武汉.中国科学院武汉岩土力学研究所，1998.
[191] 金炜枫，周健，张姣.基于离散-连续耦合方法的地下结构在地震中破坏过程模拟[J].固体力学学报，2013，34(01)：93-102.
[192] 李明广，禹海涛，王建华，等.离散-连续多尺度桥域耦合动力分析方法[J].工程力学，2015，32(06)：92-98.
[193] 李世海，高波，燕琳.三峡永久船闸高边坡开挖三维离散元数值模拟[J].岩土力学，2002，23(3)：272-277.
[194] 李夕兵，古德生.岩石冲击动力学[M].长沙：中南大学出版社，1994，2-43.
[195] 李永兵，周喻，吴顺川，等.圆形巷道围岩变形破坏的连续-离散耦合分析[J].岩石力学与工程学报，2015，34(09)：1849-1858.
[196] 连志龙，张劲，王秀喜，等.水力压裂扩展特性的数值模拟研究[J].岩土力学，2009，30(1)：169-174.
[197] 梁昌玉，李晓，李守定，等.岩石静态和准动态加载应变率的界限值研究[J].岩石力学与工程学报，2012，31(6)：1156-1160.
[198] 刘建军，杜广林，薛强.水力压裂的连续损伤模型初探[J].机械强度，2004 (z1)：134-137.
[199] 刘伟.水力压裂压力动态试井分析与增产效果提高方法研究[D].北京：中国地质大学，2005.
[200] 刘新荣，傅晏，郑颖人，等.颗粒流细观强度参数与岩石断裂韧度之间的关系[J].岩石力学与工程学报，2011，2084-2089.
[201] 刘允芳.水压致裂法三维地应力测量在工程中的应用[J].长江科学院院报，2003，20(02)：37-41.
[202] 卢国胜，张家达，阳友奎.水力压裂破裂压力的导出及实验验证[J].中国矿业，1998，7(4)：42-44.
[203] 盛茂，李根生.水力压裂过程的扩展有限元数值模拟方法[J].工程力学，2014，10(31)：123-128.
[204] 石崇，张强，王盛年.颗粒流(PFC5.0)数值模拟技术及应用[M].北京：中国建筑工业出版社，2018.
[205] 石森.我国水压致裂法首次试验喜获成果[J].地震，1981(01)：13.
[206] 孙其诚，王光谦.颗粒流动力学及其离散模型评述[J].力学进展，2008(01)：87-100.
[207] 汤慧萍，谈萍，奚正平，等.烧结金属多孔材料研究进展[J].稀有金属材料与工程，2006，35(a02)：428-432.
[208] 王 涛，吕庆，李杨，等.颗粒离散元方法中接触模型的开发[J].岩石力学与工程学报，2009，(S2)：4040-4045.
[209] 王 涛，周炜波，徐大朋，等.基于光滑节理模型的岩体水力压裂数值模拟[J].武汉大学学报(工学版)，2016(04)：500-508.
[210] 王斌，李夕兵，尹土兵，马春德，殷志强，李志国.饱水砂岩动态强度的 SHPB 试验研究[J].岩石力学与工程学报，2010，29(22605)：1003-1009.
[211] 王等明.密集颗粒系统的离散单元模型及其宏观力学行为特征的理论研究[D].兰州：兰州大学.2009.

[212] 王小龙.扩展有限元法应用于页岩气藏水力压裂数值模拟研究[D].合肥：中国科学技术大学，2017.

[213] 王泳嘉，邢纪波.离散元法及其在岩土力学中的应用[M].沈阳：东北工学院出版社，1991.

[214] 王玉满，董大忠，李建忠，等.川南下志留统龙马溪组页岩气储层特征[J].石油学报，2012，33.

[215] 魏群.散体单元法的基本原理数值方法及程序[M].北京：科学出版社，1991.

[216] 吴绵拔，刘远惠.中等应变速率对岩石力学特性的影响[J].岩土力学，1980，(1)：51-58.

[217] 肖维民，邓荣贵，付小敏，等.单轴压缩条件下柱状节理岩体变形和强度各向异性模型试验研究[J].岩石力学与工程学报，2014，33(5)：957-963.

[218] 徐大朋.节理岩体加载速率效应的颗粒流数值模拟研究 [D].武汉：武汉大学，2017.

[219] 徐泳，孙其诚，张凌，等.颗粒离散元法研究进展[J].力学进展，2003(02)：251-260.

[220] 徐志英.岩石力学[M].3 版.北京：中国水利水电出版社，1993

[221] 杨卫.宏微观断裂力学[M].北京：国防工业出版社，1995.

[222] 伊向艺，雷群，丁云宏.煤层气压裂技术及应用 [M].北京：石油工业出版社，2012.

[223] 尹小涛，葛修润，李春光，等.加载速率对岩石材料力学行为的影响[J].岩石力学与工程学报，2010，29(增刊 1)：2610-2615.

[224] 袁鹏，赵明阶，汪魁，等.基于断裂理论的深埋围岩洞室水力劈裂机理研究[J].重庆交通大学学报（自然科学版），2013，6：021.

[225] 张平，李宁，贺若兰，等.不同应变速率下非贯通裂隙介质的力学特性研究[J].岩土工程学报，2006，28(6)：750-755.

[226] 张平.裂隙介质静动应力条件下的破坏模式与局部化渐进破损模型研究[D].西安：西安理工大学，2004.

[227] 张楚汉.论岩石、混凝土离散-接触-断裂分析[J].岩石力学与工程学报，2008，19502：217-235.

[228] 张春生，陈祥荣，侯靖，等.锦屏二级水电站深埋大理岩力学特性研究[J].岩石力学与工程学报，2010，29 (10)：1999-2009.

[229] 张铎，刘洋，吴顺川，等.基于离散-连续耦合的尾矿坝边坡破坏机理分析[J].岩土工程学报，2014，36(08)：1473-1482.

[230] 张洪武.微观接触颗粒岩土非线性力学分析模型[J].岩土工程学报，2002，24(1)：11-15.

[231] 赵国彦，戴兵，马驰.平行黏结模型中细观参数对宏观特性影响研究[J].岩石力学与工程学报，2012，31(25607)：1491-1498.

[232] 周健，张刚，孔戈.渗流的颗粒流细观模拟[J].水利学报，2006(01)：28-32.

[233] 周炜波.节理岩体水力劈裂裂缝扩展的颗粒流数值模拟研究[D].武汉：武汉大学，2015.

[234] 朱维申，李术才，陈卫忠.节理岩体破坏机制和锚固效应及工程应用[M].北京：科学出版社，2002，133-140.

[235] 邹才能，董大忠，王玉满，等.中国页岩气特征、挑战及前景(二)[J].石油勘探与开发 2016，43：166-178.

[236] 阳友奎，肖长富，吴刚，等.不同地应力状态下水力压裂的破坏模式[J].重庆大学学报，1993，16(3)：30-35.